普通高等教育"双一流"学科建设规划教材
普通高等教育"十一五"国家级规划教材

特 种 连 接 技 术

第 2 版

主编　李亚江

参编　王　娟　张　华　夏春智

主审　史耀武　李志远

机械工业出版社

本书以提高读者的科研能力、扩大视野为出发点，对与高新技术发展密切相关的特种连接技术（如激光焊、电子束焊、等离子弧焊、扩散连接、搅拌摩擦焊和超声波焊等）的基本原理和工艺特点等做了简明阐述，力求突出科学性、先进性和实用性等特色。本书介绍了近年来特种连接技术的发展，特别是一些高新技术的发展，有助于读者增强分析和解决问题的能力。

本书是普通高等教育"双一流"学科建设规划教材，可作为高等学校焊接技术与工程、材料成型及控制工程专业本科生或研究生教材，也可供研究院（所）等科研单位和厂矿企业的工程技术人员参考。

图书在版编目（CIP）数据

特种连接技术/李亚江主编. —2 版. —北京：机械工业出版社，2019.12
（2023.7 重印）

普通高等教育"双一流"学科建设规划教材　普通高等教育"十一五"国家级规划教材

ISBN 978-7-111-64072-1

Ⅰ.①特…　Ⅱ.①李…　Ⅲ.①焊接-特种技术-高等学校-教材

Ⅳ.①TG456

中国版本图书馆 CIP 数据核字（2019）第 230166 号

机械工业出版社（北京市百万庄大街 22 号　邮政编码 100037）

策划编辑：冯春生　责任编辑：冯春生　章承林

责任校对：陈　越　封面设计：张　静

责任印制：张　博

北京建宏印刷有限公司印刷

2023 年 7 月第 2 版第 3 次印刷

184mm×260mm · 19 印张 · 468 千字

标准书号：ISBN 978-7-111-64072-1

定价：49.80 元

电话服务　　　　　　　　　网络服务

客服电话：010-88361066　机 工 官 网：www.cmpbook.com

　　　　　010-88379833　机 工 官 博：weibo.com/cmp1952

　　　　　010-68326294　金 书 网：www.golden-book.com

封底无防伪标均为盗版　机工教育服务网：www.cmpedu.com

前　言

本书是在普通高等教育"十一五"国家级规划教材基础上修订的，被学校列入普通高等教育"双一流"学科建设规划教材。

科学技术的进步对焊接质量提出了更高的要求，因此特种连接技术越来越受到人们的重视。本书对特种连接方法（如激光焊、电子束焊、等离子弧焊、扩散连接、搅拌摩擦焊和超声波焊等）的基本原理和工艺特点等做了简明阐述，力求突出科学性、先进性和实用性。本书内容反映出近年来特种连接技术的发展，特别是一些高新技术的发展，有助于扩大学生的视野。

特种连接技术是指除常规焊接方法（如电弧焊、埋弧焊、气体保护焊等）之外的先进的连接技术。历史上每一种热源的出现，都伴随着新的连接工艺的出现并推动了连接技术的发展。20世纪中后期，采用新的高能束热源（激光束、电子束、等离子弧等）的特种连接技术相继问世，其功率密度达到 $10^5 \sim 10^{13}$ W/cm^2，比电弧的功率密度高出好几个数量级，推进了制造技术的新发展。固相连接是在21世纪有重大发展的连接技术。许多新材料（如高技术陶瓷、复合材料等），特别是异种材料的连接，采用常规的焊接方法难以完成，这使得扩散连接和搅拌摩擦焊等固相连接成为焊接界关注的热点。目前，特种连接技术的应用已经产生了显著的经济和社会效益。这种技术符合优质、高效、低耗高端装备制造的发展方向，是值得大力推广的先进连接技术。

本书可作为高等学校焊接技术与工程、材料成型及控制工程专业本科生或研究生的教材，也可供研究院（所）等科研单位和厂矿企业的工程技术人员参考。

本书由山东大学李亚江教授任主编。其中，第1、2、3、5章由李亚江编写，第4章由江苏科技大学夏春智编写，第6章由北京石油化工学院张华编写，第7、8章由山东大学王娟编写。魏守征、沈孝芹、刘坤、李嘉宁、马群双、吴娜等为本书绘制了图表，并录制了视频。全书由北京工业大学史耀武教授和华中科技大学李志远教授主审。

本书的编写得到了许多兄弟院校的支持，并参考了大量文献资料，在此表示衷心的感谢。

由于编者水平有限，书中若有不当之处，敬请读者批评指正。

编　者

目 录

第1章 概　　述

特种连接技术是指除了常规的焊接方法（如焊条电弧焊、埋弧焊、气体保护焊、电阻焊等）之外的一些先进的连接方法。特种连接技术对于一些特殊材料及结构的焊接具有非常重要的作用，推动了社会的发展和科学技术的进步。特种连接技术在航空航天、电子、计算机、核动力等高新技术领域中得到广泛应用，并已扩大到国民经济生产的许多部门，创造了巨大的经济和社会效益。

1.1　特种连接方法的分类及发展

1.1.1　特种连接方法的分类

本书所述的连接（焊接）技术是指通过适当的手段，使两个分离的物体（同种材料或异种材料）产生原子或分子间结合而连接成一体的连接方法，不包括常规的机械连接（如螺栓联接、铆接和胶接等）。

连接（焊接）需要外加能量，主要是热能。连接技术几乎运用了一切可以利用的热源，其中包括火焰、电弧、电阻、超声波、摩擦、等离子弧、电子束、激光、微波等。特种连接技术是指除了常规的焊接方法（如焊条电弧焊、埋弧焊、气体保护焊、电阻焊等）之外发展起来的一些先进的连接方法，如激光焊、电子束焊、等离子弧焊、扩散焊、搅拌摩擦焊、超声波焊等。众多的高新技术成果与先进的特种连接技术有着十分密切的联系。

从19世纪末出现的碳弧焊到20世纪末的微波焊的发展来看，历史上每一种热源的出现，都伴随着新的连接工艺的出现，并推动了连接技术的发展。至今焊接热源的研究与开发仍未终止，新的连接方法和新工艺仍在不断涌现。特种连接技术已经渗透到国民经济的各个领域，对促进社会发展和技术进步起着非常重要的作用。

适用于焊接的不同热源的功率密度（W/cm^2）区域如图1-1所示。常用焊接热源的功率密度集中程度示意图如图1-2所示。随着热源功率密度的不同，熔化焊热源的功率密度可分为如下四个区域：

（1）低功率密度区　功率密度约小于$3 \times 10^2 W/cm^2$。这时，热传导和热辐射散失大量的热，被加热材料只有轻微的可以略而不计的熔化，这种热源难以实施对金属的焊接。

（2）中功率密度区　功率密度范围为$3 \times 10^2 \sim 10^5 \ W/cm^2$。这时的热过程以径向导热为主，材料被加热熔化，几乎没有蒸发，大多数常规焊接方法的功率密度都在这个范围内，如氧乙炔焊、电弧焊（焊条电弧焊、埋弧焊、气体保护焊等）、小功率等离子弧焊等。

（3）高功率密度区　功率密度范围为$10^5 \sim 10^9 W/cm^2$。处于此范围的焊接方法主要是激光焊、电子束焊和大功率等离子弧焊，这时除材料被熔化外，还伴随有大量蒸发，强烈的蒸发会在熔池中产生小孔。

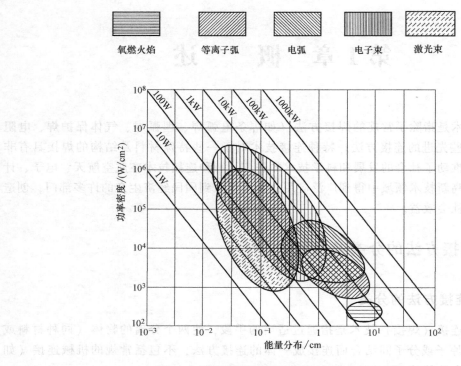

图1-1 适用于焊接的不同热源的功率密度区域

（4）超高功率密度区 功率密度大于10^9W/cm^2。这时的蒸发更厉害，高功率的脉冲激光聚焦成很小的束斑时即出现这种情况。超高功率密度的脉冲激光束可用于打孔，其加工的小孔精度高，小孔侧壁几乎不受热传导的影响。

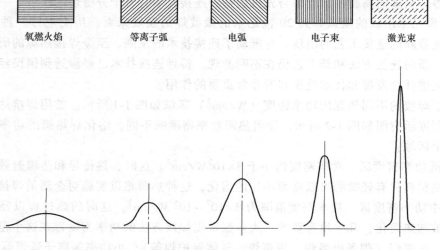

图1-2 常用焊接热源的功率密度集中程度示意图

科学技术的发展推动了焊接技术不断进步，使新的焊接方法不断产生。关于焊接方法的分类，传统意义上通常分为熔焊（Fusion Welding）、压焊（Pressure Welding）和钎焊（Brazing and Soldering）三大类；其次，再根据不同的加热方式、焊接工艺特点将每一大类方法细分为若干小类。但随着连接技术的飞速发展，新的连接技术不断涌现，原先的分类法变得越来越模糊。从冶金角度看，可将连接方法分为液相连接（即熔化连接）和固相连接（包括液-固相连接）两大类，见表 1-1。不同连接方法的温度、压力及过程持续时间的对比如图 1-3 所示。

表 1-1　连接方法的分类

根据母材是否熔化	大类	小类（划分举例）	是否易于自动化
液相连接 利用一定的热源，使构件被连接部位局部熔化，然后再冷却结晶成一体的方法	气焊	氢氧焊	△
		氧乙炔（丙烷）焊	△
		空气乙炔（丙烷）焊	△
	电弧焊	焊条电弧焊	△
		非熔化极气体保护焊（TIG）	O
		熔化极气体保护焊（MIG、MAG）	O
		CO_2 气体保护焊	O
		埋弧焊	O
	电渣焊	丝极、板极电渣焊	O
	电阻焊	点焊、缝焊	O
	高能密束焊	电子束焊	O
		激光焊	O
		等离子弧焊	O
固相连接 利用摩擦、扩散和加压等作用，在固态条件下实现连接的方法	压焊	冷压焊	O
		热压焊	O
		爆炸焊	△
		超声波焊	O
	扩散焊	真空扩散焊	△
		瞬间（过渡）液相扩散焊	△
		超塑性成形扩散焊	△
	摩擦焊	连续驱动摩擦焊	O
		惯性摩擦焊	O
		搅拌摩擦焊	O

注：O—易于实现自动化；△—难以实现自动化。

熔焊属于最典型的液相连接。将材料加热至熔化，利用液相熔池的相容（凝固结晶）实现原子间的结合。液相熔池由被连接母材和填充材料共同构成，填充材料可以是同质的，也可以是异质的。熔焊时接头的形成主要靠加热手段，因此根据不同的热源，可把熔焊分为气焊、电弧焊、电渣焊、电阻焊和高能束焊等。

高能束流加工是用光量子、电子、等离子弧为能量载体的高能量密度束流（如激光束、电子束、等离子弧）实现对材料加工的特种加工方法。高能束焊（或高能密束焊），是指焊接功率密度比通常的氩弧焊（TIG、MIG）或 CO_2 气体保护焊高的一类焊接方法。严格地讲，焊接能量和焊接功率密度是两个不同的概念，但两者具有相关性。习惯上，人们在谈及高能密束焊时，常常被认为是高功率密度焊（功率密度大于 $10^5 W/cm^2$），如激光焊、电子束焊、等离子弧焊等。

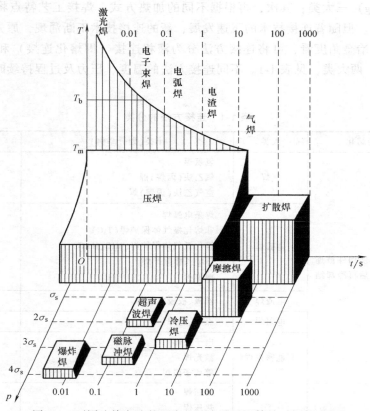

图 1-3　不同连接方法的温度、压力及过程持续时间的对比

固相连接（Solid Phase Welding）可分为两大类。一类是温度低、压力大、时间短的连接方法，通过塑性变形促进工件表面的紧密接触和氧化膜破裂，塑性变形是形成连接接头的主导因素。属于这一类的连接方法有摩擦焊、爆炸焊、冷压焊和滚轧焊等。通常把这类连接方法称为压焊。另一类是温度高、压力小、时间相对较长的扩散连接方法，一般是在保护气氛或真空中进行。这种连接方法仅产生微量的塑性变形，界面扩散是形成接头的主导因素。属于这一类的连接方法主要是扩散连接（Diffusion Bonding），如真空扩散焊、过渡液相扩散焊、热等静压扩散焊、超塑性成形扩散焊等。超塑性成形扩散焊技术在飞机的钛合金蜂窝结构中得到了成功的应用。陶瓷与金属已经能够采用扩散焊进行连接。

有的教材或书籍把扩散连接方法归类到压焊范畴，但以扩散为主导因素的扩散连接和以塑性变形为主导的压焊在连接机理、方法和工艺上是有区别的。特别是近年来随着各种新型结构材料（如高技术陶瓷、金属间化合物、复合材料、非晶材料等）的迅猛发展，扩散连接的研究和应用受到各国研究者的关注，新的扩散连接工艺不断涌现，如过渡液相扩散焊、超塑性成形扩散焊等。因此，把以扩散为主导因素的扩散连接列为一种独立的连接方法已逐渐成为人们的共识。

钎焊属于典型的液-固相连接。钎焊连接时，选用比母材熔点低的填充材料（钎料），在低于母材熔点、高于钎料熔点的温度下，通过熔融钎料与母材的相互作用并借助熔化钎料的毛细作用填满被连接件之间的间隙，冷却凝固形成牢固的接头。钎焊时只有钎料熔化而母材保持固态，故为液-固相连接。

搅拌摩擦焊（Stir Friction Welding, SFW）是 20 世纪 90 年代中期由英国焊接研究所开发出的一种焊接技术，它可以焊接采用熔焊方法较难焊接的非铁金属。搅拌摩擦焊技术利用搅拌头高速旋转，特型指棒迅速钻入被焊板的焊缝，与金属摩擦生热形成热塑性层。一方面，轴肩与被焊板表面摩擦，产生辅助热；另一方面，搅拌头和工件相对运动时，在搅拌头前面不断形成的热塑性金属转移到搅拌头后面，填满后面的空腔，形成连续的焊缝。

搅拌摩擦焊具有连接工艺简单、焊接接头晶粒细小、疲劳性能和力学性能良好，无须使用焊丝、保护气体以及焊后残余应力和变形小等优点。这项技术最初在欧、美等发达国家的航空航天工业中使用，并已成功应用于在低温下工作的铝合金薄壁压力容器的焊接，完成了纵向焊缝的直线对接和环形焊缝沿圆周的对接。该技术现已在新型运载工具的新结构设计中采用，在航空航天、交通和汽车制造等产业部门也得到应用。搅拌摩擦焊的主要应用领域见表 1-2。

表 1-2 搅拌摩擦焊的主要应用领域

领　域	应　用
船舶和海洋工业	快艇、游船的甲板、侧板、防水隔板、船体外壳、主体结构件，直升机平台、离岸水上观测站、船用冷冻器、帆船桅杆和结构件
航空、航天	运载火箭燃料贮箱、发动机承力框架、铝合金容器、航天飞机外贮箱、载人返回舱、飞机蒙皮、加强件之间连接、框架连接、飞机壁板和地板连接、飞机门预成形结构件、起落架舱盖、外挂燃料箱
铁道车辆	高速列车、轨道货车、地铁车厢、轻轨电车
汽车工业	汽车发动机、汽车底盘支架、汽车轮毂、车门预成形件、车体框架、升降平台、燃料箱、逃生工具等
其他工业	发动机壳体、冰箱冷却板、天然气和液化气贮箱、轻合金容器、家庭装饰、镁合金制品等

我国的搅拌摩擦焊工艺开发时间还不是很长，但发展很快，在焊接铝及铝合金、镁合金方面受到极大重视，已应用在航空航天、高铁和交通运输工具的生产中，具有很好的发展前景，在异种材料的焊接中也初露头角。搅拌摩擦焊工艺将使铝合金等非铁金属的连接技术发生重大变革。

1.1.2　高能束焊接现状及发展

高能束流（High Energy Density Beam）加工技术包含了以激光束、电子束和等离子弧为热源对材料或构件进行特种加工的各类工艺方法。作为先进制造技术的一个重要发展方向，高能束流加工技术具有常规加工方法无可比拟的特点，并已扩展应用于新型材料的制备和特殊结构的制造领域。高能束热源以其高能量密度、可精密控制的微焦点和高速扫描技术特性，实现对材料和构件的深穿透、高速加热和高速冷却的全方位加工，在高技术领域和国防科技发展中占有重要地位。

（1）高能束流加工的特点　20 世纪 80 年代以后，高能束流加工技术呈现出加速发展的趋势。在世界高科技市场竞争中，一些发达国家相继建立了各自的研发中心，支持开展高能束加工技术的研究和应用工作。我国在这一领域的研究和应用也取得了高速发展。

高能束由单一的光量子、电子和等离子或两种以上的粒子组合而成，高能束焊接的功率

密度达到 $10^5 \mathrm{W/cm^2}$ 以上。几种常见热源的功率密度见表1-3。属于高功率密度的热源有：等离子弧、电子束、激光束、复合热源（激光束+电弧）等。高能束焊热源功率密度的比较如图1-4所示。

表1-3 几种常见热源的功率密度

热　源		最小加热面积/cm²	功率密度/（W/cm²）	正常焊接温度/K
光	聚焦的太阳光束	—	$(1\sim2)\times10^3$	—
	聚焦的氙灯光束	—	$(1\sim5)\times10^3$	—
	聚焦的激光	—	$10^7\sim10^9$	—
电弧	电弧（0.1MPa）	10^{-3}	1.5×10^4	6000
	钨极氩弧（TIG）	10^{-3}	1.5×10^4	8000
	熔化极氩弧（MIG）	10^{-4}	1.5×10^5	8000～9000
高能束流	等离子弧	10^{-5}	射流 $10^4\sim10^5$ 束流 $10^5\sim10^7$	18000～24000
	电子束	10^{-7}	连续 $10^6\sim10^{10}$ 脉冲 $10^7\sim10^{12}$	—
	激光束	10^{-8}	连续 $10^5\sim10^{10}$ 脉冲 $10^7\sim10^{13}$	—

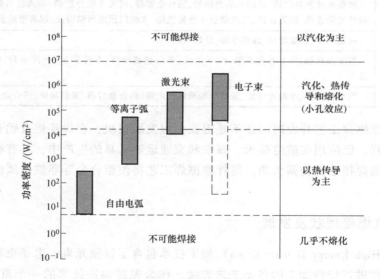

图1-4 高能束焊热源功率密度的比较

当前高能束焊接被关注的主要领域是：高能束流设备的大型化（如功率大型化及可加工零件的大型化）、设备的智能化以及加工的柔性化、束流品质的提高、束流的复合及相互作用、新材料焊接及应用领域的扩展。

高能束流加工技术被誉为21世纪最具有发展前景的加工技术，被认为"将为材料加工和装备制造技术带来革命性变化"，是当前发展最快、研究最多的领域。高能束焊接越来越引起国内外更多相关研究者（如物理、材料、焊接、计算机等）的关注。高能束焊接技术是现代高科技与制造技术相结合的产物，是焊接技术发展的前沿领域和必不可少的先进技术手段。我国在高能束焊接设备水平上与国外有一定差距，但在工艺研究上，水平较为接近，在某些方面甚至还有自己的特色。

高能束焊接接头的形成如图 1-5 所示。高能束焊接技术的最大特点是焊接时产生"小孔效应"，焊缝深宽比相比热导焊方法显著提高。

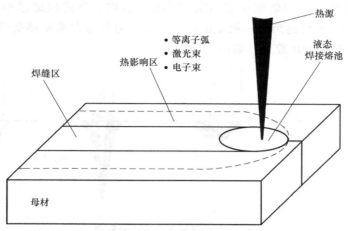

图 1-5　高能束焊接接头形成的示意

图 1-6 所示的"小孔效应"是高能束焊接过程的显著特征。"小孔"的存在，从根本上改变了焊接熔池的传质、传热规律，与一般电弧焊方法相比有明显的优点。焊接时基本不需要开坡口和填丝、焊接速度快、焊缝深宽比大、热影响区小、焊缝组织细化、焊接变形小。"小孔效应"改变了焊接过程的能量传递方式，由一般熔焊方法的热导焊转变为穿孔焊，这是包括激光焊、电子束焊、等离子弧焊在内的高能束焊接的共同特点。

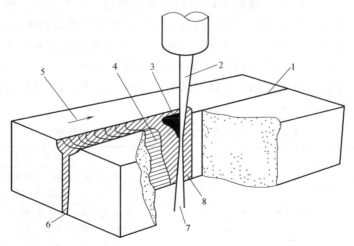

图 1-6　高能束焊接过程的"小孔效应"特征

1—紧密对接线　2—高能束流　3—液态金属　4—凝固的焊缝　5—焊接方向
6—全熔透的焊缝　7—穿过小孔的能量　8—熔融金属

（2）高能束流小孔形成的机制　当采用较低的功率密度时，高能束流产生的热量首先聚集在待加工工件的表面，然后经热传导进入材料内部。这时熔池温度比较低，对钢件约

1600℃，蒸发不明显，因而焊缝宽，熔深浅（见图1-7a），这种情况属于热导焊。当功率密度增加到一定值而使熔池温度达到1900℃时，熔化金属蒸发而产生的饱和蒸气压力约300Pa，在蒸气压力、蒸气反作用力等的作用下会形成充满蒸气的小孔（见图1-7b）。随着功率密度的进一步增加，熔化金属的温度也继续升高，蒸气压力也随之增大，导致产生了针状的、充满金属蒸气的并被熔融金属包围的小孔。这时，束流也通过小孔穿入工件内部（见图1-7c）。当功率密度达到某一极限值时，蒸气压力和蒸发速率都变得很大，所有熔化金属几乎全部被蒸气流冲出腔外，如图1-7d所示。

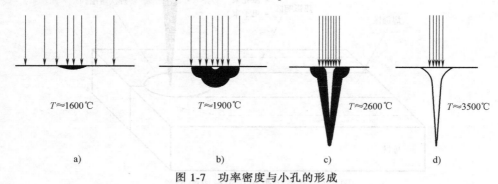

图1-7 功率密度与小孔的形成

概括地说，高能束流聚焦后的束斑直径一般在1mm以下，作用于工件上的功率密度高，能使材料迅速熔化、蒸发，产生很大的蒸气压力和蒸气反作用力，加之电子束或激光束作用时间短，径向的热传导作用很弱，在蒸气压力和蒸气反作用力等因素作用下能排开熔化金属形成小孔；这时高能束流深入工件内部，束流直接与工件作用，进行能量的转换，因而能形成深宽比大的焊缝。

在其他因素不变的条件下，高能束流的功率密度越高，熔深越大，焊缝的深宽比也越大。高能束流类型不同，工艺参数和被焊材料不同，焊缝的尺寸和形状也不同。对电子束焊来说，典型的小孔直径为0.5mm，熔深可达200mm，焊缝深宽比达60：1；对激光焊来说，典型的小孔直径为0.1mm，大功率激光焊条件下熔深可达20mm。

高能束加工技术在高技术及国防科技的发展中起着无可替代的作用。高能束流加工技术的特点及其应用领域见表1-4。

表1-4 高能束流加工技术的特点及其应用领域

特 点	用 途	适用性	应用及产品示例
穿透性	重型结构的焊接	一次可焊透300mm	核装置、压力容器、反应堆、潜艇、飞行器、运载火箭、空间站、航天飞机、重武器、坦克、火炮、厚壁件
精密控制、微焦点	微电子与精密器件制造	聚焦后的束斑直径<0.01mm	超大规模集成元器件、结点、航天（航空、航海）仪表、膜盒、陀螺、核燃料棒封装
高能密度、高速扫描	特殊功能结构件制造	扫描速度10^3孔/s，400m/s	动力装置封严、高温耐磨涂层、沉积层、切割、气膜冷却层板结构、小孔结构、高温部件
全方位加工	特殊环境加工制造	薄板、超薄板、厚大件	太空及微重力条件下的零部件，真空、充气、水下及高压条件下的零部件
高速加热、冷却	新型材料制备、特殊及异种材料	速率10^5K/s	超高纯材料冶炼、超细材料、非金属复合材料、陶瓷、表面改性、合成、非晶态、快速成形、立体制造

由于有上述优势，高能束焊接技术可以焊接难熔合和采用常规方法难以实现焊接的材料，并且具有较高的生产率。在核工业、航空航天、汽车等工业部门得到广泛的应用。并且，随着高能束焊接技术的不断推广，也被越来越多的工业部门所采用。

高能束焊接设备向大型化发展有两层含义，一是设备的功率增大，二是采用该设备焊接的零件大型化。由于高能束焊接设备一次性投资大，特别是激光焊和电子束焊设备，因此增大功率，提高焊缝熔深和焊接过程的稳定性，相对降低焊接成本，才能被工业界所接受。大型焊接配套设备建立之后，高能束焊接的成本可以进一步降低，有利于在军用、民用各个工业领域中扩大应用。

对于超细晶粒钢，不论是屈服强度 400MPa 级还是 800MPa 级的钢种，由于晶粒度细小，焊接加热时会出现晶粒长大倾向，导致热影响区的脆化和软化。为了解决这一问题，可采用激光焊、等离子弧焊等低热量输入的焊接方法进行焊接。

表 1-5 给出了屈服强度 400MPa 级超细晶粒钢的激光焊（LW）与传统等离子弧焊（PAW）、混合气体保护焊（MAG）热影响区粗晶区的晶粒长大倾向对比。试验结果表明，激光焊热影响区粗晶区的晶粒长大倾向最小，显微组织为强韧性好的下贝氏体（B_L）+少量板条马氏体（M_L）+少量铁素体和珠光体（F+P）。

表 1-5　400MPa 级超细晶粒钢热影响区粗晶区的晶粒长大倾向

焊接方法	粗晶区最大晶粒尺寸/μm	组织特征
激光焊（LW）	20	B_L+M_L（少量）+（F+P）（少量）
等离子弧焊（PAW）	250	（F+P）+B（少量）+W
混合气体保护焊（MAG）	250	（F+P）+B（少量）+W

（3）高能束焊接方法　高能束焊接与一般电弧焊相比具有明显的优点：焊缝熔深大、焊接速度快、热影响区小、焊缝组织细化、焊接变形小，可以连接许多原先非常难焊的材料。因此，在电子、能源、汽车、航空航天、核工业等部门中得到了广泛的应用。

1）激光焊。激光焊（Laser Beam Welding）是以聚焦的激光束作为能源轰击焊件所产生的热量进行焊接的方法。激光束作为材料加工热源的优势是具有高亮度、高方向性、高单色性、高相干性等。激光束具有可以在大气中进行焊接的优点，聚焦后的光斑只有 0.1～1mm，既可以深熔焊，又可以完成精密连接，焊接热输入小，接头质量好。激光焊是激光工业应用的一个重要方面。从 20 世纪 60 年代开始，激光就在焊接领域得到了应用。20 世纪 80 年代以后，激光焊设备被成功应用在连续焊接生产线中。

激光焊技术经历了由脉冲波向连续波的发展、由小功率薄板焊接向大功率厚件焊接的发展、由单工作台单工件向多工作台多工件同时焊接的发展，以及由简单焊缝形状向可控的复杂焊缝形状的发展。激光焊的应用随着激光焊技术的发展而不断扩展。

激光焊设备的功率不断增加，所焊材料的板厚逐渐增大，25kW 的 CO_2 激光器可以 1m/min 的速度焊接厚度为 28mm 的板材，10kW 的激光器可以同样的速度焊接厚度为 15mm 的板材。激光焊应用领域不断扩展，汽车车身的激光切割与焊接使轿车生产个性化，可以节省大量钢材，同时减轻了结构重量。舰船、列车的铝合金车厢，输油、输气管线等也都应用了激光焊技术。

激光束和熔化极氩弧焊（MIG）复合是目前研究较多的一种工艺方法。由于 MIG 焊熔化母材使激光吸收率显著增加，因而很快形成稳定的熔深和焊缝。又由于 MIG 焊形成的熔池较宽，克服了激光焊焊缝过窄引起的一系列问题，保证了一次熔透的高生产率，优化了焊缝成形，也节省了总的能量，而且控制更加方便。把激光束和 MIG 复合的方法用于金属表面熔敷，可以在不改变原激光低稀释率的条件下使熔敷效率提高 3 倍。

尽管激光焊研究和应用的历史不长，但在船舶、汽车制造等工业领域，激光焊接加工已占有一席之地，并且通常与机器人结合在一起使用。激光焊技术从实验室走向实际生产改变着新产品设计和制造过程。

用激光焊接取代铆接结构，在飞机机身结构的制造中广泛应用。与铆接相比，激光焊接不仅可以节省材料，降低成本，而且大大减轻了飞机的结构重量。

在航空航天领域中常用的材料（如铝合金、钛合金、高温合金和不锈钢等）的激光焊接研究取得了良好的进展，特别是 10kW 以上的大功率激光器出现之后，激光焊更具有了与电子束焊竞争的能力。在 15mm 以上厚度板的焊接应用中，由于激光焊兼有电子束的穿透力而又无须真空室，使其在航空航天关键零件的焊接中得到应用。汽车工业是激光焊应用较为广泛的领域，世界上著名的汽车制造公司都相继在车身制造中采用了激光焊技术。

激光焊的另一个具有吸引力的特点是能够实现精密零件的局部连接，这个特点使其非常适合于电子器件或印制电路板的焊接。激光束能在电子器件上很微小的区域实现连接，而焊接接头以外的区域几乎不受影响。此外，在食品罐身焊接、传感器焊接、电机定转子焊接等领域，激光焊技术都得到了应用，并且已经发展成为先进的自动化的焊接生产线。

2）电子束焊。电子束焊（Electron Beam Welding）是利用加速和聚焦的电子束轰击置于真空室或非真空中的焊件所产生的热能进行焊接的方法。利用高能量密度的电子束对材料进行工艺处理的方法称为电子束加工，其中电子束焊以及电子束表面处理在工业上的应用最为广泛，也最具竞争力。

电子束焊在工业上的应用已有 60 多年的历史，技术的诞生和最初应用主要是为了满足当时核能工业的焊接需求。随着电子技术、高压和真空技术的发展，电子束焊技术的研究及推广应用极为迅速，在大批量生产、大厚度件生产、大型零件制造以及复杂零件的焊接加工方面显示出独特的优越性。目前，电子束焊在核工业、航空宇航工业、精密加工以及重型机械等工业部门得到广泛应用，并已扩大应用到汽车、电子电气、工程机械、造船等工业部门，创造了巨大的经济和社会效益。

近年来，电子束加速电压由 20~40kV 发展为 60kV、150kV 甚至 300~500kV，其功率密度也由每平方厘米几百瓦发展为几千瓦、十几千瓦甚至数百千瓦。目前工业中实际应用的电子束焊设备的功率密度一般小于 120kW/cm²，加速电压在 200kV 以内。电子束焊接大厚度件具有得天独厚的优势，一次性焊接的钢板厚度可达到 200mm，焊缝深宽比可达 60∶1。电子束焊不仅在大厚度、难焊材料的焊接领域得到应用，还在高精度、自动化生产中得到推广应用（如航空仪表中的膜盒）。

为了适应更广泛的工业要求，还研制出局部真空和非真空的电子束焊设备。局部真空和非真空避免了复杂的真空系统及真空室，主要用于大型、不太厚（一般小于 30mm）或小型薄件的大批量生产，其功率密度一般在 15~45kW/cm²，加速电压在 150kV 左右。在美国，非真空电子束焊应用广泛，部分取代了传统电弧焊，用于汽车、舰船等，获得了良好的经济效益。

电子束焊由于具有改善接头力学性能、减少缺陷、保证焊接稳定性、大大减少生产时间等优点，既可用于焊接关键和贵重零部件（如航空航天发动机部件），又可焊接低价部件（如汽车齿轮）；既可焊接微型传感器，也可焊接结构庞大的飞机机身；可适用于大批量生产（如汽车、电子元件等），也适用于单件生产（如核反应堆）；可用于焊接极薄的锯片，也可焊接极厚的压力容器。

电子束焊可以焊接普通的结构钢，也可以焊接特殊金属材料（如超高强度钢、钛合金、高温合金及其他稀有金属）。另外，电子束焊还可用于异种金属之间的焊接。在焊接大型铝合金零件中，采用电子束焊具有优势，在提高生产率的同时也得到了良好的焊接接头质量。在航空发动机的叶片、涡轮盘制造中也应用了电子束焊工艺。

变截面电子束焊接技术的出现，为航空工业的发展起到了促进作用。正是由于这项技术使得许多复杂的飞机和发动机零件的一次性焊接完成成为可能，避免了多次焊接出现的局部焊接缺陷和重复加热造成的组织性能下降，提高了飞机的整体性能。

3）等离子弧焊。等离子弧焊（Plasma Arc Welding）是借助于水冷喷嘴对电弧的拘束作用获得较高能量密度的等离子弧进行焊接的方法。从热源物理本质上看，等离子弧也是一种自持性气体放电现象，通常认为等离子弧焊是钨极氩弧焊（TIG）方法的扩展，可以归入电弧焊范畴。然而，与普通 TIG 焊电弧相比，等离子弧在热源特性方面独具特点，它的功率密度可达 $10^5 \sim 10^6 \ \mathrm{W/cm^2}$，习惯上把它归入高能束焊接。

采用穿孔等离子弧技术焊接大厚度的材料，以及提高焊接过程稳定性一直是研究人员致力的目标。与钨极氩弧焊相比，等离子弧焊的生产率明显提高。原来采用 TIG 焊需要 1 层封底焊和 3~5 层填充焊的工件，采用等离子弧焊技术，只需 1 层穿透焊和 1 层盖面焊，省去了开坡口，焊接工时缩短了一半，而且焊接质量优于钨极氩弧焊。

变极性等离子弧焊接技术以其特有的工艺优势，在工业领域的钢结构焊接和铝合金结构焊接中得到广泛的应用。例如，用于对焊缝质量和焊接变形要求很高的压力容器、导弹运载系统、航天飞机外贮箱等。

我国的等离子弧焊接技术研究始于 20 世纪 60 年代，并在航空航天工业生产中得到成功的应用。例如，大电流穿孔等离子弧焊接 30CrMnSiA 高强度钢筒形容器、涡轮机匣毛坯组合件、火箭发动机壳体、钛合金高压气瓶等。

等离子弧独特的物理性能，为穿孔等离子弧焊带来焊接质量稳定性差的问题，而且厚板穿孔焊时问题更加突出。近 30 年来，焊接工作者在穿孔等离子弧焊接稳定性的影响因素及其作用规律、提高质量稳定性途径和方法等方面，开展了大量的研究工作并取得成效。穿孔等离子弧焊接过程中熔池的小孔行为被认为是影响焊缝成形稳定性及焊接接头质量的关键因素。为了获得高质量的焊接接头，在焊接过程中实施闭环质量控制，可以稳定小孔的形态和尺寸。

微束等离子弧焊接和中厚度材料的大电流穿孔等离子弧焊接技术在我国已得到广泛应用。在等离子弧焊接设备的研制方面，脉冲等离子弧焊接技术成功地实现了转移弧和非转移弧的高频交替，实现了单一电源下的等离子弧焊接。近年来，国内外不断有关于等离子弧焊接新工艺、新技术的研究报道，推动着等离子弧焊接技术向前发展。

1.2 特种连接技术的适用范围

1.2.1 选择焊接方法应考虑的因素

生产中选用焊接方法时，除了要了解各种焊接方法的特点和适用范围外，还要考虑产品的制造和使用要求，然后根据所焊产品的结构、材料以及技术条件等做出选择。选择焊接方法应在保证焊接产品质量可靠的前提下，有良好的经济效益，即生产率高、成本低、劳动条件好、综合经济指标好。为此选择焊接方法应考虑下列因素。

1. 产品结构类型

焊接产品的结构类型可归纳为四类：

（1）结构件类　如桥梁、建筑、锅炉压力容器、船舶、金属结构件等。结构件类焊缝一般较长，可选用埋弧焊、气体保护焊，其中短焊缝、打底焊缝可选用焊条电弧焊、氩弧焊，重要的结构件可选用电子束焊、等离子弧焊等。

（2）机械零部件类　如各种类型的机械零部件。对于机械零部件类产品，一般焊缝不会太长，可根据对焊接精度的不同要求，选用不同的焊接方法。一般精度和厚度的零件多用气体保护焊，重型件用电渣焊、等离子弧焊；薄件用电阻焊；精度高的工件可选用电子束焊、激光焊、扩散焊等。

（3）半成品类　如工字钢、螺旋钢管、有缝钢管、石油钻杆等。半成品件的焊缝是规则的、大批量的，可选用易于机械化、自动化的埋弧焊、气体保护焊、高频焊、摩擦焊等。

（4）微电子器件类　如电路板、半导体元器件等。微电子器件接头一般要求密封、导电、定位精确，可选用激光焊、电子束焊、超声波焊、扩散焊、钎焊等方法。

总之，不同类型的产品有多种焊接方法可供选择，采用哪种方法更为适宜，除了考虑产品类型之外，还应综合考虑工件厚度、接头形式、焊缝位置、对接头性能的要求、生产条件和经济效益等因素。

2. 工件厚度

不同焊接方法的热源各异，因而各自有最适宜的焊接厚度范围。在指定的范围内，容易保证焊缝质量并获得较高的生产率。不同焊接方法适用的工件厚度如图1-8所示。

3. 接头形状、位置

接头形状、位置是根据产品使用要求和母材厚度、形状、性能等因素设计的，有对接、角接、搭接等形式。产品结构不同，接头位置可能需要立焊、平焊、仰焊、全位置焊等，这些因素都影响焊接方法的选择。对接适宜于多种焊接方法。平焊位置是最易于实现自动化焊接的位置，适合于多种焊接方法。了解接头形状和位置便于选用生产率高、接头质量好的焊接方法。

不同焊接方法对接头类型、焊接位置的适应能力是不同的。表1-6列出了一些特种焊接方法所适用的接头形式及焊接位置。

4. 母材性能

被焊母材的物理化学、力学和冶金性能不同，将直接影响焊接方法的选择。对热传导快的金属，如铜、铝及其合金等，应选择热输入大、焊透能力强的焊接方法。对热敏感材料可

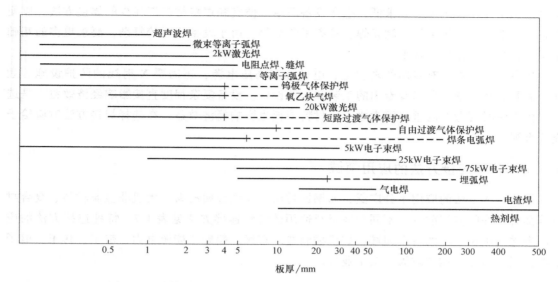

图 1-8　不同焊接方法适用的工件厚度（图中虚线表示采用多道焊）

表 1-6　一些特种焊接方法所适用的接头形式及焊接位置

适用条件		激光焊	电子束焊	等离子弧焊	扩散焊	冷压焊	热压焊	搅拌摩擦焊	超声波焊	闪光对焊	热剂焊	爆炸焊
接头类型	对接	A	A	A	A	A	A	A	A	A	A	A
	搭接	A	B	A	A	A	A	C	A	C	C	A
	角接	A	A	A	C	B	B	B	C	C	C	C
焊接位置	平焊	A	A	A	—	A	A	A	A	—	A	A
	立焊	A	C	A	—	B	—	A	—	—	—	—
	仰焊	A	C	A	—	—	—	A	—	—	—	—
	全位置焊	A	C	A	—	—	—	A	—	—	—	—
设备成本		高	高	中	高	中	中	中	高	低	低	
焊接成本		中	高	中	高	中	中	低	中	中	低	低

注：A—好；B—可用；C——一般不用。

选用激光焊、超声波焊等热输入较小的焊接方法。对难熔材料，如钼、钨、钽等，可选用电子束焊等高能束的焊接方法。

化学和物理性能差异较大的异种材料的连接可选用不易形成脆性相的固相焊接方法（如扩散焊）和激光焊。对塑性区间宽的材料，如低碳钢，可选用电阻焊、电弧焊等。对母材强度和伸长率足够大的材料才能进行爆炸焊。对活性金属（如镁、铝、钛等）可选用惰性气体保护焊、等离子弧焊、电子束焊等焊接方法。钛和锆因为对气体溶解度大，焊后接头区易变脆，对这些金属可选用高真空电子束焊和真空扩散焊。对沉淀硬化不锈钢，用电子束焊可以获得力学性能优良的接头。对于冶金相容性差的异种材料可选用扩散焊、扩散-钎焊、爆炸焊等非液相结合的焊接方法。

5. 生产条件

技术水平、生产设备和材料消耗均影响焊接方法的选用。在能满足生产需要的情况下，应尽量选用操作技术水平要求低、生产设备简单、便宜和焊接材料消耗少的焊接方法，以便提高经济效益。电子束焊、激光焊、等离子弧焊等，由于设备相对较复杂，要求更多的基础知识和较高的操作技术水平。

真空电子束焊要有专用的真空室、电子枪和高压电源，还需要 X 射线的防护设施。激光焊需要大功率激光器以及专用的工装和辅助设备。设备复杂程度直接影响经济效益，是选择焊接方法时要考虑的重要因素之一。材料消耗也影响经济效益，在选择焊接方法时应给予充分重视。

1.2.2 特种连接方法的应用领域

特种连接方法的应用十分广泛，如钢铁材料、非铁金属材料、无机非金属材料、复合材料等都有良好的应用前景。不同金属材料适用的特种连接方法见表 1-7。特种连接方法的应用已渗透到国民经济的各个领域，如机械制造、车辆、船舶、能源电力、轻工、化工、电子电器、医疗器械、航空航天、核工业等。

表 1-7　不同金属材料适用的特种连接方法

材料	厚度/mm	激光焊	电子束焊	等离子弧焊	扩散焊	冷压焊	摩擦焊	超声波焊
碳钢	≤3	△	△	△	—	—	—	△
	3~6	△	△	△	—	△	△	△
	6~19	△	△	—	—	△	△	△
	≥19	—	△	—	—	△	△	△
低合金钢	≤3	△	△	△	△	△	—	—
	3~6	△	△	△	△	△	△	△
	6~19	△	△	△	△	△	△	△
	≥19	—	△	—	△	△	△	△
不锈钢	≤3	△	△	△	△	△	△	—
	3~6	△	△	△	△	△	△	—
	6~19	△	△	△	△	△	△	—
	≥19	—	△	—	△	—	△	—
镍及其合金	≤3	△	△	△	△	△	—	—
	3~6	△	△	△	△	△	—	△
	6~19	△	△	△	△	△	△	—
	≥19	—	△	—	△	△	△	—
铝及其合金	≤3	△	△	△	△	△	—	△
	3~6	△	△	△	△	△	△	△
	6~19	△	△	△	△	△	△	—
	≥19	—	△	△	△	△	△	—
钛及其合金	≤3	△	△	△	△	△	—	△
	3~6	△	△	△	△	△	△	—

（续）

材料	厚度/mm	激光焊	电子束焊	等离子弧焊	扩散焊	冷压焊	摩擦焊	超声波焊
钛及其合金	6~19	Δ	Δ	Δ	Δ	Δ	Δ	—
	≥19	—	Δ	—	Δ	—	—	—
铜及其合金	≤3	—	Δ	Δ	Δ	—	—	—
	3~6	—	Δ	Δ	Δ	—	Δ	—
	6~19	—	Δ	Δ	Δ	—	Δ	—
	≥19	—	Δ	—	—	—	Δ	—
镁及其合金	≤3	Δ	—	—	—	—	—	Δ
	3~6	Δ	—	—	—	Δ	Δ	Δ
	6~19	—	—	—	Δ	Δ	Δ	—
	≥19	—	Δ	—	—	Δ	—	—
难熔金属	≤3	—	Δ	Δ	—	—	—	—
	3~6	—	—	Δ	Δ	—	—	—
	6~19	—	—	—	Δ	—	—	—
	≥19	—	—	—	Δ	—	—	—

注：有 Δ 者表示优先被推荐。

　　提高焊接质量和生产率是推动焊接技术发展的重要驱动力。提高焊接生产率的途径，一是提高焊接速度，二是提高焊接熔敷效率，三是减少坡口断面及熔敷金属量。激光焊近年来发展很快，应用领域逐年扩大。电子束焊、等离子弧焊能够一次焊透很深的厚度，对接接头可以不开坡口，对厚大件的焊接具有广阔的应用前景。

　　机械化、自动化、机器人智能化是提高焊接生产率、保证产品质量、改善劳动条件的重要手段。焊接生产自动化是特种连接技术发展的方向。焊接自动化的主要标志是焊接过程控制系统的智能化、焊接生产系统的柔性化和集成化。提高焊接生产的效率和质量，仅仅从焊接工艺着手有一定的局限性，需要从下料、装配、工艺装备、生产管理等多个环节入手才能获得良好的效果。激光焊、电子束焊、等离子弧焊、搅拌摩擦焊等特种连接方法对坡口几何尺寸和装配质量的要求严格，在自动施焊之后，整个焊接结构工整、精确、美观，改变了过去焊接车间人工操作的落后现象。机器人自动化焊接既可以接受人的指挥，又可以执行预先编排的程序，也可以根据以人工智能技术制定的原则运行。机器人和电子计算机技术的发展，尤其是计算机控制技术的发展，为先进连接技术的自动化、智能化打下了良好基础。

　　工业机器人作为现代装备制造技术发展的重要标志之一和新兴技术产业，对高技术产业各领域产生了重要影响。由于焊接制造工艺的复杂性和焊接质量要求严格，而传统焊接技术和劳动条件往往较差，因而能使焊接过程自动化的电子束焊、激光焊、等离子弧焊、搅拌摩擦焊等受到特殊重视。目前，全世界机器人中有 25%~40% 与焊接技术相关。焊接机器人最初多应用于汽车工业中的点焊生产流水线上，近年来已经扩展到其他的装备制造领域。

　　焊接新热源的开发将推动特种连接技术的发展，促进新的连接方法的产生。焊接工艺已成功地利用电弧、等离子弧、电子束、激光、超声波、摩擦、微波等热源形成相应的连接方法。历史上每一种热源的出现，都伴随着新的焊接工艺的出现。今后的焊接发展将从改善现有热源和开发新的更有效的热源两方面开展工作。

在改善现有热源、提高焊接效率方面，如扩大激光器的功率、有效利用电子束能量、改善焊接设备性能、提高能量利用率等都取得了进展。在开发焊接新能源方面，为了获得更高的能量密度，采用叠加热源的复合技术受到研究者的关注，如在等离子弧中加激光，在电弧中加激光等。进行太阳能焊接试验也是为了寻求新的焊接热源。

特种连接技术是一项与新兴学科发展密切相关的先进工艺技术。计算机技术、电子信息技术、人工智能技术、数控及机器人技术的发展为特种连接技术的发展提供了强有力的技术基础，并已渗透到焊接技术和装备制造的各个领域中。高新技术、新材料的不断发展与应用以及各种特殊环境对产品性能要求的不断提高，对特种连接方法及设备提出了更高的要求。在新兴工业和基础学科的带动下，特种连接技术将得到更加迅速的发展。

思 考 题

1. 简述特种连接方法与常规的焊接方法有什么本质上的不同？

2. 高能束连接方法是指哪些连接方法？有什么主要的特点？其功率密度范围为多少？简述其应用领域。

3. 结合"小孔"形成机制，简述高能束焊能形成深宽比大的焊缝的原因。

4. 扩散焊和摩擦焊是否可分别归类于压焊？它们与压焊有什么共同之处？有什么不同之处？

5. 简述特种连接方法的应用前景，举例说明其应用领域。

第2章 激 光 焊

激光焊（Laser Welding）是利用高能量密度的激光束作为热源熔化并连接工件的一种高效精密的焊接方法。与常规焊接方法相比，激光焊具有高能量密度、深穿透、高精度、适应性强等优点而备受关注。激光焊对于一些特殊材料及结构的焊接具有非常重要的意义，这种焊接方法在航空航天、电子信息、汽车制造、核动力等领域中得到应用，并日益受到世界各国的重视。

2.1 激光焊的原理、分类及特点

激光焊接视频

激光（Laser）是英文 Light Amplification by Stimulated Emission of Radia-tion 的缩写，意为"通过受激辐射实现光的放大"。工作物质受到激光辐射，通过光放大而产生一种单色、方向性强、亮度极高的相干光辐射，即为激光束。激光束经透射或反射镜聚焦后可获得直径小于 0.01mm、功率密度高达 $10^{12}\mathrm{W/cm^2}$ 的能束，可用作焊接、切割、熔覆及材料表面处理的热源。

2.1.1 激光焊的原理及分类

1. 激光焊的基本原理

激光焊是以聚焦的激光束作为能源轰击焊件接缝处所产生的热量进行焊接的方法。激光焊能得以实现，不仅是因为激光本身具有极高的能量，更重要的是因为激光能量被高度集中于一点，使其功率密度很大。激光焊本质上是激光与非透明物质相互作用的过程，微观上是一个量子过程，宏观上则表现为反射、吸收、加热、熔化、汽化等现象。

（1）材料对激光的吸收 金属材料的激光加工主要是基于光热效应的热加工，其前提是激光被加工材料所吸收并转化为热能。激光焊时，激光照射到被焊接材料的表面，与其发生作用，一部分被反射，一部分进入材料内部。

激光焊的热效应取决于工件吸收光束能量的程度，常用吸收率来表征。光亮的金属表面对激光有很强的反射作用，室温时材料对激光能的吸收率仅为10%以下，在熔点以上吸收率急剧提高。激光束的功率密度超过某个门槛值时（$10^6\mathrm{W/cm^2}$），吸收率也急剧提高。对于非透明材料，透射光被吸收，金属的线性吸收系数约为 $10^7 \sim 10^8/\mathrm{m}$。对于金属，激光在金属表面 $0.01 \sim 0.1\mu\mathrm{m}$ 的厚度中被吸收转变成热能，导致金属表面温度升高，再传向金属内部。就材料对激光的吸收而言，材料的汽化是一个分界线。当材料没有发生汽化时，不论处于固相还是液相，其对激光的吸收仅随表面温度的升高而有较慢的变化；一旦材料出现汽化并形成等离子体和小孔，材料对激光的吸收会突然发生变化。

当功率密度超过阈值时（$>10^6\mathrm{W/cm^2}$），光子轰击金属表面开始汽化，蒸发的金属可防止剩余能量被金属反射掉。如果被焊金属具有良好的导热性能，则会得到较大的熔深，形成小孔，小孔可以大幅度地提高激光吸收率。激光在材料表面的反射、透射和吸收，本质上是光波的电磁场与材料相互作用的结果。激光光波入射材料时，材料中的带电粒子依着光波电矢量的步调振动，使光子的辐射能变成电子的动能。

金属对激光的吸收，主要与激光波长、材料的性质、温度、表面状况以及激光功率密度等因素有关。一般来说，金属对激光的吸收率随着温度的上升而增大，随着电阻率的增加而增大。

（2）材料的加热、熔化及汽化　物质吸收激光后，首先产生的是某些质点的过量能量，如自由电子的动能，束缚电子的激发能或者还有过量的声子。这些原始激发能经过一定过程再转化为热能。

激光是一种新的光源，它除了与其他光源一样是一种电磁波外，还具有其他光源不具备的特性，如高方向性、高亮度（光子强度）、高单色性和高相干性。激光加工时，材料吸收的光能向热能的转换是在极短的时间（约为 10^{-9} s）内完成的。在这个时间内，热能仅仅局限于材料的激光辐照区，而后通过热传导，热量由高温区传向低温区。

激光焊时，材料达到熔点所需的时间为微秒级；脉冲激光焊时，当材料表面吸收的功率密度为 10^5 W/cm^2 时，达到沸点的时间为几毫秒；当功率密度大于 10^6 W/cm^2 时，被焊材料会产生急剧的蒸发。在连续激光深熔焊时，正是由于蒸发，蒸气压力和蒸气反作用力等能克服熔化金属表面张力以及液体金属静压力而形成"小孔"。形成的"小孔"类似于"黑洞"，它有助于对光束能量的吸收。另外，激光束射入小孔中时，显示出"侧壁聚焦效应"。由于激光束聚焦后不是平行光束，与孔壁间形成一定的入射角，激光束照射到孔壁上后，经多次反射而达到孔底，最终被完全吸收，如图2-1所示。

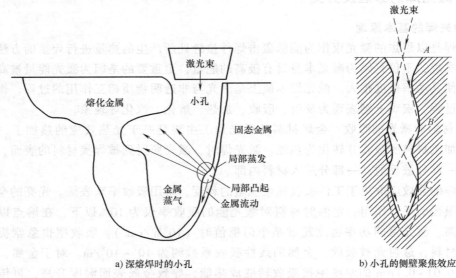

a）深熔焊时的小孔　　　　　　　b）小孔的侧壁聚焦效应

图2-1　激光深熔焊时的小孔及侧壁聚焦效应

激光光子一旦入射到金属晶体上，光子即与电子发生非弹性碰撞，光子将其能量传递给电子，使电子由原来的低能级跃迁到高能级。与此同时，金属内部的电子间也在不断地相互碰撞。每个电子两次碰撞间的平均时间间隔为 10^{-13} s，因此，吸收了光子而处于高能级的电子将在与其他电子的碰撞以及与晶格的相互作用中进行能量的传递。光子的能量最终转化为晶格的热振动能，引起材料温度升高，改变材料表面及内部温度。

在不同功率密度的激光束的照射下，材料表面区域将发生各种不同的变化，这些变化包括表面温度升高、熔化、汽化、形成小孔以及产生光致等离子体等。图 2-2 所示为不同功率密度激光辐射金属材料的几个主要物理过程。

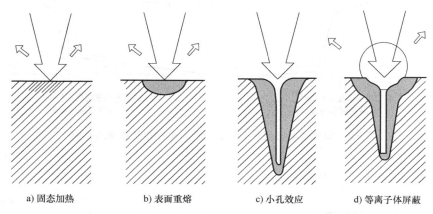

| a) 固态加热 | b) 表面重熔 | c) 小孔效应 | d) 等离子体屏蔽 |

图 2-2　不同功率密度激光辐射金属材料的物理过程

当激光功率密度小于 $10^4 W/cm^2$ 时，金属吸收激光能量只引起材料表层温度的升高，但维持固相不变，主要用于零件的表面热处理、相变硬化处理或钎焊。

当激光功率密度在 $10^4 \sim 10^6 W/cm^2$ 范围时，产生热传导型加热，材料表层将发生熔化，主要用于金属的表面重熔、合金化、熔覆和热传导型焊接（如薄板高速焊及精密点焊等）。

当激光功率密度达到 $10^6 W/cm^2$ 时，材料表面在激光束的照射下，激光热源中心加热温度达到金属的沸点，而强烈汽化形成等离子蒸气，在汽化膨胀压力作用下，液态表面向下凹陷形成深熔小孔；与此同时，金属蒸气在激光束的作用下电离产生光致等离子体。这一阶段主要用于激光深熔焊接、切割和打孔等。

上述的激光功率密度范围只是一个粗略的划分。在不同条件下，不同波长激光照射不同金属材料，每一阶段功率密度的具体数值会存在一定的差异，特别是第四阶段，其差异可能非常大。各种激光加工技术对应的功率密度范围如图 2-3 所示。

图 2-4 所示为激光焊过程中激光功率密度对工件表面反射率和焊缝熔深的影响。当激光功率密度大于某一门槛值时（约 $10^6 W/cm^2$），反射率突然降至很低值，材料对激光的吸收剧增，熔深显著增加。

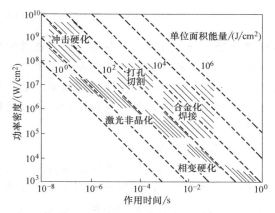

图 2-3　各种激光加工技术对应的功率密度范围

（3）熔化金属的凝固　激光焊过程中，工件和光束做相对运动，由于剧烈蒸发产生的表面张力使"小孔"前沿形成的熔化金属沿某一角度得到加速，在"小孔"后面的近表面处形成如图 2-5 所示的熔流（大漩涡）。此后，"小孔"后方液态金属由于传热的作用，温

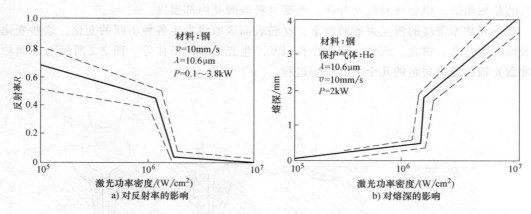

图 2-4 激光功率密度对工件表面反射率和焊缝熔深的影响

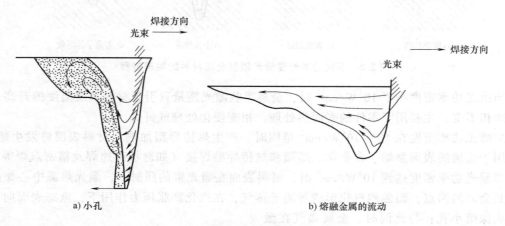

图 2-5 小孔和熔融金属流动的示意图

度迅速降低，液态金属很快凝固，形成连续的焊缝。

激光焊通过特定光路系统将激光束聚焦为一个很小的斑点，可产生巨大的能量密度，实现不同材料的连接。显然，激光焊最基本的优势是激光束可以被聚焦到很小的区域，从而形成高功率密度的集中热源。这种高功率密度的热源通过沿待焊接接头快速扫描使之熔化和凝固结晶实现焊接。

2. 激光焊的分类

激光焊通常按激光对工件的作用方式以及作用在工件上的功率密度进行分类。按照激光发生器工作物质的不同，激光有固体、半导体、液体、气体激光之分。根据激光对工件的作用方式和激光器输出能量的不同，激光焊可分为连续激光焊（包括高频脉冲连续激光焊）和脉冲激光焊。连续激光焊在焊接过程中形成一条连续的焊缝。脉冲激光焊时，输入到工件上的能量是断续的、脉冲的，每个激光脉冲在焊接过程中形成一个圆形焊点。

激光焊有两种基本模式，按激光聚焦后光斑作用在工件上功率密度的不同，激光焊一般分为热导焊（功率密度$<10^6 \mathrm{W/cm^2}$）和深熔焊（小孔焊，功率密度$\geq 10^6 \mathrm{W/cm^2}$），如图 2-6 所示。

（1）热导焊（也称传热焊） 当激光的入射功率密度较低时，工件吸收的能量不足以使金属汽化，只发生熔化，此时金属的熔化是通过对激光辐射的吸收及热量传导进行的，称为热导焊。由于没有蒸气压力作用，激光热导焊时熔深一般较浅。

激光热导焊看起来类似于钨极氩弧焊（TIG），材料表面吸收激光能量，通过热传导的方式向内部传递。在激光光斑上的功率密度不高（$<10^6 \text{W/cm}^2$）的情况下，金属材料的表面在加热时不会超过其沸点。焊接时，金属材料表面将所吸收的激光能转变为热能后，使金属表面温度升高而熔化，然后通过热传导方式把热能传向金属内部，将其熔化并使熔化区迅速扩大，凝固后形成焊点或焊缝，其熔池形状近似为半球形。这种焊接机理称为热导焊，这种传热熔焊过程类似于非熔化极电弧焊，如图 2-7a 所示。

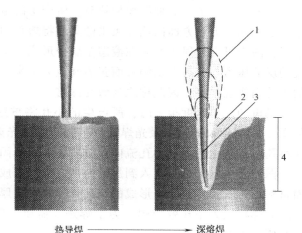

热导焊 ————————→ 深熔焊

图 2-6　激光焊的两种基本模式

1—等离子体云　2—熔化材料　3—小孔　4—熔深

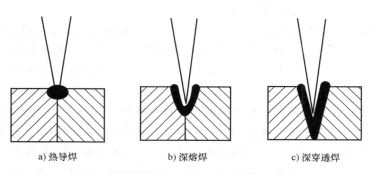

a) 热导焊　　　　　b) 深熔焊　　　　　c) 深穿透焊

图 2-7　激光焊不同功率密度时的加热状态

热导焊的特点是激光光斑的功率密度小，很大一部分光被金属表面所反射，光的吸收率较低，焊接熔深浅、焊点小、热影响区小，因而焊接变形小、精度高，焊接质量也很好。热导焊主要用于薄板（厚度 $\delta < 1\text{mm}$）、小工件的精密焊接加工。目前在汽车、飞机、电子等工业制造部门，已经大量采用了这种焊接方法。

（2）深熔焊（也称小孔焊）　当激光的入射功率密度较大时，可在极短的时间内使加热区的金属汽化，从而在液态熔池中形成一个匙孔，光束可以直接进入匙孔内部，通过匙孔的传热获得较大的焊接熔深，这种机制称为深熔焊，这是激光焊中最常用的焊接模式。

激光深熔焊与电子束焊相似，高功率密度激光引起材料局部熔化并形成"小孔"，激光束通过"小孔"深入到熔池内部，随着激光束的运动形成连续焊缝。当激光光斑上的功率密度足够大时（$\geqslant 10^6 \text{W/cm}^2$），金属表面在激光束的照射下被迅速加热，其表面温度在极短的时间内（$10^{-8} \sim 10^{-6}\text{s}$）升高到沸点，使金属熔化和汽化。产生的金属蒸气以一定的速度离开熔池表面，逸出的蒸气对熔化的液态金属产生一个附加压力反作用于熔化的金属，使熔池金属表面向下凹陷，在激光光斑下产生一个小凹坑，如图 2-7b 所示。

当激光束在小孔底部继续加热时，所产生的金属蒸气一方面压迫坑底的液态金属使小坑进一步加深，另一方面向坑外飞出的蒸气将熔化的金属挤向熔池四周。随着加热过程的连续进行，激光可直接射入坑底在液态金属中形成一个细长的小孔。当光束能量所产生的金属蒸气的反冲压力与液态金属的表面张力和重力平衡后，小孔不再继续加深，形成一个深度稳定的小孔而实现焊接，因此称之为激光深熔焊。

光斑功率小密度很大时，所产生的小孔将贯穿整个板厚，形成深穿透焊缝（或焊点），如图2-7c所示。在连续激光焊时，小孔是随着光束相对于工件而沿焊接方向前进的。金属在小孔前方熔化，绕过小孔流向后方后，重新凝固形成焊缝。

深熔焊的激光束可深入到焊件内部，因而形成深宽比较大的焊缝。如果激光功率足够大而材料相对较薄，激光焊形成的小孔贯穿整个板厚且背面可以接收到部分激光，这种方法也称之为薄板激光小孔效应焊。为了焊透，需要一定的激光功率，通常每焊透1mm的板厚，约需要激光功率1kW。

从机理上看，深熔焊和深穿透焊（小孔效应）的前提都是焊接时存在小孔，两者没有本质的区别。在能量平衡和物质流动平衡的条件下，可以对小孔稳定存在时产生的一些现象进行分析。只要光束有足够高的功率密度，小孔总是可以形成的。小孔中充满了被焊金属在激光束连续照射下所产生的金属蒸气及等离子体。具有一定压力的等离子体还向工件表面空间喷发，在小孔之上形成一定范围的等离子云。

小孔周围被熔池金属所包围，在熔池金属的外面是未熔化金属及一部分凝固金属，熔化金属的重力及表面张力有使小孔弥合的趋势，而连续产生的金属蒸气则力图维持小孔的存在。在激光束入射的地方，不断有物质连续逸出孔外。小孔将随着光束相对运动，但其形状和尺寸却是稳定的。

当小孔跟着光束在物质中向前运动的时候，在小孔的前方形成一个倾斜的熔融前沿。在这个区域，小孔的周围存在压力梯度和温度梯度。在压力梯度的作用下，熔融金属绕小孔的周边由前沿向后沿流动。另外，温度梯度的存在使得气-液分界面的表面张力随着温度的升高而减小，沿小孔的周边建立了一个前面大后面小的表面张力梯度，这就进一步驱使熔融金属绕小孔周边由前沿向后沿流动，最后在小孔后方凝固形成连续的焊缝。

小孔的形成伴随有明显的声、光特征。用激光焊焊接钢件，未形成小孔时，焊件表面的火焰是橘红色或白色的；一旦小孔形成，光焰变成蓝色并伴有轻微的爆裂声，这个声音是等离子体喷出小孔时产生的。利用激光焊时的这种声音和颜色变化的特征，可以对焊接过程和质量进行监控，形成激光焊的声光监测技术。

此外，从焊材的使用角度，激光焊又可以分为激光自熔焊（无须填充焊材）、激光填丝焊、激光填粉焊。当被焊接件带有间隙、错边、坡口的焊缝时，一般采用激光填丝方法。在激光增材制造、激光焊修复技术中，激光填丝焊、激光填粉焊都有应用。

3. 激光焊过程中的等离子云

在高功率密度的条件下进行激光焊时，可以发现激光与金属作用区域中的金属蒸发极为剧烈，不断有红色金属蒸气逸出小孔，而在金属表面的熔池上方存在着一个蓝色的等离子云区，它是伴随着小孔而产生的。

（1）等离子云产生的原因　激光既是光，又是一种电磁波，在加热金属时产生两种现象。

1）金属被激光加热汽化后，在熔池上方形成高温金属的蒸气云，当激光功率密度很大时，高温金属蒸气将发生电离解形成等离子云。

2）焊接时施加的保护气体，在高功率密度激光束的作用下也能离解形成等离子云。因此，等离子云的产生不仅与激光的功率密度有关，而且还与被焊金属的性质及保护气体有关。

（2）等离子云对焊接过程的影响　激光焊时产生的等离子云会对焊接过程产生两个不利影响。一是位于熔池上方的等离子云，对激光的吸收系数很大，它相当于一种屏蔽，吸收部分激光；二是激光在等离子体的介质中，由于折射率的不同形成散射，使金属表面得到的激光能量减少，焊接熔深减小，焊缝表面增宽，形成图钉状焊缝。

（3）抑制等离子云的方法　为了获得成形良好的焊缝和增加焊接熔深，激光焊过程中必须采取措施抑制等离子云。焊接过程中克服等离子云影响的常规方法是通过喷嘴对熔池表面喷吹惰性气体。可以利用气体的机械吹力驱除等离子云，使其偏离熔池上方。还可以利用较低温度的气体降低熔池上方高温气体的温度，抑制产生等离子云的高温条件。

抑制等离子云还可以采用高频脉冲激光焊，使每个激光脉冲的加热时间小于等离子云形成的时间（约 0.5ms），则等离子云还未生成，焊接加热已经结束。此外，采用高速焊或较短波长的激光进行焊接，对于减轻等离子云对焊接过程的干扰也能起一定的作用。

2.1.2　激光焊的特点及应用

1. 激光的特点

CO_2 气体或固体激光器通过谐振回路吸收能量并同时释放相同频率的光子便产生了激光。产生激光的关键是：在大量受激分子中安装光学谐振回路（谐振腔）并使其与受激气体或固体分子产生的光子频率相协调。该谐振回路的工作原理与发声管相似：发声管是利用气流产生共振而发声，激光发生器则是利用高压产生谐振而发光。在装有活性气体或固体的密闭容器两端安装一对反射镜便构成了谐振回路。其中一个反射镜反射所有辐射到镜面上的光（称为全反射镜）；而另一个反射镜只反射其中的 50%（称为半反射镜），这就是谐振回路的工作原理。

激光具有以下四个最显著的特点：

（1）亮度高　激光是世界上最亮的光。CO_2 激光的亮度比太阳光亮 8 个数量级，而高功率钕玻璃激光则比太阳光亮 16 个数量级。

（2）方向性好　激光的方向性很好，它能传播很远距离而扩散面积很小，接近于理想的平行光。激光束良好的方向性（通常用光束发散角来表征）对其聚焦性有重要的影响，微小的发散角可大大减小聚焦后的束斑直径，提高功率密度。

（3）单色性强　光源的单色性是指光源谱线的宽窄程度（通常把谱线宽度 $\Delta\lambda < 1 \times 10^{-4}\mu m$ 的光称为单色光）。激光为单色光，它的发光光谱宽度比氙灯的光谱宽度窄几个数量级。

（4）相干性好　光的相干性是指在不同时刻、不同空间点上两个光波场的相干程度。具有相干性的两束光相遇时，在叠加区光强的分布是不均匀的，有的地方出现极大值，有的地方出现极小值，即出现干涉现象。光的相干性又可分为空间相干性和时间相干性。空间相干性用来描述垂直于光束传播方向上各点之间的相位关系，与光的方向性密切相关；时间相干性用来描述沿光束传播方向上各点的相位关系，与光束的单色性密切相关。

正是由于激光的上述四个特点，人们把激光用于焊接技术领域。激光聚焦后在焦点上的功率密度可高达 $10^6 \sim 10^9 \mathrm{W/cm^2}$，比通常的焊接热源高几个数量级，成为一种十分理想的焊接热源。

2. 激光焊的特点

激光焊是以高功率密度的激光束作为热源，对金属进行熔化形成焊接接头的熔焊方法。采用激光焊，不仅焊接接头质量得到了显著的提高，而且生产率也高于传统的焊接方法。与一般焊接方法相比，激光焊具有以下特点：

1）聚焦后的激光束具有很高的功率密度（$10^5 \sim 10^7 \mathrm{W/cm^2}$ 或更高），加热速度快，可实现深熔焊和高速焊。由于激光加热范围小（光斑直径<1mm），在同等功率和焊接厚度条件下，焊接速度快、热影响区小、焊接应力和变形小。

2）激光能发射、透射，能在空间传播相当距离而衰减很小，可进行远距离或一些难以接近的部位的焊接；YAG 和半导体激光可通过光导纤维、棱镜等光学方法弯曲传输、偏转、聚焦，特别适合于微型零件、难以接近的部位或远距离的焊接。

3）一台激光器可供多个工作台进行不同的工作，既可用于焊接，又可用于切割、熔覆、合金化和热处理，一机多用。

4）激光在大气中损耗不大，某些波长的激光甚至可以穿过玻璃等透明物体，适合于在玻璃制成的透明密封容器里焊接铍合金等剧毒材料；激光不受电磁场影响，不存在 X 射线防护问题，也不需要真空保护。

5）可以焊接常规焊接方法难以焊接的材料，如高熔点金属等，甚至可用于非金属材料的焊接，如陶瓷、有机玻璃等；适合于某些对热输入敏感材料的焊接，焊后无须热处理。

与电子束焊相比，激光焊最大的特点是不需要真空室（可在大气下进行焊接）、不产生 X 射线。它的不足之处是焊接的工件厚度比电子束焊小。

目前影响大功率激光焊扩大应用的主要障碍是：

1）激光器（特别是高功率连续激光器）价格昂贵。目前工业用激光器的最大功率为 25kW，可焊接的最大厚度约为 25mm，比电子束焊小得多。

2）对焊件加工、组装、定位要求均很高。

3）CO_2 激光器和 YAG 激光器的光电转换及整体运行效率都很低，CO_2 激光器的光电转换效率仅为 10%~20%，YAG 激光器的光电转换效率仅为 2%~3%；激光焊难以焊接反射率较高的金属。

采用激光焊时，影响其焊接性的金属性能包括：热力学、机械、表面条件、冶金和化学性能等。高反射率的表面条件不利于获得良好的激光焊接质量。

3. 激光焊的应用

采用激光焊，"只要能看见，就能够焊接"。激光焊可以在很远的工位，通过窗口，或者在电极或电子束不能伸入的三维零件的内部进行焊接。与电子束焊一样，激光焊只能从单面实施，因此可采用单面焊将叠层零件焊接在一起。激光焊的这一优势为焊接接头设计开辟了新的途径。

随着航空航天、微电子、医疗器械及核工业等的迅猛发展，对材料性能的要求越来越高，传统的焊接方法难以满足要求，激光焊作为一种独特的加工方法日益受到重视。激光焊是激光最先工业应用的领域之一。目前世界上 1kW 以上的激光加工设备已超过 10 万台以上，其中 1/3 用于焊接。

激光是 20 世纪 60 年代出现的最重大的科学技术成就之一。20 世纪 70 年代之前，由于没有高功率的连续激光器，那时激光应用大多是采用脉冲固体激光器，研究的重点是脉冲激光焊，应用于小型精密零部件的点焊，或由单个焊点搭接而成的缝焊。20 世纪 80 年代，大功率（数千瓦）CO_2 激光器的出现，开辟了激光应用于焊接的新纪元。由于 CO_2 激光器具有结构简单、输出功率范围大和能量转换效率高等优点，可广泛应用于材料的激光加工，特别是激光焊。几毫米厚的钢板能够一次性焊透，所得焊缝与电子束焊相似，显示出了高功率激光焊的巨大潜力。

近年来，激光焊在汽车、能源、船舶、航空航天、电子信息等行业得到日益广泛的应用，特别是在航空航天领域得到了成功的应用。我国激光焊技术自 20 世纪 90 年代以后逐渐进入工业化应用，尤其是在大功率的光纤激光器、半导体激光器出现之后，用于焊接生产的大功率激光焊越来越多。激光焊的部分应用实例见表 2-1。

表 2-1　激光焊的部分应用实例

应用部门	应用实例
航空	发动机壳体、机身壁板、机翼隔架、座椅导轨、下壁板、膜盒等
电子仪表	集成电路内引线、显像管电子枪、全钽电容、调速管、仪表游丝等
机械	精密弹簧、针式打印机零件、金属薄壁波纹管、热电偶、电液伺服阀等
钢铁冶金	焊接厚度 0.2~8mm、宽度 0.5~1.8m 的硅钢片，高中低碳钢和不锈钢，焊接速度为 100~1000cm/min
汽车	车顶棚、车门、行李舱、汽车底盘、传动装置、齿轮、点火器中轴与拨板组合件等
轨道交通	高铁车厢、车体、壁板、顶板、城铁车厢及壁板、底盘转向架等
食品、医疗	食品罐（用激光焊代替传统的锡焊或接触高频焊，具有无毒、焊接速度快、节省材料以及接头美观、性能优良等特点）、心脏起搏器以及心脏起搏器所用的锂碘电池等
其他	燃气轮器、换热器、干电池锌筒外壳、核反应堆零件等

在汽车、航空航天等领域激光焊技术得到了不断的推广与应用。例如，汽车工业中引进了国外先进的激光焊生产线，逐步具备了国产化的制造能力，对汽车顶棚、车门、行李舱等均可采用自动化的激光焊技术。激光焊接拼板技术也已在国内生产厂中应用。在轨道交通方面，我国正在大力开发激光焊技术在高铁与城铁车厢侧壁、底盘转向架上的应用。

在电站建设及石油化工行业，有大量的管-管、管-板接头，用激光焊可得到高质量的单面焊双面成形焊缝。在舰船制造业，用激光焊焊接大厚度板（加填充金属），接头性能优于常规的电弧焊，能降低产品的综合成本，提高构件安全运行的可靠性，有利于延长舰船的使用寿命。激光焊还应用于电动机定子铁心的焊接。在航空业，激光焊应用于发动机壳体、机翼隔架等飞机零件的生产，航空涡轮发动机叶片的修复等。C919 大飞机机身壁板的激光双侧焊接工艺已获得应用。

脉冲激光焊主要用于微型件、精密元件和微电子元件的焊接。低功率脉冲激光焊常用于直径在 0.5mm 以下金属丝与丝（或薄膜）之间的点焊连接。连续激光焊主要用于厚板深熔焊。对接、搭接、端接、角接均可采用连续激光焊。最常见的接头形式是对接和搭接。接头设计准则类同电子束焊：对接间隙应小于聚焦光斑，通常要求在 0.1mm 以下；搭接间隙小于 0.25δ（δ 为板厚，mm）。

　　激光焊虽然在焊接熔深方面比电子束焊小一些，但由于可免去电子束焊真空室对零件的局限、无须在真空条件下进行焊接，故其应用前景更为广阔。20世纪90年代以来，国外的激光焊设备每年以大于25%的比例增长。激光加工设备常与机器人结合起来组成柔性加工系统，使其应用范围得到进一步扩大。

　　与其他热源不同，激光热源的优势是可以通过光路系统的设计实现光束的整形，获得灵活的焊接热场设计，如多焦点焊接、矩形光斑焊接、光束扫描焊接等。激光也容易实现与其他能场的复合，建立复合热源焊接系统，如激光-电弧复合焊、激光-搅拌摩擦复合焊、激光-电阻复合焊、激光-超声复合焊等。

　　为适应不同材料与接头形式焊缝的连接，激光作为热源的焊接还有其他形式的应用，如激光钎焊、激光熔-钎焊、激光-电弧焊、激光压焊等。激光钎焊主要用于微电子或印制电路板的焊接，激光压焊主要用于薄板或薄钢带的焊接。不同的焊接方法可通过设计激光光束焦点作用模式，获得最优的焊接热场与焊缝质量。

　　激光增材制造技术是激光焊接技术应用的拓展，更多地融合了激光、材料、机器人、智能控制等多学科的基础知识。激光增材制造的基本加工原理与激光焊类似，涵盖了激光与材料的相互作用、熔化和熔池结晶、熔覆（沉积）层缺欠、微观组织和应力分布等。作为先导性的激光增材制造推动了传统生产方式的深刻变革，引起了世界各国的广泛关注。因其技术发展迅速，应用和市场需求广泛，将在其他的科技书中对其进行介绍。

2.2　激光焊设备及工艺特点

2.2.1　激光焊设备的组成

激光焊
设备及工艺

　　激光焊设备是产生激光束并对焊件进行熔焊的专用设备。激光焊设备按激光工作物质的不同，分为固体激光焊设备和气体激光焊设备；按激光器工作方式的不同，分为连续激光焊设备和脉冲激光焊设备。

　　激光器是激光设备的核心部分，气体激光器是以气体作为工作物质的激光器，目前应用较广泛的是 CO_2 激光器。CO_2 激光器的组成示意图如图2-8所示。反射镜和透镜组成的光学系统将激光聚焦并传递到被焊工件上。大多数激光焊是在计算机控制下完成的，被焊工件通过二维或三维计算机驱动的平台移动；也可以固定工件，通过移动激光束的位置来完成焊接过程。用掺

激光焊
设备及工艺

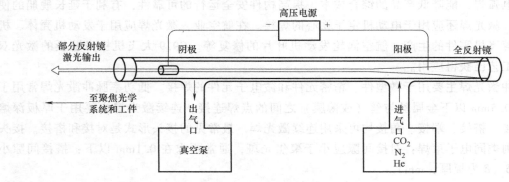

图2-8　CO_2 激光器的组成示意图

入少量激活离子的玻璃或晶体作为工作物质的是固体激光器。焊接用激光器的特点见表 2-2。

表 2-2　焊接用激光器的特点

激光器	波长 /μm	工作方式	重复频率 /Hz	输出功率或能量范围	主要用途
红宝石激光器	0.69	脉冲	0~1	1~100J	点焊、打孔
钕玻璃激光器	1.06	脉冲	0~10	1~100J	点焊、打孔
YAG(钇铝石榴石)激光器	1.06	脉冲 连续	0~400	1~100J 0~2kW	点焊、打孔 焊接、切割、表面处理
封闭式 CO_2 激光器	10.6	连续	—	0~1kW	焊接、切割、表面处理
横流式 CO_2 激光器	10.6	连续	—	0~25kW	焊接、表面处理
快速轴流式 CO_2 激光器	10.6	连续脉冲	0~5000	0~6kW	焊接、切割

无论哪一种激光焊设备，基本组成大致相似。整套的激光焊设备主要包括激光器、光束偏转及聚焦系统、光束检测器、焊枪、工作台、电源及控制系统、气源、水源、操作盘、数控装置等，如图 2-9 所示。

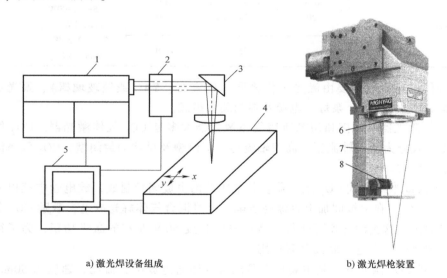

a) 激光焊设备组成　　　　　　　　　　　　b) 激光焊枪装置

图 2-9　激光焊设备组成及焊枪装置
1—激光器　2—光束检测器　3—光束偏转及聚焦系统　4—工作台
5—控制系统　6—防护镜　7—激光束　8—空气刀

1. 激光器

用于激光焊的激光器包括 CO_2 激光器、YAG 激光器、半导体激光器和光纤激光器。焊接领域目前主要采用以下几种激光器：

① YAG 固体激光器（含 Nd^{3+} 的 Yttrium-Aluminium-Garnet，简称 YAG）。

② CO_2 气体激光器，其工作物质为 CO_2 气体。

③ 光纤激光器。

这几种激光器的特点见表 2-3，它们可以互相弥补彼此的不足。脉冲 YAG 和连续 CO_2 激光焊的应用见表 2-4。

表 2-3 焊接中采用的激光器的特点

类型	波长/μm	发射	功率密度/(W/cm²)	最小加热面积/cm²
YAG 固体激光器	1.06	通常是脉冲式的	$10^5 \sim 10^7$	10^{-8}
CO_2 气体激光器	10.6	通常是连续式的	$10^2 \sim 10^4$	10^{-8}
光纤激光器	0.92 ~ 1.51	连续式、高功率脉冲式	$10^2 \sim 10^6$	10^{-8}

表 2-4 脉冲 YAG 和连续 CO_2 激光焊的应用

激光类型	材料	厚度/mm	焊接速度	焊缝类型	备 注
脉冲 YAG 激光	钢	<0.6	8 点/s 2.5m/min	点焊	适用于受到限制的复杂件
	不锈钢	1.5	0.001m/min	对接	最大厚度 1.5mm
	钛	1.3	—	对接	反射材料（如 Al、Cu）的焊接；以脉冲提供能量，特别适于点焊
连续 CO_2 激光	钢	0.8 20	1~2m/min 0.3m/min	对接 对接	最大厚度： 0.5mm，300W 5mm，1kW
		>2	2~3m/min	小孔	7mm，2.5kW 10mm，5kW

（1）固体激光器 主要由激光工作物质（红宝石、YAG 或钕玻璃棒）、聚光器、谐振腔（全反镜和输出窗口）、泵灯、电源及控制装置组成。

（2）气体激光器 焊接和切割所用气体激光器大多是 CO_2 气体激光器。CO_2 气体激光器按照气冷方式分为低速轴流型、高速轴流型、横流型及早期的封闭型。CO_2 气体激光器有下面三种结构形式。

1）封闭式或半封闭式 CO_2 激光器。其主体结构由玻璃管制成，放电管中充以 CO_2、N_2 和 He 的混合气体，在电极间加上直流高压电，通过混合气体辉光放电，激励 CO_2 分子产生激光从窗口输出。这类激光器可获得每米放电管长度 50W 左右的激光功率，为了得到较大的功率，常把多节放电管串联或并联使用。

2）横流式 CO_2 激光器。其主要特点是混合气体通过放电区流动，速度为 50m/s，气体直接与换热器进行热交换，因而冷却效果好，可获得 2000W/m 的输出功率。

3）快速轴流式 CO_2 激光器。气体的流动方向和放电方向与激光束同轴。气体在放电管中以接近声速的速度流动（速度为 150m/s），每米放电长度上可获得 500 ~ 2000W 的激光功率。

2. 光束偏转及聚焦系统

光束偏转及聚焦系统又称为外部光学系统，用来把激光束传输并聚焦在工件上，其端部安装提供保护或辅助气流的焊枪或割炬。图 2-10 所示为两种光束偏转及聚焦系统的示意图。

光束偏转及聚焦系统的反射镜用于改变光束的方向，球面反射镜或透镜用来聚焦。在固体激光器中，常用光学玻璃制造反射镜和透镜。而对于 CO_2 激光焊设备，由于激光波长长，常用铜或反射率高的金属制造反射镜，用 GaAs 或 ZnSe 制造透镜。透射式聚焦用于中、小功率的激光加工设备，而反射式聚焦用于大功率激光加工设备。

3. 光束检测器

光束检测器有两个作用：一是可随时监测激光器的输出功率；二是可以检测激光束横断面上的能量分布，以确定激光器的输出模式。大多数光束检测器只有第一个作用，所以又称为激光功率计。

光束检测器的工作原理如下：

电动机带动旋转反射针高速旋转，当激光束通过反射针的旋转轨迹时，一部分激光（<0.4%）被针上的反射面所反射，通过锗透镜衰减后聚焦，落在红外激光探头上，探头将光信号转变为电信号，由信号放大电路放大，

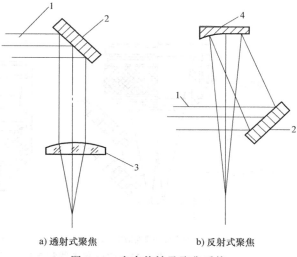

a) 透射式聚焦　　　　　b) 反射式聚焦

图 2-10　光束偏转及聚焦系统

1—激光束　2—平面反射镜　3—透镜　4—球面反射镜

通过数字毫伏表读数。由于探头给出的电信号与所检测到的激光能量成正比，因此数字毫伏表的读数与激光功率成正比，它所显示的电压大小与激光功率的大小相对应。

4. 气源和电源

保护气体对于激光焊来说是必要的，在大多数焊接过程中，保护气体通过特殊的喷嘴输送到激光辐射区域。目前的 CO_2 激光器大多采用 He、N_2、CO_2 混合气体作为工作介质，其体积配比为 60%：33%：7%。He 气价格昂贵，因此高速轴流式 CO_2 激光器运行成本较高，选用时应考虑其成本。为了保证激光器稳定运行，一般采用快响应、恒稳性高的电子控制电源。

5. 喷嘴

一般设计成与激光束同轴放置，常用的是将保护气体从激光束侧面送入喷嘴。典型的喷嘴孔径在 4~8mm，喷嘴到工件的距离在 3~10mm。一般保护气体压力较低，气体流速约为 8~30L/min。图 2-11 所示为 CO_2 激光器和 YAG 激光器应用较为广泛的焊接喷嘴结构。

为了使激光焊的光学元件免受焊接烟尘和飞溅的影响，可采用几种横向喷射式喷嘴的设计，基本思想是考虑使气流垂直穿过激光束。针对不同的技术要求，或是用于吹散焊接烟尘，或是利用高动能使金属颗粒转向。

6. 工作台和控制系统

伺服电动机驱动的工作台可供安放工件实现激光焊接或切割。激光焊的控制系统多采用数控系统。选择或购买激光焊设备时，应根据工件尺寸、形状、材质和设备的特点、技术指标、适用范围以及经济效益等综合考虑。

微型件、精密件的焊接可选用小功率焊机，中厚件的焊接应选用功率较大的焊机。点焊可选用脉冲激光焊机，要获得连续焊缝则应选用连续激光焊机或高频脉冲连续激光焊机。快速轴流式 CO_2 激光焊机的运行成本比较高（因消耗 He 气多），选择时应适当考虑。此外，还应注意激光焊机是否具有监控保护等功能。

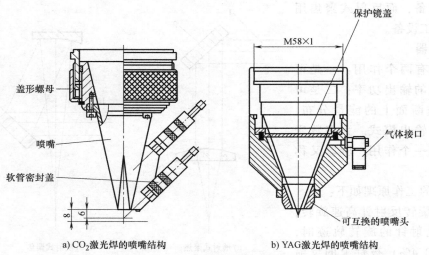

a) CO₂激光焊的喷嘴结构　　　　b) YAG激光焊的喷嘴结构

图 2-11　CO₂ 激光器和 YAG 激光器的焊接喷嘴结构

　　小功率脉冲激光焊机适合于直径在 0.5mm 以下金属丝与丝、丝与板（或薄膜）之间的点焊，特别是微米级细丝、箔膜的点焊。脉冲能量和脉冲宽度是决定脉冲激光点焊熔深和焊点强度的关键。

　　连续激光焊机特别是高功率连续激光焊机大多是 CO₂ 激光焊机，可用于形成连续焊缝以及厚板的深熔焊。焊接参数有激光功率、焊接速度、光斑直径、离焦量、保护气体等。焊缝成形主要由激光功率和焊接速度确定。

　　应指出，继传统的气体、固体激光器之后，光纤激光器、半导体激光器等新型激光器发展迅速，特别是近年来高速发展的光纤激光器具有更高的加工柔性、更高的亮度和更低的运行成本等综合优势，受到全世界激光加工领域的广泛关注。工业用光纤激光器的功率已达到 30kW。

　　目前高品质大功率激光器多来源于德国制造，其次是美国。激光光束的品质、功率、稳定性对焊接工艺和焊接质量有决定性的影响。我国已经有能力生产万瓦级的光纤激光器，但其稳定性、成本控制与国外同类产品相比还有一定的差距。目前我国大功率激光焊设备基本上是从国外进口；对于中小功率激光器，国内的制造生产水平已能满足激光焊应用的需求。

2.2.2　激光焊熔透状态的特征

　　激光焊的熔深是指焊接过程中被激光熔化的工件厚度。一般情况下认为小孔深度即为熔深，因此往往将小孔穿透工件等同于熔透。实际上，由于小孔周围存在一定厚度的液态金属层，完全可能存在小孔未穿透工件但工件已被熔透的情形。通过对激光焊过程和焊缝背面熔透状态的分析，可以确定激光深熔焊存在以下几种熔透状态，如图 2-12 所示。

　　（1）未熔透　焊接过程中小孔及其下方的液态金属都没有穿透母材（工件），在工件背面看不到金属被熔化的任何痕迹（见图 2-12a）。

　　（2）仅熔池透　焊接过程中小孔已接近工件的下表面，但尚未穿透工件，而小孔下方的液态金属则透过工件背面。虽然工件背面被熔化，但因表面张力的作用，熔化的液态金属无法在工件背面形成较宽的熔池，因此凝固后焊缝背面呈现细长连续或不连续的堆高。这种状态虽也属于熔透范围，但因背面熔宽太窄（见图 2-12b），熔透是不可靠和不稳定的，特别是对接焊时焊缝对中稍有偏差就会出现未熔合。

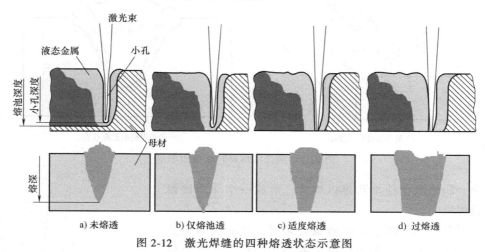

图 2-12　激光焊缝的四种熔透状态示意图

（3）适度熔透（小孔穿透）　焊接过程中小孔刚好穿透工件，此时小孔内部的金属蒸气会向工件下方喷出，其反冲压力会使液态金属向小孔四周流动，导致熔池背面宽度明显增加，焊接后形成背面熔宽均匀适度且基本无堆高的焊缝形态（见图 2-12c）。

（4）过熔透　焊接过程中由于过高的热输入使得小孔不仅穿透了工件，而且小孔直径和其周围的液态金属层厚度明显增加，导致熔池过宽（明显大于"适度熔透"状态下的背面熔宽），甚至造成焊缝表面凹陷等（见图 2-12d）。

上述四种熔透状态中，"适度熔透"状态是最理想的熔透状态，因为此时小孔穿透工件，可以保证焊缝完全熔透，同时又不至于熔池过宽而导致焊缝表面的凹陷。因此"适度熔透"状态可作为熔透检测与控制的基准。

显微分析表明，"仅熔池透"状态的焊缝断面呈现较明显的倒三角形，而"适度熔透"状态的焊缝断面则呈现倒梯形或双曲线形。也就是说，"适度熔透"状态应当表现为焊缝正反面均成形平整、无凹陷和无明显堆高，具有一定背面熔宽的焊缝成形。

2.2.3　激光焊的焊缝形成特点

激光热导焊的焊缝具有某些常规熔焊（如焊条电弧焊、气体保护焊等）焊缝的特点。激光深熔焊时焊缝的形成如图 2-13 所示。

对激光焊熔池的研究发现，激光焊熔池有周期性变化的特点，原因是激光与物质作用过程中的自振荡效应。这种自振荡的频率与激光束的参数、金属的热物理性能和金属蒸气的动力学特性有关。自振荡的频率一般为 $10^2 \sim 10^4$ Hz，温度波动的振幅约为 $(1 \sim 5) \times 10^2$ K。

由于自振荡效应，熔池中的小孔和金属的流动发生周期性的变化。小孔的形成，使激光可以辐射至小孔深处，加强了熔池对激光能量的吸收，使原有小孔的深度进一步增加（见图 2-14），进入小孔内部的激光将在小孔内发生反复折射，这有利于熔池对激光能量的吸收。若连续辐射的激光相对工件移动，则小孔也随之移动，激光束始终与熔池前沿相互作

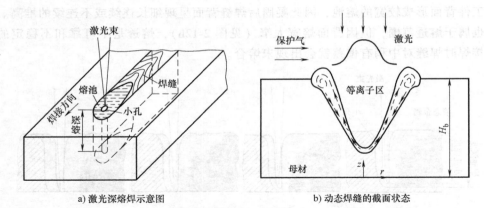

a) 激光深熔焊示意图　　　　　　　　b) 动态焊缝的截面状态

图 2-13　激光深熔焊时焊缝的形成

用。熔化金属的汽化使小孔得以维持，形成一个深宽比很大的连续焊缝。

　　当金属蒸气和等离子体屏蔽激光束时，随着金属蒸发的减少，充满金属蒸气的小孔也会缩小，小孔底部就会被液态金属所填充。随着等离子体的上升，其内部离子复合变成气体原子和分子，从而对激光不再起屏蔽作用，激光又重新折射入小孔。同样，液态金属的流动速度和扰动状态也会发生周期性的变化。

　　激光焊熔池的周期性变化，有时会在焊缝中产生两个特有的现象。一是气孔，按大小而言也可称为空洞。充满金属蒸气的小孔，由于发生周期性变化，同时熔化的金属又在它的周围从前沿向后沿流动，加上金属蒸发造成的扰动，有可能将小孔拦腰阻断，使蒸气留在焊缝中，凝固之后形成气孔。二是焊缝根部熔深的周期性变化，这与小孔的周期性变化有关，是由激光深熔焊自振荡现象的物理本质所决定的。

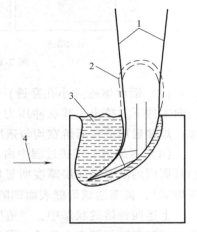

图 2-14　小孔内激光的吸收过程
1—激光　2—等离子体　3—熔化区　4—焊件运动方向

　　由于激光深熔焊的热输入是电弧焊的 1/10～1/3，因此凝固过程很快。特别是在焊缝的下部，因很窄且散热条件好，故有很快的冷却速度，使焊缝内部形成细化的等轴晶，晶粒尺寸约为电弧焊的 1/3。

　　从焊缝的纵剖面来看，由于熔池中熔融金属从前部向后部流动的周期性变化，使焊缝形成层状组织。由于周期性变化的频率很高，所以层间距离很小。这些因素以及激光的净化作用，都有利于提高焊缝的力学性能和抗裂性。

　　激光焊常见的缺陷有裂纹、气孔、飞溅、咬边、下塌、未焊透等。

　　1）裂纹。激光焊中产生的裂纹主要是热裂纹，如结晶裂纹、液化裂纹等。产生的原因主要是由于焊缝在完全凝固之前产生较大的收缩力而造成的。采用高频脉冲或填充金属、预热等措施可以减少或消除裂纹。激光焊时调整焊接参数，缩短偏析时间，可降低液化裂纹倾向。

2）气孔。气孔是激光焊中较容易产生的缺陷。激光焊的熔池深而窄，冷却速度又很快，液态熔池中产生的气体没有足够的时间逸出，容易导致气孔的形成。但激光焊冷却速度快，产生的气孔尺寸一般小于传统熔焊方法。焊接前清理工件表面是防止气孔的有效手段，通过清理去除工件表面的油污、水分，可以减轻气孔倾向。

3）飞溅。激光焊产生的飞溅会严重影响焊缝表面质量，飞溅物黏附在光学镜片上会造成污染，使镜片受热而导致镜片损坏和焊接质量变差。飞溅与激光功率密度有直接关系，适当降低焊接能量可以减少飞溅。如果熔深不足，可适当降低焊接速度。

4）咬边。如果焊接速度过快，小孔后部指向焊缝中心的液态金属来不及重新分布，在焊缝两侧凝固就会形成咬边。接头装配间隙过大，填缝熔化金属减少，也容易产生咬边。激光焊结束时，如果能量下降时间过快，小孔容易塌陷导致局部咬边。

5）下塌。如果焊接速度较慢，熔池大而宽，熔化金属量增加，表面张力难以维持较重的液态金属时，焊缝中心会下沉，形成塌陷或凹坑。

2.2.4　材料的激光焊接性

一般来说，常规焊接方法能够焊接的材料也都能采用激光进行焊接，而且在多数情况下，激光焊的质量更好、速度更快、熔合区小、焊缝凝固也快。激光焊对于异种材料的适用范围更广泛，低碳钢、低合金钢和大部分非铁金属的异种材料都可以采用激光焊实现连接。

从材料焊接性的角度考虑，激光焊的主要问题是裂纹敏感性、气孔、残余应力、热影响区脆化和较低的吸收率等。异种材料激光焊的接头区还可能有脆性金属间化合物的问题。一些材料激光焊的焊接性特点见表 2-5。

表 2-5　一些材料激光焊的焊接性特点

材　料	激光焊接性特点
碳钢和低合金钢	焊接性良好（随着碳含量的提高,冷裂纹敏感性增大）
铝合金	1）反射率高,需要至少 1kW 以上的功率 2）气孔 3）流动性好,但易产生下塌
耐热合金(如镍铬合金、镍基合金)	焊接效果良好,但存在下述问题: 1）焊缝脆性大 2）存在偏析 3）有裂纹倾向
钛合金	由于晶粒不易长大,焊接效果比常规焊接方法好

1. 裂纹敏感性

（1）抗热裂能力　激光焊的裂纹敏感性主要指热裂纹（包括中心裂纹和液化裂纹），主要是由于焊缝在完全凝固之前局部产生较大的收缩应力而造成的。CO_2 激光焊与钨极氩弧焊（TIG）相比，焊接低合金高强度钢时，热裂纹敏感性较低。激光焊虽然有较高的焊接速度，但其热裂纹敏感性却低于 TIG 焊。这是因为：

1）激光焊的焊缝结晶状况与电弧焊有较大的区别，焊缝结晶很快，在焊缝的下部，焊缝很窄，枝状晶很短、很细小，而且迅速地凝固，来不及偏析。

2）由于非金属夹杂物（包括硫化物）吸光率比较高，极易吸收激光而汽化，即所谓的净化效应，使含硫量下降。

3）激光焊后，形成的残余应力在焊缝区域内拉应力很小，加之热影响区内由于冷却速度很快，往往出现相变应力（一般为压应力）。但如果焊接参数选择不当，也会产生热裂纹。热裂纹产生的同时也会促使冷裂纹形成和扩展。

激光焊焊接速度快，偏析时间缩短，减少了液化裂纹产生的时间。一些 C、S、P 含量较高的合金，在其凝固之前都有一个较宽的温度范围。采用高频脉冲或填充金属、预热等方法可减少或消除裂纹的产生。

（2）抗冷裂能力　冷裂纹的评定指标是焊后 24h 在试样中心不产生裂纹所加的最大载荷所产生的应力，即临界应力（σ_{cr}）。对于低合金高强度钢，激光焊的临界应力 σ_{cr} 大于钨极氩弧焊（TIG），也就是说激光焊的抗冷裂纹能力大于 TIG 焊。焊接低碳钢时，这两种焊接方法的临界应力 σ_{cr} 几乎相同。

焊接含碳量较高的中、高碳钢（如 35 钢），激光焊与 TIG 焊相比，有较大的冷裂纹敏感性。35 钢的原始组织是珠光体，由于 TIG 焊焊接速度慢，热输入大，冷却过程中奥氏体发生高温转变，焊缝和热影响区的组织大都为珠光体。激光焊的冷却速度较快，焊缝和热影响区是奥氏体低温转变产物马氏体。因为含碳量高，所形成的马氏体有很高的硬度（650HV），具有较高的组织转变应力，冷裂纹敏感性高。

合金结构钢 12Cr2Ni4A 进行 TIG 焊时，焊缝和热影响区组织为马氏体+贝氏体，而激光焊时，组织是低碳马氏体，两者的显微硬度相当，但激光焊时的晶粒却细得多。高的焊接速度和较小的热输入，使激光焊用于合金结构钢时，可获得综合性能（特别是抗冷裂性能）良好的细晶粒低碳马氏体，接头具有较好的抗冷裂能力。

激光焊冷却速度快，材料中的碳含量是一个很重要的影响因素，对材料的脆化、微裂纹及疲劳强度都有影响。碳含量高的材料容易产生硬度高、碳含量高的片状或板条状马氏体，是导致冷裂纹敏感性大的主要原因。若接头设计不当而造成应力集中，会促使焊接冷裂纹的形成。

2. 气孔倾向

激光焊焊缝易产生气孔的主要原因是充满金属蒸气的小孔，在熔池中，熔化金属受表面张力的作用，从小孔前部向小孔后部流动极易将小孔"切断"，小孔内的金属蒸气形成气孔（空洞）。采用激光焊焊接某些易挥发材料（如黄铜、镀锌钢、铝-锂合金及镁合金等）时常有气孔产生；焊接某些气体溶解度较高的金属或合金时也容易出现气孔，如焊接铝合金。可以通过采取严格的保护措施、加入脱氧剂、控制脉冲频率及光束斑点尺寸等方法来控制气孔的产生。

材料中加入某些合金元素可以提高接头使用性能（如强度、耐磨性等），但也会影响材料的焊接性。从激光焊来看，合金元素的挥发对气孔的影响非常重要，焊接过程中一些高挥发性的元素（如 S、P、Mg 等）会导致气孔的产生，而且还有可能产生咬边。

3. 残余应力及变形

CO_2 激光焊加热光斑小，热输入小，使得焊接接头的残余应力和变形比常规焊接方法小得多。激光焊虽有较陡的温度梯度，但焊缝中最大残余拉应力仍然要比 TIG 焊时小，激光焊焊接参数的变化对最大残余拉应力的幅值影响不大。

由于激光焊加热区域小，拉伸塑性变形区小，因此最大残余压应力比 TIG 焊减少 40%～

70%。这对于薄板的焊接格外重要，因为用 TIG 焊焊接薄板时，常常因为残余应力的存在而使工件发生波浪变形，而且这种变形很难消除。但用激光焊焊接薄板时，工件变形大大减小，一般不会产生波浪变形。激光焊接头残余应力和变形小，使它成为一种精密的焊接方法。

4. 冲击韧性

研究 HY-130 钢激光焊焊接接头的冲击性能时发现，激光焊接头的冲击吸收能量大于母材金属的冲击吸收能量（见表 2-6）。进一步研究发现，HY-130 钢 CO_2 激光焊接头冲击吸收能量提高的主要原因之一是焊缝金属的净化效应。因此，采用激光焊有利于提高低合金高强度钢焊接接头的冲击性能。

表 2-6　HY-130 钢激光焊焊接接头的冲击吸收能量

激光功率 /kW	焊接速度 /(cm/s)	试验温度 /℃	冲击吸收能量/J	
			焊接接头	母材
5.0	1.90	-1.1	52.9	35.8
5.0	1.90	23.9	52.9	36.6
5.0	1.48	23.9	38.4	32.5
5.0	0.85	23.9	36.6	33.9

2.3　激光焊工艺及参数

一般情况下，激光焊不填加焊接材料，完全靠被焊工件的自身熔化形成接头，即所谓激光自熔焊接（见图 2-15a）。但是，根据激光焊应用范围的不同和实际焊接结构的需求，有时也需要填加焊丝或填粉，也就是所谓激光填丝焊（见图 2-15b）、激光填粉焊（见图 2-16）。

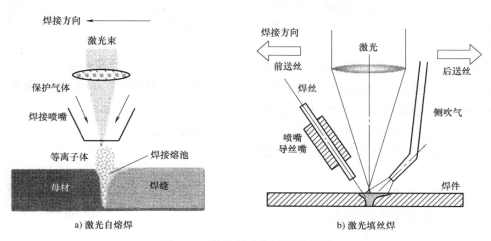

a) 激光自熔焊　　　　　　　　b) 激光填丝焊

图 2-15　激光焊工艺原理示意图

2.3.1　脉冲激光焊工艺及参数

脉冲激光焊类似于点焊，其加热斑点很小，约为微米数量级，每个激光脉冲在金属上形

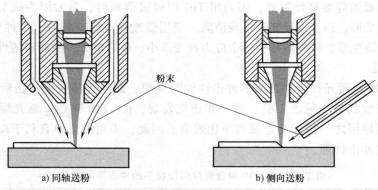

图 2-16　激光填粉焊原理示意图

成一个焊点。脉冲激光焊主要用于微型、精密元件和一些微电子元件的焊接，它是以点焊或由点焊点搭接成的缝焊方式进行的。常用于脉冲激光焊的激光器有红宝石、钕玻璃和 YAG 激光器等几种。

脉冲激光焊有四个主要焊接参数：脉冲能量、脉冲宽度、功率密度和离焦量。

1. 脉冲能量和脉冲宽度

脉冲激光焊时，脉冲能量决定加热能量大小，主要影响金属的熔化量。脉冲宽度决定焊接时的加热时间，影响熔深及热影响区大小。脉冲能量一定时，对于不同的材料，各存在一个最佳脉冲宽度，此时焊接熔深最大。图 2-17 所示为脉冲宽度对不同材料熔深的影响。脉冲加宽，熔深逐渐增加，当脉冲宽度超过某一临界值时，熔深反而下降。对于不同的材料，都有一个可使熔深达到最大的最佳脉冲宽度，此时焊接熔深最大。钢的最佳脉冲宽度为 $(5 \sim 8) \times 10^{-3}$ s。

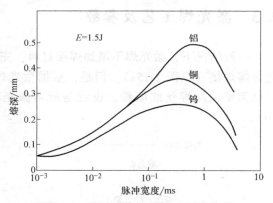

图 2-17　脉冲宽度与熔深之间的关系

脉冲能量主要取决于材料的热物理性能，特别是热导率和熔点。导热性好、熔点低的金属易获得较大的熔深。脉冲能量和脉冲宽度在焊接时有一定的关系，随着材料厚度与性质的不同而变化。

焊接时，激光的平均功率 P 由下式决定：

$$P = E/\tau \tag{2-1}$$

式中　P——激光功率（W）；

E——激光脉冲能量（J）；

τ——脉冲宽度（s）。

为了维持一定的功率，随着脉冲能量的增加，脉冲宽度必须相应增加，才能得到较好的焊接质量。同时焊接时所采用的接头形式也影响焊接的效果。

2. 功率密度 P_d

在功率密度较小时，焊接以热导焊的方式进行，焊点的直径和熔深由热传导所决定。当激光斑点的功率密度达到一定值（10^6W/cm^2）后，焊接过程中将产生小孔效应，形成深宽比大于 1 的深熔焊点，这时金属虽有少量蒸发，并不影响焊点的形成。但功率密度过大后，金属蒸发剧烈，导致汽化金属过多，形成一个不能被液态金属填满的小孔，难以形成牢固的焊点。

脉冲激光焊时，功率密度 P_d 由下式决定：

$$P_d = 4E / (\pi d^2 \tau) \tag{2-2}$$

式中　P_d——激光光斑的功率密度（W/cm^2）；

　　　E——激光脉冲能量（J）；

　　　d——光斑直径（cm）；

　　　τ——脉冲宽度（s）。

图 2-18 所示为不同厚度材料激光点焊所需的脉冲能量和脉冲宽度，可以看出，脉冲能量 E 和脉冲宽度 τ 呈线性关系。同时表明，随着焊件厚度的增加，激光功率密度相应增大。

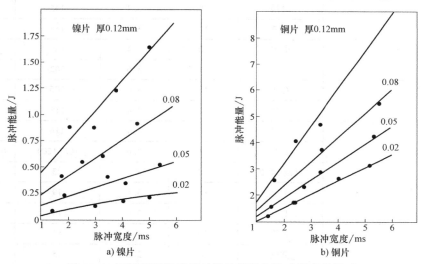

图 2-18　不同材料激光焊时脉冲能量和脉冲宽度的关系

3. 离焦量 F

离焦量是指焊接时焊件表面离聚焦激光束最小斑点的距离（也称为入焦量）。激光焊需要一定的离焦量，因为激光焦点处光斑中心的功率密度过高，容易蒸发成小孔。离开激光焦点的各平面上，功率密度分布相对均匀。

离焦方式有两种：正离焦量和负离焦量。激光束通过透镜聚焦后，有一个最小光斑直径，如果焊件表面与之重合，则 $F=0$；如果焊件表面在它下面，则 $F>0$，称为正离焦量；反之则 $F<0$，称为负离焦量。

离焦量的大小影响材料表面熔化斑点的半径及熔池的径深比，从而影响焊接加工的质量。改变离焦量，可以改变激光加热斑点的大小和光束入射状况。焊接较厚板时，采用适当的负离焦量可以获得较大的熔池，这与熔池的形成特点有关。但离焦量太大会使光斑直径变大，降低光斑上的功率密度，使熔深减小。在实际应用中，当要求熔池较大时，采用负离焦量；焊接薄材料时，采用正离焦量。

采用脉冲激光焊时，通常把反射率低、传热系数大、厚度较小的金属选为上片；细丝与薄膜焊接前可先在丝端熔结直径为丝径 2~3 倍的球，以增大接触面和便于激光束对准。脉冲激光焊也可用于薄板缝焊，这时焊接速度 $v = df(1-K)$，式中 d 为焊点直径；f 为脉冲频率；K 为重叠系数，依板厚取 0.3~0.9。表 2-7 所列为丝与丝脉冲激光焊的焊接参数及接头性能示例。不同材料焊件脉冲激光焊的焊接参数示例见表 2-8。

表 2-7 丝与丝脉冲激光焊的焊接参数及接头性能

材　料	直径/mm	接头形式	焊接参数		接头性能	
			脉冲能量/J	脉冲宽度/ms	最大载荷/N	电阻/Ω
301 不锈钢 (12Cr17Ni7)	0.33	对接	8	3.0	97	0.003
		重叠	8	3.0	103	0.003
		十字	8	3.0	113	0.003
		T 形	8	3.0	106	0.003
	0.79	对接	10	3.4	145	0.002
		重叠	10	3.4	157	0.002
		十字	10	3.4	181	0.002
		T 形	11	3.6	182	0.002
	0.38+0.79	对接	10	3.4	106	0.003
		重叠	10	3.4	113	0.003
		十字	10	3.4	116	0.003
		T 形	11	3.6	102(120)	0.003(0.001)
铜	0.38	对接、重叠	10	3.4	23	0.001
		十字	10	3.4	19	0.001
		T 形	11	3.6	14	0.001
镍	0.51	对接	10	3.4	55	0.001
		重叠	7	2.8	35	0.001
		十字	9	3.2	30	0.001
		T 形	11	3.6	57	0.001
钽	0.63	对接	11	3.5	67	0.001
		重叠	11	3.5	58	0.001
		T 形	11	3.5	77	0.001
	0.38+0.63	T 形	11	3.6	51	0.001
铜和钽	0.38	对接	10	3.4	17	0.001
		重叠	10	3.4	24	0.001
		十字、T 形	10	3.4	18	0.001

脉冲激光焊已成功地用于焊接不锈钢、Fe-Ni 合金、Fe-Ni-Co 合金、铂、铑、钽、铌、钨、钼、铜及各类铜合金、金、银、铝硅丝等。脉冲激光焊可用于显像管电子枪的组装、核反应堆零件、仪表游丝、混合电路薄膜元件的导线连接等。用脉冲激光封装焊接继电器外壳、锂电池和钽电容外壳、集成电路等都是很有效的方法。

表 2-8 不同材料焊件脉冲激光焊的焊接参数示例

材料	厚度(直径)/mm	脉冲能量/J	脉冲宽度/ms	激光器类别
镀金磷青铜+铝箔	0.30+0.20	3.5	4.3	钕玻璃激光器
不锈钢片	0.15+0.15	1.21	3.7	钕玻璃激光器
纯铜箔	0.05+0.05	2.3	4.0	钕玻璃激光器
镍铬丝+铜片	0.10+0.15	1.0	3.4	—
不锈钢片+铬镍丝	0.15+0.10	1.4	3.2	红宝石激光器
硅铝丝+不锈钢片	0.10+0.15	1.4	3.2	红宝石激光器

2.3.2 连续激光焊工艺及参数

由于不同的金属室温下的反射率、熔点、导热系数等性能的差异，连续激光焊所需输出功率差异很大，一般为数千瓦至数十千瓦，最大到 25kW。各种金属连续激光焊所需输出功率的差异，主要是吸收率不同造成的。连续激光焊主要采用 CO_2 激光器，焊缝成形主要取决于激光功率及焊接速度。CO_2 激光器因结构简单、输出功率范围大和能量转换率高而被广泛应用于连续激光焊。近年来光纤激光器发展很快，推动了连续激光焊接工艺的发展。

1. 激光深熔焊接头形式及装配要求

柔性是激光焊的主要特征之一，为不同几何形状材料的连接提供了众多的机会。也就是说，激光焊的接头形式可以是多种多样的。常见激光焊的接头形式如图 2-19 所示，其中卷边角接头具有良好的连接刚性。在焊接接头形式中，待焊工件的夹角很小，入射光束的能量绝大部分可以被吸收。

在激光焊中，应用最多的是对接接头。由于多数情况下激光焊不使用填充材料，因此对对接间隙的要求很高，通常要求小于 0.1mm。对于相同厚度板的焊接，激光光斑应覆盖接头的两侧，沿中心线的摆动不应超过光斑直径的 ±10%。当焊接不同厚度或不同性能的材料时，最佳焦点位置常常偏离接头中心线。

搭接是薄板连接时常用的接头形式。除非对焊缝位置有严格要求，搭接焊可以不用考虑光束的对中问题。同时，搭接还可以焊接多层板。端接对薄板和厚板都是适用的。与对接相比，端接允许更大的接头间隙。

T 形接头和角接焊时，接头允许的最大间隙通常不超过腹板厚度（mm）的 0.05，并且激光束应对准接缝，通常以 7°~10° 的角度射入。厚板焊接时，T 形对接焊可以从接头两侧实施。在 T 形对接焊时可观察到熔合区通常偏离激光束的入射方向而向接缝处弯曲，这种现象意味着激光束跟踪接头间隙，促使整个接缝熔化。

激光焊对接接头和搭接接头装配尺寸公差要求如图 2-20 所示。

为了获得成形良好的焊缝，激光焊对焊件装配质量要求较高。对接时，如果接头错边太大，会使入射激光在板角处反射，焊接过程不稳定。薄板焊时，若间隙太大，焊后焊缝表面成形不饱满，严重时形成穿孔。搭接时间隙过大，易造成上下板之间熔合不良。各类激光焊接头的装配要求见表 2-9。

在激光焊过程中，焊件应夹紧，以防止焊接变形。光斑在垂直于焊接运动方向对焊缝中心的偏离量应小于光斑半径。对于钢铁等材料，焊前焊件表面除锈、脱脂处理即可。在要求较严格时，可能需要酸洗，焊前还要用乙醚、丙酮或四氯化碳清洗。

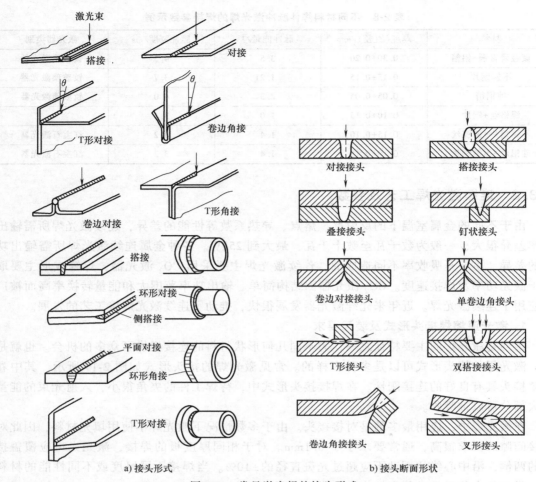

a) 接头形式   b) 接头断面形状

图 2-19 常见激光焊的接头形式

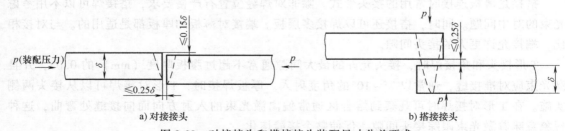

a) 对接接头   b) 搭接接头

图 2-20 对接接头和搭接接头装配尺寸公差要求

表 2-9 各类激光焊接头的装配要求

接头形式	允许最大间隙/mm	允许最大上下错边量/mm
对接接头	0.10δ	0.25δ
角接接头	0.10δ	0.25δ
T 形接头	0.25δ	—
搭接接头	0.25δ	—
卷边接头	0.10δ	0.25δ

激光深熔焊可以进行全位置焊，在起焊和收尾的渐变过渡，可通过调节激光功率的递增和衰减过程以及改变焊接速度来实现，在焊接环缝时可实现首尾平滑过渡。搭接、对接、端接、角接等都可采用连续激光焊。利用内反射来增强激光吸收的焊缝能提高焊接过程的效率和熔深。

2. 填充材料

尽管激光焊适合于自熔焊，但在一些应用场合，如焊接大厚度板或接头存在较大间隙时，可以采用填充焊丝或粉末来填补缝隙。加填充材料的优点是能改变焊缝化学成分，从而达到控制焊缝组织、改善接头力学性能的目的。在有些情况下，还能提高焊缝抗结晶裂纹敏感性，允许增大接头装配公差，改善激光焊接头装配的不理想状态。经验表明，间隙超过板厚的3%，自熔焊缝将不饱满，应添加填充材料。

异种金属焊接时，基体金属化学成分及组织性能差异很大，选用合适的填充焊丝可以使接头区具有良好的综合性能。例如，可通过填充焊丝来降低焊缝中的碳含量，以及提高镍元素等奥氏体化元素的含量，可以抑制脆性组织的生成。此外，异种材料的激光焊还可以采用光束偏置的方法来调节热输入，控制被焊材料的微观组织。

填充金属常以焊丝的形式加入，可以是冷态，也可以是热态。图 2-21 所示为激光填丝焊示意图。填充金属的施加量不能过大，以免破坏小孔效应。

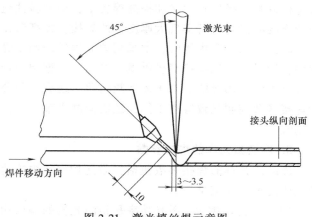

图 2-21　激光填丝焊示意图

激光填丝焊的焊丝可以从激光前方引入，也可以从激光后方引入，如图 2-22 所示。一般常采用前置送丝方式，优点是拖动焊丝的可靠性较高，而且对接坡口对焊丝有导向作用。后置送丝方式焊缝表面的波纹较细，有更好的外观，缺点是一旦送丝精确度下降焊丝可能粘在焊缝上。焊丝中心线与焊缝中心线须重合，与激光光轴的夹角一般为

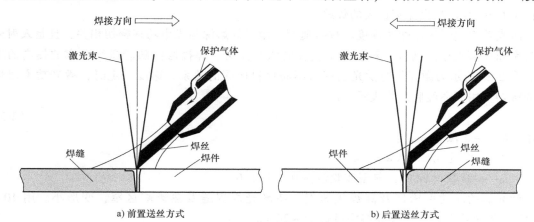

a) 前置送丝方式　　　　　　　　　　b) 后置送丝方式

图 2-22　激光填丝焊的两种送丝方式

30°~75°。焊丝应准确送入光轴与母材的交汇点，使激光首先对焊丝加热和熔化形成熔滴，稍后母材金属也被加热熔化形成熔池和小孔，焊丝熔滴随后进入熔池。否则，激光能量会从接头间隙中穿透，不能形成小孔，使焊接过程难以进行。

焊丝对激光能量也存在吸收和反射，吸收和反射程度与激光功率、送丝方式、送丝速度和焦距等因素有关。采用前置送丝方式时，激光辐射和等离子体加热共同作用，会使焊丝熔化，需要的能量大，所以焊接过程不稳定。采用后置送丝方式时，熔池的热量也参与加热焊丝，使得依靠激光辐射加热的能量减少，激光能量可以更多地用于加热母材形成小孔。

送丝速度是激光填丝焊的重要焊接参数。激光填丝焊时的接头间隙和焊缝增高主要由焊丝熔覆金属形成，送丝速度的确定受焊接速度、接头间隙、焊丝直径等因素影响。送丝速度过快或过慢，导致熔化金属过多或过少，都影响激光、母材和焊丝三者之间的相互作用和焊缝成形。

激光填丝焊有利于对脆性材料和异种金属的焊接。例如，异种钢或钢与铸铁激光焊时，由于碳和合金元素的差异，焊缝中容易形成马氏体或白口等脆性组织，线胀系数不匹配也会导致较大的焊接应力，两方面的综合作用会导致焊接裂纹。采用填充焊丝可以对焊缝金属成分进行调整，降低碳含量和提高镍含量，抑制脆性组织的形成。激光多层填丝焊还可以用较小功率的激光焊设备实现大厚度板的焊接，提高激光对厚板焊接的适应性。

高强度铝合金焊接时，常采用填充焊丝来调整焊缝成分以消除焊接热裂纹。在激光焊过程中，通过一个送丝喷嘴提供填充焊丝。依据焊丝所处的位置，一部分由激光照射而熔化，一部分由激光诱导的等离子体加热熔化，还有一部分通过熔池的加热而熔化。同时，为了保护焊接区及控制光致等离子体，还需向激光束与焊丝及焊件作用部位吹送保护气和等离子体控制气。

3. 连续激光焊的焊接参数

连续激光焊的焊接参数包括：激光功率、焊接速度、光斑直径、离焦量和焦点位置、保护气体的种类及流量等。

（1）**激光功率 P** 激光功率是指激光器的输出功率，没有考虑导光和聚焦系统所引起的损失。连续工作的低功率激光器可在薄板上以低速产生普通的有限热导焊缝。高功率激光器则可用小孔法在薄板上以高速产生窄的焊缝，也可用小孔法在中厚板上以较低的速度（不能低于 0.6m/s）产生深宽比大的焊缝。

激光功率同时控制熔透深度和焊接速度。激光焊熔深与光束功率密切相关，且是入射光束功率和光斑直径的函数。对于一定直径的激光光斑，焊接熔深随着激光功率的提高而增加。图 2-23 所示为激光焊时激光功率与不同材料熔深的关系。速度一定时，激光功率对熔深的影响可用下述经验公式表示，即

$$h \propto P^k \tag{2-3}$$

式中　h——熔深（mm）；

　　　P——激光功率（kW）；

　　　k——常数（$k<1$），典型实验值为 0.7 和 1.0。

激光焊的高功率密度及高焊接速度，使激光焊焊缝及热影响区窄，变形小。用 10~15kW 的激光功率，单道焊缝熔深可达 15~20mm。

（2）**焊接速度 v** 焊接速度对熔深影响较大，在一定的激光功率下，提高焊接速度，热

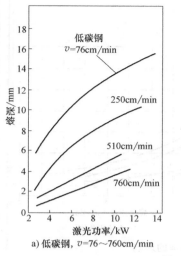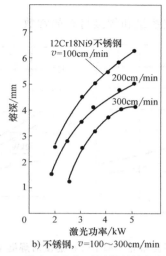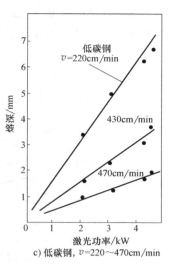

a) 低碳钢，$v=76\sim760$cm/min　　b) 不锈钢，$v=100\sim300$cm/min　　c) 低碳钢，$v=220\sim470$cm/min

图 2-23　激光功率与不同材料熔深的关系

输入下降，焊缝熔深减小。适当降低焊接速度可加大熔深，但若焊接速度过低，熔深却不会再增加，反而使熔宽增大或导致材料过度熔化、工件被焊穿。在焊接速度较高时，随着焊接速度增加，熔深减小的速度与电子束焊时相近。但降低焊接速度到一定值后，熔深增加速度远比电子束焊小。因此，在较高速度下焊接可更大程度地发挥激光焊的优势。

　　焊接速度对不锈钢焊缝熔深的影响如图 2-24 所示。由图可见，当激光功率和其他焊接参数保持不变时，焊缝熔深随着焊接速度的增大而减小。

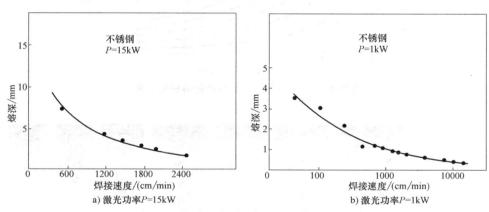

a) 激光功率 $P=15$kW　　　　　　　b) 激光功率 $P=1$kW

图 2-24　焊接速度对不锈钢焊缝熔深的影响

　　采用不同功率的激光焊，焊接不锈钢和耐热钢时焊接速度与熔深的关系如图 2-25 所示。随着焊接速度的提高，熔深逐渐减小。激光焊焊接速度对碳钢熔深的影响以及不同焊接速度下所得到的熔深分别如图 2-26 和图 2-27 所示。

　　熔深与激光功率和焊接速度的关系可用下式表示：

$$h=\beta P^{1/2}v^{-\gamma} \tag{2-4}$$

式中　　h——焊接熔深（mm）；

　　　　P——激光功率（W）；

v——焊接速度（mm/s）；

β 和 γ——取决于激光源、聚焦系统和焊接材料的常数。

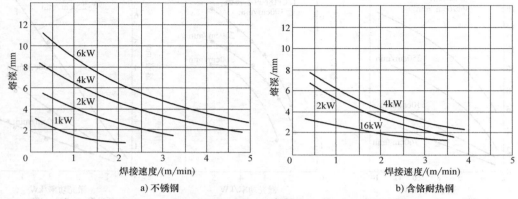

a) 不锈钢　　　　　　　　　　　　　　b) 含铬耐热钢

图 2-25　不同激光功率下焊接速度对焊缝熔深的影响

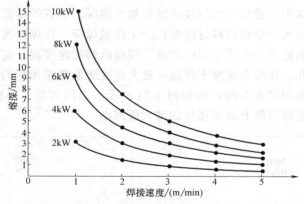

图 2-26　激光焊焊接速度对碳钢熔深的影响

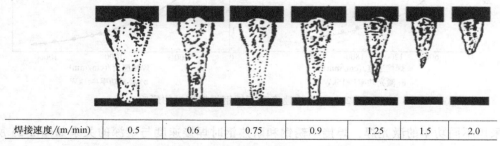

| 焊接速度/(m/min) | 0.5 | 0.6 | 0.75 | 0.9 | 1.25 | 1.5 | 2.0 |

图 2-27　不同焊接速度下所得到的熔深（$P=8.7\text{kW}$，板厚 12mm）

激光深熔焊时，维持小孔存在的主要动力是金属蒸气的反冲压力。在焊接速度低到一定程度后，热输入增加，熔化金属越来越多，当金属蒸气所产生的反冲压力不足以维持小孔的存在时，小孔不仅不再加深，甚至会崩溃，焊接过程转变为热导焊模式，因而熔深不会再加大。随着金属汽化的增加，小孔区温度上升，等离子体的浓度增加，对激光的吸收增加。这些原因使得低速焊时激光焊熔深有一个最大值。

（3）光斑直径 d_0 根据光的衍射理论，聚焦后最小光斑直径 d_0 可以通过下式计算：

$$d_0 = 2.44 \times \frac{f\lambda}{D}(3m+1) \tag{2-5}$$

式中 d_0——最小光斑直径（mm）；

f——透镜的焦距（mm）；

λ——激光波长（mm）；

D——聚焦前光束直径（mm）；

m——激光振动模的阶数。

对于一定波长的光束，f/D 和 m 值越小，光斑直径越小。焊接时为了获得深熔焊缝，要求激光光斑上的功率密度高。为了进行深熔焊（小孔焊），焊接时激光焦点上的功率密度必须大于 10^6W/cm^2。

提高功率密度有两个途径：一是提高激光功率 P，它和功率密度成正比；二是减小光斑直径 d_0，功率密度与光斑直径的平方成反比。由于功率密度与激光功率之间仅是线性关系，但与光斑直径的平方成反比，因此减小光斑直径比增加激光功率的效果更明显。减小光斑直径 d_0 可以通过使用短焦距透镜和降低激光束横模阶数来实现，低阶模聚焦后可以获得更小的光斑。

（4）离焦量 F 和焦点位置   离焦量是工件表面离激光焦点的距离，以 F 表示。工件表面在焦点以内时为负离焦（$F<0$），与焦点的距离为负离焦量；反之为正离焦（$F>0$）。离焦量不仅影响焊件表面激光光斑大小，而且影响光束的入射方向，因而对熔深、熔宽和焊缝横截面形状有较大影响。熔深随着离焦量 F 的变化有一个跳跃性变化过程。在离焦量 F 很大时，熔深很小，属于传热熔焊；当离焦量 F 减小到某一值后，熔深发生跳跃性增加，此处标志着小孔产生。

图 2-28 所示为离焦量对熔深、熔宽和焊缝横截面面积的影响，由该图所示曲线可见，焦距减小到某一值后，熔深突变，为产生穿透小孔建立了必要的条件。激光深熔焊时，熔深最大时的焦点位置是位于焊件表面下方某处，此时焊缝成形最好。通过调节离焦量可以在光束的某一截面选一光斑直径使其能量密度适合于深熔焊缝的形成。

激光深熔焊时，为了保持足够的功率密度，焦点位置至关重要。焦点与工件表面相对位置的变化直接影响熔宽与熔深。大多数激光焊场合，通常将焦点设置在工件表面下大约所需熔深的 $1/4 \sim 1/3$ 处。

（5）保护气体   激光焊时采用保护气体有两个作用：一是保护焊缝金属不受有害气体的侵袭，防止氧化污染，提高接头的性能；二是影响激光焊过程中的等离子体，抑制等离子云的形成。深熔焊（小孔焊）时，高功率激光束使金属被加热汽化，在

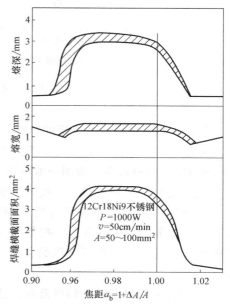

图 2-28   离焦量对熔深、熔宽
和焊缝横截面面积的影响

熔池上方形成金属蒸气，在电磁场的作用下发生离解形成等离子云，它对激光束起着阻隔作用，影响激光束被焊件吸收。

为了排除等离子云，通常用高速喷嘴向焊接区喷送惰性气体，迫使等离子云偏移，同时又对熔化金属起到隔绝大气的保护作用。图 2-29 所示为不同保护气体对激光焊熔深的影响。可见 He 气具有最好的抑制等离子云的效果，在 He 气中加入少量的 Ar 或 O_2 可进一步提高熔深。

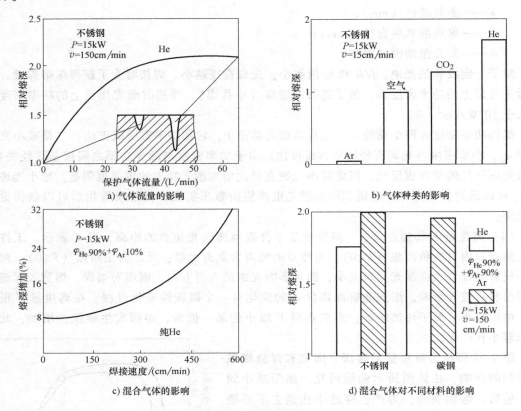

图 2-29　保护气体对激光焊熔深的影响

气体流量对熔深也有一定的影响，熔深随气体流量的增加而增大，但过大的气体流量会造成熔池表面下陷，严重时还会产生烧穿现象。保护气体多用氩（Ar）气或氦（He）气。但由于 He 气价格昂贵，我国一般不用 He 气作保护气体，而多用 Ar 气作保护气体。但由于 Ar 气电离能较低、容易离解，故焊缝熔深较小。

不同气体流量下得到的焊缝熔深如图 2-30 所示。由图可见，气体流量大于 17.5L/min 以后焊缝熔深不再增加。吹气喷嘴与焊件的距离不同，熔深也不同。图 2-31 所示为喷嘴到焊件的距离与焊接熔深的关系。不同的保护气体作用效果不同，He 气的保护效果最好。

4. 激光焊焊接参数、熔深及材料热物理性能的关系

激光焊焊接参数（如激光功率、焊接速度等）与熔深及焊接材料性质之间，已有大量的经验数据并建立了它们之间关系的回归方程，即

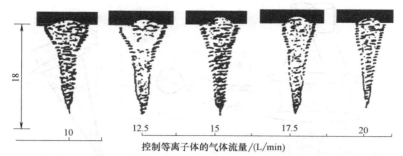

控制等离子体的气体流量/(L/min)

图 2-30 不同气体流量下得到的焊缝熔深

$$\frac{P}{vh} = a + \frac{b}{r} \tag{2-6}$$

式中　P——激光功率（kW）；

　　　v——焊接速度（mm/s）；

　　　h——焊接熔深（mm）；

　a 和 b——参数；

　　　r——回归系数。

式（2-6）中的参数 a、b 和回归系数 r 的取值由表 2-10 给出。

2.3.3　双光束激光焊

双光束激光焊主要解决激光焊对装配精度的适应性问题及提高焊接过程的稳定性，适用于薄板焊接及铝合金的焊接。这种工艺方法不仅有焊接熔深大、速度快、精度高的特点，而且对于单束激光焊难以焊接的材料

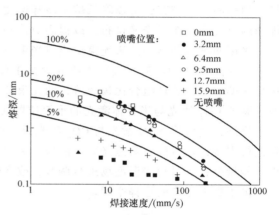

图 2-31　喷嘴到焊件的距离与焊接熔深的
关系（$P=1.7$kW，Ar 气保护）

有很好的适用性。例如，双光束激光焊技术在汽车工业中常用于镀锌钢板的焊接，在不等厚度板焊接和厚大板的焊接中也都有应用。不等厚度板的双光束激光焊示意图如图 2-32 所示。

表 2-10　几种材料 a、b、r 的取值

材　　料	激光类型	$a/(\text{kJ/mm}^2)$	$b/(\text{kJ/mm})$	r
304 不锈钢（12Cr18Ni9）	CO_2 激光器	0.0194	0.356	0.82
低碳钢	CO_2 激光器	0.016	0.219	0.81
	YAG 激光器	0.009	0.309	0.92
铝合金	CO_2 激光器	0.0219	0.381	0.73
	YAG 激光器	0.0065	0.526	0.99

双光束激光焊可以将同一种激光采用光学方法分离成两个单独的光束进行焊接，也可以采用两束不同类型的激光进行组合，CO_2 激光、YAG 激光和高功率半导体激光相互之间都可以进行组合。

双光束激光焊在焊接过程中同时使用两束激光，光束排布方式、间距、两光束的角度、聚焦位置以及两光束的能量比等是重要的参数。双束激光的排布方式一般有两种：一是沿焊

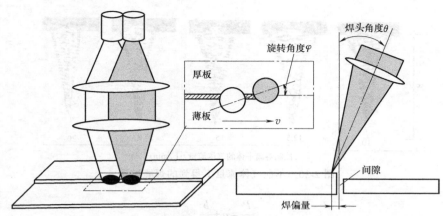

图 2-32　不等厚度板的双光束激光焊示意图

接方向呈串列式排布，可以降低熔池冷却速度，减小焊缝的淬硬倾向和气孔的产生；二是在焊缝两侧并列排布或交叉排布，以提高对接头间隙的适应性。

采用两种不同类型的激光束组成双光束时，有多种组合方式。例如，使用一台能量呈高斯分布的高质量 CO_2 激光进行主要的焊接工作，再辅以一台能量呈矩形分布的半导体激光进行辅助加热。这种组合比较经济，两光束的功率能独立调节，可以针对不同的接头形式，通过调节 CO_2 激光与半导体激光的重叠位置获得可调的温度场，更适合于焊接过程控制。

另外，也可将 YAG 激光与 CO_2 激光组合成双光束进行焊接，将连续激光和脉冲激光组合进行焊接，还可以将聚焦光束和散焦光束组合进行焊接。通过改变光束能量、间距或两光束的能量分布，对焊接温度场进行调节，改变熔孔模式与液态金属的流动方式，为激光焊工艺提供了更大范围的选择空间。

2.3.4　激光-电弧复合焊技术

激光焊的优势很明显，但就目前来说，激光焊的成本仍较高。因此以激光为核心的复合技术受到人们的关注。激光复合焊接技术是指将激光焊与其他焊接方法组合起来的复合焊接技术，其优点是能充分发挥每种焊接方法的优势并克服某些不足，从而形成一种高效的热源。例如，由于激光焊的价格功率比大，当对厚板进行深熔、高速焊接时，为了避免使用价格昂贵的大功率激光器，可将小功率的激光器与气体保护焊结合起来进行复合焊接，如激光-TIG 和激光-MIG 等。

1. 激光-电弧复合焊的原理

激光-电弧复合焊技术最初是由英国学者 Steen 于 20 世纪 70 年代末提出的，主导思想是有效利用电弧热量。在较小的激光功率条件下，激光-电弧复合焊可获得较大的焊接熔深，同时提高激光焊接对接头间隙的适应性，实现高效率、高质量的焊接过程。

图 2-33 所示为激光-电弧复合焊的原理及典型焊缝的截面形态。研究表明，当激光束穿过电弧时，其穿透金属的能力比在一般大气中有了明显的增强。例如，在 2m/min 的焊接速度下，功率 0.2kW 的激光束流与焊接电流 90A 的 TIG 电弧组合，可以焊出熔深 1mm 的焊缝，而通常需要用功率 5kW 的激光束才能达到同样的效果。此外，连续激光束在距离电弧中心线 3~5mm 时，有吸引电弧并使之稳定燃烧的作用，可以提高激光焊速度。激光与电弧

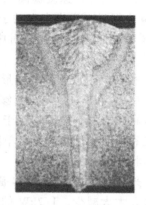

a) 激光–电弧复合焊原理　　　　　　　b) 激光–电弧复合焊焊缝截面形态

图 2-33　激光-电弧复合焊原理及焊缝截面形态

复合使得两种热源充分发挥了各自的优势，又相互弥补了对方的不足，从而形成了一种高效的焊接热源。

为了消除或减少激光焊的缺陷，更好地应用这一优势的焊接方法，提出了一些用其他热源与激光进行复合焊接的工艺，主要有激光与电弧、激光与等离子弧、激光与感应热源复合焊接等。此外还提出了各种辅助工艺措施，如外加磁场辅助增强激光焊、保护气控制熔深激光焊、激光辅助搅拌摩擦焊等。

激光复合焊接技术中应用较多的是激光-电弧复合焊接技术（也称为电弧辅助激光焊接技术），主要目的是有效地利用电弧能量，在较小的激光功率条件下获得较大的熔深，提高激光焊对接头间隙的适应性，降低激光焊的装配精度。例如，激光焊与 TIG/MIG 电弧组成的激光-TIG/MIG 复合焊，可实现大熔深焊接，同时热输入比 TIG/MIG 电弧大为减小。

激光与电弧联合应用进行焊接有两种方式。一是沿焊接方向，激光与电弧间距较大，前后串联排布，两者作为独立的热源作用于工件，主要是利用电弧热源对焊缝进行预热或后热，达到提高激光吸收率、改善焊缝组织性能的目的。二是激光与电弧共同作用于熔池，焊接过程中，激光与电弧之间存在相互作用和能量的耦合，也就是通常所说的激光-电弧复合焊。

2. 激光-电弧复合焊的优势

（1）高效、节能、经济，有效利用激光能量　单独使用激光焊时，由于等离子体的吸收与工件的反射，能量利用率低。母材处于固态时对激光的吸收率很低，而熔化后对激光的吸收率可高达 50%~100%。激光与电弧复合焊接时，TIG 或 MIG 电弧先将母材熔化，紧接着用激光照射熔融金属，提高母材对激光的吸收率，可以有效利用电弧能量，降低激光功率。这就意味着可以减少激光设备的投资，降低生产成本。

（2）增加熔深　在电弧的作用下母材熔化形成熔池，而激光束又作用在电弧形成熔池的底部，液态金属对激光束的吸收率高，因而复合焊较单纯激光焊的熔深大。与同等功率下的激光焊相比，复合焊的熔深可增加一倍。特别是在窄间隙大厚板焊接中，采用激光-电弧复合焊时，在激光作用下，电弧可潜入到焊缝深处，减少填充金属的熔覆量，实现大厚板深熔焊接。

（3）稳定电弧，提高焊接适应性　单独采用 TIG 或 MIG 时，焊接电弧有时不稳定，特别是小电流情况下，当焊接速度提高到一定值时会引起电弧飘移，使焊接过程无法进行；而采用激光-电弧复合焊时，激光束有助于稳定电弧。复合电弧使焊缝熔宽增大（特别是 MIG 电弧），降低了热源对间隙、错边及对中的敏感性，减少了工件对接加工、装配的工作量，提高了生产效率。

（4）减少焊接缺陷、改善焊缝成形　与单独激光焊相比，激光-电弧复合焊对小孔的稳定性、熔池流动性等会产生影响，能够减缓熔池金属凝固时间，有利于组织转变，减少气孔、裂纹等焊接缺陷。复合热源作用于工件时，可以改善熔融金属与母材的熔合，消除焊缝咬边现象。激光和电弧的能量还可以单独调节，将两种热源适当配比可获得不同的焊缝深宽比，改善焊缝形状系数。

研究表明，采用 TIG 电弧与 YAG 激光复合焊接厚度 5mm 的 304 不锈钢，与单独 YAG 激光焊相比，气孔大大减少。1.7kW 的 YAG 激光焊接时，由于没有焊透工件，焊缝中存在气孔，但与 100A 焊接电流的 TIG 电弧复合后，虽然熔深增加，但气孔数量和尺寸都明显减少了。根据对激光-电弧复合焊过程电弧、小孔的观察（见图 2-34），TIG-YAG 复合焊能够减少气孔有如下两方面的原因：

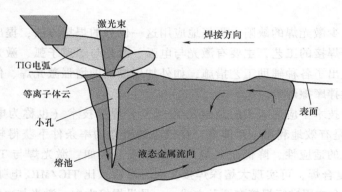

图 2-34　TIG-YAG 激光复合焊的电弧、小孔及熔池示意图

1）由于复合电弧的作用，"小孔"直径变大了，增加了小孔的稳定性。

2）电弧被激光斑点吸引，电弧根部被压缩在"小孔"表面，引起强烈的金属蒸发，有阻止保护气体侵入小孔的作用。

（5）减少焊接应力和变形　与普通电弧焊相比，激光-电弧复合焊的速度快、热输入量小，因而热影响区小，焊接区变形及残余应力小。特别是在大厚板焊接时，由于焊接道数减少，相应地减少了焊接后校形的工作量，提高了工作效率。

此外，常用的激光复合焊接技术还有激光-高频焊、激光-压焊等。激光-高频焊是在采用高频焊管的同时，采用激光对熔焊处进行加热，使待焊件在整个焊缝厚度上的加热更均匀，有利于进一步提高焊管的接头质量和生产率。

激光-压焊是将聚焦的激光束照射到被连接工件的接合面上，利用材料表面对垂直偏振光的高反射将激光导向焊接区，由于接头特定的几何形状，激光能量在焊接区被完全吸收，使工件表层的金属加热或熔化，然后在压力的作用下实现材料的连接。这样构成的焊接件不仅焊缝强度高，焊接效率也得到大幅度提高。

总之，激光-电弧相互作用形成的是一种增强适应性的焊接方法，具有提高能量、增大熔深、稳定焊接过程、降低装配条件要求、实现高反射材料的焊接等许多优点。

3. 激光与电弧的复合方式

激光-电弧复合热源，一般多采用 CO_2 激光器和 Nd：YAG 激光器。根据激光与电弧的相对位置不同，有旁轴复合与同轴复合之分，如图 2-35 所示。

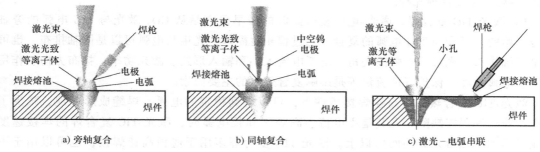

a) 旁轴复合　　　　　　　b) 同轴复合　　　　　　　c) 激光－电弧串联

图 2-35　激光-电弧旁轴复合与同轴复合示意图

（1）旁轴复合　旁轴复合是指激光束与电弧以一定角度作用在工件的同一位置，即激光可以从电弧前方送入，也可以从电弧后方送入，如图 2-36 所示。旁轴复合较易实现，可以采用 TIG 电弧，也可以采用 MIG 电弧。

（2）同轴复合　同轴复合是指激光与电弧同轴作用在工件的同一位置，即激光穿过电弧中心或电弧穿过环状光束或多光束中心到达工件表面，如图 2-37 所示。同轴复合难度较大，工艺也较复杂，因此多采用 TIG 电弧或等离子弧。

图 2-37a 中，电弧位于两束激光中间，YAG 激光束从光纤输出后，分为两束，通过一组透镜重新聚焦，电

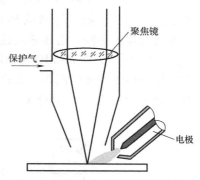

图 2-36　激光-电弧旁轴复合热源

极与电弧安置在透镜的下方，激光的聚焦点与电弧辐射点重合。图 2-37b 所示为激光从电弧中间穿过的方式实现 TIG 电弧与激光的同轴复合。此时采用了 8 根钨极，在一定直径的圆环上呈 45°均匀分布。钨极分别由独立的电源供电，焊接过程中根据焊枪移动的方向，控制相

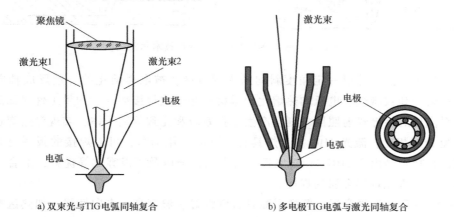

a) 双束光与TIG电弧同轴复合　　　　　b) 多电极TIG电弧与激光同轴复合

图 2-37　激光-电弧同轴复合热源

应方向上的两对电极工作，形成前后方向的热源。此外，如果设计空心钨极，让激光束从环状电弧中心穿过，也是激光与电弧同轴复合的常用方法。激光-电弧同轴复合解决了旁轴复合的方向性问题，适合于三维结构件的焊接，难点是焊枪的设计比较复杂。

根据电弧种类的不同，激光与电弧的复合方式有激光-TIG、激光-MIG、激光-等离子弧和激光-双电弧复合等几种。

1）激光-TIG复合焊。激光-电弧复合热源的最早研究是从 CO_2 激光与 TIG 电弧的旁轴复合开始的。激光与 TIG 电弧的复合工艺过程相对简单，光束与电弧可以是同轴排布，也可以是旁轴排布。光束与电弧的夹角、电弧电流大小和输入形式、激光功率、排布方向、作用间距、电弧高度、保护气体流量等是影响复合效果的主要因素。

激光-TIG复合热源在高速焊接条件下，可以得到稳定的电弧，焊缝成形美观，减少了气孔、咬边等焊接缺陷。尤其是小电流、高焊速和长电弧时，激光-TIG复合焊的焊接速度甚至可达到单独激光焊的两倍以上。激光-TIG复合焊多用于薄板高速焊接，也可以用于不等厚板材对接焊缝的焊接；较大间隙板焊接时，可采用填充金属。

2）激光-MIG/MAG复合焊。激光-MIG/MAG复合焊是目前应用广泛的一种复合热源焊接方法，在汽车、船舶等领域都有应用。激光-MIG/MAG复合焊利用 MIG/MAG 填丝的优点，在提高焊接熔深、增强适应性的同时，还可以改善焊缝冶金和组织性能。

图2-38所示为激光-MIG/MAG电弧复合焊技术的示意图。由于激光-MIG/MAG复合焊存在送丝与熔滴过渡等问题，大多数采用旁轴复合方式进行焊接。图2-39所示为两种不同类型的激光-MIG复合焊的枪头，一些公司专门从事激光-MIG复合焊枪头的设计与制造。

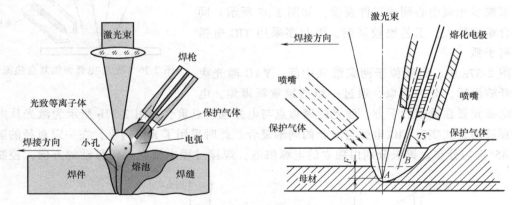

图2-38 激光-MIG/MAG复合焊技术示意图

MIG焊丝和保护气体以一定角度斜向送入焊接区，被电弧熔化的焊丝形成轴向过渡的熔滴，然后熔滴和被激光、电弧加热熔化的母材一起形成焊接熔池。如果工件表面激光的辐射达到材料汽化的临界辐射照度，则会产生小孔效应和光致等离子体，实现深熔焊过程。与激光-TIG复合焊相比，激光-MIG复合焊具有很好的应用前景，可以焊接的板厚更大，焊接适应性更强。特别是由于 MIG/MAG 电弧具有方向性强以及阴极雾化等优势，适合于大厚度板以及铝合金等激光难焊金属的焊接。

3）激光-等离子弧复合焊。等离子弧具有刚性好、温度高、方向性强、加热区窄、对外界敏感性小等优点，有利于进行复合热源焊接。等离子弧与激光复合进行薄板对接焊、不等厚板连接、镀锌板搭接焊以及铝合金焊接、切割和表面合金化等方面的应用，都获得了良好的效果。同激光-TIG复合焊一样，激光-等离子弧复合焊可以是旁轴复合，也可以是同轴复合。

4）激光-双电弧复合焊。激光-双电弧复合焊是将激光与两个MIG电弧同时复合在一起组成的焊接方法。两个焊枪采用独立的电源和送丝机构，通过自己的供线系统分享焊接机头，每个焊枪都可以相对于另一焊枪和激光束位置任意调整，如图2-40所示。由于三个热源要同

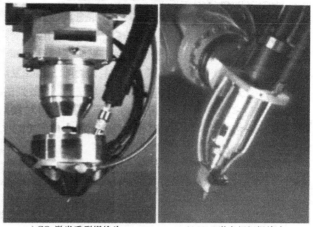

a) CO_2激光重型焊枪头　　　b) YAG激光超细焊枪头

图 2-39　激光-MIG复合焊的枪头

时作用在一个区域内，相互之间的位置排布尤为重要。为了使焊接机头在垂直方向相对于激光束的位置可重新定位，在设计试验装置时需要精心考虑焊枪与激光束聚焦尺寸。

无间隙接头焊接时，激光-双电弧复合焊的焊接速度比一般的激光-MIG复合焊提高约30%，比埋弧焊提高80%。单位长度的热输入比常规的激光-MIG复合焊减少25%，比埋弧焊减少约80%，而且焊接过程稳定，远远超过常规的激光-MIG复合焊的焊接效率。

4. 激光-电弧复合焊参数对焊缝成形的影响

（1）激光功率对熔深、熔宽的影响　针对激光功率对激光-MAG复合焊熔深和熔宽影响的试验结果如图2-41所示，采用的是CO_2激光器，焊接时MAG电弧在前，激光在后。由图2-41可见，当激光功率

图 2-40　激光-双电弧复合焊接机头

较小时（$P \leqslant 1.5kW$），处于热导焊的范围，无论是单一的激光焊，还是复合焊，焊缝熔深随激光功率的增加变化很小；当激光功率大于1.5kW后，焊缝熔深随着激光功率的增加近似呈线性增长，而且复合焊具有与单独激光焊斜率相近的增长曲线。所不同的是随添加的MAG电流不同，复合焊的熔深比单独激光焊有了不同程度的提升。由图2-41b可见，复合焊的熔宽也随着激光功率的增加有所增加，但变化范围不大。

图2-42给出了另一研究报告提供的试验结果，采用的是YAG激光和脉冲MAG复合，焊接时激光在前，MAG电弧在后。

与图2-41比较可见，虽然两者所用的激光器不同，两热源排列次序不同，但激光功率对熔深的影响规律是一致的：小功率的热导焊阶段（图2-42中，$P < 0.9kW$），复合焊和单独激光焊一样，熔深随激光功率的增加变化很小；$P > 0.9kW$的深熔焊阶段，熔深随着激光功率的增加近似呈线性增长，复合焊与单独激光焊具有斜率相近的增长曲线；复合焊的熔深

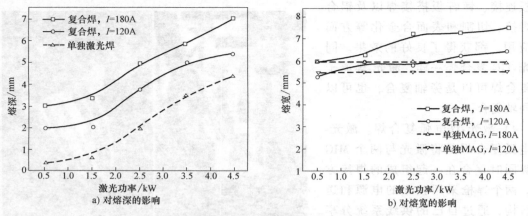

图 2-41 激光功率对激光-MAG 复合焊熔深和熔宽的影响

注：厚度 7mm 的 Q235 钢，MG-51T 焊丝（φ1.0mm），MAG 电弧在前，
CO_2 激光在后，保护气体 He-Ar（20L/min），焊接速度 0.8m/min。

比单独激光焊有一定程度的提升。所不同的是，CO_2 激光-MAG 复合焊对增加熔深的作用比 YAG 激光-MAG 复合焊更明显。

产生这种情况可能有以下两方面的原因：

1）单独激光焊时，材料原本对 CO_2 激光的吸收率就比 YAG 激光低，所以显示出复合焊中由于电弧的预热提高材料对 CO_2 激光的吸收率更明显。

2）图 2-41 的试验中，MAG 在前，电弧相对于焊缝为后倾，而另一组试验中 MAG 在后，为电弧前倾。电弧后倾促使电弧吹力将熔池液态金属推向熔池尾部，电弧穿透深度增加，也将加强 MAG 电流增加熔深的总体效果。而电弧前倾使熔池液态金属流向熔池前端，阻碍电弧向深度穿透，MAG 电流增加熔深的效果受到影响。

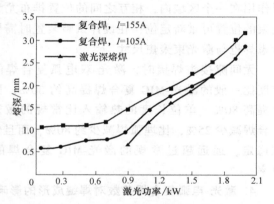

图 2-42 YAG 激光功率对复合焊熔深的影响

注：Q235 钢，YAG 激光在前，MAG 电弧在后，焊接速度 0.8m/min，激光焦斑 0.6mm，焊丝 φ1.2mm，保护气体：82%Ar+18%CO_2。

（2）MAG 电流对熔深、熔宽的影响 MAG 电流对激光-MAG 复合焊熔深和熔宽的影响如图 2-43 所示，试验条件与图 2-41 相同。由图可见，激光-MAG 复合焊的熔深大于相同功率单独激光焊的熔深，MAG 电流不同，熔深的增加量也不相同（见图 2-43a）；复合焊的熔宽与相同电流单独 MAG 的熔宽变化规律相近，但大于 MAG 的熔宽（见图 2-43b）。

研究表明，随着 MAG 电流的增加所引起复合焊熔深的变化并非单调地增长，而是起伏变化的，在 90~120A 电流增加范围，复合焊的熔深是负增长。产生这种现象的原因可归因于电弧等离子体的变化。

引起激光-MAG 复合焊比单一激光焊熔深增加有三方面的因素：电弧的预热、电弧等离子体的作用和电弧吹力。其中电弧对工件的预热作用和电弧吹力这两个因素产生正效应，即

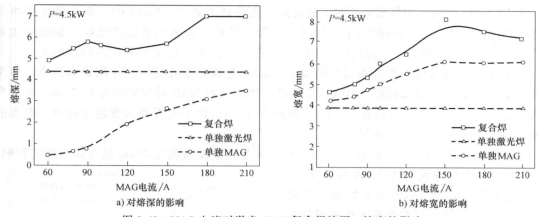

图 2-43　MAG 电流对激光-MAG 复合焊熔深、熔宽的影响

MAG 电流越大，电弧对工件的加热程度和电弧吹力越激烈，熔深越大。电弧等离子体对熔深的影响较复杂，因为光致等离子体温度高，电弧等离子体对光致等离子体有稀释作用，从而减小了光致等离子体对激光的吸收和折射，增加了辐射到工件的激光能量。但电流的增加使电弧等离子体的密度大到一定程度时，不仅没有了稀释光致等离子体的作用，反而会增加激光穿越电弧时的能量损耗，降低工件表面吸收的能量。

（3）激光与电弧间距对熔深、熔宽的影响　激光与电弧间距（DLA）是指工件表面激光辐射点与 MAG 焊丝瞄准点之间的距离，是激光-MAG 复合焊的一个重要参数，对焊接过程稳定性和焊缝成形有很大的影响。图 2-44 所示为激光与电弧间距对激光-MAG 复合焊熔深、熔宽的影响，试验中两热源的排列次序采用了两种方式：MAG 导前方式和激光导前方式。从试验结果看，相同的激光与电弧间距情况下，MAG 导前方式比激光导前方式的熔深大，而熔宽窄。从变化趋势看，两种排列方式的熔深和熔宽随激光与电弧间距的变化规律是一致的：熔深的变化较大，而熔宽随激光与电弧间距的变化不大。

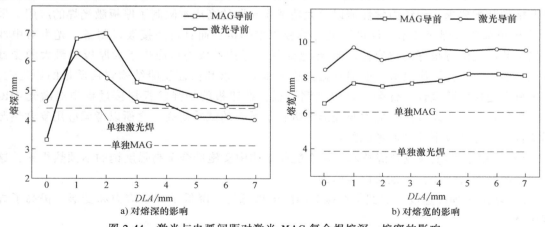

图 2-44　激光与电弧间距对激光-MAG 复合焊熔深、熔宽的影响

激光和电弧的排列方式不同引起熔深、熔宽的变化，主要原因是电弧倾角方向不同引起的。MAG 导前方式中电弧是向后倾的，而激光导前方式中电弧是向前倾的，电弧后倾比电弧垂直或前倾熔深大、熔宽窄，这和一般电弧焊的成形规律是一样的。

由图 2-44a 可见，如果激光辐射点和电弧燃烧点完全重合（$DLA=0$），激光和电弧两热源的作用不是加强了，而是削弱了，熔深几乎降至最低，甚至比单独激光焊还要低（激光导前方式）。原因是激光与电弧间距（DLA）为零时，激光能量主要集中在焊丝熔化上，削弱了小孔效应。随着激光与电弧间距的增加，MAG 电弧对激光的加强作用显露出来，熔深不断增加。当激光与电弧间距（DLA）达到某一值时（对 MAG 导前方式为 1~2mm，对激光导前方式为 1mm），熔深达到最大值；当 $DLA>3mm$ 后，由于电弧离激光越来越远，电弧的加强作用越来越弱，熔深越来越小。

（4）焊接速度对熔深的影响　图 2-45 所示为焊接速度对激光-MAG 复合焊熔深的影响。由图可见，随着焊接速度的提高，激光-MAG 复合焊的熔深与单独激光焊熔深以相近的斜率急剧下降。但在焊接速度相同的情况下，复合焊熔深比单独激光焊熔深还是提高了 40%~75%。如果要求焊缝熔深相同（即焊透相同的板厚），复合焊可以用比单独激光焊大得多的速度进行焊接。也就是说，复合焊的效率大大提高了。

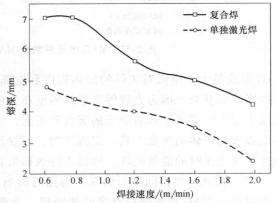

图 2-45　焊接速度对激光-MAG 复合焊熔深的影响

5. 激光-电弧复合焊技术的应用

近年来，激光-电弧复合焊技术显示出巨大的应用潜力，可用于厚板和难焊金属的高速焊接、熔覆以及精密工件的点焊等多种应用领域。从工艺角度看，激光-电弧复合热源正是利用各自的优势，弥补相互之间的缺点，显示了很好的焊接性和适应性。从能量的角度看，提高焊接效率是复合热源最显著的特点，事实上，复合热源有效利用的能量远远大于两种热源的简单叠加。

（1）大厚板复合热源深熔焊接　多年来焊接研究者一直在探索利用激光焊接厚板，但是严格的装配要求、焊缝力学性能以及大功率激光器的高成本限制了厚板激光焊的应用。采用激光-电弧复合焊接技术不仅可以进行厚板深熔焊接，而且对焊接坡口制备、光束对中性和接头装配间隙有很好的适应性。激光-电弧复合焊技术成功地应用于大厚板的最大的受益者是造船工业。为了满足海军舰船日益紧迫的建造要求和保证舰船结构焊接质量的稳定性，美国海军连接实验室针对低合金高强度钢厚板，在船板的加强筋板焊接过程中对激光-MIG复合焊的效率、组织性能、应力与变形等进行了系统的试验研究。之所以考虑应用复合热源焊接技术，是从以下几方面考虑的：

1）应用激光-电弧复合焊技术，可在舰船结构中实施低合金高强度钢的不预热焊接，这在一般的舰船焊接条件下是难以实施的。

2）增加了焊接速度，放宽了对接头间隙的敏感性，降低了焊接应力和变形，提高了焊接质量。

试验结果表明，舰船结构焊缝总长度的 50% 可应用激光-电弧复合焊技术，单道焊熔深可达 15mm，双道焊熔深可达 30mm，焊接变形量仅为双丝焊的 1/10，焊接厚度为 6mm 的 T 形接头时，焊接速度可达 3m/min，焊接效率大幅度提高。

（2）铝合金激光-电弧复合热源焊接

激光焊接铝合金存在反射率大、易产生气孔和裂纹、成分变化等问题，激光-电弧复合热源焊接铝合金可以解决这些问题。铝合金液态熔池的反射率低于固态金属，由于电弧的作用，激光束能够直接辐射到液态熔池表面，增大吸收率，提高熔深。采用交流 TIG 直流反接（DCEP）可在激光焊之前清理氧化膜。同时，电弧形成的较大熔池在激光束前方运动，可增大熔池与金属之间的熔合。由于电弧的加入，通常不适于焊接铝合金的 CO_2 激光器也可胜任。

（3）搭接接头激光-电弧复合热源焊接　搭接焊缝广泛应用于汽车的框架和底板结构中，随着对汽车质量和环保要求的提高，目前汽车壳体焊接中很多都采用了镀锌钢板搭接焊和铝材焊接。复合热源焊接技术应用于汽车底板的搭接焊中不仅可以减小焊接部件的变形，消除下凹或焊接咬边等缺陷，还可以大幅度提高焊接速度。例如，采用 10kW 的 CO_2 激光-MIG 电弧复合热源焊接低碳钢板的搭接接头，可实现间隙为 0.5~1.5mm 的搭接焊，熔深可达底板厚度的 40%。采用 2.7kW 的 YAG 激光-MIG 电弧复合高速焊接的铝合金搭接接头，焊接速度可达 8m/min 以上。

（4）激光-电弧复合热源高速焊接　激光高速焊接薄板的主要问题是焊缝成形连续性差，焊道表面易出现隆起等焊接缺陷。采用等离子弧辅助 YAG 或 CO_2 激光进行薄板（厚度 0.16mm）复合焊接，可以解决激光高速焊接时的表面成形连续性差的问题，焊接速度比单独激光焊提高约 100%。特别是由于等离子弧与激光之间的相互作用，焊接电弧非常稳定，即使焊接速度高达 90m/min 时，电弧也没有出现不稳定的状态，可以获得较宽的焊道和光滑的焊缝表面。

对于厚钢板，也可以采用激光-MIG 电弧复合热源实现高速焊接。图 2-46 所示为复合热源高速单道焊接厚度 12mm 钢板的坡口形式和焊缝截面图。在坡口设计时专门为激光束提供引导通道，在激光引导作用下，电弧可到达焊缝更深的位置，可获得比常规激光焊更大的熔深和焊接速度，接头间隙和坡口中的金属主要依靠电弧熔化。

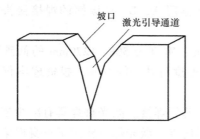
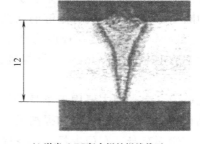

a) 厚钢板的坡口形式　　　　　　　　b) 激光—MIG复合焊的焊缝截面

图 2-46　复合热源高速单道焊接厚钢板的坡口形式和焊缝截面

（焊接速度 2m/min，激光能量 7kW，电弧能量 7kW）

应用示例：

1）激光-电弧复合焊技术在船舶制造工业中获得了广泛的应用。例如，德国 Meyer 船厂装备的激光-MIG 复合焊设备可实现平板对接和筋板焊接；丹麦 Odense 造船厂装备的激光-MIG 复合焊设备，其单边焊接厚度为 12mm，双面焊接厚度为 20mm，焊接速度可以达到 250cm/min。

2）大众汽车公司车体约80%的焊缝优先采用激光焊接技术，其中大部分采用激光-电弧复合焊技术。大众汽车公司已将激光-MIG复合焊技术应用于汽车的大批量生产中，如用于焊接汽车侧面铝制车门的框架，还用于新一代 Golf 轿车的镀锌板焊接。

3）奥迪公司也加强了激光-MIG复合焊技术的应用，在 A2 系列轿车的铝合金车架生产中采用了复合焊技术，在较薄的车身蒙皮、较厚的铝板或铝型材焊接中也采用了复合焊技术。激光复合焊也用于了奥迪 A8 汽车的生产，A8 汽车侧顶梁的各种规格和形式的接头采用了激光复合焊技术，焊缝总计长度为 4500mm。

近年来，通过激光-电弧相互复合而诞生的复合焊技术获得了长足的发展，在航空、军工等部分复杂构件上的应用日益受到重视。目前，激光与不同电弧的复合焊技术已成为了激光焊接领域发展的热点之一。

2.3.5 典型材料的激光焊

激光焊接可应用的波长范围很广，从 $800\sim900nm$ 的半导体激光到 $1.06\sim1.07\mu m$ 的气体激光，根据不同波长激光与材料耦合特性的不同，激光几乎适用于所有材料的焊接加工，包括钢铁材料、非铁金属、复合材料、无机非金属甚至是异种金属的连接。

1. 钢的激光焊

（1）碳素钢 由于激光焊时的加热速度和冷却速度非常快，所以在焊接碳素钢时，随着含碳量的增加，焊接裂纹和缺口敏感性也会增加。

1）船用碳素钢的焊接。目前对民用船体结构钢 A、B、C 级的激光焊已趋成熟。试验用钢的厚度范围分别为：A 级 $9.5\sim12.7mm$；B 级 $12.7\sim19.0mm$；C 级 $25.4\sim28.6mm$。在钢的化学成分中，$w_C<0.25\%$，$w_{Mn}=0.6\%\sim1.03\%$，脱氧程度和钢的纯度从 A 级到 C 级递增。焊接时，使用的激光功率为 10kW，焊接速度为 $0.6\sim1.2m/min$，除厚度为 20mm 以上的试板需双道焊外均为单道焊。

激光焊接头的力学性能试验结果表明，所有船体用 A、B、C 级钢的焊接接头抗拉性能都很好，均断在母材处，并具有足够的韧性。

2）冷轧低碳钢板的焊接。板厚为 $0.4\sim2.3mm$，宽度为 $508\sim1270mm$ 的低碳钢板对接拼焊，用功率为 1.5kW 的 CO_2 激光器焊接，焊接速度可达 10m/min，投资成本仅为闪光对焊的 2/3。

汽车工业中，激光焊主要用于车身拼焊和冷轧薄板焊接。激光拼焊具有减少零件和模具数量、优化材料用量、降低成本和提高尺寸精度等优点。激光焊主要用于车身框架结构的焊接，如顶盖、侧面车身、车门内板、车身底板等。

激光焊于 20 世纪 60 年代中期开始用于汽车工业，但当时主要是用来焊接机械传动部件（如变速器）。20 世纪 80 年代以后，激光焊在汽车工业中的应用逐步形成规模。日本汽车制造业是应用激光焊技术最活跃的产业之一。利用薄钢板激光对接焊缝仍能进行冲压成形的特点，日本各大汽车制造公司纷纷将激光焊应用于汽车车体制造。目前日本汽车工业应用的激光加工技术在世界各国中占领先地位，激光设备拥有量占全世界的 40% 以上；美国居第二位，激光设备约占 30%。

3）镀锡板罐身的激光焊。镀锡板俗称马口铁，主要特点是表层有锡和涂料，是制作小型喷雾罐身和罐头食品罐身的常用材料。用常规的高频电阻焊工艺，设备投资成本高，并且电阻焊焊缝是搭接，耗材也多。小型喷雾罐身，由厚度约 0.2mm 的镀锡板制成，采用输出功率为 1.5kW 的激光焊，焊接速度可达 26m/min。

用厚度为 0.25mm 的镀锡板制作罐头食品的罐身，用 700W 的激光焊进行焊接，焊接速度为 8m/min 以上，接头强度不低于母材，接头区具有良好的韧性。这主要是因为激光焊焊缝窄（约 0.3mm），热影响区小，焊缝组织晶粒细小。另外，由于净化效应，使焊缝含锡量得到控制，不影响接头的性能。焊后的翻边及密封性检验表明，无开裂及泄漏。英国 CMB 公司用激光焊焊接罐头盒纵缝，每秒可焊 10 条，每条焊缝长 120mm，并可对焊接质量进行实时监测。

（2）低合金高强度钢　低合金高强度钢的激光焊，只要焊接参数适当，就可以得到与母材力学性能相当的接头。经过调质处理的 HY-130 低合金高强度钢，具有很高的强度和较高的韧性。采用常规熔焊方法时，焊缝和热影响区组织是粗晶和部分细晶的混合组织，接头区的韧性和抗裂性与母材相比要差得多，而且焊态下焊缝和热影响区组织对冷裂纹很敏感。激光焊后，沿着焊缝横向制作拉伸试样，使焊缝金属位于试样中心，拉伸结果表明激光焊的接头强度不低于母材，塑性和韧性比焊条电弧焊和气体保护焊接头好，接近于母材的性能。

试验结果表明，高强度钢激光焊接头不仅具有高的强度，而且具有良好的韧性和抗裂性，它的动态撕裂能与低合金钢母材相比，有的甚至高于母材。激光焊接头具有高强度、良好的韧性和抗裂性，原因在于：

1）激光焊焊缝组织细密、热影响区窄。焊接裂纹并不总是沿着焊缝或热影响区扩展，常常是扩展进入母材。冲击断口上大部分区域是未受热影响的母材，因此整个接头的抗裂性实际上很大部分是由母材所提供的。

2）从接头的硬度和显微组织的分布来看，激光焊有较高的硬度和较陡的硬度梯度，这表明可能有较大的应力集中。但是，在硬度较高的区域，对应于细小的组织。高的硬度和细小组织的共生效应使得接头既有高的强度，又有足够的韧性。

3）激光焊热影响区的组织主要为低碳马氏体，这是由于它的焊接速度快、热输入小所造成的。低合金高强度钢的含碳量低，焊接过程中由于冷却速度快，形成低碳马氏体，加上晶粒细小，所以接头性能比焊条电弧焊和气体保护焊的好。

4）低合金钢激光焊时，焊缝中的有害杂质元素大大减少，产生了净化效应，提高了接头的韧性。

（3）不锈钢　不锈钢的激光焊接性较好。奥氏体不锈钢的导热系数只有碳钢的 1/3，吸收率比碳钢略高。因此，奥氏体不锈钢能获得比普通碳钢稍微深一点的熔深（约深 5% ~ 10%）。激光焊热输入小、焊接速度快，当钢中 Cr 当量与 Ni 当量的比值大于 1.6 时，奥氏体不锈钢较适合激光焊；但当 Cr 当量与 Ni 当量的比值小于 1.6 时，焊缝中产生热裂纹的倾向明显提高。

对 Cr-Ni 系不锈钢进行激光焊时，材料具有很高的能量吸收率和熔化效率。用 CO_2 激光焊焊接奥氏体不锈钢时，在功率为 5kW、焊接速度为 1m/min、光斑直径为 0.6mm 的条件下，光的吸收率为 85%，熔化效率为 71%。由于焊接速度快，减轻了不锈钢焊接时的过热和线胀系数大的不良影响，热变形和残余应力相对较小，焊缝无气孔、夹杂等缺陷，接头强度和母材相当。

激光焊焊接铁素体不锈钢时，焊缝韧性和塑性比采用其他焊接方法时要高。与奥氏体和马氏体不锈钢相比，用激光焊焊接铁素体不锈钢产生热裂纹和冷裂纹的倾向最小。在不锈钢中，马氏体不锈钢的焊接性较差，接头区易产生脆硬组织并伴有冷裂倾向。用激光焊焊接马氏体不锈钢时，预热和回火可以降低裂纹和脆裂的倾向。

不锈钢激光焊的另一特点是，用小功率 CO_2 激光焊焊接不锈钢薄板，可以获得外观成形良好、焊缝平滑美观的接头。不锈钢的激光焊，可用于核电站中不锈钢管、核燃料包等的焊接，也可用于化工等其他工业部门。

(4) 硅钢 硅钢片是一种应用广泛的电磁材料，焊接最大的问题是热影响区的晶粒长大，因此采用常规的焊接方法很难进行焊接。采用 TIG 焊的主要问题是接头脆化，焊态下接头的反复弯曲次数低或不能弯曲，焊后不得不增加一道退火工序，增加了工艺流程的复杂性。

用 CO_2 激光焊焊接硅钢薄板中焊接性最差的 Q112B 高硅取向变压器钢（板厚 0.35mm），获得了满意的结果。硅钢焊接接头的反复弯曲次数越高，接头的塑性和韧性越好。几种焊接方法（TIG 焊、激光焊等）的接头反复弯曲次数的比较表明，激光焊接头最优，焊后不经过热处理即可满足生产上对其接头韧性的要求。

生产中的半成品硅钢板，一般厚度为 0.2~0.7mm，幅宽为 50~500mm，用 1kW 的 CO_2 激光焊焊接这类硅钢薄板，最大焊接速度为 10m/min，焊后接头的性能得到了很大改善。

不同材料连续 CO_2 激光焊的焊接参数见表 2-11。

表 2-11 不同材料连续 CO_2 激光焊的焊接参数

材料	厚度/mm	焊接速度/(cm/s)	焊缝宽度/mm	深宽比	激光功率/kW
对接焊缝					
321 不锈钢 （06Cr18Ni11Ti）	0.13	3.81	0.45	全焊透	5
	0.25	1.48	0.71	全焊透	5
	0.42	0.47	0.76	部分焊透	5
17-7 不锈钢 （07Cr17Ni7Al）	0.13	4.65	0.45	全焊透	5
302 不锈钢 （12Cr18Ni9）	0.13	2.12	0.50	全焊透	5
	0.20	1.27	0.50	全焊透	5
	0.25	0.42	1.00	全焊透	5
	6.35	2.14	0.70	7	3.5
	8.90	1.27	1.00	3	8
	12.7	0.42	1.00	5	20
	20.3	21.1	1.00	5	20
因康镍合金 600	0.10	6.35	0.25	全焊透	5
	0.25	1.69	0.45	全焊透	5
	0.42	1.06	—	全焊透	5
镍合金 200	0.13	1.48	0.45	全焊透	5
	0.18	0.76	—	全焊透	5
蒙乃尔合金 400	0.25	1.06	0.60	全焊透	5
低碳钢	1.19	0.32	—	0.63	0.65

（续）

材料	厚度/mm	焊接速度/(cm/s)	焊缝宽度/mm	深宽比	激光功率/kW
搭接焊缝					
镀锡钢	0.30	0.85	0.76	全焊透	5
302 不锈钢 （12Cr18Ni9）	0.40	7.45	0.76	部分焊透	5
	0.76	1.27	0.60	部分焊透	5
	0.25	0.60	0.60	全焊透	5
角焊缝					
321 不锈钢 （06Cr18Ni11Ti）	0.25	0.85	—	—	5
端接焊缝					
321 不锈钢 （06Cr18Ni11Ti）	0.13	3.60	—	—	5
	0.25	1.06	—	—	5
	0.42	0.60	—	—	5
17-7 不锈钢 （07Cr17Ni7Al）	0.13	1.90	—	—	5

此外，激光焊制造的"三明治"夹层钢结构的应用是船舶制造业中革新性的技术进步，可使得船体结构重量大幅减小，管线布局更加容易，激光焊技术是夹层钢板制造的最佳焊接工艺。

2. 非铁金属的激光焊

（1）铝及铝合金的激光焊　铝及铝合金激光焊的主要困难是它对激光束的高反射率和自身的高导热性。铝是热和电的良导体，高密度的自由电子使它成为光的良好反射体，起始表面反射率超过 90%。也就是说，深熔焊必须在小于 10% 的输入能量开始，这就要求很高的输入功率以保证焊接开始时必要的功率密度。而小孔一旦生成，它对光束的吸收率迅速提高，甚至可达 90%，从而使焊接过程顺利进行。

铝及铝合金激光焊时，随着温度的升高，氢在铝中的溶解度急剧升高，溶解于其中的氢成为焊缝的缺陷源。焊缝中多存在气孔，深熔焊时根部可能出现空洞，焊道成形较差。但在高功率密度、高焊接速度下，可获得没有气孔的焊缝。

连续激光焊可以对铝及铝合金进行从薄板精密焊到厚板深熔焊的各种焊接。铝及铝合金对热输入和焊接参数很敏感，要获得良好的无缺陷的焊缝，必须严格选择焊接参数，并对等离子体进行良好的控制。铝合金激光焊时，用 8kW 的激光功率可焊透厚度为 12.7mm 的铝板，焊透率大约为 1.5mm/kW。铝及铝合金的 CO_2 激光焊的焊接参数见表 2-12。

表 2-12　铝及铝合金的 CO_2 激光焊的焊接参数

材料	板厚/mm	焊接速度/(cm/s)	激光功率/kW
铝及铝合金	2	4.17	5

由于铝合金对激光的强烈反射作用，铝合金激光焊十分困难，必须采用高功率的激光器才能进行焊接。但激光焊的优势和工艺柔性又吸引着科技人员不断突破铝合金激光焊的禁区，有力推动了铝合金激光焊在航空、现代车辆等制造领域中的应用。

（2）钛及钛合金的激光焊 钛及钛合金化学性能活泼，在高温下容易氧化。在进行激光焊时，正反面都必须施加惰性气体保护，气体保护范围需扩大到 400~500℃（即拖罩保护）。钛合金对接时，焊前必须把坡口清理干净，可先用喷砂处理，再用化学方法清洗。另外，装配要精确，接头间隙要严格控制。

钛合金激光焊的焊接速度一般较高（80~100m/h），焊接熔深大约为 1mm/kW。钛及钛合金 CO_2 激光焊的焊接参数见表 2-13。CO_2 激光焊研究表明，使用 4.7kW 的激光功率，焊接厚度为 1mm 的 Ti-6Al-4V 合金，焊接速度可达 1.5m/min。检测表明，接头致密，无气孔、裂纹和夹杂，也没有明显的咬边。接头的屈服强度、抗拉强度与母材相当，塑性不降低。在适当的焊接参数下，Ti-6Al-4V 合金接头具有与母材同等的弯曲疲劳性能。

表 2-13 钛及钛合金 CO_2 激光焊的焊接参数

材　料	厚度/mm	焊接速度/(cm/s)	焊缝宽度/mm	深宽比	激光功率/kW
工业纯钛	0.13	5.92	0.38	全焊透	5
	0.25	2.12	0.55	全焊透	5
Ti-6Al-4V 合金	0.50	1.14	—	—	5
	1.00	2.50	—	—	4.7

钛及钛合金焊接时，氧的溶入对接头的性能有不良影响。在激光焊时，只要使用了保护气体，焊缝中的氧就不会有显著变化。激光焊焊接高温钛合金，也可以获得强度和塑性良好的接头。

（3）高温合金的激光焊 激光焊可以焊接各类高温合金，包括电弧焊难以焊接的 Al、Ti 含量高的时效处理合金。许多镍基和铁基高温合金都可以进行脉冲和连续激光焊接，而且都可获得性能良好的激光焊接头。用于高温合金焊接的激光发生器一般为脉冲激光器或连续 CO_2 激光器。

激光焊焊接高温合金时，容易出现裂纹和气孔。采用 2kW 快速轴向流动式激光器，对厚度为 2mm 的 Ni 基合金进行焊接，焊接速度为 8.3mm/s；厚度为 1mm 的 Ni 基合金，焊接速度为 34mm/s。高温合金激光焊的力学性能较高，接头强度系数为 90%~100%。表 2-14 列出了几种高温合金激光焊焊接接头的力学性能。

表 2-14 高温合金激光焊焊接接头的力学性能

母材牌号	厚度/mm	状态	试验温度/℃	力学性能			强度系数/（%）
				抗拉强度/MPa	屈服强度/MPa	伸长率/（%）	
GH141	0.13	焊态	室温	859	552	16.0	99.0
			540	668	515	8.5	93.0
			760	685	593	2.5	91.0
			990	292	259	3.3	99.0
GH3030	1.0	焊态		714	—	13.0	88.5
	2.0			729	—	18.0	90.3
GH163	1.0	固溶+时效	室温	1000		31.0	100
	2.0			973		23.0	98.5
GH4169	6.4			1387	1210	16.0	100

激光焊用的保护气体，推荐采用 He 或 He+少量 Ar 的混合气体。使用 He 气成本较大，但是 He 气可以抑制等离子云，增加焊缝熔深。高温合金激光焊的接头形式一般为对接和搭接接头，母材厚度可达 10mm。但接头制备和装配要求很高，与电子束焊类似。

3. 异种材料的激光焊

异种材料的激光焊是指两种不同材料的激光熔焊。异种材料是否可采用激光焊以及接头强度性能如何，取决于两种材料的物理性质，如熔点、沸点等。如果两种材料的熔点、沸点接近，能形成较为牢固连接的激光焊参数范围较大，接头区可获得良好的组织性能。

图 2-47 所示为两种材料的熔点、沸点的示意图。如图 2-47a 所示，设材料 A 的熔点为 $A_熔$，沸点为 $A_沸$；材料 B 的熔点为 $B_熔$，沸点为 $B_沸$；且 $B_沸>A_熔>B_熔$、$A_沸>B_沸>A_熔$，则材料表面温度可以在 $A_熔$ 和 $B_沸$ 之间调节。$A_熔$ 和 $B_沸$ 之间差距越大，激光焊焊接参数范围越大。材料 B 的沸点高于材料 A 的熔点，这两个温度构成了一个重叠区，焊接过程中若能使焊缝的温度保持在重叠区范围，这两种材料就能发生熔化或汽化，实现焊接。重叠区的温度范围越大，两种材料焊接参数的选择范围越宽。

反之，当一种材料的熔点比另一种材料的沸点还高，即 $A_熔>B_沸>B_熔$ 时，两种材料形成牢固激光熔焊的范围很窄，甚至不可能。如图 2-47b 所示，材料 A 的熔点和材料 B 的沸点相差较远，这两种材料就很难实现激光焊接，原因是这两种材料不能同时熔化，从而无法形成牢固的接头。在这种情况下，可以采用在两种材料之间加入中间层（第三种材料）的方法，再进行焊接。所选的中间层作为焊接材料，既能与材料 A 结合，也能与材料 B 结合，即它们的熔点、沸点应满足图 2-47a 的条件。

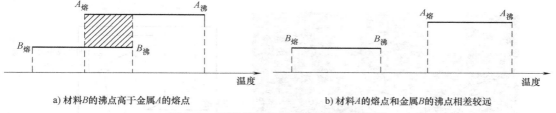

a) 材料B的沸点高于金属A的熔点　　　　　　b) 材料A的熔点和金属B的沸点相差较远

图 2-47 两种材料的熔点、沸点的示意图

许多异种材料的连接可以采用激光焊完成。在一定条件下，Cu-Ni、Ni-Ti、Cu-Ti、Ti-Mo、黄铜-铜、低碳钢-铜、不锈钢-铜及其他一些异种金属材料，都可以进行激光焊。Ni-Ti 异种材料焊接熔合区主要由高分散度的微细组织组成，并有少量金属间化合物分布在熔合区界面。几种异种材料脉冲激光焊的焊接参数见表 2-15。

表 2-15 几种异种材料脉冲激光焊的参数

异种材料	厚度（直径）/mm	脉冲能量/J	脉冲宽度/ms	激光器类别
镀金磷青铜+铝箔	0.3+0.2	3.5	4.3	钕玻璃激光器
不锈钢+纯铜箔	0.145+0.08	2.2	3.6	红宝石激光器
纯铜箔	0.05+0.05	2.3	4.0	钕玻璃激光器
镍铬丝+铜片	0.10+0.145	1.0	3.4	钕玻璃激光器
镍铬丝+不锈钢	0.10+0.145	0.5	4.0	钕玻璃激光器
不锈钢+镍铬丝	0.145+0.10	1.4	3.2	红宝石激光器
硅铝丝+不锈钢	0.10+0.145	1.4	3.2	红宝石激光器

对于可伐合金（Ni29-Co17-Fe54）-铜的激光焊，接头强度为退火态铜的92%，并有较好的塑性，但焊缝金属呈化学成分不均匀性。此外，激光焊不仅可以焊接金属，还可以用于焊接陶瓷、玻璃、复合材料及金属基复合材料等非金属。

激光熔覆

2.4 激光熔覆

激光熔覆（Laser Cladding，LC）是将具有特殊性能的材料用激光加热熔覆在基体表面，获得与基体形成良好冶金结合和使用性能的熔覆层。激光熔覆可在材料表面制备耐磨、耐蚀、抗氧化、抗疲劳或具有特殊的光、电、磁效应的熔覆层，可在较低成本下提高材料的表面性能。

2.4.1 激光熔覆的原理与特点

1. 激光熔覆的原理

激光熔覆

激光熔覆是以不同的填料方式在被熔覆基体表面上预置或同步送进涂层材料，经高能量激光辐照使之和基体表面一薄层同时熔化，快速凝固后形成稀释率低并与基体呈冶金结合的熔覆层，从而改善基体表面的耐磨、耐蚀、耐热、抗氧化及电气特性等的一种表面强化方法。激光熔覆的原理如图 2-48 所示。激光熔覆可达到表面改性或修复的目的，既满足了对材料表面特定性能的要求，又节约了大量的贵重元素。激光熔覆涉及物理、冶金、材料科学等多个领域，受到国内外的普遍重视。

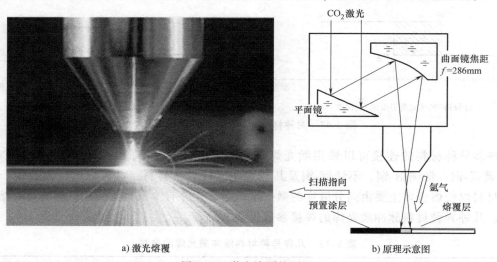

a) 激光熔覆   b) 原理示意图

图 2-48   激光熔覆的原理

激光熔覆技术是 20 世纪 70 年代发展起来的，它的激光功率密度的分布区间为 $10^4 \sim 10^6 \mathrm{W/cm^2}$，介于激光淬火和激光合金化之间。激光熔覆是在激光束作用下将合金粉末或陶瓷粉末与基体表面迅速加热并熔化，光束移开后自激冷却形成稀释率极低，与基体材料呈冶金结合的表面熔覆层。

在整个激光熔覆过程中，激光、粉末、基体三者之间存在着相互作用的关系，即激光与粉末、激光与基体以及粉末与基体的相互作用。

（1）激光与粉末的相互作用　当激光束穿越粉末时，部分能量被粉末吸收，使到达基体表面的能量衰减；而粉末由于激光的加热作用，在进入金属熔池之前，粉末形态发生改变。依据所吸收能量的多少，粉末形态有熔化态、半熔化态和未熔相变态三种。

（2）激光与基体的相互作用　使基体熔化产生熔池的热量来自于激光与粉末作用衰减之后的能量，该能量的大小决定了基体熔深，进而对熔覆层的稀释产生影响。

（3）粉末与基体的相互作用　合金粉末在喷出送粉口之后在载气流力学因素的扰动下产生发散，导致部分粉末未进入基体金属熔池，而是被束流冲击到未熔基体上发生飞溅。这是侧向送粉式激光熔覆粉末利用率较低的一个重要原因。

激光熔覆技术可获得与基体呈冶金结合、稀释率低的表面熔覆层，对基体热影响较小，能进行局部熔覆。从 20 世纪 80 年代开始，激光熔覆技术的研究领域进一步扩大，包括熔覆层质量、组织和使用性能、合金选择、工艺性、热物理性能和计算机数值模拟等。

2. 激光熔覆的分类

合金粉末是激光熔覆最常用的材料，按熔覆材料送粉方式的不同，激光熔覆可以分为两类，即预置式激光熔覆和同步送粉式激光熔覆。

（1）预置式激光熔覆　将熔覆材料预先置于基材表面的熔覆部位，然后采用激光束辐照扫描熔化，熔覆材料以粉、丝、板的形式加入，其中以粉末涂层的形式加入最为常用。预置式激光熔覆的主要工艺流程为：基材熔覆表面预处理→预置熔覆材料→预热→激光熔化→后热处理。

（2）同步送粉式激光熔覆　将熔覆材料直接送入激光束中，使供料和熔覆同时完成，如图 2-49 所示。熔覆材料主要是以合金粉末的形式送入，有的也采用丝材或板材同步送料。同步送粉式激光熔覆的主要工艺流程为：基材熔覆表面预处理→送料和激光熔化→后热处理。同步送粉式激光熔覆又可分为侧向送粉式和同轴送粉式。激光束照射基体形成液态熔池，合金粉末在载气的带动下由送粉喷嘴射出，与激光作用后进入液态熔池，随着送粉喷嘴与激光束的同步移动形成了熔覆层。

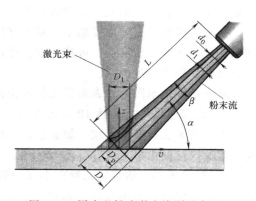

图 2-49　同步送粉式激光熔覆示意图

这两种方法效果相似，同步送粉法具有易实现自动化控制，激光能量吸收率高，熔覆层无气孔和加工成形性良好等优点。若同时加载保护气，可防止熔池氧化，获得表面光亮的熔覆层。实际应用较多的是同步送粉式激光熔覆。

用气动喷注法把粉末传送入熔池中是成效较高的方法，激光束与材料的相互作用区被熔化的粉末层所覆盖，会提高对激光能量的吸收。这时熔覆层成分的稀释与粉末流速密切相关，而不仅是由激光功率所控制。气动传送粉末技术的送粉系统如图 2-50 所示，该送粉系统由一个小漏料箱组成，底部有一个测量孔。供料粉末通过漏料箱进入与氩气瓶相连接的管道，再由氩气流带出。漏料箱连接着一个振动器，目的是得到均匀的粉末流。通过控制测量孔和氩气流速可以改变粉末流的流速。粉末流速是影响熔覆层形状、孔隙率、稀释率、结合强度的关键因素。

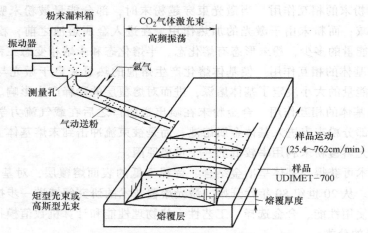

图 2-50 气动传送粉末技术的送粉系统示意图

3. 激光熔覆的特点

激光熔覆技术已成为新材料制备、失效金属零部件修复和再制造的重要手段之一，广泛应用于航空、石油化工、汽车、机械制造、船舶、模具制造等行业。激光熔覆技术具有熔覆件变形小、过程易于实现自动化等优点。与传统的堆焊、喷涂和气相沉积技术相比，激光熔覆具有低的稀释率、较少的气孔和裂纹缺陷、组织致密、熔覆层与基体结合好、粉末粒度及含量变化大等特点，因此激光熔覆技术应用前景十分广阔。

激光熔覆能量密度高度集中，基体材料对熔覆层的稀释率很小，熔覆层组织性能容易得到保证。激光熔覆精度高，可控性好，适合于对精密零件或局部表面进行处理，可以处理的熔覆材料品种多、范围广。

激光熔覆技术同其他表面强化技术相比有如下特点：

1）冷却速度快（高达 $10^5 \sim 10^6 \mathrm{K/s}$），产生快速凝固组织特征，容易得到细晶组织或产生平衡态所无法得到的新相，如亚稳相、超弥散相、非晶相等，微观缺陷少，界面结合强度高，熔覆层性能优异。

2）热输入小，熔覆层稀释率小（一般小于5%），与基体呈牢固的冶金结合或界面扩散结合，熔覆层组织细小致密；通过对激光工艺参数的调整，可以获得低稀释率的良好熔覆层，并且熔覆层成分和稀释率可控。

3）合金粉末选择几乎没有任何限制，许多金属或合金能熔覆到基体表面上，特别是能熔覆高熔点或低熔点的合金（如在低熔点金属表面熔覆高熔点合金）。

4）熔覆层的厚度范围大，单道送粉一次熔覆厚度在 0.2~2.0mm；光束瞄准可以对复杂件和难以接近的区域激光熔覆，工艺过程易于实现自动化。

5）能进行选区熔覆，材料消耗少，具有优异的性能价格比，尤其是采用高功率密度快速激光熔覆时，表面变形可降低到零件的装配公差内。

在我国的工程应用中，钢铁材料占主导地位，金属材料的失效（如腐蚀、磨损、疲劳等）大多发生在零部件的工作表面。从仿生学的角度考察天然生物材料，其组成外密内疏，性能外硬内韧，而且密与疏、硬与韧从外到内是梯度变化的，生物材料的特殊结构使其具有优良的使用性能。激光熔覆技术有利于这种表面改性和梯度变化复合材料的研发。激光熔覆技术是失效零部件的修复与再制造、零部件 3D 打印的基础，受到世界各国研究者和企业的高度重视。

2.4.2　激光熔覆设备、材料及工艺

1. 激光熔覆设备

（1）激光器　激光熔覆设备与激光焊相似，也是由多个系统组成的。必备的三大模块是激光器及光路系统、送粉系统、控制系统。激光熔覆成套设备的组成包括：激光器、冷却机组、送粉机构、加工工作台等。激光器是激光熔覆设备的核心部分，直接影响熔覆的效果。光路系统用于将激光器产生的能量传导到加工区域，光纤是当今光路系统的主要代表。最初激光熔覆主要采用 $1 \sim 10kW$ 的 CO_2 激光器（用于大型零件激光熔覆）和 500W 左右的 YAG 激光器。YAG 激光器输出波长为 $1.06\mu m$，较 CO_2 激光器波长小 1 个数量级，因而更适合非铁金属的激光熔覆。采用 YAG 激光熔覆在小型零部件方面更有优势。近年来半导体光纤激光器异军突起，日益受到人们的重视。

（2）送粉系统　送粉系统是激光熔覆设备的一个关键部分，送粉系统的技术属性及工作稳定性对最终的熔覆层成形质量、精度以及性能有重要的影响。送粉系统包括送粉器、粉末传输管道和送粉喷嘴等。如果选用气动送粉系统，还应包括供气装置。

依据送粉原理，送粉器可分为重力式送粉器、气动式送粉器、机械式送粉器等几种。为了获得具有优异成形质量、精度和性能的熔覆层，一个质量稳定、精确可控的送粉器是不可缺少的。以气动式送粉器为例，不仅要求保证送粉电压与粉末输送量之间呈线性关系，还须保证送粉电压稳定，送粉流量不会发生较大波动，粉末输送流量要保持连续均匀。

对于送粉喷嘴来说，喷嘴孔径对粉末利用率有较大的影响。一般来说，送粉喷嘴的孔径应小于熔覆时激光的光斑直径，以保证粉末有效进入金属熔池。送粉式激光熔覆的粉末飞溅损失较大、利用率较低，粉末束发散是其主要原因。粉末束在喷嘴出口处形成的发散，导致到达基体表面的部分粉末飞落到熔池之外。只有进入熔池的合金粉末才有助于熔覆层成形。粉末束的发散角越小，进入熔池的粒子越多，粉末实际利用率越高。

实践表明，减小送粉喷嘴孔径有利于降低粉末束的发散角。从提高熔覆效率、节约合金粉末的角度出发，采用较小孔径的送粉喷嘴可起到明显的效果。

（3）控制系统　控制系统是激光输送端头的载体，对实现激光熔覆成形的精确控制是必不可少的。该控制系统须保证能够在 X、Y、Z 三个维度进行操纵。但要实现任意复杂形状工件的熔覆，还需要至少 2 个维度，即转动和摆动，数控机器人可满足这一需求。

除以上激光器及光路系统、送粉系统、控制系统外，依据实验或工况条件还可配制辅助装置，例如：

1）保护气系统。对于一些易氧化的熔覆材料，为了提高激光熔覆成形质量，应用保护气可保证加工区域的气氛达到技术要求。常见的保护气有氩气和氮气。

2）监测与反馈控制系统。对激光熔覆过程进行实时监测，并根据监测结果对熔覆过程进行反馈控制，以保证激光熔覆的稳定性。该系统对成形精度的影响至关重要，如在激光头部位加装光学反馈的跟踪系统，会大幅度提高熔覆精度。

激光熔覆技术一个重要的发展趋势是采用高功率半导体光纤激光器。波长范围为808~965μm 的红外或近红外激光，比 CO_2 激光易吸收，可省去前期预处理，方便操作。大功率半导体激光熔覆技术可以实现与同轴送粉一体化控制，以及应用光纤传输与扩束技术进行导光聚焦，实现全封闭传输或光纤传输；与机器人结合，可实现光、机、电、粉、控一体化高度集成控制，满足不同层次的需求。

2. 激光熔覆材料

激光熔覆材料是指用于成形熔覆层的材料，按形状可分为合金粉末（粉材）、丝材、片材等。其中，粉末状熔覆材料的应用最为广泛。

（1）对激光熔覆材料的基本要求 采用激光熔覆技术可以制备铁基、镍基、钴基、铝基、钛基、镁基等金属基熔覆层。从功能上分类，激光熔覆可以制备单一或同时兼备多种功能的熔覆层，如耐磨损、耐腐蚀、耐高温以及特殊的功能性熔覆层。从构成熔覆层的材料体系看，从二元合金体系发展到多元体系。多元体系的合金成分设计以及多功能性是激光熔覆制备新材料的发展方向。

选择适当的熔覆材料是获得表面和内在质量良好、性能满足使用要求的熔覆层的关键。从熔覆层成形和应力控制的角度来说，熔覆材料与基体的热胀系数应相近，以减小热应力和裂纹倾向。熔覆层与基体材料熔点相近，可以减小稀释率，保证冶金结合，避免熔点过高或过低造成熔覆层孔洞和夹杂。

从满足熔覆层使用性能的角度来说，应根据零部件的工作条件选择具有相应性能的材料，包括耐磨、耐蚀、耐热、抗氧化性等。熔覆材料与基体材料的相容性，包括互溶性、合金化、润湿性、物理化学性质等，也是重要的因素，添加材料与基体材料结合良好时才能保证表面成形。

粉末材料的流动性对送粉的均匀稳定性有很大影响，进而影响熔覆层的成形和质量。粉末流动性与其形状、粒度、分布、表面状态有关，球形粉末流动性好，普通粒度粉和粗粒度粉都适合激光熔覆采用。细粉和超细粉流动性差，容易团聚和堵塞喷嘴。

激光熔覆粉末可按如下方式划分：

1）按照粉末性质的不同，可以分为自熔合金粉末、碳化物陶瓷粉末等。

2）按照粉末制备方法的不同，可以分为超声雾化粉末、烧结破碎粉末等。

3）按照粉末性能特点的不同，可以分为耐磨、耐热、耐蚀粉末等。

采用不同制备方法合成的成分相同的粉末往往表现出不同的熔覆特性，最终对熔覆质量和性能产生影响。

（2）激光熔覆用的粉末合金 激光熔覆所用的粉材主要有自熔性合金粉末、陶瓷粉末、复合粉末等。这些材料具有优异的耐磨和耐蚀等性能，通常以粉末的形式使用，将其用作激光熔覆材料可获得满意的效果。

1）自熔性合金粉末。自熔性合金粉末和复合粉末是最适于激光熔覆的材料，易获得稀释率低、与基体冶金结合的致密熔覆层，可提高工件表面的耐磨、耐蚀及耐热性能。由于粉末成分中含有 B、Si 元素，具有自行脱氧、造渣的功能，即所谓的自熔性。

目前，激光熔覆大多还是沿用热喷涂（焊）的材料体系。应用广泛的激光熔覆自熔性合金粉末主要有：镍基合金、钴基合金、铁基合金。其中又以镍基粉末应用最多，与钴基粉末相比，其价格较便宜。表 2-16 列出了几种自熔性合金粉末的特点。

表 2-16　自熔性合金粉末的特点

自熔性合金粉末	自熔性	优点	缺点
铁基	差	成本低,耐磨性好	抗氧化性差
钴基	较好	耐高温性最好,良好的耐热震、耐磨、耐蚀性能	价格较高
镍基	好	良好的韧性、耐冲击性、耐热性、抗氧化性、较高的耐蚀性能	高温性能较差

铁基、镍基及钴基三大合金系列的主要特点是含有强烈脱氧和自熔作用的 B、Si 元素。这类合金在激光熔覆时,合金中的 B 和 Si 被氧化生成氧化物(B_2O、SiO_2),在熔覆层表面形成薄膜。这种薄膜既能防止合金中的元素被过度氧化,又能与这些元素的氧化物形成硼硅酸盐熔渣,减少熔覆层中的夹杂和含氧量,可获得氧化物含量低、气孔率少的熔覆层。B 和 Si 还能降低合金的熔点,改善熔体对基体金属的润湿能力,对合金的流动性及表面张力产生有利的影响。自熔性合金的硬度随合金中 B、Si 含量的增加而提高,这是由于 B 和 C 与合金中的 Ni、Cr 等元素形成硬度极高的硼化物和碳化物的数量增加所致。这几类自熔性合金粉末对钛合金也有较好的适应性。

① 镍基合金粉末。镍基合金粉末具有良好的润湿性、耐蚀性、高温自润滑作用,适用于局部要求耐磨、耐热腐蚀及抗热疲劳的构件。镍基合金的合金化原理是用 Fe、Cr、Co、Mo、W 等元素进行奥氏体固溶强化,用 Al、Ti 等元素进行化合物沉淀强化,用 B、Zr、Co 等元素实现晶界强化。镍基自熔性合金粉末中合金元素添加量依据合金性能和激光熔覆工艺确定。

镍基自熔性合金主要有 Ni-B-Si 和 Ni-Cr-B-Si 两大类,前者硬度低,韧性好,易于加工;后者是在 Ni-B-Si 合金基础上加入适量 Cr 而形成的。Cr 能增加熔覆层强度,提高熔覆层的抗氧化性和耐蚀性。Cr 还能与 B 和 C 形成硼化物和碳化物,提高熔覆层的硬度和耐磨性。增加 Ni-Cr-B-Si 合金中的 C、B 和 Si 的含量,可使熔覆层硬度从 25HRC 提高到 60HRC 左右,但熔覆层的韧性有所下降。这类合金中实际应用较多的是 Ni60 和 Ni45。

② 钴基合金粉末。钴基合金粉末具有良好的高温性能和耐磨、耐蚀性能,适用于耐磨、耐蚀和抗热疲劳的零件。钴基自熔性合金粉末中含有 Co、Cr、W、Fe、Ni 和 C 等;此外添加 B 和 Si 增加合金粉末的润湿性以形成自熔性合金,但 B 含量过多会增加开裂倾向。钴基合金粉末在熔化时具有很好的润湿性,熔化后在基体材料的表面均匀铺展,有利于获得致密性好和光滑平整的熔覆层,提高了熔覆层与基体材料的结合强度。

钴基合金粉末的主要成分是 Co、Cr、W,具有良好的高温性能和综合力学性能。Co 与 Cr 生成稳定的固溶体,由于含碳量较低,基体上弥散分布着亚稳态的 $Cr_{23}C_6$、M_7C_3 和 WC 以及 CrB 等硼化物,导致熔覆层具有更高的热硬性、高温耐磨性、耐蚀性和抗氧化性。

③ 铁基合金粉末。铁基合金粉末适用于易变形、要求局部耐磨的零部件,所用合金粉末主要有不锈钢类和高铬铸铁类。这类合金粉末的优点是成本低且耐磨性好,但熔点高,合金自熔性差,抗氧化性差,流动性不好,熔覆层内气孔和夹渣较多。铁基合金激光熔覆组织的合金化设计主要为 Fe-C-X（X 为 Cr、W、Mo、B 等）,熔覆层组织主要由亚稳相组成,强化机制为马氏体强化和碳化物强化。

2）陶瓷粉末。在强烈磨损的场合,为了进一步提高激光熔覆层的耐磨性,可以在自熔性合金粉末中添加各种碳化物、氮化物、硼化物和氧化物陶瓷颗粒,形成复合陶瓷粉末。激光熔覆复合陶瓷粉末可以将金属材料的强韧性、良好的工艺性和陶瓷材料的耐磨、耐蚀、耐高温和抗氧化性能等结合起来。

陶瓷材料与基体材料的线胀系数、弹性模量、热导率等差别很大，陶瓷的熔点大大高于金属，因此激光熔覆陶瓷的温度梯度很大，造成很大的热应力，熔覆层易产生裂纹等缺陷。陶瓷粉末也可以直接进行激光熔覆，但是由于陶瓷与一般基体的性质差异很大，陶瓷材料的熔覆工艺性也比较差，特别是陶瓷粉末的激光熔覆层因易产生裂纹和剥落等仍待深入研究。激光熔覆陶瓷层可采用过渡熔覆层或梯度熔覆层的方法来实现。常用陶瓷颗粒的热物理性能见表 2-17。

表 2-17　常用陶瓷颗粒的热物理性能

陶瓷材料	熔点 /℃	热导率 /$[W/(m \cdot K)]$	热胀系数 /$(10^{-6}/℃)$	弹性模量 /GPa	密度 /(g/cm^3)
WC	2632	0.454	6.2	708	15.77
SiC	2300	0.346	4.7	480	3.21
TiC	3140	0.173	7.4	412	4.25
Al_2O_3	2050	0.024	8.0	402	3.96

3）复合粉末。复合粉末分为包覆型和混合型。包覆型粉末是用合金材料包裹在陶瓷颗粒表面，使陶瓷颗粒受到良好的保护作用，防止其在高温下氧化和分解。混合型粉末是将合金粉末和陶瓷粉末进行机械混合，合金粉末对陶瓷粉末没有保护作用。

① 碳化物复合粉末。碳化物复合粉末主要是由碳化物硬质相与作为基体相的金属（或合金）所组成的复合粉末，具有高硬度和良好的耐磨性。比较典型的有（Co、Ni）/WC 和（NiCr、NiCrAl）/Cr_3C_2 等系列。前者适用于低温工作条件（<560℃），后者适用于高温工作环境。碳化物复合粉末也包括 Ni-Cr-B-Si/WC 等系列的复合粉末。该复合粉末中的基体相（或称黏结相）在一定程度上使碳化物免受氧化和分解，尤其是经预合金化的碳化物复合粉末，能够获得具有硬质合金性能的熔覆层，保证熔覆层的硬化性。

② 氧化物陶瓷复合粉末。氧化物陶瓷复合粉末具有良好的抗高温氧化和隔热、耐磨、耐蚀性，是航空航天部件的重要熔覆材料。氧化物陶瓷复合粉末主要有氧化铝、氧化锆系列，并添加适当的氧化钇、氧化铈或氧化镍等。氧化锆粉末比氧化铝粉末具有更低的热导率和更好的抗热震性能，主要用于制备热障熔覆层。

常用的陶瓷复合粉末见表 2-18。

表 2-18　常用的陶瓷复合粉末

材　料	品　种
金属氧化物	1）氧化铝系：Al_2O_3、$Al_2O_3 \cdot SiO_2$、$Al_2O_3 \cdot MgO$ 2）氧化钛系：TiO_2 3）氧化锆系：ZrO_2、$ZrO_2 \cdot SiO_2$、$MgO-ZrO_2$、$Y_2O_3-ZrO_2$ 4）氧化铬系：Cr_2O_3 5）其他氧化物：BeO、SiO_2、MgO
金属碳化物、硼化物、硅化物	1）WC、W_2C 2）TiC 3）Cr_3C_2、$Cr_{23}C_6$ 4）B_4C、SiC

（续）

材　料	品　种
包覆粉	1）镍包铝及陶瓷颗粒 2）镍包金属及陶瓷颗粒 3）镍包陶瓷 4）镍包有机材料及陶瓷颗粒 5）氧化物+包覆粉
团聚粉	1）金属/合金+陶瓷颗粒 2）金属/自熔性合金+陶瓷颗粒 3）WC 或 WC-Co+金属及合金 4）氧化物+金属及合金 5）氧化物+碳化物（硼化物、硅化物）
熔炼粉及烧结粉	碳化物+自熔性合金 WC-Co

激光熔覆层的性能取决于熔覆层的组织和增强相组成，而其化学成分和工艺参数决定了熔覆层的组织结构。因此在选择激光熔覆材料时，除满足激光熔覆对基体材料的要求，即获得所需要的使用性能（如耐磨、耐蚀、耐高温、抗氧化等）外，还要考虑熔覆材料是否具有良好的工艺性能。因此，激光熔覆材料的选择，主要考虑使用性能以及工艺性能等因素。

（3）熔覆材料的添加方式　在激光熔覆过程中，激光熔覆层的质量和性能除与熔覆层材料的成分和粒度、基材的成分和性能密切相关外，还取决于熔覆工艺参数及熔覆材料的添加方式。

熔覆材料的添加方式（如预置厚度 d 或送粉量 g）不同，激光熔覆过程中能量的吸收和传输、熔池的对流传质和冶金过程就不同，对熔覆层的组织和性能会产生很大的影响。送粉量过大或过小、预置粉末过厚或过薄，都会降低熔覆层表面的质量，因此需合理选择熔覆材料的添加方式和送粉量。送粉量的选择还要依据合金粉末的种类、粒度、送粉方式（如重力或气流）等。

1）同步送粉法。同步送粉法是一种较为理想的供粉方式，这种方法的特点是由送粉器经送粉管将合金粉末定量地直接送入工件表面的激光辐照区。粉末到达熔覆区之前先经过激光束，被加热到红热状态，落入熔覆区后随即熔化，随基材移动和合金粉末的连续送入形成熔覆层，如图 2-51a 所示。这种送粉方式均匀、可控，具有良好的可控性和可重复性，易于实现自动化。

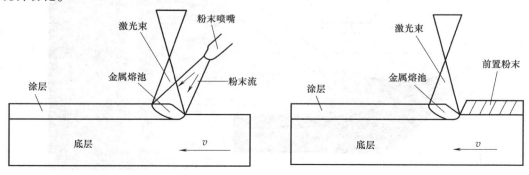

a) 同步送粉法　　　　　　　　　　　　　b) 预置法

图 2-51　激光熔覆材料的添加方式

2）预置法。预置法主要有黏结、喷涂两种方式，如图 2-51b 所示。黏结方法简便灵活，不需要任何的设备。涂层的黏结剂在熔覆过程中受热分解，会产生一定量的气体，在熔覆层快速凝固结晶的过程中，易滞留在熔覆层内部形成气孔。黏结剂大多是有机物，受热分解的气体容易污染基体表面，影响基体和熔覆层的熔合。

喷涂是将涂层材料（粉末、丝材或棒材）加热到熔化或半熔化的状态，并在雾化气体下加速并获得一定的动能，喷涂到零件表面上，对基体表面和涂层的污染较小。但火焰喷涂、等离子弧喷涂容易使基体表面氧化，所以须严格控制工艺参数。电弧喷涂在预置涂层方面有优势，在电弧喷涂过程中基体材料的受热程度很小（基体温度可控制在 80℃ 以下），工件表面几乎没有污染，而且涂层的致密度很好，但需要把涂层材料加工成线材。采用热喷涂方法预制涂层，需要添加必要的喷涂设备。

同步送粉法与预置法相比，两者熔覆和凝固结晶的物理过程有很大的区别。同步送粉法熔覆时合金粉末与基体表面同时熔化。预置法则是先加热涂层表面，再依赖热传导的过程中加热整个涂层。

影响激光熔覆层质量和组织性能的因素很多，如激光功率、扫描速度、材料添加方式、搭接率与表面质量、稀释率等。针对不同的工件和使用要求应综合考虑，选取最佳工艺及参数的组合。

2.4.3　激光熔覆的工艺特点

激光熔覆所用设备、材料以及熔覆过程中的工艺参数对熔覆质量有很大的影响。激光熔覆前需要对材料表面进行预处理，去除材料表面的油污、水分、锈蚀、氧化皮等，防止其进入熔覆层形成夹杂物和熔覆缺陷。如果工件表面的污染物比较牢固，可以采用机械喷砂的方法清理，喷砂还有利于提高表面粗糙度值，提高基体对激光的吸收率。粉末使用前也应在一定的温度下进行烘干，以去除其表面吸附的水分，改善其流动性。

激光熔覆有单道、多道搭接，单层、多层叠加等多种形式，采用何种形式取决于熔覆层的具体尺寸要求。通过多道搭接和多层叠加可以实现大面积和大厚度熔覆层的制备。图 2-52

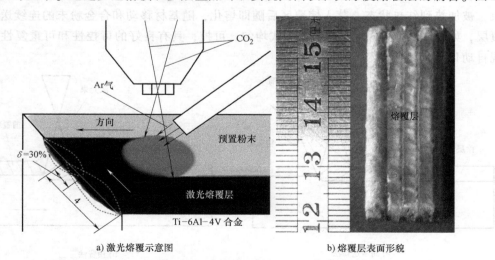

a）激光熔覆示意图　　　　　　b）熔覆层表面形貌

图 2-52　激光熔覆多道搭接示意图与熔覆层表面形貌

所示为激光熔覆多道搭接的示意图与熔覆层表面形貌。

激光熔覆层的成形与熔覆工艺密切相关。选择合理的工艺参数，可保证熔覆层与基体优良的冶金结合，同时保证熔覆层平整、组织致密、无缺陷。熔覆过程中吹送氩气保护熔池，以防氧化。在扫描速度一定的条件下，随着送粉速度增加，熔覆层厚度增加，宽度变化不大；在送粉速度一定的条件下，随着扫描速度增加，熔覆层厚度减小，熔覆宽度减小。

图 2-53 所示为送粉速度与熔覆层成形的关系。随着送粉速度的增加，激光有效利用率增大，但是当送粉速度达到一定程度时熔覆层与基体便不能良好结合。因为激光加热粉末的过程中，部分能量在粉末之间发生漫散射，相当于增大了粉末的吸收率，延长了激光与粉末的作用时间。随着送粉速度的增加和粉末吸收热量的增加，被基体表面吸收的激光能量减少，基体熔化程度不足，导致熔覆无法实现冶金结合。

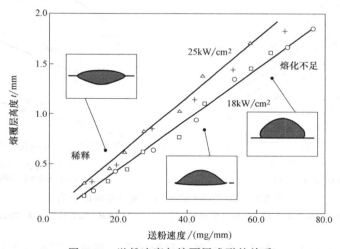

图 2-53　送粉速度与熔覆层成形的关系

在激光熔覆过程中，为了获得冶金结合的熔覆层，必须使金属基体表面产生一定程度的熔化，因此基体对熔覆层的稀释不可避免。在保证熔覆层和基体冶金结合的条件下，稀释率应尽可能低。如果熔覆材料与基体材料熔点差别太大，会导致工艺参数选择范围过窄，难以形成良好的冶金结合。

激光熔覆层的厚度比激光表面合金化的大，可达几毫米。激光束以 $10 \sim 300\text{Hz}$ 的频率相对于试件移动方向进行横向扫描所得的单道熔覆宽度可达 10mm。熔覆速度可从每秒几毫米到大于 100mm/s。激光熔覆层的质量，如致密度、与基材的结合强度和硬度，均好于热喷涂层（包括等离子弧喷涂层）。

1. 三个重要的工艺参数

激光熔覆的工艺参数主要有激光功率、光斑直径、熔覆速度、离焦量、送粉速度、扫描速度、预热温度等。这些参数对熔覆层的稀释率、裂纹、表面粗糙度以及熔覆零件的致密性等有很大影响。各参数之间也相互影响，须采用合理的控制方法将这些参数控制在激光熔覆工艺允许的范围内。

在熔覆过程中，激光熔覆的质量主要靠调整三个重要参数来实现，即激光功率 P、激光束直径 D 和扫描速度 v（或称熔覆速度）。

（1）激光功率 P　激光功率越大，熔化的熔覆金属量越多，产生气孔的概率越大。随着激光功率增加，熔覆层深度增加，周围的液体金属剧烈波动，动态凝固结晶，使气孔数量逐渐减少甚至得以消除，裂纹也逐渐减少。当熔覆层深度达到极限深度后，随着功率提高，基体表面温度升高，变形和裂纹倾向加剧；激光功率过小，仅表面涂层熔化，基体未熔，此时熔覆层表面出现局部起球、空洞等，达不到表面熔覆的目的。

图 2-54 所示为激光输入能量（扫描速度、功率密度）对熔覆层厚度的影响，它定性地表示了激光工艺参数与熔覆层厚度之间的关系。

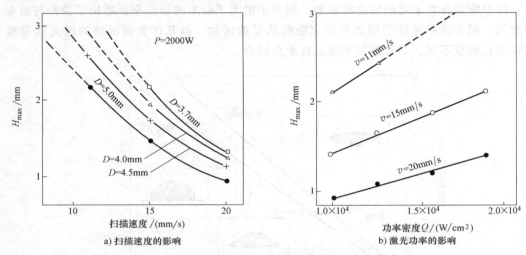

a) 扫描速度的影响　　　　　　b) 激光功率的影响

图 2-54　激光输入能量对熔覆层厚度的影响

（Q345 基材，熔覆 Ni 基合金粉末，激光功率 2kW，光斑尺寸 2~5mm，扫描速度 2.8~20mm/s，氮气保护）

（2）激光束（光斑）直径 D　激光束一般为圆形，熔覆层宽度主要取决于激光束的光斑直径，光斑直径增加，熔覆层变宽。光斑尺寸不同会引起熔覆层表面能量分布变化，所获得的熔覆层形貌和组织性能有较大的差别。一般来说，在小尺寸光斑下，熔覆层质量较好，随着光斑尺寸的增大，熔覆层质量下降。但光斑直径过小，不利于获得大面积的熔覆层。

（3）熔覆速度 v　熔覆速度 v 与激光功率 P 有相似的影响。熔覆速度过高，合金粉末不能完全熔化，未起到优质熔覆的效果；熔覆速度太低，熔池存在时间过长，粉末过烧，合金元素损失，同时基体的热输入大，会增加变形量。

激光熔覆参数不是独立地影响熔覆层宏观和微观质量的，而是相互影响的。为了说明激光功率 P、光斑直径 D 和熔覆速度 v 三者的综合作用，提出了比能量（E_s）的概念，即

$$E_s = P/(Dv) \tag{2-7}$$

即单位面积的辐照能量，可将激光功率密度和熔覆速度等因素综合在一起考虑。

比能量减小有利于降低稀释率，同时它与熔覆层厚度也有一定的关系。在激光功率一定的条件下，熔覆层稀释率随光斑直径增大而减小；当熔覆速度和光斑直径一定时，熔覆层稀释率随激光功率增大而增大。同样，随着熔覆速度的增加，基体的熔化深度下降，基体材料对熔覆层的稀释率下降。

在多道激光熔覆中搭接率也是影响熔覆层质量的因素，搭接率提高，熔覆层表面粗糙度值降低。熔覆道之间相互搭接区域的深度与熔覆道正中的深度有所不同，从而影响整个熔覆

层的均匀性。多道搭接熔覆的残余拉应力会叠加，使局部总应力值增大，增大了熔覆层的裂纹敏感性。预热和回火能降低熔覆层的裂纹倾向。

2. 其他因素对熔覆质量的影响

（1）稀释率的影响　激光熔覆的目的是将具有特殊性能的熔覆合金熔化于金属材料表面，并保持最小的基材稀释率，使之获得熔覆合金层具备的耐磨损、耐腐蚀等基材欠缺的使用性能。激光熔覆应在保证冶金结合的前提下尽量减小稀释率。

稀释率是激光熔覆工艺控制的重要因素之一。稀释率是指激光熔覆过程中，由于基体材料熔化进入熔覆层从而导致熔覆层成分发生变化的程度。稀释率的计算可以采用成分法或面积法。

1）成分法。根据熔覆层化学成分的变化来计算稀释率（λ）。也就是说，稀释率可以定量描述为熔覆层成分由于熔化的基材混入而引起填加合金成分的变化，其计算式为

$$\lambda = \frac{\rho_p(x_{p+b} - x_p)}{\rho_b(x_b - x_{p+b}) + \rho_p(x_{p+b} - x_p)} \tag{2-8}$$

式中　ρ_p——合金粉末熔化时的密度（g/cm^3）；

　　　ρ_b——基体材料的密度（g/cm^3）；

　　　x_p——合金粉末中元素 x 的质量分数（%）；

　　　x_{p+b}——熔覆层搭接处元素 x 的质量分数（%）；

　　　x_b——基体材料中元素 x 的质量分数（%）。

2）面积法。按照熔覆层横截面面积的测量值计算稀释率（也称为几何稀释率）。也就是说，稀释率可通过测量熔覆层横截面面积（见图 2-55）的几何方法进行计算，其表达式为

稀释率=［基体熔化面积/（熔覆层面积+
　　　　基体熔化面积）］×100%

$$\lambda = [A_2/(A_1 + A_2)] \times 100\% \tag{2-9}$$

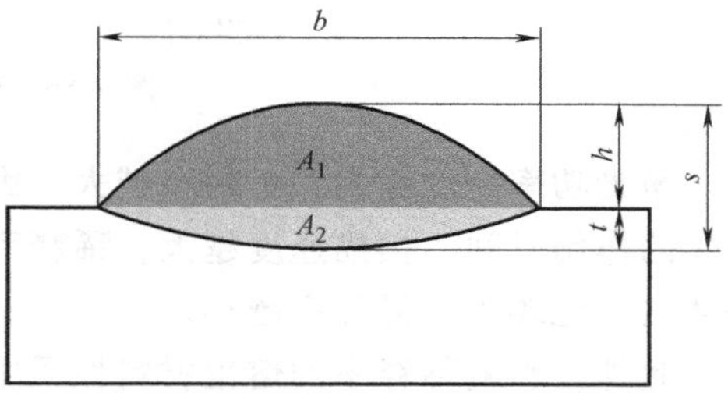

图 2-55　单道激光熔覆层的截面示意图

式中　A_1——熔覆层的横截面面积（mm^2）；

　　　A_2——基体的横截面面积（mm^2）。

式（2-9）简化之后，可以表示为

$$\lambda = h/(H+h) \times 100\% \tag{2-10}$$

式中　H——熔覆层高度（mm）；

　　　h——基体熔深（mm）。

稀释率直接影响熔覆层的性能。稀释率过大，基体对熔覆层的稀释作用大，增大了熔覆层开裂、变形的倾向；稀释率过小，熔覆层与基体不能在界面形成良好的冶金结合，熔覆层易剥落。因此，控制熔覆层稀释率的大小是获得优良熔覆层的先决条件。

一般认为激光熔覆的稀释率在 10% 以下为宜（最好在 5% 左右），以保证良好的熔覆层性能。但是，稀释率并不是越小越好，只有把熔覆比能量和稀释率控制在合理范围，才能获得高质量的熔覆层。

熔覆层的硬度与稀释率密切相关。对于特定的合金粉末，稀释率越低熔覆层硬度越高。获得最高硬度的最佳稀释率范围是 3%~8%。适当调节工艺参数可控制稀释率的大小。在激光功率不变的前提下，提高送粉速度或降低熔覆速度会使稀释率下降。

材料单位面积吸收的激光能量（即比能量）可以综合评价激光功率、扫描速度、光斑大小等工艺条件的影响。图 2-56 所示为碳钢表面熔覆不锈钢和钴基合金时，稀释率与比能量之间的关系。稀释率随比能量的增大而增加，在比能量相同的条件下，不同的激光功率密度对应的稀释率有所不同。

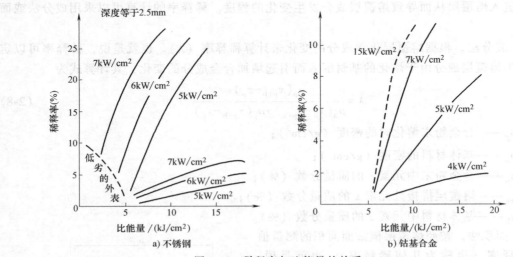

图 2-56 稀释率与比能量的关系

激光功率密度越大，稀释率越大。因为激光功率大可以缩短合金粉末熔化时间，增加与基体的作用时间。扫描速度越大，稀释率越小。送粉速率越大，粉末熔化需要的能量越大，基体的熔化越少，稀释率越小。

此外，影响稀释率的熔覆材料性质主要有自熔性、润湿性和熔点。如果在钢件表面激光熔覆钴基自熔性合金，稀释率应小于 10%。但是在镍基高温合金表面熔覆 Cr_3C_2 陶瓷材料，稀释率可达到 30%以上。

（2）激光熔覆的熔池对流及影响 激光辐照的熔覆金属存在对流现象。在激光的辐照下，由于熔池内温度分布的不均匀性造成表面张力大小不等，温度越低的地方表面张力越大。这种表面张力差驱使液体从低的张力区流向高的张力区，流动的结果使液体表面产生了高度差，在重力的作用下又驱使液态金属重新回流，这样就形成了对流。液态金属的表面张力随温度的升高而降低，所以熔池的表面张力分布从熔池中心到熔池边缘逐渐增大。

由于表面张力的作用，在熔池上层的液态金属被拉向熔池的边缘，使熔池产生凹面，并形成高度差 Δh，由此形成了重力梯度驱动力，这样就形成了回流。在表面张力和重力作用相同处相互抵消，成为零点，零点的位置和叠加力的大小影响着液态金属对流强度和对流的方式。叠加力越大，熔池对流越强烈。零点位置一般位于熔池的中部，这时对流最均匀，当它偏上时，会出现上部对流强烈而下部流动性差的情况，反之亦然。

熔池横截面的对流驱动力是变化的，驱动力由熔池表面到零点逐渐变小，直至为零。在零点至熔池的底部，驱动力又由小变大，再由大变小，到液/固界面处驱动力又重新变为零。所以熔池横截面各点的对流强度并不一致，甚至还存在某些驱动力为零的对流"死点"。

激光熔池的对流现象对熔覆合金的成分和组织的均匀化有影响，但在激光熔覆过程中过度稀释且对流不充分的条件下，易引起成分偏析，降低熔覆层的性能。同步送粉激光熔覆的对流控制着合金元素的分布和熔覆层的几何形状。

（3）激光熔覆区的温度场　采用能量呈高斯分布和均匀分布的激光束熔化基体材料表面，沿 y 方向温度场的分布是对称的。由于激光束移动的结果，最高温度的中心偏向扫描方向的后部，其偏移量随着光束移动速度的增大而增加，如图 2-57 所示。能量非均匀分布激光束扫描时，熔池的表面温度分布更复杂，应视具体情况而定。

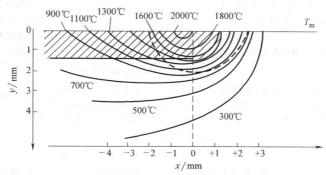

图 2-57　激光熔覆 x-y 平面的等温线分布

（光斑直径 4mm，覆层半宽度 1~4mm；阴影区为覆层区域，虚线为光束轮廓线）

熔池内沿深度方向上温度和熔化时间的分布是不均匀的。在熔池表面的熔化时间最长，温度最高；而在熔池底部的液/固界面处只有瞬时熔化，温度也最低。对熔池深度方向的温度分布影响最大的是激光束的能量密度，能量密度越高，温度梯度越大。

2.4.4　激光熔覆技术的应用

激光熔覆技术应用到表面加工，可以提高零件表面的硬度、耐磨性、耐蚀性、耐疲劳性等性能，可以大幅度提高材料的使用寿命。还可以用于失效零部件的修复和再制造，节约原材料和加工成本，提高零件质量。

激光熔覆应用

激光熔覆最初的工业应用是 Rolls-Royce 公司于 20 世纪 80 年代初对 RB211 涡轮发动机壳体结合部件进行硬面熔覆。其后，众多公司采用了激光熔覆技术。激光熔覆层/基材的组合包括：不锈钢/低碳钢、镍/低碳钢、青铜/低碳钢、StelliteSF6 合金/低碳钢（或黄铜）、不锈钢/铝、铁硼合金/低碳钢等。

激光熔覆的应用最初主要在两个方面，即耐腐蚀（包括耐高温腐蚀）和耐磨损，应用的范围很广泛，如内燃机的阀门和阀座的密封面，水、气或蒸汽分离器的激光熔覆等。同时提高材料的耐磨性和耐蚀性，可以采用钴基合金（如 Co-Cr-Mo-Si 系）进行激光熔覆。基体中物相成分中 CoMoSi 至 Co_3Mo_2Si 硬质金属间相的存在可保证耐磨性能，而 Cr 则保证耐蚀性能。应用 Ni-Cr-B-Si 系熔覆层也可取得类似的效果。典型零件激光熔覆应用的示例见表 2-19。

表 2-19 典型零件激光熔覆应用的示例

零件名称	材料状态	激光熔覆工艺	处理效果
摩托车气门	21-4N 钢,底径 24mm,密封面激光熔覆镍基合金	激光功率 2kW,扫描速度 41.5cm/min,送粉量 15g/min,N_2 保护,熔覆层宽度 3.5mm、厚度>1.0mm、硬度 450HV	台架试验寿命比等离子弧喷焊提高 32%,粉末消耗下降 56%,产品一次成品率由 80%~90% 提高到 98% 以上
EQ140-A 汽车排气门	21-4N 钢,底径 40mm,密封面激光熔覆钴基合金	激光功率 3.5kW,扫描速度 30cm/min,送粉量 15g/min,N_2 保护,熔覆层宽度 5mm、厚度 2.5mm、硬度 440~470HV	与等离子弧喷焊相比,节约合金粉末 60%,气孔率从 10%~20% 下降至 2% 以下
F-2281 型电站锅炉截止阀	40 钢,公称通径 20mm,密封带为 ($\phi 28 \sim \phi 16mm$) ×5mm 的环槽,激光熔覆钴基合金	激光功率 3.6W,光斑直径 6.5mm,扫描速度 30cm/min,熔覆层硬度 465HV	该阀为深孔结构,原采用手工盲焊,加工速度慢,成品率低,采用激光熔覆技术较好地解决了上述问题
粉煤机叶轮片	Mn13 高锰钢,受煤块冲击磨损,激光熔覆镍基碳化物合金	采用同步送粉式激光熔覆,功率 1.8kW,扫描速度 4.5m/s,送粉量 10g/min,光斑直径 2mm,熔覆层厚度 1.5mm、平均硬度 167HRC	耐磨性提高 7 倍,使用效果良好
飞机发动机高压叶片	叶片在 1600K 温度下工作,激光熔覆钴基合金	快速轴流 CO_2 激光器同步送粉激光熔覆,功率 2kW,N_2 保护,激光功率密度 $10^4 \sim 10^5 W/cm^2$	比 TIG 熔覆减少合金材料用量 50%,节省加工时间 2/3
旋切辊	$\phi 100mm \times 300mm$,采用 AISI 1045 钢	采用矩形光斑激光熔覆,同轴送进 CPM10V 和 CPM15V 合金粉	比用 D2 钢整体淬火的组织更细小、均匀,耐用性明显提高
挤塑机蜗杆螺纹	$\phi 58mm \times 100mm$,采用 DINI 7440 不锈钢	用 20kW 的激光器熔覆 Co-Cr-W 合金 ($w_{Co} = 53.5\%$、$w_{Cr} = 31.0\%$、$w_{Si} = 1.2\%$、$w_w = 12\%$),熔覆宽度 37mm、高 12mm 的无裂纹的螺旋形熔覆层	使用寿命大幅提高
汽车零件模具	热锻模,高温磨损条件下工作	用 4kW 激光熔覆,功率密度 $4 \times 10^3 W/cm^2$,熔覆 Cr-Ni 合金 ($w_{Cr} = 48\%$、$w_{Ni} = 28\%$、$w_{Al} = 2\%$、$w_C = 6\%$、$w_{Mo} = 2\%$)	熔覆层硬度高、摩擦系数低,耐 600℃ 高温磨损

激光熔覆也可用于在材料表面熔覆耐蠕变性能的熔覆层,这种熔覆层在高温下耐磨料磨损和冲蚀磨损。在这种情况下,可用于在钢表面熔覆的材料包括:钴合金、钛合金、复合物(如 Cr-Ni、Cr-B-Ni、C-Cr-Mn、C-Cr-W、Mo-Cr-Ni、TiC-Al_2O_3-B_4C-Al 等)、Co-Cr-W 合金(Stellite)、耐盐酸镍基合金(Hastelloy)、碳化物(如 WC、TiC、B_4C、SiC 等)、氮化物(如 BN、Cr 和 Al 的氮化物)等。

从当前激光熔覆技术的应用情况来看,有前景的应用领域主要有:

1) 对材料的表面改性,如燃气轮机叶片、轧辊、齿轮等。

2) 对产品的表面修复和再制造,如转子、模具等。

通过激光束扫描熔化熔覆材料形成具有特殊性能的熔覆层，可以大幅度提高被熔覆件的使用寿命，如图 2-58 所示。

图 2-58　激光束扫描熔化熔覆材料形成的熔覆层

激光熔覆层及界面组织致密，晶粒细小均匀、无夹渣、无裂纹现象。激光熔覆修复后的部件界面强度可达到原母材强度的 90% 以上，很适合易损件的磨损修复。对关键部件表面通过激光熔覆耐磨抗蚀合金，可以在零部件表面不变形的情况下大大提高零部件的使用寿命；对模具表面进行激光熔覆处理，不仅可以提高模具强度，还可以降低约 2/3 的制造成本，缩短约 4/5 的制造周期。

激光熔覆技术在典型应用领域中的示例如下：

1）汽车制造领域。由于汽车的发动机活塞和阀门、气缸内槽、齿轮、排气阀座以及一些精密微细部件要求具有高的耐磨、耐热及耐蚀性能，因此激光熔覆在汽车零部件制造中得到广泛的应用。例如，在汽车发动机铝合金缸盖阀座上激光熔覆形成铜合金阀座圈，取代传统的粉末冶金/压配阀座圈，可改善发动机性能，延长发动机阀座圈的工作寿命。

例如，意大利菲亚特汽车发动机排气阀座的环形表面用 Stellite 合金激光熔覆。最初是采用 AVCO 6.5kW 激光器，8s 处理一件。后来研制了被称为能量回收腔的装置，提高了激光能量的利用率，所需能量减少了一半以上。再后来改用美国 937 型 1.5kW 激光器后，比钨极氩弧堆焊 Stellite 合金用量减少 70%，加工量也显著减少。另外，美国汽车发动机排气阀座采用激光熔覆 Stellite 合金，俄罗斯利哈乔夫汽车制造厂的发动机排气阀座采用激光熔覆耐热合金，都取得了良好的效果。

2）生物医学领域。钛及钛合金作为生物医用材料，具有良好的性能而受到人们的关注，但其耐蚀性、生物相容性及金属离子潜在的毒副作用却使钛合金在生物体中的应用受到限制。通过激光熔覆技术对钛合金表面"改头换面"，可使钛合金满足生物相容性等多方面要求。一些生物陶瓷成分具有良好的生物相容性，可利用这些良好的生物学性能的材料改善钛合金的表面性能。激光熔覆可以改变钛合金表面的成分、组织和性能。激光熔覆技术不仅可以一定程度地改善钛合金的表面生物性能，还可解决熔覆层与界面结合不牢的问题。

3）航空工业领域。航空工业是激光熔覆技术应用潜力最大的领域之一。航空发动机磨损是发动机维护中的一大难题。英国 Rolls Royce 公司采用激光熔覆技术代替钨极氩弧堆焊修复航空涡轮发动机叶片，不仅解决了工件的开裂问题，而且极大地降低了工时。我国也将激光熔覆技术应用于发动机叶片和阀座等的修复与制造，并取得了良好的效果。

20 世纪 80 年代初，英国 Rolls Royce 公司采用激光熔覆技术对 RB211 涡轮发动机壳体结合部位和高压叶片进行激光熔覆，取得了良好效果。该叶片由超级镍基合金铸造，在 1600K 温度下工作，过去是用钨极氩弧焊（TIG）堆焊钴基合金，热输入大、稀释严重，热影响区易产生裂纹。改用 2kW 快速轴流 CO_2 激光熔覆，在重力作用下吹氩气送粉，功率密度为 $10^4 \sim 10^5 W/cm^2$，自动化操作熔覆一个叶片只需 75s，而过去用钨极氩弧堆焊一个叶片约需 4min。特别是激光熔覆钴基合金，合金用量减少 50%，工件变形小，工艺质量好，重复性好，经济效益十分显著。

美国 AeroMet 公司在该领域的研发也有了实质性的进展，多个系列的激光熔覆成形零件已获准在实际飞行中使用。采用激光熔覆技术表面强化制造的飞机零部件，不仅性能上超过传统工艺制造的零件，生产成本和生产周期都大幅度降低。表 2-20 所列为激光熔覆技术在航空制造中应用的几个示例。

表 2-20　激光熔覆在航空制造中应用的几个示例

熔覆部件	熔覆合金/粉末或方式
涡轮机叶片、壳体结合部件	钴基合金/送粉熔覆
涡轮机叶片	PWA694，Nimonic/预置粉末
海洋钻井和生产部件	Stellite/Colmonoy 合金和碳化物等
阀体部分	送粉熔覆
阀杆、阀座	铸铁/CrC，Co，Ni，Mo 预置粉末
涡轮机叶片	Stellite/Colmonoy 合金预置粉末和重力送粉熔覆

航空发动机叶片、叶轮和空气密封垫等零部件，可以通过激光熔覆技术修复与制造。例如，用激光熔覆技术修复飞机零部件中的裂纹，一些非穿透性裂纹通常发生在厚壁零部件中，其他修复技术难以发挥作用。采用添加粉末合金的多层激光熔覆技术可恢复其使用性能，激光熔覆技术还可以用于飞机螺旋桨叶片激光三维表面熔覆修复。

随着控制技术以及计算机技术的发展，激光熔覆技术越来越向智能化、自动化方向前进。从直线和旋转的一维激光熔覆，经过 X、Y 两个方向同时运动的二维熔覆，到 20 世纪 90 年代开始向三维同时运动熔覆构造金属零件发展。目前已经把激光器、五轴联动数控激光加工机、外光路系统、自动化可调合金粉末输送系统（也可送丝）、专用 CAD/CAM 软件和全过程参数检测系统，集成构筑了闭环控制系统，直接 3D 打印制造出金属零件，标志着激光熔覆技术的发展迈上了新的台阶。

2.4.5　激光熔覆技术的发展前景

激光技术
发展前景

激光熔覆技术是一种经济效益很高的新技术，它可以在廉价金属基材上制备出高性能的合金表面，降低成本，节约贵重稀有金属材料。进入 21 世纪以来，激光熔覆技术得到了迅速的发展，已成为国内外激光加工技术研究的热点之一。激光熔覆技术可广泛应用于机械制造与维修、汽车制造、纺织机械、航海、航空航天和石油化工等领域。

激光熔覆技术的发展主要有以下几个方面：

1）激光熔覆技术的基础理论研究，如激光熔覆制备功能梯度原位生成金属基复合材料颗粒增强相析出、长大和强化的热力学和动力学等。

2）熔覆材料（成分、组织、性能）的设计与开发，特别是涉及陶瓷相、超弥散相、非晶相、纳米技术等先进材料的研发。

3）激光熔覆快速成形及自动化装备的改进与研制以及 3D 打印工艺实现的智能控制技术。

激光技术
发展前景

4）颗粒增强相形态、结构、功能和复合的仿生设计和尺寸、数量、分布的控制技术。

5）激光熔覆层成分、组织梯度和性能控制的原理、关键因素和工艺方法。

6）激光熔覆宏观、微观界面的分析、控制和表征；功能梯度原位生成颗粒增强金属基复合材料性能的分析和检测，以及不同工况下熔覆层的磨损行为及失效机制。

激光技术
发展前景

为了推动激光熔覆技术的产业化，世界各国的研究人员针对激光熔覆涉及的关键技术进行了系统的研究，已取得重大的进展。我国激光熔覆技术的应用水平和规模还难以适应市场的需求。激光熔覆技术的全面工业化应用，仍需重点突破制约其发展的关键因素，解决工程应用中涉及的关键技术，建立激光熔覆质量保证和评价体系。在装备制造业国际化竞争日趋激烈的今天，激光技术的应用领域将不断地扩大，激光焊接和熔覆技术大有可为。

2.5　激光安全与防护

2.5.1　激光的危害

焊接、切割和熔覆中所用激光器的输出功率或能量非常高，激光设备中又有数千伏至数万伏的高压激励电源，会对人体造成伤害。激光加工过程中应特别注意激光的安全防护，激光是不可见光，不容易发现，易于忽视。激光安全防护的重点对象是眼睛和皮肤。此外，也应注意防止火灾和电击等，否则将导致人身伤亡或其他的事故。

（1）对眼睛的伤害　激光的亮度比太阳、电弧亮度高数十个数量级，会对眼睛造成严重的损伤。眼睛受到激光直接照射，由于激光的加热效应会造成视网膜烧伤，可瞬间使人致盲，后果最严重。即使是小功率的激光，如数毫瓦的 He-Ne 激光，也会由于人眼的光学聚焦作用，引起眼底组织的损伤。

在激光加工时，由于工件表面对激光的反射，强反射的危险程度与直接照射时相差无几，而漫反射光也会对眼睛造成慢性损伤，造成视力下降等后果。在激光加工时，人眼是应该重点保护的对象。

（2）对皮肤的伤害　皮肤受到激光的直接照射会造成烧伤，特别是聚焦后，激光功率密度十分大，伤害力更大，会造成严重烧伤。长时间受紫外光、红外光漫反射的影响，可能导致皮肤老化、炎症和皮肤癌等病变。

（3）电击　激光束直接照射或强反射会引起可燃物的燃烧，导致火灾。激光器中还存在着数千至数万伏特的高压，存在着电击的危险。

（4）有害气体　激光焊时，材料受激烈加热而蒸发、汽化，产生各种有毒的金属烟尘，高功率激光加热时形成的等离子体云产生臭氧，对人体也有一定损害。

2.5.2 激光焊的安全防护

1. 一般防护

1）激光设备电器系统外罩的所有维修门应有适当的互锁装置，外罩应有相应措施以便在进入维修门之前使电容器组放电。激光加工设备应有各种安全保护措施，在激光加工设备上应设有明显的危险警示标志和信号，如"激光危险""高压危险"等。

2）激光光路系统应尽可能全封闭，如让激光在金属管中传递，以防发生直接照射；若激光光路不能完全封闭，光束高度应设法避开眼、头等重要器官，让激光从人的高度以上通过。

3）激光加工工作台应用玻璃等屏蔽，防止反射光。

4）激光加工场地应用栅栏、隔墙、屏风等隔离，防止无关人员进入危险区。

2. 人身保护

1）激光器现场操作和加工工作人员必须配备激光防护眼镜，穿白色工作服，以减少漫反射的影响。

2）只允许有经验的工作人员对激光器进行操作和进行激光加工。

3）激光焊接区应配备有效的通风或排风装置。

思 考 题

1. 与常规熔焊方法相比，激光焊有哪些优缺点？

2. 激光焊是如何实现焊接的（简述激光焊的工作原理）？试举例说明其应用前景。

3. 何谓激光焊过程中的等离子云？简述等离子云产生的原因、对焊接过程的影响和抑制等离子云的技术措施。

4. 简述激光深熔焊中"小孔效应"对焊接过程的影响。

5. 焊接领域目前主要采用哪几种激光器？各有什么特点？

6. 什么是激光热导焊？什么是激光深熔焊（小孔焊）？简述这两种激光焊接方法各自的特点，各适用的场合。

7. 连续激光深熔焊的焊接参数有哪些？对激光焊接头质量有什么影响？选择激光焊的焊接参数时，应考虑哪几个方面的问题？

8. 脉冲激光焊和连续 CO_2 激光焊在选择焊接参数时有什么不同？各用于何种场合？

9. 激光焊中，为何同样功率条件下光束大小显著地影响焊缝的深宽比？请解释这一现象。

10. 简述激光自熔焊、激光填丝焊和激光-电弧复合焊的差别，以及各自的主要特点。

11. 激光焊用于非铁金属和钢铁材料时，在焊接工艺上有什么不同？

12. 试举例说明激光焊可用于何种产品的焊接，与其他焊接方法相比有什么优势？

13. 激光-电弧复合焊有什么显著的特点？适用于何种场合？

14. 激光熔覆与激光焊在原理上有什么不同？简述两者本质上的区别。

15. 激光熔覆的工艺参数有哪些？与激光焊相比有什么不同？

16. 简述激光熔覆的应用前景，试举一例说明激光熔覆的应用。

第3章 电子束焊

电子束焊（Electronic Beam Welding）是利用加速和聚焦的高速电子束流轰击焊件接缝处所产生的热能，使金属熔合的一种焊接方法。电子束焊在工业上的应用只有60多年的历史，但已日益引起世界各国的密切关注。电子束焊首先是用于原子能及宇航工业，继而扩大到航空、汽车、电子电器、机械、医疗器械、石油化工、造船、能源等几乎所有的工业部门，创造了巨大的社会及经济效益。

电子束焊

3.1 电子束焊的特点、原理及分类

电子束焊
慢回放

3.1.1 电子束焊的特点

电子束焊是一种高能量密度的焊接方法。电子束具有的高能量密度是当前所有其他热源所无法比拟的，一定功率的电子束经电子透镜聚焦后，其功率密度可以提高到 $10^6 W/cm^2$ 以上，是目前已实际应用的各种焊接热源之首。

电子束焊示意图如图3-1所示。在真空装置中，采用与电视显像管极为相似的热阴极作为电子源，利用高电压使电子脱离阴极并高速射向阳极。但是大部分电子并没有撞击阳极，而是通过磁聚焦透镜聚焦成很细的电子束继续穿过阳极。当电子束撞击焊件时，被高电压加速获得的动能转化为热能。

在一些电子束焊设备中，焊件不动，通过偏转线圈使电子束在焊件上移动完成焊接过程；而在另一些设备中，电子枪不动，通过计算机控制的可动工作台移动焊件完成焊接过程。根据设计要求，电子束焊可在高真空、低真空或大气压下进行。电子束焊的主要优点是焊缝宽度窄、熔透能力强。电子束焊几乎可以焊接所有的金属，也可以进行多种异种金属的焊接。

电子束作为焊接热源有两个明显的特点：

（1）能量密度高 电子束焊时常用的加速电压范围为 30~50kV，电子束电流为 20~1000mA，电子束焦点直径约为 0.1~1mm，这

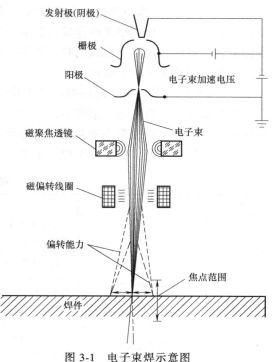

图 3-1 电子束焊示意图

样，电子束焊的功率密度可达 $10^6 W/cm^2$ 以上。

（2）精确和快速的可控性　作为物质基本粒子的电子具有极小的质量（$9.1×10^{-31} kg$）和一定的负电荷（$1.6×10^{-19} C$），电子的荷质比高达 $1.76×10^{-11} C/kg$，通过电场、磁场对电子束可做快速而精确的控制。电子束的这一特点明显地优于激光束，激光束只能用透镜和反射镜控制，速度慢。

基于电子束的特点和焊接时的真空条件，电子束焊具有下列主要的优缺点：

1. 优点

1）功率密度大，热量集中。焊接用电子束电流为几十到几百毫安，最大可达 1000mA 以上，加速电压为几十到几百千伏，故电子束功率从几十千瓦到 100kW 以上，而电子束焦点直径小于 1mm。因此电子束焦点处的功率密度可达 $10^6～10^8 W/cm^2$，比普通电弧功率密度高 100～1000 倍，热量集中。

2）电子束穿透能力强，焊缝深宽比（H/B）大。通常电弧焊的深宽比很难超过 2∶1，电子束焊的深宽比可达到 60∶1 以上，焊接厚板时可以不开坡口实现单道焊。电子束焊比电弧焊可节约大量填充金属和能源，实现高深宽比的焊接，可一次焊透 0.1～300mm 厚度的不锈钢板。

3）焊接速度快，焊缝热物理性能好。焊接能量集中，熔化和凝固过程快，热影响区小，焊接变形小。对精加工的工件可用作最后的连接工序，焊后工件仍能保持足够高的精度。由于热输入低，控制了焊接区晶粒长大和变形，使焊接接头性能得到明显改善；高温作用时间短，合金元素烧损少，焊缝耐蚀性好。

4）焊缝纯度高。真空电子束焊不仅可以防止熔化金属受到氧、氮等有害气体的污染，而且有利于焊缝金属的除气和净化，可制成高纯度的焊缝。可以通过电子束扫描熔池来消除缺陷，提高接头质量。

5）焊接参数调节范围广，适应性强，可在焊接过程中对焊缝形状进行控制。电子束焊的焊接参数可独立地在很宽的范围内调节，控制灵活，适应性强，再现性好。通过控制电子束的偏移，可以实现复杂接缝的自动焊接。而且电子束焊的参数易于实现机械化、自动化控制，提高了产品质量的稳定性。

6）可焊材料多。不仅能焊接金属和异种金属材料的接头，也可焊接非金属材料，如陶瓷、石英玻璃等。真空电子束焊的真空度一般为 $5×10^{-4} Pa$，尤其适合焊接钛及钛合金等活性材料，也常用于焊接真空密封元件，焊后元件内部保持在真空状态。

电子束焊具有很多优于传统焊接工艺方法的特点，见表 3-1。

表 3-1　电子束焊的特点

序号	特　点	内　容
1	焊缝深宽比高	电子束斑点尺寸小，功率密度大。可实现高深宽比（即焊缝深而窄）的焊接，深宽比达 60∶1，可一次焊透 0.1～300mm 厚度的不锈钢板
2	焊接速度快，焊缝组织性能好	能量集中，熔化和凝固过程快。例如，焊接厚度 125mm 的铝板，焊接速度达 40cm/min，是氩弧焊的 40 倍。高温作用时间短，合金元素烧损少，能避免晶粒长大，使接头性能改善，焊缝耐蚀性好
3	焊件热变形小	功率密度高，输入焊件的热量少，焊件变形小
4	焊缝纯度高	真空对焊缝有良好的保护作用，高真空电子束焊尤其适合焊接钛及钛合金等活性材料

序号	特　点	内　容
5	工艺适应性强	焊接参数易于精确调节,便于偏转,对焊接结构有广泛的适应性
6	可焊材料多	不仅能焊接金属和异种金属材料的接头,也可焊接非金属材料,如陶瓷、石英玻璃等
7	再现性好	电子束焊的焊接参数易于实现机械化、自动化控制,重复性、再现性好,提高了产品质量的稳定性
8	可简化加工工艺	可将复杂的或大型整体结构件分为易于加工的、简单的或小型部件,用电子束焊为一个整体,降低加工难度,节省材料,简化工艺

为了获得电子束焊的深熔焊效应,除了要增加电子束的功率密度外,还要设法获得减轻二次发射和液态金属对电子束通道的干扰。

2. 不足之处

1)电子束焊一般在真空条件下进行,设备比较复杂,价格较贵,成本较高。

2)焊接前对接头加工、装配要求严格,以保证接头位置准确、间隙小。

3)焊件尺寸和形状受到真空工作室大小的限制。

4)电子束易受杂散电磁场的干扰,影响焊接质量。

5)电子束焊时产生的 X 射线需要严加防护以保证操作人员的健康和安全。

也可以用电子束在焊接前对金属进行清理,这是通过用较宽的、不聚焦的电子束扫描焊件表面实现的。把氧化物汽化,同时把不干净的杂质和气体生成物清除掉,给控制栅极以脉冲电流就能精确地控制电子束的热量。这时使用一种与在电阻焊中使用的计时线路相似的线路,使频率能在很宽的范围内调节,获得短而恒定的焊接脉冲。

3.1.2　电子束焊的工作原理

电子束是在高真空环境中由电子枪产生的。当阴极被加热到一定温度后 (约 2350℃ 以上),由于热发射效应,表面发射电子且在电场作用下不断地加速飞向焊件。但这样的电子束密度低、能量不集中,只有通过电子光学系统把电子束汇聚起来,提高其能量密度后,才能达到熔化金属和焊接的目的。为此,以热发射或场致发射的方式从发射体 (阴极) 逸出的电子,在一定的加速电压 (25~300kV) 作用下,电子被加速到光速的 30%~70%,具有一定的动能,经电子枪中静电透镜和电磁透镜的作用,电子汇聚成功率密度很高的电子束。

这种汇聚的功率密度很高的电子束撞击到焊件表面时,电子的动能就转变为热能,使金属迅速熔化和蒸发。在高压金属蒸气的作用下熔化的金属被排开,电子束就能继续撞击深处的固态金属,同时很快在焊件上"钻"出一个锁形小孔 (见图 3-2),小孔的周围被液态金属包围。随着电子束与焊件的相对移动,液态金属沿小孔周围流向熔池后部,迅速冷却、凝固形成焊缝。

也就是说,电子束焊过程中的焊接熔池始终存在一个"小孔"。"小孔"的存在从根本上改变了焊接熔池的传质、传热规律,由一般熔焊方法的"热导焊"转变为"穿孔焊"。提高电子束的功率密度可以增加穿透深度。电子束经过通道轰击底部的待熔金属,使通道逐渐向纵深发展,如图 3-3 所示。

现在被公认的一个理论是在电子束焊中存在"小孔效应"。小孔的形成过程是一个复杂

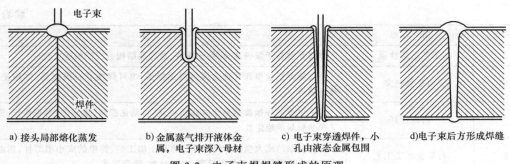

a) 接头局部熔化蒸发 b) 金属蒸气排开液体金 c) 电子束穿透焊件，小 d)电子束后方形成焊缝
属，电子束深入母材 孔由液态金属包围

图 3-2 电子束焊焊缝形成的原理

的高温流体动力学过程。高功率密度的电子束轰击焊件，使焊件表面材料熔化并伴随着液态金属的蒸发，材料表面蒸发走的原子的反作用是力图使液态金属表面压凹。随着电子束功率密度的增加，金属蒸气量增多，液面被压凹的程度也增大，并形成一个通道。

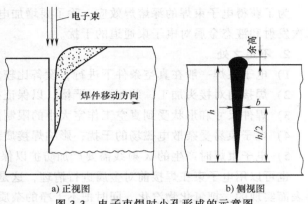

a) 正视图 b) 侧视图

图 3-3 电子束焊时小孔形成的示意图

液态金属的表面张力和流体静压力是力图拉平液面的，在达到力的平衡状态时，通道的发展才停止，并形成小孔。小孔和熔池的形状与焊接参数有关，如图 3-4 所示。

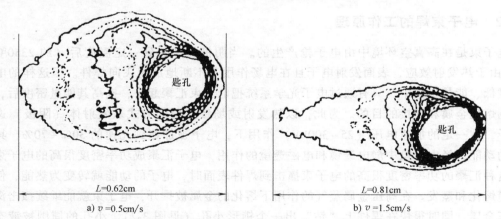

a) v=0.5cm/s b) v=1.5cm/s

图 3-4 相同功率、不同焊接速度下，小孔与熔池的形状
（CCD 摄像结果，功率 P=3.6kW，聚焦电流 I_f=512mA，电子束电流 I_b=60mA）

形成深熔焊的主要原因是金属蒸气的反作用力。它的增加与电子束焊的功率密度成正比。电子束功率密度低于 10^5 W/cm² 时，金属表面不会产生大量蒸发现象，电子束的穿透能力很小，表层的高温可以向焊件深层传导。在大功率的电子束焊中，电子束的功率密度可达 10^6～10^8 W/cm² 以上，足以获得很深的穿透效应和很大的深宽比。在大厚度件的焊接中，焊缝的深宽比可高达 60：1 以上，焊缝两边缘基本平行，温度横向传导几乎不存在。

但是在较低的真空条件下，电子束在轰击路途上会与金属蒸气和二次发射的粒子碰撞，造成功率密度下降。液态金属在重力和表面张力的作用下对通道有浸灌作用和封口作用。从而使通道变窄，甚至被切断，干扰和阻断了电子束对熔池底部待熔金属的轰击。焊接过程中，通道不断被切断和恢复，达到一个动态平衡。

电子束传送到焊接接头的热量和其熔化金属的效果与束流强度、加速电压、焊接速度、电子束斑点质量以及被焊材料的热物理性能等因素有密切的关系。

3.1.3　电子束焊的分类

电子束焊是以高能量密度的电子束轰击焊件使其局部加热和熔化而实现焊接的一种方法。电子束焊的分类方法很多。

（1）按电子束对材料的加热机制划分　按电子束对材料的加热机制划分，电子束焊可分为热导焊、深熔焊。

1）热导焊。当作用在焊件表面的功率密度小于 $10^5 \mathrm{W/cm^2}$ 时，电子束能量在焊件表面转化的热能通过热传导使焊件局部熔化，熔化金属不产生显著蒸发。

2）深熔焊（小孔焊）。作用在焊件表面的功率密度大于 $10^6 \mathrm{W/cm^2}$ 时，金属被熔化并伴随有强烈蒸发，会形成熔池小孔，电子束流穿入小孔内部并对金属直接作用，焊缝深宽比大。

（2）按工件所处环境的真空度划分　根据被焊工件所处环境的真空度划分，电子束焊可分为高真空电子束焊、低真空电子束焊和非真空电子束焊。

1）高真空电子束焊。焊接是在高真空（$10^{-4} \sim 10^{-1}\mathrm{Pa}$）工作室的压强下进行的。工作室和电子枪可用一套真空机组抽真空，也可用两套机组分别抽真空。为了防止扩散泵油污染工作室，工作室和电子枪室通道口处设有隔离阀。在这样良好的高真空环境下，电子束很少发生散射，可以保证对熔池的"保护"，能有效地防止熔池中合金元素的氧化和烧损，适用于活性金属、难熔金属、高纯度金属、异种金属和质量要求高的工件的焊接，也适用于各种形状复杂零件的精密焊接。

加速电压一般为 15 ~ 175kV，最大工作距离（即焊件至电子束出口的距离）可达1000mm。功率密度高，穿透深度大，焊缝深宽比可达 20 以上。焊缝化学成分波动小，焊缝质量好。

2）低真空电子束焊。焊接是在低真空（$10^{-1} \sim 10\mathrm{Pa}$）工作室的压强下进行的，但电子枪仍在高真空（$10^{-3}\mathrm{Pa}$）条件下工作。电子束通过隔离阀和气阻通道进入工作室，电子枪和工作室各用一套独立的抽气机组单独抽真空，简化了真空机组（省掉了扩散泵），降低了生产成本。

图 3-5 所示为不同压强下电子束斑点束流密度的分布，由图可见，压强为 4Pa 时束流密度及其相应的能量密度的最大值与高真空的最大值相差很小。因此，低真空电子束焊也具有束流密度和能量密度高的特点。由于只需要抽到低真空，明显地缩短了抽真空的时间，提高了生产效率，适用于大批量零件的焊接和生产线上使用，如电子元件、精密仪器零件、轴承内外圈、汽轮机隔板等，变速器组合齿轮多采用低真空电子束焊。

加速电压一般为 40 ~ 150kV，最大工作距离小于 700mm。电子束进入低真空工作室后有些发散，焊缝的深宽比略有下降，但只要适当提高束流的加速电压，仍能保持电子束功率密度高的特点。

3）非真空电子束焊。非真空电子束焊是指在大气状态中进行电子束焊，焊接设备没有真空工作室，电子束仍是在高真空条件下产生的，形成的电子束通过一组光阑、气阻通道和压力控制系统，引入到处于大气压力下的环境中对工件进行焊接。由图3-5可见，在压强增加到2~15Pa时，由于散射，电子束能量密度明显下降。在大气压下，电子束散射更加强烈，即使将电子枪的工作距离限制在20~50mm，焊缝深宽比最大也只能达到5∶1。目前，非真空电子束焊能够达到的最大熔深为30mm。

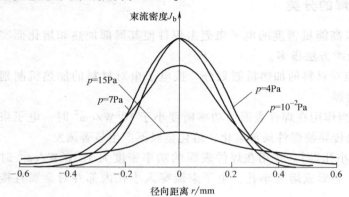

图3-5　不同压强下电子束斑点束流密度的分布

（实验条件：$U_b = 60kV$，$I_b = 90mA$，$Z_b = 525mm$，

Z_b 为电子枪的工作距离，即从电磁透镜中心平面到焊件表面的距离）

非真空电子束焊各真空室采用独立的抽真空系统，以便在电子枪和大气间形成压力依次增大的真空梯度。焊接时电子束从电子枪射出，为防止大气进入电子枪室，并使电子束保持应有的功率密度，应设置电子束引出装置。为防止有害气体进入焊接熔池，工件表面可通以惰性气体进行保护。非真空电子束焊的加速电压一般为150~175kV，高的加速电压能使进入到大气压环境中的电子束流保持所需要的工作距离。这种方法的优点是不需要真空室，可以焊接尺寸大的工件，生产效率高。

4）局部真空电子束焊。局部真空电子束焊是在低真空电子束焊基础上发展起来的。由于低真空电子束焊使电子束焊的焊接速度和应用范围大大扩展，同时又具有较好的焊接质量，使得在此基础上发展局部真空电子束焊成为可能。发展起来的移动式真空室或局部真空电子束焊技术，既保留了真空电子束焊高功率密度的优点，又不需要过大的真空室，在大型工件的焊接上有应用前景。局部真空电子束焊既可通过移动被焊工件来实现，如某些带板的拼焊可以通过连续移动的方法形成焊缝；也可以通过移动真空室的方法进行焊接，如一些大型构件可通过各个局部的真空焊接来实现整体件的焊接。

连续真空和局部真空电子束焊示意图如图3-6所示。按焊接环境分类的不同类型电子束焊的技术特点及适用范围见表3-2。

通常，加速电压越高，输出功率（即加速电压与束流的乘积）越大，电子束的能量密度就越高，穿透能力越强，可焊的焊缝深度越大，焊缝深宽比也越高，而对设备的要求也越高。焊接过程可在高真空、低真空和非真空条件下完成，真空度越高，电子束发散性越小，束斑质量越高，焊缝深宽比越大，焊缝纯净度越高，焊接质量越优异。

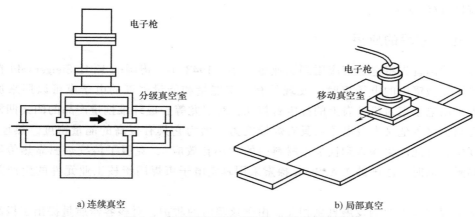

a) 连续真空　　　　　　　　　　　　　　b) 局部真空

图 3-6　连续真空和局部真空电子束焊示意图

表 3-2　不同类型电子束焊的特点及应用范围

类型	真空度/Pa	技 术 特 点	适 用 范 围
高真空电子束焊	$10^{-4} \sim 10^{-1}$	加速电压为 15～175kV，最大工作距离可达1000mm。电子束功率密度高，焦点尺寸小，焊缝深宽比大、质量高。可防止熔化金属氧化，但真空系统较复杂，抽真空时间长（几十分钟），生产率低，焊件尺寸受真空室限制	适用于活性金属、难熔金属、高纯度金属和异种金属的焊接，以及质量要求高的工件的焊接
低真空电子束焊	$10 \sim 10^{-1}$	加速电压为 40～150kV，最大工作距离小于700mm。不需要扩散泵，焦点尺寸小，抽真空时间短（几分钟～十几分钟），生产率较高；可用局部真空室满足大型件的焊接，工艺和设备得到简化	适用于大批量生产，如电子元件、精密仪器零件、轴承内外圈、汽轮机隔板、变速箱、组合齿轮等的焊接
非真空电子束焊	大气压	不需真空工作室，焊接在正常大气压下进行，加速电压为 150～200kV，最大工作距离为30mm左右。可焊接大尺寸工件，生产效率高、成本低。但功率密度较低，散射严重，焊缝深宽比小（最大 5∶1），某些材料需用惰性气体保护	适用于大型工件的焊接，如大型容器、导弹壳体、锅炉热交换器等，但一次焊透深度不超过 30mm
局部真空电子束焊	根据要求确定	可以通过移动式真空室进行焊接，或通过移动焊件来实现焊接；也可在焊件焊接部位制造局部真空进行焊接，或通过各个局部的真空焊接来实现整体件的焊接	适用于不需要过大的真空室的情况，在大型工件的焊接上有应用前景

（3）按电子枪固定方式划分　按电子枪固定方式划分，电子束焊可分为动枪式电子束焊和定枪式电子束焊。

1）动枪式电子束焊。电子枪在工作室的上面可以移动，对不同位置的焊缝进行焊接。一般加速电压在 60kV 以下可做成动枪式。

2）定枪式电子束焊。电子枪固定在工作室上面不能移动位置。一般高压电子束焊机由于要求较高的高压绝缘，其电子枪大多是固定式的。

此外，根据电子束加速电压的不同，可分为低压电子束焊（40kV 以下）、中压电子束焊（40～60kV）、高压电子束焊（60～150kV）和超高压电子束焊（300kV 以上）。根据输出功率的不同，可分为小功率电子束焊（30kW 以下）、中功率电子束焊（30～60kW）和大功率电子束焊（60kW 以上）。

3.1.4 电子束焊的应用

德国和法国首先将电子束应用到工业生产中。1948 年，德国的 K. H. Steigerwald 在实验室研究电子显微镜中的电子束时，发现具有一定能量和能量密度的电子束可以用来加工材料。他先是用电子束对机械表上的红宝石打孔，对尼龙等合成纤维批量产品的图案凹模进行刻蚀及切割；接着他又发现电子束具有焊接能力，因为它具有很高的能量密度、热输入低、焊接速度快，且能产生深入到被加工材料中的"小孔效应"，克服了传统热源靠热传导进行焊接的局限。同时，法国的 J. A. Stohr 探索采用真空电子束焊用于核工业元件的生产并获得成功。

电子束焊与核工业的发展息息相关。由于核辐射的防护，对核容器质量提出了极高的要求，一些大厚度结构采用传统焊接方法无法实现优质的接头，核工业中采用的一些难熔高温材料，采用传统焊接方法很难实现连接，而电子束焊却能很好地实现其连接。今后几十年中，我国的核能装备将以几何级数增长，电子束焊作为一种先进的连接技术，必将在其中发挥重要作用。

国外最早将电子束焊应用于飞机发动机核心机部件的制造，典型代表是美国大型客机发动机——CM F56 涡扇发动机，其核心机部件的低压压气机转子、高压压气机转子、燃烧室等部件均采用真空电子束焊，使发动机的质量、结构设计、结构制造精度和使用寿命均得到了改善。先进的飞机发动机是采用焊接技术连接而成的，电子束焊接技术对飞机发动机的制造起着至关重要的作用。目前在航空制造中已普遍采用电子束焊接技术，其中需要焊接的材料包括钛合金、高温合金、超高强度钢等。

目前全世界拥有的电子束焊机约有一万多台，焊机功率为 2~300kW，实用的最大电子束功率在 100kW 左右。20 世纪 60 年代初，我国开始跟踪世界电子束焊接技术的发展，进行设备及工艺的研究并取得了可喜的进展。20 世纪 80 年代初，我国通过引进关键部件（电子枪及其电源），其余部分由国内配套，研制成功了国内第一台生产中使用的高压电子束焊机（加速电压为 150kV，功率为 15kW），解决了航空发动机关键部件的焊接。

我国开展电子束焊工艺研究及应用的主要领域是航空航天、汽车、能源及电子等工业部门。我国科技人员先后对多种材料，如铝合金、钛合金、不锈钢、超高强度钢、高温合金等进行了较系统的研究。在新型飞机、航空发动机、导弹等的预研、攻关及小批量试制中都运用了电子束焊技术。目前电子束焊已作为一种先进的装备制造技术应用于我国航空工业，并在我国其他的工业部门中得到了广泛应用。

在我国其他工业部门中，采用电子束焊的主要有高压气瓶、核电站反应堆内构件筒体、汽车齿轮、电子传感器、雷达波导等。另外，炼钢炉的铜冷却风口、汽轮机叶片等也有的采用了电子束焊。

电子束焊可应用于下述材料和场合：

1) 除含锌高的材料（如黄铜）和未脱氧处理的普通低碳钢外，绝大多数金属及合金都可用电子束焊。按焊接性由易到难的顺序为：钽、铌、钛、铂族、镍基合金、钛基合金、铜、钼、钨、铍、铝及镁。

2) 可以焊接熔点、热导率、溶解度相差很大的异种金属。

3）可不开坡口焊厚大工件，焊接变形很小；能焊接可达性差的焊缝。

4）可用于焊接质量要求高，在真空中使用的器件，或用于焊接内部要求真空的密封器件；焊接精密仪器、仪表或电子工业中的微型器件。

5）散焦电子束可用于焊前预热或焊后缓冷，还可用作钎焊热源。

电子束焊的研发和推广应用非常迅速。电子束加速电压由 20～40kV 发展为 60kV、150kV 甚至 300～500kV，焊机功率也由几百瓦发展为几千瓦、十几千瓦甚至数百千瓦，一次焊接的深度可达到数百毫米。电子束焊已成功应用于核工业、飞机制造业和宇航工业中贵重金属的焊接，解决了尖端产品发展而出现的各种新型材料的焊接问题。

电子束焊的部分应用实例见表 3-3。

表 3-3　电子束焊的部分应用实例

工业部门	应 用 实 例
航空	发动机喷管、定子、叶片、双金属发动机、导向翼、翼盒、双螺旋线齿轮、齿轮组、主轴活门、燃料槽、起落架、旋翼桨毂、压气轮子、涡轮盘等
汽车	双金属齿轮、齿轮组、发动机外壳、发动机起动器用飞轮、汽车大梁、微动减振器、扭矩转换器、转向立柱吊架杆、旋转轴、轴承环、仪表盘支架等
宇航	火箭部件、导弹外壳、钼箔蜂窝结构、宇航站安装（宇航员用手提式电子枪）等
原子能	燃料原件、反应堆压力容器及管道等
电子器件	集成电路、密封包装、电子计算机的磁芯存储器、行式打印机用小锤、微型继电器、微型组件、薄膜电阻、电子管、钼加热器等
电力	电动机整流子片、双金属式整流子、汽轮机定子、电站锅炉联箱与管子的焊接等
化工	压力容器、球形储罐、热交换器、环形传动带、管子与法兰的焊接等
重型机械	厚板焊接、超厚板压力容器的焊接等
修理	各种修补修复有缺陷的容器、设计修改后要求的返修件。裂纹补焊、补强焊、堆焊等
其他	双金属锯条、钼坩埚、波纹管、焊接管道精密加工切割等

电子束焊主要用于质量或生产率要求高的产品，前者主要用于核能、航空航天及电子工业，典型实例有核燃料密封罐、特种合金的喷气发动机部件、火箭推进系统压力容器、密封真空系统等；后者主要用于汽车、焊管、双金属锯条等，典型实例有汽车传动齿轮、铜或钢管的直缝连续焊、齿部为钨钢（W6Mn65Cr4V2）背部为弹簧钢（50CrV2）的双金属机用锯条等。

在电子和仪表工业中，有许多零件要求用精密焊接方法制造。这些零件除材料特殊、结构复杂且紧凑外，有时还有特殊的技术要求，如需焊后形成真空腔，不能破坏热敏元件等。真空电子束焊在解决这些焊接难题时，有其独特的技术优势。

早在 20 世纪 60 年代，美国就将非真空电子束焊引入到批量汽车零件的生产中，近些年欧洲汽车制造也采用了电子束焊。采用电子束焊焊接厚大件时，比其他焊接方法具有明显的优势。非真空电子束焊克服了大型真空电子束焊机造价高、设备复杂、抽真空时间长的缺点，可连续进行焊接。非真空电子束焊在汽车制造领域中的应用受到世界各国汽车企业的重视。

因为非真空电子束焊成本低、效率高，可在汽车生产线上连续进行焊接。为了减轻结构重量、节能及减少废气的排放，汽车制造中相继采用了一些铝合金零件。非真空电子束焊用于汽车用铝合金的焊接具有焊接质量好、焊缝成形好、接头强度高的优势。非真空电子束焊焊接的典型汽车组件包括：

（1）汽车扭矩转换器 该组件上部与下部壳体采用搭接形式，采用填丝的非真空电子束焊接工艺。电子束焊机是多工位的，目前在世界范围内每天焊接的汽车转换器达25000个以上。

（2）汽车变速器齿轮组件 一些汽车的变速器齿轮及一些载重汽车、越野汽车、公共汽车等的离合器组件采用非真空电子束焊。焊接这些齿轮组件通常采用对接接头，材料是中碳钢和合金钢。

（3）铝合金仪表盘支架的焊接 例如，汽车上的仪表盘铝合金支架、多支管件等焊接结构，接头形式一般是卷边的，多采用非真空电子束焊。

近年来，国外对电子束焊及其他电子束加工技术的研究主要在于完善超高能密度电子束热源装置、电子束品质和对材料的交互行为特性，以及通过计算机控制提高设备柔性、扩大应用领域等几个方面。

电子束焊的应用前景如下：

1）电子束焊在复杂零件的大批量生产中将有较大的发展。例如，在汽车工业中，采用电子束焊技术焊接汽车的齿轮和后桥，可以提高工作效率、降低成本、提高零件的质量。

2）在航空航天工业中，电子束焊技术将继续扩大其应用，并发展电子束焊的在线检测技术。

3）由于电子束焊在厚大件焊接中具有独特的优势，所以在能源、核工业、重型机械制造中大有用武之地。

4）电子束焊的焊接设备将趋向多功能及柔性化，随着电子束焊应用领域的扩大，出于经济方面的考虑，多功能电子束焊的焊接设备和集成工艺以及电子束焊机的柔性化将越来越重要。

5）宇航技术中所用的各类火箭、卫星、飞船、空间站、太阳能电站等的结构件、发动机以及各种仪器均需用焊接技术来完成，电子束焊将是实现空间结构焊接和满足其需求的强有力工具。

就工艺特性来说，电子束焊很高的能量密度可保证大厚度工件在不开坡口的条件下一次焊成，生产率显著提高。电子束输入到焊件的总热量少，焊接热影响区宽度和变形都很小，既适于焊接厚截面、要求焊接变形小的复杂结构，也能用于精密构件的焊接，还可以用于焊接经过热处理的构件，不致引起接头组织和性能的变化。因此，采用真空电子束焊，可以节省焊后校正变形及热处理所需的人力和物力，改进焊接构件的生产工艺过程。

电子束焊也是将来实现空间结构焊接和修复的关键技术。在太空中，由于天然的真空环境，无须配备真空室和复杂的真空系统，即可实现真空电子束焊接，从而使得电子束焊的工艺柔性大大提高。

真空电子束焊的设备投资较高，所焊工件的尺寸受真空室大小的限制，这些因素在分析可行性时必须同时予以考虑。

3.2　电子束焊设备

3.2.1　电子束焊机的分类

电子束焊的焊接设备一般可按真空状态和加速电压分类。按真空状态可分为真空型、局部真空型、非真空型；根据电子枪加速电压的高低，电子束焊机可分为高压型（60~150kV）、中压型（40~60kV）、低压型（<40kV）。按电子枪加速电压分类的电子束焊机的类型、特点和适用范围见表3-4。

表3-4　按电子枪加速电压分类的电子束焊机的类型、特点和适用范围

焊机类型	技 术 特 点	适 用 范 围
高压型	加速电压高于 60~150kV。同样功率下焊接所需束流小，易于获得直径小、功率密度大的束斑和深宽比大的焊缝，最小束斑直径小于 0.4mm。需附加铅板防护 X 射线，电子枪结构复杂笨重，只能做成定枪式	适用于大厚度板材单道焊以及难熔金属和热敏感性强的材料的焊接
中压型	加速电压为 40~60kV，最小束斑直径约为 0.4mm。电子枪可做成定枪式或动枪式。X 射线无须采用铅板防护，通过真空室的结构设计（选择适当的壁厚）即可解决	适用于中、厚板焊接，可焊接的钢板最大厚度约为 70mm
低压型	加速电压低于 40kV。设备简单，电子枪可做成定枪式或小型移动式，无须用铅板防护。电子束流大、汇聚困难，最小束斑直径大于 1mm，功率限于 10kW 以内。X 射线防护由真空室结构设计解决	适用于焊缝深宽比要求不高的薄板焊接

近年来，我国电子束焊技术的应用和设备研制取得了可喜的进展。我国目前有数百台真空电子束焊设备在生产、科研中使用，大部分高压电子束焊设备是从国外进口的。国内生产的中、低压真空电子束焊设备和装置逐步完善，在科研和生产中正在发挥着重要的作用。

目前，在工业中实际应用的电子束焊设备功率一般小于 150kW，加速电压在 200kV 以内，一次可以焊透最大厚度约为 300mm 的钢板，最大厚度约为 50mm 的铝合金。国内研发的电子束焊设备主要是中压、小功率电子束焊机，我国的中小功率电子束焊机已接近或赶上国外同类产品的先进水平，有明显的性能价格比优势。但是，高压、大功率电子束焊设备的研发仍有待发展。

3.2.2　电子束焊机的组成

在实际应用中，真空电子束焊设备通常由电子枪、电源及控制系统、真空系统、工作室（也称真空室）、工作台和辅助装置等几大部分组成，如图 3-7 所示。

1. 电子枪

电子束焊设备中用以产生和汇聚电子束的电子光学系统称为电子枪。电子枪是电子束焊设备的核心部件，电子枪是产生电子并使之加速、汇聚成电子束的装置，主要由阴极、阳极、栅极和聚焦透镜等组成。电子枪的稳定性、重复性直接影响焊接质量。影响电子束稳定性的主要原因是高压放电，特别是在大功率电子束焊过程中，由于金属蒸气等的干扰，使电子枪产生放电现象，有时甚至造成高压击穿。为了解决高压放电，往往在电子枪中使电子束偏转，避免金属蒸气对束源段产生直接的影响。大功率电子束焊时，将电子枪中心轴线上的

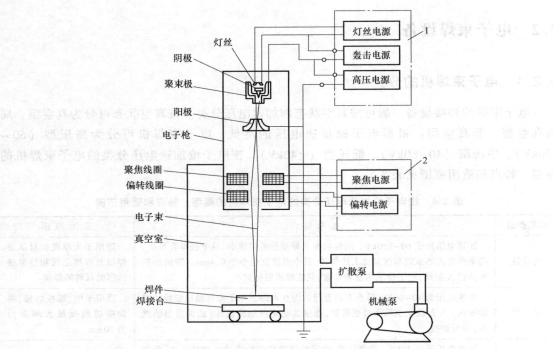

图 3-7　真空电子束焊设备的组成示意图
1—高压电源系统　2—控制系统

通道关闭，而被偏转的电子束从旁边通道通过。另外还可以采用电子枪倾斜或焊件倾斜的方法避免焊接时产生的金属蒸气对束源段的污染。

现代电子束焊机多采用三极电子枪，其电极系统由阴极、偏压电极和阳极组成。阴极处于高的负电位，它与接地的阳极之间形成电子束的加速电场。偏压电极相对于阴极呈负电位，通过调节其负电位的大小和改变偏压电极形状及位置可以调节电子束流的大小和改变电子束的形状。

电子枪一般安装在真空室的外部，垂直焊接时，放在真空室顶部；水平焊接时，放在真空室侧面。根据需要可使电子枪沿真空室在一定范围内移动。

电子枪的工作电压通常为 30~150kV，电流在 20~1000mA 之间。电子束的聚焦束斑直径约为 0.1~1.0mm，电子束的功率密度可达 $10^6 W/cm^2$ 以上，这足以使金属熔化乃至汽化。为了防止高压击穿、束流的散射以及能量的耗损，电子枪内的真空室须保持在 $1.33×10^{-3} Pa$。

2. 电源及控制系统

电源是指电子枪所需的供电系统，通常包括高压电源、阴极加热电源和偏压电源。高压电源为电子枪提供加速电压、控制电压及灯丝加热电流。电源应密封在充油的箱体中（称为高压油箱），以防止对人体的伤害及对设备其他控制部分的干扰。纯净的变压器油既可作为绝缘介质，又可作为传热介质，将热量从电器元件传送到箱体外壁。电器元件都装在框架上，该框架又固定在油箱的盖板上，以便维修和调试。

近年来，半导体高频大功率开关电源已应用到电子束焊机中，工作频率大幅度提高，用很小的滤波电容器，即可获得很小的纹波系数；放电时所释放出来的电能很少，减小了其危害性。另外，开关电源通断时间比接触器要短得多，与高灵敏度微放电传感器联用，为抑制放电现象提供了有力手段。

早期电子束焊设备的控制系统仅限于控制束流的递减（焊接环缝时）、电子束流的扫描及真空泵阀的开关。目前可编程控制器及计算机数控系统等已在电子束焊机上得到应用，使控制范围和精度大大提高。

3. 真空系统

真空系统是对电子枪室和真空工作室抽真空用的。电子束焊设备的真空系统一般分为两部分：电子枪抽真空系统和工作室抽真空系统。电子枪的高真空系统可通过机械泵与扩散泵配合获得。

电子束焊的真空系统大多使用两种类型的真空泵。一种是活塞式或叶片式机械泵，也称为低真空泵，用以将电子枪和工作室从大气压抽到压强为 10Pa 左右。在低真空焊机、大型真空室或对抽气速度要求较高的设备中，这种机械泵应与双转子真空泵配合使用，以提高抽速并使工作室压强降到 1Pa 以下。另一种是扩散泵，用于将电子枪和工作室压强降到 10^{-2}Pa 以下。扩散泵不能直接在大气压下起动，必须与低真空泵配合组成高真空抽气机组。在设计抽真空程序时应严格遵守真空泵和机组的使用要求，否则将造成扩散泵油氧化，真空室污染甚至损坏真空装置等后果。

目前的新趋势是采用涡轮分子泵，其极限真空度更高，无油蒸气污染，不需要预热，节省抽真空时间。工作室真空度可在 $10^{-3} \sim 10^{-1}$Pa 之间。较低的真空度可用机械泵获得，高真空则采用机械泵及扩散泵系统。不同真空度得到的焊缝形状及熔深是不同的（见图 3-8），真空度越高，熔深越深，焊缝截面类似钉子状。

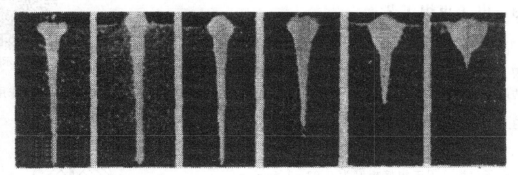

a) $p=1.33 \times 10^{-6}$Pa　b) $p=1.33 \times 10^{-5}$Pa　c) $p=1.33 \times 10^{-4}$Pa　d) $p=1.33 \times 10^{-3}$Pa　e) $p=2.66 \times 10^{-3}$Pa　f) $p=3.99 \times 10^{-3}$Pa

图 3-8　真空度对熔深和焊缝形状的影响

（材料：304 不锈钢；焊接参数：$U=150$kV，$I=30$mA，$v=25.4$mm/s，$H=406$mm）

4. 工作室

电子束焊设备工作室（也称真空室）的尺寸、形状应根据焊机的用途和被焊工件大小来确定。真空室的设计一方面应满足气密性要求；另一方面应满足承受大气压所必需的刚度、强度指标和 X 射线防护的要求。

工作室可用低碳钢板制成，以屏蔽外部磁场对电子束轨迹的干扰。工作室内表面应镀镍或进行其他的表面处理，以减少表面吸附气体、飞溅及油污等，缩短抽真空时间和便于工作室清洁的工作。真空室通常开一个或几个窗口用以观察内部焊件及焊接情况。

低压型电子束焊机（加速电压<40kV）可以靠工作室钢板的厚度和合理设计工作室结构来防止 X 射线的泄漏。中、高压型电子束焊机（加速电压>60kV）的电子枪和工作室必须设置严密的铅板防护层，铅板防护层应粘接在真空室的外壁上，在外壁形状复杂的情况下，允许在工作室内壁粘接铅板。在电子枪内电位梯度大的静电透镜区内，不允许在其内壁粘接铅板。

5. 工作台和辅助装置

工作台、夹具、转台对于在焊接过程中保持电子束与接缝的位置准确、焊接速度稳定、焊缝位置的重复精度都是非常重要的。大多数的电子束焊设备采用固定电子枪，让焊件做直线移动或旋转运动来实现焊接。对大型真空室，也可采用使焊件不动，而驱使电子枪运动进行焊接。为了提高电子束焊的生产效率，可采用多工位夹具，抽一次真空室可以焊接多个零件。

我国真空电子束焊机的研制自 20 世纪 80 年代以来取得了较大进展。目前中等功率的真空电子束焊机已形成了系列，50kV、60kV 的焊机已在实际生产中得到应用，一些焊接设备采用了微机控制等先进技术。

选用电子束焊设备时，应综合考虑被焊材料、板厚、形状、产品批量等因素。一般来说，焊接化学性能活泼的金属（如 W、Ta、Mo、Nb、Ti 等）及其合金，应选用高真空电子束焊机；焊接易蒸发的金属及其合金，应选用低真空电子束焊机；厚大工件选用高压型焊机，中等厚度工件选用中压型焊机；成批生产时选用专用电子束焊机，品种多、批量小或单件生产则选用通用型电子束焊设备。

3.3 电子束焊工艺

电子束焊通常采用工件不开坡口、不加填丝的穿入式深熔焊。近年来也出现了添加焊丝的电子束焊接技术，通过填丝来弥补一次焊缝的表面下凹和咬边缺欠。与激光焊相比，电子束焊的优势在于真空环境对焊接工件具有良好的保护作用。

电子束焊示例

3.3.1 电子束焊的工艺特点

1. 薄板的焊接

电子束焊可用于焊接板厚为 $0.03 \sim 2.5\text{mm}$ 的薄板件，这些零件多用于仪表、压力或真空密封接头、膜盒、封接结构等构件中。

薄板导热性差，电子束焊时局部加热强烈。为防止过热，应采用夹具。图 3-9 所示为薄板膜盒零件及其装配焊接夹具，夹具材料为纯铜。对极薄工件可考虑使用脉冲电子束流。电子束能量密度高，易于实现厚度相差很大的接头的焊接。焊接时薄板应与厚板紧贴，适当调节电子束焦点位置，使接头两侧均匀熔化。

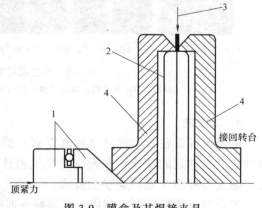

图 3-9　膜盒及其焊接夹具

1—侧顶夹具　2—焊件　3—氩气　4—夹具

2. 厚板的焊接

电子束焊可以一次焊透厚度为 300mm 的钢板，焊道的深宽比可以高达 60∶1。大厚度板焊接是电子束焊的优势。例如，俄罗斯研发了 60kV/60kW、120kV/120kW 等多种结构形式的电子枪，研究各种材料的电子束焊接工艺，钢、钛合金、铝合金材料焊接的最大熔深分别达到 250mm、400mm 和 450mm。

当被焊钢板厚度在 60mm 以上时，应将电子枪水平放置进行横焊，以利于焊缝成形。电子束焦点位置对于熔深影响很大，在给定的电子束能量下，将电子束焦点调节在焊件表面以下熔深的 0.5~0.75mm 处，电子束的穿透能力最好。根据实践经验，焊前将电子束焦点调节在板材表面以下板厚的 1/3 处，可以发挥电子束的熔透效力并使焊缝成形良好。表 3-5 列出了真空度对电子束焊熔深的影响，厚板焊接时应保持良好的真空度。

表 3-5　电子束焊不同焊接条件对钢板熔深的影响

焊接条件					熔深 /mm
真空度 /Pa	电子束工作距离 /mm	加速电压 /kV	电子束电流 /mA	焊接速度 /(cm/s)	
$<10^{-2}$	500	150	50	1.50	25
10^{-2}	200	150	50	1.50	16
10^{-5}	13	175	43	1.50	4

焊接大厚度工件时，为了防止焊接所产生的大量金属蒸气和离子直接侵入电子枪，可设置电子束偏转装置，使电子枪轴线与焊件表面的垂直方向成 5°~90°夹角。这对于大批量生产中保证电子枪的工作稳定是十分有利的。

3. 添加填充金属

只有在对接头有特殊要求或因接头准备和焊接条件的限制不能得到足够的熔化金属时，才添加填充金属，其主要作用是：

1）在接头装配间隙过大时可防止焊缝凹陷。

2）对焊接裂纹敏感材料或异种金属接头可防止裂纹的产生。

3）焊接沸腾钢时加入含少量脱氧剂（Al、Mn、Si 等）的焊丝，或在焊接铜时加入镍均有助于消除气孔。

添加填充金属的方法是在接头处放置填充金属，箔状填充金属可夹在接缝的间隙处，丝状填充金属可用送丝机构送入或用定位焊固定。送丝速度和焊丝直径的选择原则是使填充金属量约为接头凹陷体积的 1.25 倍。

4. 复杂件的焊接

用电子束进行定位焊是装配工件的有效措施，其优点是节约装夹时间和成本。可以采用焊接束流或弱束流进行定位焊，对于搭接接头可用熔透法定位，也可先用弱束流定位，再用焊接束流完成焊接。

由于电子束很细、工作距离长和易于控制，所以电子束可以焊接狭窄间隙的底部接头。这不仅可以用于生产过程，而且在修复和再制造时也非常有效。复杂形状的昂贵合金件常用电子束焊来修复。对可达性差的接头只有满足以下条件才能进行电子束焊：

1）焊缝必须在电子枪允许的工作距离上。

2）必须有足够宽的间隙允许电子束通过，以免焊接时损伤焊件。

3）在束流通过的路径上应无干扰磁场。

焊接过程中采用电子束扫描可以加宽焊缝、降低熔池冷却速度、消除熔透不均匀等，降低对接头装配质量的要求。

5. 焊接缺陷及其防止

和其他熔焊一样，电子束焊接头也会出现未熔合、咬边、焊缝下陷、气孔、裂纹等缺陷。此外电子束焊焊缝特有的缺陷还有熔深不均匀、长孔洞、中部裂纹和由于剩磁或干扰磁场造成的焊道偏离接缝等。

熔深不均匀出现在未穿透焊缝中，这种缺陷是高能束流焊接所特有的，与电子束焊时熔池的形成和金属流动有密切的关系。加大小孔直径可消除这种缺陷。利用圆形扫描电子束的能量分布有利于消除熔深不均匀。改变电子束焦点在焊件内的位置也会影响到熔深的大小和均匀程度。适当的散焦可以加宽焊缝，有利于消除和减小熔深不均匀的缺陷。长孔洞及焊缝中部裂纹都是电子束深熔透焊接时所特有的缺陷，降低焊接速度、改进材质有利于消除此类缺陷。

3.3.2 焊前准备及接头设计

1. 焊前准备

（1）接合面的加工与清理　电子束焊接头属于紧密配合无坡口对接形式，一般不加填充金属，仅在焊接异种金属或合金，又确有必要时才使用填充金属。要求接合面经机械加工，表面粗糙度 Ra 值一般为 $1.5 \sim 25\mu m$。宽焊缝比窄焊缝对接合面的要求可放宽，搭接接头也不必过严。

真空电子束焊前必须对焊件表面进行严格清理，否则易出现焊缝缺陷，力学性能变坏，还影响抽气时间和焊枪运行的稳定性。对非真空电子束焊的焊件清理，不必像真空焊那样严格。清理方法可用丙酮清洗，若为了强力去油而使用含有氯化烃类溶剂，随后必须将焊件放在丙酮内彻底清洗。清理完毕后不能再用手或工具触及接头区，以免污染。

（2）接头装配　电子束焊接头装配时要紧密接合，不留间隙，并尽量使接合面平行，以便窄小的电子束能均匀熔化接头两边的母材。装配公差取决于焊件厚度、接头设计和焊接工艺，装配间隙宜小不宜大。对无锁底的对接接头，板厚<1.5mm 时，局部最大间隙不应超过 0.07mm；随板厚增加，可用稍大一些的间隙。板厚超过 3.8mm 时，局部最大间隙可到 0.25mm。焊薄焊件时装配间隙一般要小于 0.13mm。

焊铝合金时的接头间隙可比钢大一些。填丝电子束焊时，间隙要求可适当放宽。若采用偏转或摆动电子束使熔化区变宽时，可以用较大的间隙。非真空电子束焊有时用到 0.75mm 的间隙。深熔焊时，装配不良或间隙过大，会导致过量收缩、咬边、漏焊等缺陷。

（3）夹紧　所有电子束焊都是机械或自动操作的，如果零件不是设计成自紧式的，必须利用夹具进行定位与夹紧，然后移动工作台或电子枪体完成焊接。

要使用无磁性的金属制造所有的夹具和工装，以免电子束发生磁偏转。焊件的装夹方法与钨极氩弧焊相似，只是夹具的刚性和夹紧力比钨极氩弧焊时的要小，不需要水冷，但要求制造精确，因为电子束焊要求装配和对中极为严格。非真空电子束焊可用一般焊接变位机械，其定位、夹紧都较为简便。在某些情况下可用定位缝焊代替夹具。

（4）退磁　所有的磁性金属材料在电子束焊之前应退磁处理。剩磁可能因磁粉探伤、电磁卡盘或电化加工等造成，即使剩磁不大，也足以引起电子束偏转。焊件退磁可放在工频感应磁场中，靠慢慢移出进行退磁，也可用磁粉探伤设备进行退磁。

对于极窄焊缝，剩磁感应强度为 $0.5 \times 10^{-4}T$，对于较宽焊缝为 $(2 \sim 4) \times 10^{-4}T$。

2. 接头设计

电子束焊的接头形式有对接、角接、搭接和卷边焊等，均可进行无坡口全熔透或给定熔深的单道焊。这些接头可以电子束焊接一次穿透完成。如果电子束的功率不足以穿透接头的全厚度，也可采取正反两面焊的方法来完成。电子束焊中一些常见的接头形式如图 3-10 所示。电子束焊的焊缝非常狭窄，因此在焊缝宽度方向上要求具有很高的尺寸精度。

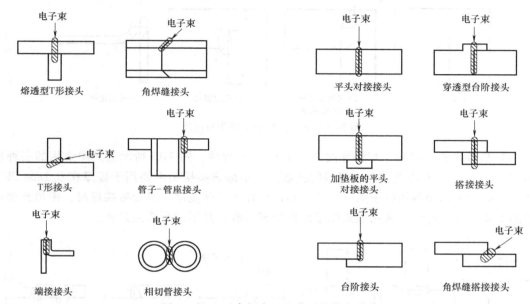

图 3-10　电子束焊中一些常见的接头形式

电子束焊不同接头有各自特有的接合面设计、接缝准备和施焊的方位。接头的设计原则是便于接头的准备、装配和对中，减少收缩应力，保证获得所需熔透度。

（1）对接接头　对接接头适于部分或全熔透焊，只需装配夹紧即可。不等厚度板对接或平齐接比台阶接为好。焊台阶焊缝时，需采用较宽的电子束施焊，焊接角度必须精确控制，否则易焊偏造成脱焊。自定位接头，在周边焊和其他特定焊缝中可以自行紧固。当采用部分母材作填充金属时，焊缝成形可得到改善。斜对接接头可增大焊缝金属面积，但装夹定位比较困难，只用于受结构条件或其他原因限制的场合。

（2）角接头　电子束焊常用的角接头形式如图 3-11 所示。图 3-11a 所示接头留有未焊合的接缝，承载能力差。图 3-11h 所示的接头主要用于薄件，其中一个焊件须精确预先弯边90°。其他几种接头都易于装配与对齐。

（3）T形接头　电子束焊最常用的 T 形接头形式如图 3-12 所示。图 3-12a 所示接头有未焊合的缝隙，接头强度差，且有缺口和腐蚀敏感性。图 3-12b 所示为较好的接头，焊接时焊缝易于收缩，拘束应力小。图 3-12c 所示为双面焊的 T 形接头，用于板厚超过 25mm 的场合。焊接第二面时，先焊的第一面焊缝起拘束作用，有开裂倾向。

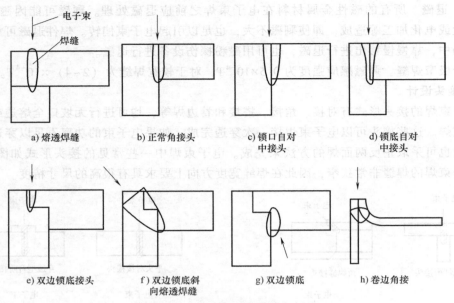

图 3-11 电子束焊的角接头与焊缝

（4）搭接接头 常用于焊接厚度小于 1.6mm 的焊件，图 3-13 所示为其中常用的三种接头形式。图 3-13a、b 均有剩余未焊透的缝隙。其中熔透型接头主要用于板厚在 0.2mm 以下的场合，有时需采用散焦电子束或电子扫描以增加熔合区宽度。厚板搭接焊时，需填充焊丝以增加填角尺寸，有时也采用散焦电子束以加宽焊缝，并形成平滑的过渡。

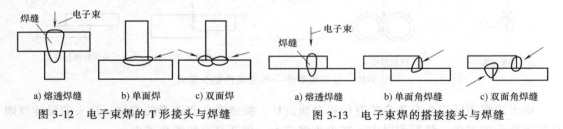

图 3-12 电子束焊的 T 形接头与焊缝　　　图 3-13 电子束焊的搭接接头与焊缝

（5）端接接头 电子束焊接头有时也采用端接接头。厚板端接采用大功率深熔透焊，薄件或不等厚件常用小功率或散焦电子束进行焊接。

3.3.3 电子束焊的焊接参数

电子束焊的主要焊接参数是加速电压 U_a、电子束电流 I_b、焊接速度 v、聚焦电流 I_f 和工作距离等。电子束焊的焊接参数主要根据板厚来选择。一般来说，熔深与加速电压、电子束电流成正比，与束斑直径（受聚焦电流影响）、工作距离和焊接速度成反比。电子束电流和焊接速度是主要调整的焊接参数。

1. 加速电压 U_a

在大多数电子束焊中，加速电压参数往往不变，必要时也只做较小的调整。根据电子枪的类型（低、中、高压）加速电压通常选取某一数值，如 60kV 或 150kV。在相同的功率、不同的加速电压下，所得焊缝熔深和形状是不同的。提高加速电压可增加焊缝的熔深，在保持其他参数不变的条件下，焊缝横断面深宽比与加速电压成正比。当焊接厚大件并要求得到窄而平的焊缝或电子枪与焊件的距离较大时可提高加速电压。

2. 电子束电流 I_b

电子束电流（简称束流）与加速电压一起决定着电子束焊的功率。增加电子束电流，熔深和熔宽都会增加。在电子束焊中，由于加速电压基本不变，所以为满足不同的焊接工艺需要，常常要调整电子束电流值。这些调整包括以下几方面：

1）在焊接环缝时，要控制电子束电流的递增、递减，以获得良好的起始、收尾搭接处的质量。

2）在焊接各种不同厚度的材料时，要改变电子束电流，以得到不同的熔深。

3）在焊接厚大件时，由于焊接速度较低，随着焊件温度的增加，电子束电流需逐渐减小。

对于同一台电子束焊设备，焊接同一零件，可能有几组适用的焊接参数。如图 3-14 所示，钢的电子束焊接参数有一个较大的选择范围（如阴影部分所示），针对不同零件的具体要求，可以选择更为合适的焊接参数进行焊接。

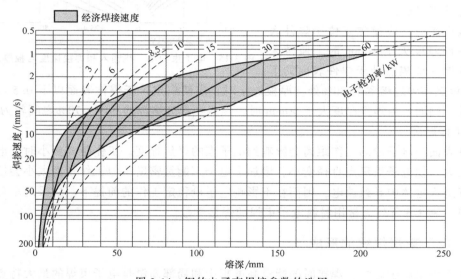

图 3-14　钢的电子束焊接参数的选用

3. 焊接速度 v

焊接速度和电子束功率一起决定着焊缝的熔深、焊缝宽度以及被焊材料熔池行为（冷却、凝固及焊缝熔合线形状）。增加焊接速度会使焊缝变窄，熔深减小。

焊接热输入是焊接参数综合作用的结果。电子束焊时，热输入的计算公式为

$$q = 60 U_b I_b / v$$

式中　q——热输入（kJ/cm）；

　　　U_b——加速电压（kV）；

　　　I_b——电子束电流（mA）；

　　　v——焊接速度（cm/min）。

热输入与电子束焊接能量成正比，与焊接速度成反比。在保证全焊透的条件下，利用热输入与材料厚度及焊接速度的关系，初步选定焊接参数。因为电子束斑点的品质和电子枪的

特性密切相关，而不同设备的电子枪特性是不同的，初步选定的参数必须经过试验修正。此外，还应考虑焊缝横断面、焊缝外形及防止产生焊缝缺陷等因素，综合选择和试验确定实际使用的焊接参数。

图 3-15 所示为电子束功率、热输入和焊接速度与板厚的关系。板厚越大，所要求的热输入越高。

4. 聚焦电流 I_f

电子束焊时，相对于焊件表面而言，电子束的聚焦位置有上焦点、下焦点和表面焦点三种，焦点的位置对焊缝形状影响很大。电子束聚焦状态对熔深及焊缝成形影响很大，焦点变小可使焊缝变窄、熔深增加。根据被焊材料的焊接速度、接头间隙等决定聚焦位置，进而确定电子束斑点大小。

薄板焊接时，应使焦点位于焊件表面。当焊件厚度大于 10mm 时，通常采用下焦点焊（即焦点处于焊件表面的下部），且焦点在焊缝熔深的 30%处。厚板焊接时，应使焦点位于焊件表面以下 0.5～0.75mm 的熔深处。例如，当焊件厚度大于 50mm 时，焦点在焊缝熔深的 50%～70%之间较为合适。

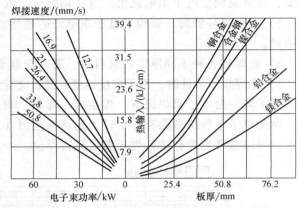

图 3-15　电子束功率、热输入和焊接速度与板厚的关系

5. 工作距离

焊件表面与电子枪的工作距离会影响到电子束的聚焦程度。工作距离变小时，电子束的压缩比增大，使电子束斑点直径变小，增加了电子束能量密度。但工作距离太小会使过多的金属蒸气进入枪体中导致放电，因而在不影响电子枪稳定工作的前提下，应采用尽可能短的工作距离。表 3-6 所列为常用材料电子束焊的焊接参数。

3.3.4　电子束焊焊缝的形成

电子束焊也属于熔焊。焊接时的能量高度集中和局部高温是电子束焊的最大特点。当电子束焊所选用的焦点功率密度低于 $10^5 W/cm^2$ 时，由于焊件表面不会产生显著的金属蒸发现象，电子束的能量在焊件表面转化为热能，这时电子束穿透金属的深度很小，熔池及焊缝金属的形成与其他电弧熔焊方法相似，是以热传导的方式来完成的。

当电子束焊所选用的焦点功率密度超过 $10^6 W/cm^2$ 时，电子束在焊件上形成穿透的小孔，随着电子束与焊件的相对移动，熔融金属被排斥在电子束前进方向的后方，快速凝固而形成焊缝。此时，电子束焊焊缝表面处的熔宽相对较大，这是由于从电子枪发射出来的电子束具有一定数量的杂散电子，在杂散电子的作用下焊件表面被熔化而加宽。所以电子束焊焊缝的熔宽一般是以熔深一半处的宽度来计算的。

电子束焊的优点是具有深穿透效应。为了保证获得深穿透效果，发挥其焊缝深宽比大的特点，除了选择合适的焊接参数外，还可以采取如下的一些工艺措施：

1. 电子束水平入射焊

当要求焊接熔深超过 100mm 时，可以采用电子束水平入射和侧向焊接方法进行焊接。

表 3-6 常用材料电子束焊的焊接参数

材　质	板厚/mm	加速电压 U_a/kV	电子束电流 I_b/mA	焊接速度 v/(cm/s)
低碳钢 低合金钢	3	28	120	1.67
		50	130	2.67
	12	50	80	0.50
	15	30	350	0.50
不锈钢	1.3	25	28	0.86
	2.0	55	17	2.83
	5.5	50	140	4.17
	8.7	50	125	1.67
奥氏体钢	15	30	230	1.39
		30	330	2.22
纯钛	0.1	5.1	18	0.67
	3.2	18	80	0.33
钛合金 Ti6Al4V	6.4	40	180	2.53
	12.7	45	270	2.12
	19.1	50	500	2.12
	25.4	50	330	1.90
铝及铝合金	6.4	35	95	1.48
	12.7	26	235	1.17
		40	150	1.70
	19.1	40	180	1.70
	25.4	29	250	0.33
		50	270	2.53
纯铜	10	50	190	1.67
	18	55	240	0.37

因为水平入射侧向焊接时，液态金属在重力作用下，流向偏离电子束轰击路径的方向，其对小孔通道的封堵作用降低，此时的焊接方向可以是自下而上或是横向水平施焊。

2. 脉冲电子束焊

在同样功率下，采用脉冲电子束焊，可有效地增加熔深。因为脉冲电子束的峰值功率比直流电子束高得多，使焊缝获得高得多的峰值温度，金属蒸发速率会以高出一个数量级的比例提高。脉冲电子束焊可产生更多的金属蒸气，蒸气反作用力增大，小孔效应增强。

3. 变焦电子束焊

极高的功率密度是获得深熔焊的基本条件。电子束功率密度最高的区域在其焦点上。在焊接大厚度焊件时，可使焦点位置随着焊件熔化速度的变化而改变，始终以最大功率密度的电子束来轰击待焊金属。但由于变焦的频率、波形、幅值等参数是与电子束功率密度、焊件厚度、母材金属和焊接速度有关的，所以手工操作起来比较复杂，宜采用计算机自动控制。

电子束焦点位置对焊缝截面形状的影响如图 3-16 所示。无论是聚焦过度或聚焦不足都

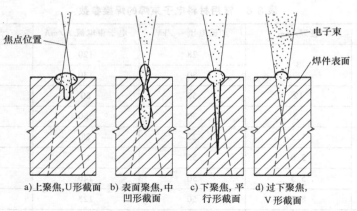

图 3-16　电子束焦点位置对焊缝截面形状的影响

会引起电子束散焦，会增大有效电子束直径而降低电子束的功率密度，产生浅的或 V 形的焊缝。只有聚焦适当才能形成深宽比大的平行焊缝。

4. 焊前预热或预置坡口

焊件在焊前被预热，可减少焊接时热量沿焊缝横向的热传导损失，有利于增加熔深。有些高强度钢焊前预热，还可以减少焊接裂纹倾向。在深熔焊时，往往有一定量的金属堆积在焊缝表面，如果预开坡口，则这些金属会填充坡口，相当于增加了熔深。另外，如果结构允许，尽量采用穿透焊，因为液态金属的一部分可以在焊件的下表面流出，以减少熔融金属在接头表面的堆积，减少液态金属的封口效应，增加熔深，减少焊根缺陷。

3.3.5　电子束焊的操作工艺

（1）工件的准备和装夹　待焊工件的接缝区应精确加工、清洗和固定。工件清洗后，不得用手或不干净的工具接触接头区。被焊件的装配间隙不应大于 0.13mm，板厚大于15mm 时，装配间隙可放宽到 0.25mm。非真空电子束焊的装配间隙可放宽到 0.8mm。接头附近的夹具和工作台的零部件最好用非磁性材料制作。电子束焊允许的剩磁感应强度为0.05~0.4mT，超过时应进行退磁处理。

（2）焊前预热　需要预热的工件一般在装入真空室前进行预热。对于较小的焊接件，局部加热引起的变形不影响工件质量时，可在真空室内用散焦的电子束进行预热。

（3）薄板（0.03~2.5mm）的焊接　为防止过热和变形，应采用夹具。

（4）厚板（板厚大于60mm）的焊接　如有可能，应将电子枪水平放置进行横焊，以利于焊缝成形。

（5）定位焊　可采用焊接束流或弱束流先定位，再用电子束焊束流完成焊接。

（6）添加填充金属　电子束焊通常不添加填充金属，添加填充金属的条件和作用是：接头装配间隙大，防止焊缝凹陷；对裂纹敏感的材料，防止裂纹产生以及消除气孔等。填充金属可放置在接头处，箔状材料可夹持在接缝间隙处，丝状的可通过送丝机送入或用定位焊固定。

（7）电子束扫描和偏转　常用的电子束焊扫描图形有正弦形、圆形、矩形和锯齿形等。扫描频率一般为 100~1000Hz，电子束偏转角度为 2°~7°。采用电子束扫描可加宽焊缝，降低焊接熔池冷却速度，降低对接头准备的要求以及消除熔透不均匀等缺陷。电子束扫描还可用来检测焊缝位置和进行焊缝跟踪。

3.4 材料的电子束焊

在熔焊方法中,电子束焊是材料焊接性较好的焊接方法之一。电子束焊的真空环境对焊接件有优异的保护作用,可焊接铝、镁、钛等易氧化的活性金属;高能密度的电子束焊还能焊接高熔点的难熔金属(如钒、铌、钼、钨等),常用的金属、高温合金、复合材料、金属间化合物等都可以采用电子束焊,而且焊接接头区的性能与其他熔焊方法相比具有更好的力学性能。

3.4.1 钢铁材料的电子束焊

1. 低碳钢和低合金钢

低碳钢易于焊接,与电弧焊相比,焊缝和热影响区晶粒细小。低合金钢电子束焊的焊接性与电弧焊类似。非热处理强化钢易于用电子束焊进行焊接,接头性能接近退火基体的性能。经热处理强化的低合金钢,焊接热影响区的硬度会下降,采用焊后回火处理可以使其硬度和强度回升。焊接刚性大的工件时,特别是基体金属已处于热处理强化状态时,焊缝易出现裂纹。合理设计接头使焊缝能够自由收缩,采用焊前预热、焊后缓冷以及合理选择焊接条件等措施,可以减轻淬硬钢的裂纹倾向。

对于需进行表面渗碳、渗氮处理的零件,一般应在表面化学热处理前进行焊接。如果必须在表面化学热处理后进行焊接,则应先将焊接区的表面化学热处理层除去,然后再进行焊接。

碳的质量分数低于0.3%的低合金钢焊接时不需要预热和缓冷,但工件厚度大、结构刚性大时需预热到250~300℃。对于焊前已进行过淬火和回火处理的工件,焊后的回火温度应低于原母材的回火温度。轻型变速器的齿轮大多采用电子束焊,齿轮材料是20CrMnTi或16CrMn。焊前材料处于退火状态,焊后进行调质和表面渗碳处理。

碳钢和低合金钢电子束焊热输入与穿透深度的关系如图3-17所示。

合金结构钢中碳的质量分数(或碳当量)高于0.30%时,应在退火或正火状态下焊接,也可以在淬火加正火处理后焊接。板厚大于6mm的合金结构钢电子束焊,应采用焊前预热和焊后缓冷的工艺措施,以免焊接区产生裂纹。

碳的质量分数大于0.50%的高碳钢,采用电子束焊时裂纹敏感性比用其他电弧焊时低。轴承钢也可采用电子束焊,但应采取预热和缓冷措施。

2. 不锈钢

奥氏体不锈钢、沉淀硬化不锈钢、马氏体不锈钢都可以采用电子束焊。电子束焊极高的冷却速度有助于抑制奥氏体中碳化物析出,

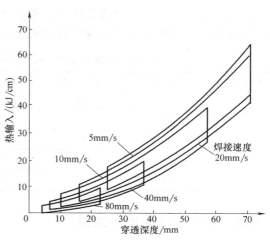

图 3-17 碳钢和低合金钢电子束焊热输入与穿透深度的关系

奥氏体、半奥氏体不锈钢的电子束焊都能获得性能良好的接头，具有较高的抗晶间腐蚀的能力。

马氏体不锈钢可以在热处理状态下进行焊接，但焊后接头区会产生淬硬的马氏体组织，增加了裂纹敏感性。而且随着含碳量的增加和焊接速度的加快，马氏体的硬度将提高，裂纹敏感性也较强。必要时可用散焦电子束预热的措施来加以防止。

3. 高速钢与弹簧钢的电子束焊

高速钢中含有 W、Mo、V、Co 等合金元素，这些合金元素总的质量分数超过 10%。用高速钢制成的刀具和钻头，在切削和钻削过程中比一般低合金工具钢的刀具和钻头更加锋利（俗称"锋钢"）。弹簧钢具有较高的屈服强度和良好的疲劳强度，在冲击、振动或长期均匀的周期性交变应力条件下工作。生产中应用的双金属机用锯条，就是高速钢与弹簧钢采用真空电子束焊焊接而成的产品。

双金属锯条刃部一般采用的高速钢的牌号为 W18Cr4V、W6Mo5Cr4V2 等；锯条背部采用的弹簧钢的牌号为 65Mn、60Si2CrA、60Si2MnA 等。

高速钢与弹簧钢电子束焊的工艺步骤如下：

（1）焊前准备　焊前认真清理两种母材金属表面的氧化物、铁锈及油污等。

（2）合理确定锯条毛坯尺寸　双金属机用锯条的毛坯尺寸见表3-7。

表3-7　双金属机用锯条的毛坯尺寸

钢的牌号	工作部位	锯条厚度/mm	锯条长度/mm	锯条宽度/mm	备　注
高速钢（W18Cr4V）	锯条刃部	1.8±0.1	488±0.5	7±0.2	焊接时以背部为定位基准
弹簧钢（60Si2CrA）	锯条背部	1.8±0.1	488±0.5	31±0.05	

（3）真空电子束焊设备　一般选择电子束焊机的最高加速电压为 150kV，最大束流为 200mA，焊接真空室的真空度为 $1.33×10^{-4}$ Pa。

（4）技术要求及焊接参数　焊接时要求焊接速度为 3~5cm/s，焊缝正面宽度小于 1.0mm，异质焊缝背面宽度大于 0.3mm，锯条焊后的变形量不大于 1.0mm。另外，要保证焊缝中无气孔、裂纹、未焊透等缺陷，要求焊接废品率不得超过 3%。推荐的高速钢与弹簧钢双金属机用锯条电子束焊的焊接参数见表3-8。

表3-8　高速钢与弹簧钢双金属机用锯条电子束焊的焊接参数

母材厚度/mm	加速电压/kV	电子束电流/mA	焊接速度/(cm/s)	焊缝正面宽度/mm	焊缝背面宽度/mm	真空度/Pa
1.8+1.8	60	36	3	1.0~1.2	≥0.3	$1.33×10^{-4}$
	80	26	4	0.8~1.0	≥0.3	
	100	18	5	0.5~0.8	≥0.3	
	120	8	5	0.3~0.5	≥0.3	

3.4.2　非铁金属的电子束焊

1. 铝及铝合金的焊接

真空电子束焊焊接纯铝及非热处理强化铝合金是一种理想的方法，单道焊接工件厚度可达到 475mm。热影响区小，变形小，不填焊丝，焊缝纯度高，接头的力学性能与母材退火状态接近。

对于非热处理强化的铝合金，电子束焊技术多用于大厚度件、薄壁件、精密件等。非热处理强化铝合金容易进行电子束焊，接头性能接近于母材。对于热处理强化的高强度铝合金，电子束焊时可能产生裂纹或气孔，有的接头性能低于母材。可用添加适当成分的填充金属、降低焊速、焊后固溶时效等方法来加以改善。对于热处理强化铝合金、铸造铝合金，只要焊接参数选择合适，可以明显减少热裂纹和气孔等缺陷。

采用电子束焊焊接铝及铝合金常用的焊接接头形式有对接接头、搭接接头、T 形接头，接头装配间隙应小于 0.1mm。几种铝及铝合金真空电子束焊的焊接参数见表 3-9。

焊前应对接缝两侧宽度不小于 10mm 的表面用机械和化学方法做除油和清除氧化膜处理。为了防止气孔和改善焊缝成形，对厚度小于 40mm 的铝板，焊接速度应在 60 ~ 120cm/min；40mm 以上的厚铝板，焊接速度应在 60cm/min 以下。

表 3-9　几种铝及铝合金真空电子束焊的焊接参数

厚度 /mm	合金牌号	加速电压 /kV	电子束 电流/mA	焊接速度 /(cm/s)	热输入 /(kJ/m)
1.27	6061	18	33	42	14.2
1.27	2024	27	21	29.8	18.9
3.0	2014	29	54	31.5	51.2
3.2	6061	26	52	33.6	39.4
3.2	7075	25	80	37.8	51.2
12.7	2219	30	200	39.9	150
16	6061	30	275	31.5	260
19	2219	38	145	21	260
25.4	5086	35	222	12.6	591
50.8	5086	30	500	15.1	985
60.5	2219	30	1000	18.1	1655
125.3	5083	58	525	4.2	7170

注：真空度为 1.33×10⁻³Pa，平焊位置、电子枪垂直。

铝及铝合金有时焊前呈变形强化或热处理强化状态，即使电子束焊热输入小，焊接接头仍将发生热影响区软化失强或出现焊接裂纹倾向。此时，可提高焊接速度以减小热影响区软化区宽度和软化程度；也可施加特殊的填充材料以改变焊缝金属成分，或减轻近缝区过热，降低焊接裂纹倾向。

热处理强化的 2219（Al-Cu-Mn）铝合金是用于航天产品的轻质高强结构材料。该合金钨极氩弧焊或熔化极氩弧焊时，焊接接头强度系数仅为 50% ~ 65%；该合金电子束焊时，根据焊前和焊后热处理工艺的不同，可获得不同的焊接接头强度，见表 3-10。由表可见，2219 铝合金电子束焊接头的力学性能，无论是抗拉强度、屈服强度、伸长率、断裂韧度，均高于钨极氩弧焊接头的力学性能。

表3-10　2219（Al-Cu-Mn）铝合金焊接接头的力学性能

热处理	厚度 /mm	环境温度 /℃	抗拉强度 /MPa	屈服强度 /MPa	伸长率 （%）	断裂韧度 K_{IC} /(MPa/m$^{3/2}$)
母材 526℃ 固溶，177℃ 人工时效 12h，未焊接	12.7	20	441	314	18	46.9
母材焊前固溶人工时效，钨极氩弧焊，不热处理	12.7	20	282	145	8	26.6 38.7
母材焊前固溶人工时效，真空电子束焊，焊后不热处理	12.7	20	345	256	13	41.5
		−196	470	308	14.5	40.8
母材焊前固溶自然时效，真空电子束焊，焊后人工时效	12.7	20	392	341	10.5	41.6
		−196	503	375	13.5	—
母材焊前退火，真空电子束焊，焊后固溶人工时效	12.7	20	456	337	16.0	44.1
		−196	523	371	15.5	—

　　1201 铝合金（Al-6Cu-Mn）的成分和性能与 2219 铝合金相近，是用于俄罗斯"能源号"运载火箭贮箱的结构材料。该合金在 530℃ 水淬（固溶）和 175～180℃ ×16h 人工时效后进行电子束焊，焊接参数为：加速电压 26kV、电子束电流 190mA、焊接速度 40m/h，不填丝。同时用钨极氩弧焊进行对比试验，焊接参数为：焊接电压 15～16V、焊接电流 360A、焊接速度 6m/h。试验结果表明，电子束焊的接头强度比氩弧焊时高 20%，焊缝冲击韧度高出一倍。由于电子束焊时的热输入仅为钨极氩弧焊的 1/6，故其软化区宽度仅相当于钨极氩弧焊的 1/4，只有 15～18mm。

　　铝-锂合金是用于航空航天飞行器的轻质高强铝合金。俄罗斯在焊接性良好的 1201 铝合金（Al-6Cu-Mn）基础上添加少量合金元素 Li，研制成新型 Al-Mg-Li 合金 1420（Al-5Mg-2Li-Zr）。经空淬（固溶）及 120℃ ×12h 人工时效后，合金抗拉强度可达 441～451MPa，屈服强度可达 274～304MPa。该合金经钨极氩弧焊后，焊接接头强度系数为 70%。但是，采用电子束焊，焊接接头强度系数可达 80%～85%，而且热影响区窄，构件变形小。

　　2. 铜及铜合金的焊接

　　电子束的能量密度和穿透能力比等离子弧还强，利用电子束对铜及铜合金进行穿透性焊接有很大的优越性。电子束焊时一般不加填充焊丝，冷却速度快、晶粒细、热影响区小，在真空下焊接可以完全避免接头的氧化，还能对接头除气。铜及铜合金真空电子束焊焊缝的气体含量远远低于母材。焊缝的力学性能与热物理性能可达到与母材相等的程度。

　　电子束焊焊接含 Zn、Sn、P 等低熔点元素的黄铜和青铜时，这些元素的蒸发会造成焊缝合金元素的损失。此时应采用避免电子束长时间聚焦在焊缝处的焊接工艺，如使电子束聚焦在高于工件表面的位置，或采用摆动电子束的方法。

　　电子束焊焊接厚大铜件时，会出现因电子束冲击发生熔化金属的飞溅问题，导致焊缝成形变坏。此时可采用散射电子束修饰焊缝的办法加以改善。表3-11 所示为铜及铜合金电子束焊的焊接参数。表3-12 所示为电子束焦点位置与熔深的关系。

　　电子束焊一般采用不开坡口、不留间隙的对接接头。可用穿透式，也可用锁边式（或称镶嵌式）。对一些非受力件接头也可直接采用塞焊接头。

表 3-11　铜及铜合金电子束焊的焊接参数

板厚/mm	加速电压/kV	电子束电流/mA	焊接速度/(cm/s)
1	14	70	0.56
2	16	120	0.56
4	18	200	0.50
6	20	250	0.50
10	50	190	0.30
18	55	240	0.11

表 3-12　电子束焦点位置与熔深的关系

金属中的杂质总质量分数(%)	电子束功率/kW	熔深/mm			平均熔深/mm
		焦点低于焊件表面	焦点在焊件表面	焦点高于焊件表面	
0.035	6.9	7.0	7.5	8.0	5.5
	5.7	5.0	5.75	6.25	5.5
	4.0	2.5	3.25	3.5	5.5
0.0048（无氧铜）	6.9	6.75	7.5	8.5	6.0
	5.7	5.5	6.0	6.5	6.0
	4.0	4.5	4.25	3.75	6.0

3. 钛及钛合金的焊接

在大气环境下，钛在高温时会迅速吸收 O_2 和 N_2，从而降低韧性，但采用真空电子束焊可获得优质焊缝。与其他熔焊方法相比，真空电子束焊焊接钛及钛合金具有独特的优势。首先是真空度通常为 10^{-3} Pa，污染程度极小（仅为 0.0006%），比体积分数为 99.99% 的高纯度氩的纯度高出 3 个数量级，对液态和高温的固态金属不可能导致污染，焊缝中氢、氧、氮的含量比钨极氩弧焊时低得多。

由于真空电子束的能量密度比等离子弧高，焊缝和热影响区很窄，过热倾向相当微弱，钛合金焊缝和热影响区不出现粗大的片状 α 相，晶粒不会显著粗化（见表 3-13），因而抑制了焊接接头区的脆化倾向，能够保证良好的力学性能。

由 TC4 钛合金电子束焊接头的力学性能（见表 3-14）可见，采用同质焊丝钨极氩弧焊的 TC4 钛合金接头，其强度和塑性都比母材低，尤其塑性的下降更为显著，由于焊接冶金和热作用的结果，断裂发生在焊缝或热影响区。而 TC4 钛合金电子束焊接头的断裂发生在母材上，因此钛合金真空电子束焊的焊接接头力学性能不逊于母材。

表 3-13　Ti-6Al-6V-2Sn 钛合金电子束焊接头的热影响区宽度和晶粒尺寸

焊接方法	板厚/mm	焊缝宽度/mm	热影响区宽度/mm	热影响区晶粒尺寸/mm
钨极氩弧焊	1.65	7.9~9.5	2.54	0.89
	2.36	9.5~11.1	3.56~4.57	0.89
高压电子束焊	1.27	2.18	0.05	0.25~0.54
	2.41	1.52	0.05	0.25~0.64
低压电子束焊	3.18	3.56	1.27	0.25~0.64

表 3-14 TC4 钛合金电子束焊接头的力学性能

焊接方法	抗拉强度/MPa	屈服强度/MPa	伸长率(%)	强度系数(%)	断裂位置
电子束焊	1117	1047	12.5	96.8	母材
钨极氩弧焊(TC4 焊丝)	964	909	4.4	84.0	焊缝或热影响区
TC4 母材	1151	1103	11.8	—	—

真空电子束焊比钨极氩弧焊能量密度高,焊缝的深宽比大,几百毫米厚的钛及钛合金板材不开坡口可一次焊成,而且焊缝窄、热影响区小、晶粒细、接头性能好。

电子束焊对钛和钛合金薄壁工件的装配要求高,否则焊接中易产生塌陷。为了预防焊缝中出现气孔,焊前要认真清理焊件坡口两侧的油锈,尽量降低母材中的气体含量。对焊缝进行重熔,一次重熔可使直径为 0.3~0.6mm 的气孔完全消失,二次重熔可使更小的气孔大为减少。

防止钛及钛合金电子束焊表面缺陷的措施有:选择合适的焊接参数,使电子束沿焊缝做频率为 20~50Hz 的纵向摆动,或加焊一道修饰焊缝。钛及钛合金电子束焊的焊接参数见表 3-15,焊接时为了防止晶粒长大,宜采用高电压、小束流的焊接参数。Ti-5Al-2.5Sn 钛合金电子束焊接头的力学性能见表 3-16。

表 3-15 钛及钛合金电子束焊的焊接参数

板厚/mm	加速电压/kV	电子束电流/mA	焊接速度/(cm/s)	板厚/mm	加速电压/kV	电子束电流/mA	焊接速度/(cm/s)
0.7	90	4	2.52	20	40	150	2.02
1.3	100	5	5.32	55	60	390~480	1.67~1.94
3	60	28	1.12	75	60	480	0.67
5	60	16	0.56	80	55	400	0.46
10	60	50~70	1.57~1.94	150	60	800	0.42
13	40	100	1.77	—	—	—	—

表 3-16 Ti-5Al-2.5Sn 钛合金电子束焊接头的力学性能

部 位	抗拉强度/MPa	伸长率(%)	断面收缩率(%)	冲击吸收能量/J
母材(板厚10mm)	830	10.1	31.2	66
焊缝	834	14.8	36.2	43

3.4.3 金属间化合物的电子束焊

TiAl 金属间化合物的室温塑性差,但通过 Cr、Mn、V、Mo 等元素的合金化和控制组织,形成一定比例和形态的 ($\gamma+\alpha_2$) 两相组织,可使其室温伸长率提高到 2%~4%。因此,一些 TiAl 合金要设计成室温具有 ($\gamma+\alpha_2$) 的层片状组织,α_2 呈薄片状,穿越 γ 晶粒。这种双相组织是在冷却过程中通过 $\alpha \rightarrow (\alpha_2+\gamma)$ 的共析反应获得的。

在 Ti-48Al 合金中,在 1130~1375℃ 的高温温度范围内 γ 相转变为 α 相,但冷却过程中 α 相转变为 γ 相非常快。将 Ti48Al2Cr2Nb 合金由 1400℃ 的 α 相区淬火,导致向 γ 相的转变,只有在缓冷时才能获得层片状组织。因此,焊接时较快的冷却速度将使 TiAl 合金的理想组织状态受到破坏，使其恢复原来的脆性，甚至引起冷裂纹。

采用电子束焊焊接厚度为 10mm 的 Ti48Al2Cr2Nb 合金时，预热 750℃ 可使焊缝转变为层片状组织，但不预热和快速冷却时，焊缝主要是块状转变组织。在这种高冷却速度的条件下，焊缝极易开裂，因此必须严格控制焊接热过程。TiAl 合金同样存在氢脆问题，由于目前所用的焊接方法都是低氢的，因此氢并没有成为一个主要问题。

对 TiAl 合金电子束焊的焊接裂纹敏感性进行了研究，所用材料为 TiB_2 颗粒强化的 Ti-48Al 合金，所含强化相 TiB_2 的体积分数为 6.5%，组织为层片状 $\alpha_2+\gamma$ 的晶团、等轴 α_2 和 γ 晶粒以及短而粗的 TiB_2 颗粒。电子束焊所用的焊接参数和相应的热影响区冷却速度见表 3-17。

表 3-17　电子束焊的焊接参数及热影响区冷却速度

焊接速度/(cm/s)	加速电压/kV	电子束电流/mA	预热温度/℃	冷却速度/(K/s)
0.2	150	2.2	27	90
0.6	150	2.5	27	650
1.2	150	4.0	27	1015
2.4	150	6.0	27	1800
0.2	150	2.2	300	35
0.6	150	2.5	335	200
0.6	150	2.5	170	400
1.2	150	4.0	335	310
0.6	100	2.0	470	325
1.2	150	3.5	27	1320

冷却速度对裂纹倾向的影响如图 3-18 所示，当热影响区冷却速度低于 300K/s 时裂纹不敏感；冷却速度超过 300K/s 后，裂纹敏感性随冷却速度的增加明显增大。冷却速度超过 400K/s 时焊缝中产生横向裂纹，并可能向两侧母材中扩展。从这类裂纹的断口形貌看，没有热裂纹的迹象，属于冷裂纹。

因此，用电子束焊焊接 TiAl 合金时，冷却速度是影响焊接裂纹的主要因素。有关研究表明，当焊接速度为 6mm/s 时，防止裂纹产生所必需的预热温度为 250℃（见图 3-19）。

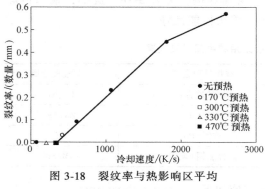

图 3-18　裂纹率与热影响区平均
计算冷却速度的关系
（由 1400℃ 冷却至 800℃）

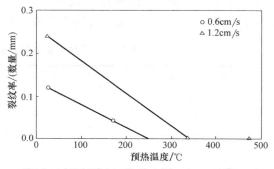

图 3-19　预热温度与裂纹率之间的关系
（焊接速度为 0.6cm/s 和 1.2cm/s）

采用高热量输入的电子束焊焊接 Fe_3Al 合金时，试验结果表明，焊后放置六个月的 Fe_3Al 合金薄板试样，经过 X 射线无损探伤检测未发现裂纹和缺陷。Fe_3Al 合金在电子束焊过程中不产生热裂纹，因为焊接在真空中进行，H 和 O 原子的浓度很低，抑制了氢的作用，焊后也不产生延迟裂纹。

电子束焊焊接 Fe-28Al-5Cr-0.5Nb-0.1C 合金的熔合区组织细化，焊缝组织为柱状晶组织，沿热传导方向生长，热影响区窄，局部温度梯度较大，晶粒组织较钨极氩弧焊焊缝细化。控制焊接速度在 2cm/s 以下，几种 Fe_3Al 合金的焊接区均没有裂纹出现。

采用图 3-20 所示的电子束焊的焊接热循环，焊接速度为 0.42cm/s 时，从焊缝、熔合区到焊接热影响区显微硬度无明显变化，也没有明显的脆硬相生成（见图 3-21）。力学性能试验结果表明，焊接接头区的室温拉伸和弯曲时断裂均发生在远离焊接区的母材部位，抗拉强度和抗弯强度较大，接头区没有明显弱化焊接结构件的力学性能。

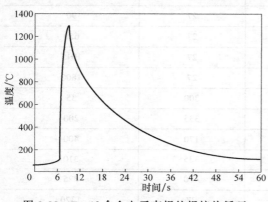

图 3-20　Fe_3Al 合金电子束焊的焊接热循环

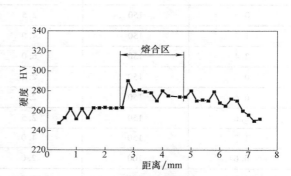

图 3-21　Fe_3Al 合金电子束焊接头显微硬度的分布

3.4.4　异种材料的电子束焊

异种材料电子束焊的焊接性取决于被焊材料各自的物理化学性能。彼此可以形成固溶体的异种金属焊接性良好，易生成金属间化合物的异种金属的接头韧性差。

对于不能互溶和难以直接使用电子束焊焊接的异种金属，可以通过加入两种金属兼容的中间过渡金属（通常采用箔片）或加入填充金属来实现焊接，见表 3-18。例如，铜和钢焊接时加入镍片作为过渡金属，可使焊缝密实和均匀，接头性能良好。

表 3-18　异种金属电子束焊时所采用的中间过渡金属

被焊异种金属	中间过渡金属	被焊异种金属	中间过渡金属
Ni+Ta	Pt	钢+硬质合金	Co、Ni
Mo+钢	Ni	Al+Cu	Zn、Ag
Cr-Ni 不锈钢+Ti	V	黄铜+Pb	Sn
Cr-Ni 不锈钢+Zr	V	低合金钢+碳钢	10MnSi8

用电子束焊焊接异种材料时，可以采取的工艺措施如下：

1）两种材料的熔点接近，这种情况对焊接无特殊要求，可将电子束指向接头中间；如果要求焊缝金属的熔合比不同，以改善组织性能时，可把电子束倾斜一角度而偏于要求熔合比多的母材一边。

2）两种材料的熔点相差较大，这种情况下，为了防止低熔点母材熔化流失，可将电子束集中在熔点较高的母材一侧。焊接时不让低熔点母材熔化过多而影响焊缝质量，可利用铜护板传递热量，以保证两种母材受热均匀。为了防止焊缝根部未焊透等缺陷，应改变电子束对焊件表面的倾斜角，在大多数情况下，电子束应指向熔点较高的母材。

3）异种金属相互接触和受热时会产生电位差，这会引起电子束偏向一侧，应注意这一特殊现象，防止焊偏等。

4）焊接难熔的异种金属时应尽量降低热输入，采用小束斑，尽可能在固溶状态下施焊，焊后进行时效处理。

1. 钢与非铁金属的电子束焊

为了提高钢与铝焊接接头的性能，选用 Ag 作为中间过渡层的电子束焊，焊接接头的强度可提高到 $118 \sim 157 MPa$。因为 Ag 不会与 Fe 生成金属间化合物，焊接接头试样断裂在铝一侧的母材上。

为了避免产生裂纹，焊缝金属中铝的质量分数超过 65% 时，能获得充分的共晶合金，而不产生裂纹。在焊接工艺上可调整熔合比，使焊缝金属大部分进入共晶区，可以减小焊接裂纹敏感性。应指出，在焊接过程中，电子束电流会使铝熔化量增多，在钢与 Ag 的边界处产生 Al 浓度较高的区域，出现 $FeAl_2$、FeAl 等化合物，使焊缝变脆，接头强度下降，甚至产生裂纹。

Q235 碳钢与铜可直接进行电子束焊，但最好采用中间过渡层的焊接方法，可采用 Ni、Al 或 Ni-Cu 等作为中间过渡层。

在钢与钛及钛合金的焊接生产中，应用电子束焊较多。钢与钛及钛合金的真空电子束焊的特点是可获得窄而深的焊缝，而且热影响区也很窄。由于是在真空中焊接，避免了钛在高温中吸收氢、氧、氮而引起的焊缝金属脆化。在电子束焊的焊缝中有可能生成金属间化合物（TiFe、$TiFe_2$），使接头塑性降低，但由于焊缝比较窄（焊缝深宽比为 3∶1 或 20∶1），在工艺上加以控制能够减少或不生成 TiFe 和 $TiFe_2$。因此，钢与钛的电子束焊可以获得质量良好的焊接接头。

钢与钛及钛合金的真空电子束焊之前，必须对钛的表面进行清理以去除氧化膜，即用不锈钢丝刷或用机械加工端面之后再进行酸洗，用水冲洗干净。钢与钛合金的真空电子束焊焊接参数，可参考钛及钛合金的电子束焊焊接参数。

12Cr18Ni10Ti 不锈钢与钛及钛合金真空电子束焊时，一般选用 Nb 和青铜作为填充材料，这些填充材料可使焊缝不出现金属间化合物，焊缝不出现裂纹和其他缺陷，接头强度高且具有一定的塑性。如果不用中间层焊接时，将获得塑性低的接头，甚至出现裂纹。中间过渡层的合金有：V+Cu、Cu+Ni、Ag、V+Cu+Ni、Nb 和 Ta 等。

不锈钢与钼的焊接可以采用电子束焊，焊接时使电子束偏离钼的一侧，以调节和控制钼一侧的加热温度。只要焊接接头表面加工合适和焊接参数选择适当，熔化的不锈钢就能很好地与钼的表面结合，形成具有一定力学性能的接头。不锈钢与钼焊接接头的强度与塑性取决于接头形式和焊接参数。不锈钢与钼电子束焊的焊接参数及接头性能见表 3-19，试验温度为 20℃。以上述焊接参数焊接的接头，在拉伸试验和弯曲试验时，试样断裂位置在钼与焊缝金

表 3-19 不锈钢与钼电子束焊的焊接参数及接头性能

焊接参数					接头性能		
厚度/mm		加速电压 /kV	电子束电流 /mA	焊接速度 /(cm/s)	抗拉强度 /MPa	弯曲角 /(°)	接头形式
Mo	06Cr18Ni11Ti						
0.5	0.8	16.0	15	0.83	250~530	13~73	对接
0.3	0.4	16.3	20	1.11	460~720	40~70	搭接
0.3	0.4	16.5	9	1.11	230~550	40~140	角对接

属之间的边界上。

不锈钢与钨电子束焊时，为了获得满意的焊接接头，须采取特殊的焊接工艺和有效的焊接措施。不锈钢与钨电子束焊的工艺步骤如下：

1）焊前对不锈钢和金属钨进行认真的清理和酸洗。酸洗溶液的成分为 H_2SO_4 54% + HNO_3 45% + HF1.0%，酸洗温度为 60℃，酸洗时间为 30s。酸洗后的母材金属需在水中冲洗并烘干，烘干温度为 150℃。

2）为了防止焊接接头氧化，焊前将被焊接头用酒精或丙酮进行除油和脱水。将清理好的被焊接头装配、定位，然后放入真空室中，并调整好焊机参数和电子束焊枪。

3）焊接过程中真空室中的真空度要求在 $1.33×10^{-5}$ Pa 以上。

4）不锈钢与钨真空电子束焊的焊接参数为：加速电压为 17.5kV，电子束电流为 70mA，焊接速度为 0.83cm/s。

5）焊后取出焊件并缓冷。待焊件冷至室温时，进行焊接接头检验，发现焊接缺陷应及时返修。

2. 陶瓷与金属的电子束焊

电子束焊应用到金属与陶瓷连接工艺中，扩大了选用材料的范围，也提高了被连接件的气密性和使用性，满足了多方面的需求。

（1）接头形式 陶瓷与金属真空电子束焊时，焊件的接头形式有多种，比较合适的接头形式以平对接焊为最好。也可以采用搭接或套接，焊件之间的装配间隙应控制在 0.02~0.05mm，不能过大，否则可能产生未焊透等缺陷，达不到形成牢固接头的目的。

（2）工艺过程

1）把焊件表面处理干净，将焊件放在预热炉内进行预热。

2）当真空室的真空度达到 10^{-2} Pa 之后，开始用钨丝热阻炉对焊件进行预热，在 30min 内可由室温上升到 1600~1800℃。

3）在预热恒温下，让电子束扫描焊件的金属一侧，开始电子束焊。

4）焊后降温退火，预热炉要在 10min 之内使电压降到零值，使焊件在真空炉内自然冷却到某一温度后才能出炉。

陶瓷与金属真空电子束焊的焊接参数对接头质量影响很大，尤其对焊缝熔深和熔宽的影响更加敏感，这也是衡量电子束焊质量的重要指标。选择合适的焊接参数可以使焊缝形状、强度、气密性等达到设计要求。

氧化铝陶瓷（85%、95% Al_2O_3）、高纯度 Al_2O_3、半透明的 Al_2O_3 陶瓷与金属电子束焊时，可选择如下焊接参数：功率为 3kW，加速电压为 150kV，最大的电子束电流为 20mA，用电子束聚焦直径为 $0.25 \sim 0.27mm$ 的高压电子束焊机进行直接焊接，可获得良好的焊接质量。

高纯度 Al_2O_3 陶瓷与难熔金属（W、Mo、Nb、Fe-Co-Ni 合金）电子束焊时，也可采用上述焊接参数用高压电子束焊机进行焊接。同时还可用厚度为 $0.5mm$ 的 Nb 片作为中间过渡层，进行两个半透明的 Al_2O_3 陶瓷对接接头的电子束焊。还可以用直径为 $1.0mm$ 的金属钼针与氧化铝陶瓷实行电子束焊。

目前真空电子束焊多用于难熔金属（W、Mo、Ta、Nb 等）与陶瓷的焊接，而且要使陶瓷的线胀系数与金属的线胀系数相近，达到接头的匹配性。由于电子束的加热斑点很小，可以集中在一个非常小的面积上加热，这时只要采取焊前预热，焊后缓慢冷却以及接头形式合理设计等措施，就可以获得满足使用要求的焊接接头。

（3）陶瓷与金属电子束焊应用示例　在石油化工等部门使用的一些传感器需要在强烈侵蚀性的介质中工作。这些传感器常常选用氧化铝系列的陶瓷作为绝缘材料，而导体就选用 18-8 不锈钢。不锈钢与陶瓷之间应有可靠的连接，焊缝必须耐热、耐蚀、牢固可靠和致密不漏。

陶瓷是一根长为 $15mm$、外径为 $10mm$、壁厚为 $3mm$ 的管件。陶瓷管套在不锈钢管之中，陶瓷与不锈钢管之间采用间隙配合。陶瓷管两端各留有一个 $0.3 \sim 1.0mm$ 的加热膨胀间隙，防止加热时产生很大的切应力。采用真空电子束焊焊接 18-8 不锈钢管与陶瓷管，接头为搭接焊缝，焊接参数见表 3-20。

表 3-20　18-8 不锈钢与陶瓷真空电子束焊的焊接参数

材　　料	母材厚度 /mm	工 艺 参 数				
		加速电压 /kV	电子束电流 /mA	焊接速度 /(cm/s)	预热温度 /℃	冷却速度 /(℃/min)
18-8 钢+陶瓷	4+4	10	8	10.3	1250	20
18-8 钢+陶瓷	5+5	11	8	10.3	1200	22
18-8 钢+陶瓷	6+6	12	8	10.0	1200	22
18-8 钢+陶瓷	8+8	13	10	9.67	1200	23
18-8 钢+陶瓷	10+10	14	12	9.17	1200	25

18-8 不锈钢与陶瓷电子束焊的工艺步骤如下：

1）焊前将 18-8 不锈钢和陶瓷分别进行仔细清洗和酸洗，去除油污及氧化物等杂质，然后以 $40 \sim 50℃/min$ 的加热速度将焊件加热到 $1200℃$，保温 $4 \sim 5min$，然后关闭预热电源，以便陶瓷预热均匀。

2）对焊件的其中一端进行焊接，焊接速度应均匀。因陶瓷的熔点比 18-8 不锈钢高，所以焊接时电子束应偏离接头中心线（偏向陶瓷一侧）一定距离。距离大小根据陶瓷的熔点确定，两种母材熔点相差越大，偏离距离越大。

3）第一条焊缝焊好后，要重新将焊件加热到 $1200℃$，以防止产生裂纹，然后才能进行第二条焊缝的焊接。

4）接头全部焊完后，以 $20 \sim 25℃/min$ 的冷却速度随炉缓冷。冷却过程中由于收缩力的作用，陶瓷中首先产生轴向挤压力。所以焊件要缓慢冷却到 $300℃$ 以下才可以从加热炉中取出在空气中缓冷，以防挤压力过大，挤裂陶瓷。

5）对焊后接头进行质量检验，如发现焊接缺陷，应重新焊接，直至质量合格。

3.4.5 高温合金的电子束焊

1. 焊接特点

采用电子束焊不仅可以成功地焊接固溶强化型高温合金，也可以焊接电弧焊难焊的沉淀强化型高温合金。焊前状态最好是固溶状态或退火状态。对某些液化裂纹较敏感的合金应采用较小的焊接热输入，而且应调整焦距，减小焊缝弯曲部位的过热。

2. 接头形式

可以采用对接、角接、端接、卷边接，也可以采用 T 形接头和搭接形式。推荐采用平对接、锁底对接和带垫板对接形式。接头的对接端面不允许有裂纹、压伤等缺陷，边缘应去毛刺，保持棱角。锁底对接的清根形式及尺寸如图 3-22 所示。

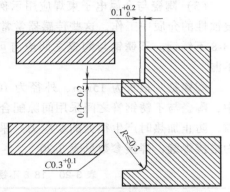

图 3-22　锁底对接接头清根形式及尺寸

3. 焊接工艺

焊前对有磁性的工作台及装配夹具进行退磁，其磁通量密度不大于 2×10^{-4} T 。焊件应仔细清理，表面不应有油污、油漆、氧化物等杂物。经存放或运输的零件，焊前还需要用绸布蘸丙酮擦拭焊接处。零件装配应使接头处紧密配合和对齐，局部间隙不超过 0.08mm 或材料厚度的 0.05 倍，错位不大于 0.75mm。当采用压配合的锁底对接时，过盈量一般为 $0.02 \sim 0.06$mm。

装配好的焊件首先进行定位焊。定位焊焊缝位置应布置合理以保证装配间隙不变。定位焊焊缝应无焊接缺陷，且不影响其后的电子束焊。对冲压的薄板焊件，定位焊更为重要，焊缝应布置紧密、对称、均匀。

焊接参数根据母材性能、厚度、接头形式和技术要求确定。推荐采用较小热输入和适当焊接速度的工艺。表 3-21 列出了高温合金电子束焊的焊接参数。

表 3-21　高温合金电子束焊的焊接参数

合金牌号	厚度/mm	接头形式	焊机功率/kW	电子枪形式	工作距离/mm	加速电压/kV	电子束电流/mA	焊接速度/(cm/s)	焊道数
GH4169	6.25	对接	60kV	固定枪	100	50	65	2.53	1
	32.0		300mA		82.5		350	2.00	
GH188	0.76	锁底对接	150kV 40mA		152	100	22	1.67	

4. 焊接缺陷及防止

高温合金电子束焊的焊接缺陷主要是热影响区的液化裂纹及焊缝中的气孔、未熔合等。热影响区液化裂纹多分布在焊缝钉头转角处，并沿熔合区延伸。形成裂纹的概率与母材裂纹敏感性、焊接参数和焊件的刚度有关。

防止焊接裂纹的措施有：采用含杂质低的优质母材，减少晶界的低熔点相；采用较小的焊接热输入，防止热影响区晶粒长大和晶界局部液化；控制焊缝形状，减少应力集中；必要时添加抗裂性好的焊丝。

焊缝中的气孔形成与母材纯净度、表面粗糙度、焊前清理有关，并且在非穿透焊时容易在根部形成长气孔。防止气孔的措施有：加强待焊件的焊前检验，在焊接端面附近不应有气孔、缩孔、夹杂等缺陷，提高焊接端面的加工精度；适当限制焊接速度，在允许的条件下采用重复焊接的方法。

高温合金电子束焊的焊缝偏移容易导致未熔合和咬边缺陷。其防止措施有：保证零件表面与电子束轴线垂直；对夹具进行完全退磁，防止残余磁性使电子束产生横向偏移，形成偏焊现象；调整电子束的聚焦位置。电子束焊的固有焊缝下凹缺陷，可以采用双凸肩接头形式和添加焊丝的方法弥补。

5. 焊接接头性能

高温合金电子束焊的接头力学性能较高，焊态下接头强度系数可达 95% 左右，焊后经时效处理或重新固溶时效处理的接头强度可与母材相当。但接头塑性不理想，仅为母材的 60%~80%。表 3-22 列出了几种高温合金电子束焊接头的力学性能。

表 3-22　几种高温合金电子束焊接头的力学性能

母材牌号	焊前状态	焊后状态	室温拉伸性能			600℃拉伸性能		
			屈服强度/MPa	抗拉强度/MPa	伸长率（%）	屈服强度/MPa	抗拉强度/MPa	伸长率（%）
GH4169	固溶	焊态	525（95%）	845（98%）	38.3（77%）	453（84%）	656（91%）	34.3（69%）
		双时效	1215（96%）	1348（99%）	18.9（84%）	965（95%）	1016（97%）	23.6（81%）
GH4169+GH907	固溶	焊态	544	801	29.7	362	593	33.9
		按 GH4169 规范时效	1033	1083	9.98	757	847	9.75
	固溶+时效	按 GH4169 规范时效	960	1008	12.88	740	789	13.8
		按 GH907 规范时效	918	994	13.2	661	782	14.8
GH4033	固溶	焊态	475	800	20.6	—	—	—

注：括号内的百分数表示焊缝的强度系数或塑性系数。

难熔金属中的铼、钽、铌、锆容易用电子束焊进行焊接。钼和钨则很难用电子束焊进行焊接，特别是在有拘束的条件下很容易出现裂纹。难熔金属与其他合金的电子束焊也非常困难，能否有效地焊接在一起取决于它们的熔点、热导率、热膨胀率等物理性能差异及能否生成脆性的金属间化合物。

3.5　电子束焊的安全防护

电子束焊安全防护主要指高压电击防护和 X 射线防护两个方面。

1. 高压电击防护

高压电子束焊机的加速电压可达 150kV，触电危险性很大，必须采取尽可能完善的绝缘防护措施。

1）保证高压电源和电子枪有足够的绝缘，耐压试验应为额定电压的 1.5 倍。

2）设备外壳应接地良好，采用专用地线，设备外壳用截面积大于 $12mm^2$ 的粗铜线接地，接地电阻应小于 3Ω。

3）更换阴极组件或维修时，应切断高压电源，并用接地良好的放电棒接触准备更换的零件或需要维修的地方，放完电后才可以维修操作。

4）电子束焊机应安装电压报警或其他电子联动装置，以便在出现故障时自动断电。

5）操作人员操作时应戴耐高压的绝缘手套、穿绝缘鞋。

2. X 射线的防护

电子束焊时，约有 1% 以下的射线能量转变为 X 射线辐射。我国规定，对无监护的工作人员允许的 X 射线剂量不应大于 0.25mR/h。因此必须加强对 X 射线的防护措施。

1）加速电压低于 60kV 的焊机，一般靠焊机外壳的钢板厚度来防护。

2）加速电压高于 60kV 的焊机，外壳应附加足够厚度的加铅板加强防护。

3）电子束焊机在高电压下运行，观察窗应选用铅玻璃，铅玻璃的厚度可按相应的铅当量选择（见表 3-23）。

表 3-23　国产铅玻璃牌号和相应的铅当量

牌号	ZF1	ZF2	ZF3	ZF4	ZF5	ZF6
密度/(g/cm^3)	3.84	4.09	4.46	4.52	4.65	4.77
铅当量	0.174	0.198	0.238	0.243	0.258	0.277

注：铅当量指 1 个单位厚度的铅玻璃相当于表中示出厚度的铅板。

4）工作场所的面积一般不应小于 $40m^2$，高度不小于 3.5m。对于高压大功率电子束焊设备，可将高压电源设备和抽气装置与操作人员的工作室分开。

5）电子束焊过程中不准用肉眼观察熔池，必要时应佩戴铅玻璃防护眼镜。

此外，电子束焊设备周围应通风良好，工作场所应安装抽尘装置，以便将真空室排出的油气、烟尘等及时排出。

思 考 题

1. 与常规的焊接方法相比，电子束焊有什么主要的优缺点？

2. 简述电子束焊的工作原理和电子束焊的分类。低真空和非真空电子束焊各有什么优点？用于何种场合？

3. 简述何谓"小孔效应"，它在电子束焊中起什么作用？

4. 电子束焊的设备由哪几部分组成？各部分的作用是什么？

5. 电子束焊的焊接参数有哪些？对焊接接头质量有什么影响？选择电子束焊的焊接参数时，应考虑哪几个方面的问题？

6. 简述电子束焊焊缝为什么具有很大的深宽比（一般可达 20∶1 以上）？工作距离是怎

样影响焊缝的深宽比的？

7. 电子束焊时是如何添加填充金属的？为什么要添加填充金属？

8. 简述薄板、厚板和复杂工件的电子束焊的特点。

9. 电子束焊技术适用于哪些材料？举例说明可用于何种结构的焊接。

10. 试述非铁金属电子束焊的工艺特点，以及与钢铁材料电子束焊的差异。

11. 采用电子束焊焊接异种材料有什么特点？任举一例说明。

12. 结合电子束的特性简述电子束焊技术的发展和应用前景。

第4章 等离子弧焊

等离子弧焊（Plasma Arc Welding，PAW）是在钨极氩弧焊的基础上发展起来的一种焊接方法。等离子弧是一种压缩电弧，由于弧柱断面被压缩得很小，因而具有能量集中（功率密度可达 $10^5 \sim 10^6 \mathrm{W/cm^2}$）、温度高（弧柱中心可达 18000～24000K 以上）、焰流速度大、刚直性好等特点。这些特点使得等离子弧被应用于焊接（又可以用于喷涂、切割等），是一种先进实用的连接方法，在工业中得到越来越广泛的应用。

4.1 等离子弧的形成原理及特点

4.1.1 等离子弧的形成及类型

1. 等离子弧的形成原理

等离子弧焊采用压缩电弧的方法，将产生氩弧的钨极缩到焊枪喷嘴内部，在喷嘴中通入等离子气（通常是氩气），强制电弧从喷嘴的孔道通过，如图4-1所示。等离子电弧受喷嘴孔道的压缩作用，使弧柱导电截面缩小，直到与其内部的膨胀力平衡为止，而电流密度明显增大。

要使气体转变为等离子体，必须使气体的全部或部分得到电离。一般的电弧和等离子弧是由放电电离获得的。放电电离的过程在于形成电子的"雪崩"，其过程类似于化学中的连锁反应。当金属两极被加以适当的电压，并通以气体，用高频振荡器激发时，从金属表面激发的电子流从阴极飞向阳极，在高速飞跃途中撞击中性气体分子、原子，

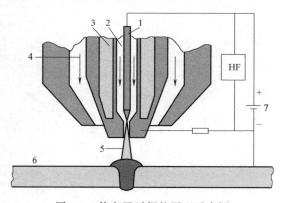

图4-1 等离子弧焊的原理示意图

1—钨极 2—离子气 3—冷却水 4—保护气
5—等离子弧 6—焊件（母材） 7—焊接电源

并把一部分动能传给它们。受撞击的分子、原子被电离，产生带负电的电子和带正电的离子，这样形成的电子、离子以及尚未电离的中性气体分子、原子相互碰撞，加上已电离原子产生的热及光的作用，使气体进一步电离。如此循环往复，成几何级数增长而构成"雪崩"式电离，从而使气体得到较高程度的电离，形成等离子弧。

等离子弧焊（PAW）与钨极氩弧焊（TIG）的自由电弧在物理本质上没有很大区别，仅是弧柱中电离程度上的不同。经压缩的电弧（等离子弧）能量密度更为集中，温度更高。

等离子弧的压缩是依靠水冷铜喷嘴的拘束作用实现的，通过水冷铜喷嘴时的等离子弧是通过以下三种压缩作用获得的：

（1）机械压缩　利用水冷铜喷嘴孔径限制弧柱截面积（直径）的自由扩大，这种拘束作用就是机械压缩，用来提高弧柱的能量密度和温度。

（2）热压缩　由于水冷喷嘴温度低，喷嘴中的冷却水使喷嘴内壁附近形成一层冷气膜，迫使弧柱的有效导电截面进一步减小，从而进一步提高了电弧弧柱的能量密度及温度。这种依靠水冷使弧柱收缩（温度及能量密度进一步提高）的作用就是热压缩。

（3）电磁压缩　以上两种压缩效应使得电弧电流密度增大（电流密度越大，磁收缩作用越强），弧柱电流自身磁场产生的电磁收缩力增大，使电弧又受到进一步的压缩，这就是电磁压缩。

经过机械压缩、热压缩和电磁压缩效应，等离子弧射流的速度、温度和能量密度都有了大幅度提高。与钨极氩弧焊相比，等离子弧焊的焊接速度、焊接厚度和接头性能等也都有了明显提高。

2. 等离子弧的结构类型

等离子弧是利用等离子焊枪，将阴极（如钨极）和阳极之间的自由电弧压缩成高温、高电离度及高能量密度的电弧。根据电源连接方式的不同，等离子弧分为非转移型、转移型及联合型三种等离子弧。产生这三种形态等离子弧的共同点是：等离子焊枪的结构是一样的，钨极都接电源的负极。不同点在于电弧正极接的位置不同。

（1）非转移型等离子弧　非转移型等离子弧的正极接在焊枪的喷嘴上，等离子弧体产生在钨极与喷嘴之间，焊接时电源正极接水冷铜喷嘴，负极接钨极，焊件不接到焊接回路上。在高速喷出的等离子气流压送下，弧焰从喷嘴中喷出，形成等离子焰，如图 4-2a 所示。非转移型等离子弧适用于焊接或切割较薄的金属及非金属。

（2）转移型等离子弧　转移型等离子弧正极接在焊件上，等离子弧体产生在钨极与焊件之间，焊接时首先引燃钨极与喷嘴间的非转移弧，然后将电弧转移到钨极与焊件之间。在工作状态下，喷嘴不接到焊接回路中，如图 4-2b 所示。转移型等离子弧难以直接形成，必须先引燃非转移型等离子弧，然后才能过渡到转移型等离子弧。因此，转移型等离子弧的产

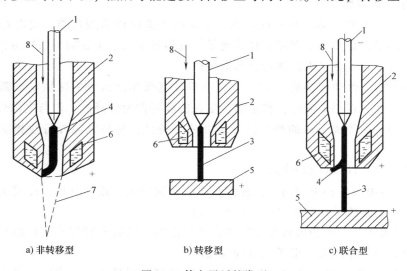

a) 非转移型　　　　b) 转移型　　　　c) 联合型

图 4-2　等离子弧的类型

1—钨极　2—喷嘴　3—转移型等离子弧　4—非转移型等离子弧　5—焊件　6—冷却水　7—弧焰　8—离子气

生要经过两步：先在钨极与喷嘴之间产生非转移型等离子弧，使其电弧焰流从喷嘴喷出并接触焊件；然后进行电路转换，将电源的正极从喷嘴电路转移到焊件电路，转移型等离子弧便瞬时产生（非转移型等离子弧同时熄灭）。金属焊接、切割几乎都是采用转移型等离子弧，因为转移型等离子弧能把更多的热量传递给焊件，特别是用于较厚金属件的焊接。

（3）联合型等离子弧　工作时转移型等离子弧及非转移型等离子弧同时并存的电弧称为联合型等离子弧，如图4-2c所示。联合型等离子弧在很小的电流下就能保持稳定，多用于焊接电流在30A以下的微束等离子弧焊和粉末等离子弧堆焊等。微束等离子弧采用了联合型等离子弧的形态，因此适合于薄板及超薄板的焊接。联合型等离子弧的获得方法是：先获得非转移型等离子弧，然后产生转移型等离子弧，但是在转移型等离子弧产生的同时，不要切断非转移型等离子弧（不切断喷嘴的正极电路），这样就可得到非转移型等离子弧（也称为维持电弧，简称维弧）和转移型等离子弧（也称为工作电弧或焊接电弧）同时存在的联合型等离子弧。

实际应用中，三种等离子弧的形成方式、特点及用途的归纳见表4-1。

表4-1　工业应用中等离子弧的三种类型

类型	定　义	特　点	用　途
转移型等离子弧	焊枪中的电极与焊件作为放电电极，形成等离子弧	能量密度高，热量的有效利用率高	适用于各种金属材料的焊接、切割、热处理等
非转移型等离子弧	焊枪中的电极与焊枪中的喷嘴作为放电电极，形成等离子弧	能量密度较低，热量的有效利用率较低	用于喷涂、熔炼、焊接与切割较薄的金属及非金属材料
联合型等离子弧	转移型与非转移型等离子弧同时存在	介于上述两类之间	用于微束等离子弧焊与粉末堆焊

4.1.2　等离子弧的特性

1. 等离子弧的静特性

等离子弧的最大电压降是在弧柱区里，这是由于弧柱被强烈压缩，使电场强度明显增大。因此，等离子弧焊主要是利用弧柱等离子体的热量来加热金属的，而自由钨极氩弧焊则是利用两电极区产生的热量来加热母材和电极的。

等离子弧的静特性曲线接近U形。与自由钨极氩弧相比最大的区别是电弧电压比自由钨极氩弧高。此外，在小电流时，自由钨极氩弧的静特性为陡降的，易与电源外特性曲线相切，使电弧失稳。而等离子弧的静特性为缓降或平特性，易与电源外特性相交建立稳定工作点。

等离子弧的静特性具有如下特点：

1）由于水冷喷嘴的拘束作用，弧柱横截面积受到拘束，弧柱电场强度增大，电弧电压明显提高，U形电弧的平直区较自由电弧明显缩小。

2）拘束孔道区的尺寸和形状对静特性有明显影响，喷嘴孔径越小，U形特性平直区域就越小，上升区域斜率增大，即弧柱电场强度增大。

3）离子气种类和流量不同时，弧柱的电场强度将有明显变化。因此，等离子弧供电电源的空载电压应按所用等离子气种类设定。

2. 等离子弧的热源特性

（1）温度和能量密度　普通钨极氩弧焊的最高温度为 10000～24000K，功率密度小于 $10^5 W/cm^2$。等离子弧的温度可高达 24000～50000K，功率密度可达 $10^5～10^6 W/cm^2$。等离子弧的温度和能量密度提高的原因是：

1）水冷喷嘴孔径限制了弧柱横截面积不能自由扩大，提高了弧柱的温度和能量密度（机械压缩）。

2）喷嘴水冷作用时靠近喷嘴内壁的气体受到强烈的冷却作用，其温度和电离度迅速下降，迫使弧柱区电流集中到弧柱中心的高温电离区，这样由于冷壁而在弧柱四周产生一层电离度趋于零的冷气膜，从而使弧柱有效截面积进一步减小，电流密度进一步提高（热压缩效应）。

3）以上两个压缩效应的存在，弧柱电流密度增大以后，弧柱电流线之间的电磁收缩作用也进一步增强，致使弧柱温度和能量密度进一步提高（电磁压缩）。

以上三个因素中，喷嘴机械拘束是前提条件，而热收缩则是其本质原因。

等离子弧能量密度和温度的显著提高使等离子弧的稳定性和挺度得以改善。自由电弧的扩散角约为 45°，等离子弧约为 5°，这是因为压缩后从喷嘴口喷射出的等离子弧带电质点的运动速度明显提高，可高达 300m/s（与喷嘴结构和离子气种类及流量有关）。所以等离子弧具有较小的扩散角及较大的电弧挺度（电弧挺度是指电弧沿电极轴线的挺直程度），如图 4-3 所示，这也是等离子弧最突出的优点。

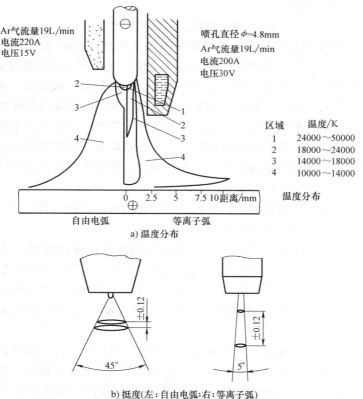

a) 温度分布

b) 挺度(左：自由电弧；右：等离子弧)

图 4-3　自由电弧与等离子弧的对比

（2）热源组成 普通钨极氩弧焊中，加热焊件的热量主要来源于阳极斑点热，弧柱辐射和热传导热仅起辅助作用。在等离子弧焊中，由高速等离子体构成的弧柱通过接触传导和辐射带给焊件的热量明显增加，甚至可能成为主要的热量来源，而阳极热则降为次要地位。

3. 等离子弧焊的电流极性

等离子弧焊的电流极性分为直流正接、直流反接、正弦交流和变极性方波交流四种，这几种电流极性的主要特征及应用如下：

（1）直流正接（DCSP） 大多数等离子弧焊工艺采用直流正接极性电流，如焊接合金钢、不锈钢、钛合金及镍基合金等。电流范围：0.1~500A。

（2）直流反接（DCRP） 电极接电源正极的反接极性电流用于焊接铝合金。由于这种工艺方法钨极烧损严重且熔深浅，仅限于焊接薄件，焊接电流不超过100A。

（3）正弦交流 正弦交流电流用来焊接铝镁合金，利用正接极性电流获得较大的熔深而用反接极性电流清理焊件表面的氧化膜。电流范围：10~100A。为了防止反接极性电弧熄灭，焊接设备需要有稳弧装置。由于存在焊缝深宽比小及钨极烧损等问题，这种工艺方法趋于被方波交流电流取代。

（4）变极性方波交流 变极性方波交流电流是正、反接极性电流及正、负半周时间均可调的交流方形波电流。用变极性方波交流等离子弧焊焊接铝镁合金，可获得较大的焊缝深宽比及较少的钨极烧损。

4. 等离子弧的应用特点

等离子弧除用于焊接外，还可用于堆焊、喷涂和切割。

（1）等离子弧堆焊和喷涂的特点 堆焊和喷涂是两种相似的加工方法，堆焊是指在一种金属表面堆上另一种金属，堆焊层厚度一般都比较大（毫米~厘米数量级）；喷涂则是指在一种金属或非金属表面涂上另一种金属或非金属，涂层厚度一般较薄（微米级）。目的都是为了使材料或零件获得耐磨、耐蚀、耐热、耐氧化、导电、绝缘等特殊使用性能。

气体火焰和普通电弧都可以用来进行堆焊和喷涂，等离子弧堆焊的主要优点是生产效率和质量高，尤其是涂层的结合强度和致密性高于火焰喷涂和一般电弧喷涂。此外，采用非转移型等离子弧喷涂时，工件不必接电源，因此特别适合喷涂不导电的非金属材料，这是等离子弧喷涂获得广泛应用的一个重要原因。

不同应用条件下对等离子弧的性能有不同的要求，可以通过喷嘴结构、离子气种类和流量的选择以及电能的输入条件加以控制。

（2）等离子弧切割的特点 结构钢目前普遍采用氧乙炔火焰切割方法，但是对于不锈钢、铝、铜等，氧乙炔火焰切割方法难以获得满意的效果。等离子弧作为切割热源，不仅利用它温度高和能量密度大的特点，而且可利用高速等离子弧带电气流的作用，把熔化金属从切口中排出，因此切割厚度大、切割速度很快、切口较窄、切口质量很高（切口平直、变形小、热影响区小）。

目前，等离子弧切割已成为切割不锈钢、耐热钢、铝、铜、钛、铸铁以及钨、锆等难熔金属的主要方法。随着空气等离子弧切割新工艺的研究成功和推广应用，在普通结构钢中应用等离子弧切割技术的经济合理性已显示出来。此外，采用非转移型等离子弧还可以用来切割非金属材料，如花岗岩、碳化硅、耐火砖、混凝土等。

4.1.3　等离子弧焊的适用范围

20 世纪 50 年代中期，美国的 R. Gage 发现，通过压缩电弧，钨极气体保护焊的自由电弧特性可以得到极大的改变。经过压缩的电弧能量更加集中，电弧温度和等离子弧射流速度得到大幅度提高。这种具有高温、长弧柱特性的拘束态电弧受到人们的关注，很快被发展用于金属的焊接并取得成效。自此，等离子弧焊技术以其特有的工艺优势在各个工业领域的焊接中得到广泛的应用。

图 4-4 所示为按照焊接电流极性与波形的不同给出的等离子弧焊的发展历程。

等离子弧焊与钨极氩弧焊类似，可手工操作也可实现自动化焊接，可添加填充金属也可不添加填充金属，可以焊接连续或断续的焊缝。采用等离子弧焊可以焊接碳钢、低合金钢、不锈钢、铝及铝合金、铜合金、镍及镍合金、钛及钛合金等，主要用于航空航天、核能、电力、石油化工、船舶制造、机械及其他工业部门中。熔点和沸点低的金属和合金（如铅、锌等）不适合等离子弧焊。

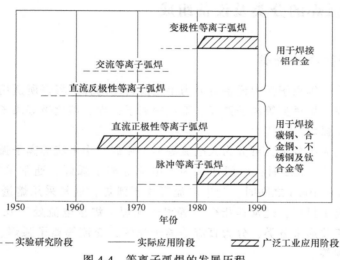

图 4-4　等离子弧焊的发展历程

等离子弧焊的主要优点是可进行单面焊双面成形的焊接，特别适用于背面可达性不好的结构。手工等离子弧焊可实现全位置焊接，自动等离子弧焊通常是在平焊和横焊位置上进行焊接。采用脉冲电流时可进行全位置焊接。等离子弧焊适于焊接薄板，不开坡口，背面不加衬垫。小电流时电弧稳定，焊缝质量好。等离子弧焊最薄可焊接厚度为 0.01mm 的金属薄片。

对于不同材质，可以进行单面焊双面成形焊接的板材厚度也不相同。板厚为 0.5~5mm 的碳钢、板厚为 0.3~8mm 的不锈钢、钛及其合金、镍及其合金可以进行单面焊双面成形的焊接，可以进行板对接深熔焊及填丝焊，也可以进行等离子弧点焊。对于质量要求较高的厚板焊缝（尤其是要求单面焊双面成形的焊缝），可以先开坡口，用等离子弧焊打底焊接，然后用填丝等离子弧焊或其他熔敷效率更高、更经济的焊接方法完成其余各层焊缝。

用钨极氩弧焊可以焊接的金属结构均可用等离子弧焊进行焊接。与钨极氩弧焊相比，等离子弧焊的不足之处是设备投资较大，对操作者的技术要求较高，焊接参数的控制精度要求较严格。

由于下述原因，等离子弧焊的应用可能受到限制：

（1）电弧作用区域的观察性差 等离子弧焊枪结构复杂，不仅比较重，手工焊时操作人员还较难观察焊接区域。

（2）双弧弊端 使用转移弧时，当焊接参数选择不当，或喷嘴结构设计不合理，或喷嘴多次使用后有损伤时，就会在钨极-喷嘴-焊件之间产生串接电弧，这种旁弧与转移弧同时存在，称为双弧。双弧产生，说明弧柱与喷嘴之间的冷气膜遭到了破坏，转移弧电流减小，这样就导致焊接过程不正常，甚至很快就烧坏喷嘴。

（3）电弧可达性差 由于枪体比较大，钨极内缩在喷嘴里面，因此对某些接头形式是无能为力的。

（4）一次性投资大 等离子弧焊接与切割设备比较昂贵。但是其焊接或切割速度快，焊缝与切割质量好，若将这些因素考虑进去，其使用成本还不是太高。

4.2 等离子弧焊的分类及设备组成

4.2.1 等离子弧焊的分类

根据操作方式，等离子弧焊设备可分为手工及自动两种。根据所适用的焊接工艺可分为穿孔型等离子弧焊、熔透型等离子弧焊、微束等离子弧焊、熔化极等离子弧焊、热丝等离子弧焊及脉冲等离子弧焊等。

按焊接电流的大小分类，可分为大电流等离子弧焊、中电流等离子弧焊、小电流等离子弧焊。焊接电流大于100A时，一般定义为大电流等离子弧焊，通常采用小孔效应进行焊接；焊接电流在15~100A之间时，为中电流等离子弧焊，通常采用熔透型的焊接参数进行焊接；小电流等离子弧焊，通常是指微束等离子弧焊，焊接电流处于0.1~15A。也可按焊接电源及输出电流波形来分类，分为直流等离子弧焊、交流等离子弧焊、脉冲等离子弧焊、变极性等离子弧焊等。

1. 等离子弧焊的基本方法

根据焊缝的成形原理，等离子弧焊有三种基本方法，即穿孔型等离子弧焊、熔透型等离子弧焊和微束等离子弧焊。

（1）穿孔型等离子弧焊 穿孔型等离子弧焊又称为小孔型等离子弧焊、锁孔型等离子弧焊、穿透型等离子弧焊。穿孔型等离子弧焊的焊缝成形如图4-5所示。它是利用等离子弧能量密度大、挺度好、离子流冲力大的特点，将焊件完全熔透，并产生一个贯穿的小孔，离子流从背面小孔穿出。被熔化的金属在电弧吹力、液体金属重力和表面张力的互相作用下保持平衡。当焊枪随焊接速度向前移动时，小孔在电弧的后方锁闭，形成完全熔透的焊缝。

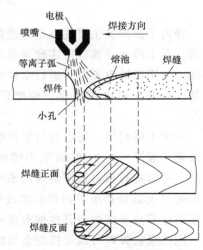

图4-5 穿孔型等离子弧焊的焊缝成形

小孔效应只有在足够大的能量密度条件下才能形成。能否实现一次穿透焊件，实现穿孔型焊接，这与等离子弧的能量密度有关。表 4-2 列出了等离子弧焊一次穿透的板材厚度。随着焊件厚度增加，所需能量密度增大。由于等离子弧能量密度的提高有一定限制，因此穿孔型等离子弧焊适用的板厚受到限制。

表 4-2 等离子弧焊一次穿透的板材厚度

材料	不锈钢	钛及钛合金	镍及镍合金	低合金钢	低碳钢
焊接厚度/mm	≤8	≤12	≤6	≤7	≤8

注：不加衬垫，单面焊双面成形。

（2）熔透型等离子弧焊 焊接过程中只熔化焊件，但不产生小孔效应的等离子弧焊方法，又称为熔入型、熔融型等离子弧焊。熔透型等离子弧焊与穿孔型等离子弧焊的区别是通过适当减小离子气流量，并扩大喷嘴孔径，以降低等离子弧的压缩程度和穿透能力，产生一种所谓的弱等离子弧。换句话说，是当等离子气流量较小、弧柱压缩程度较弱、电弧穿透能力不足以形成小孔时的一种等离子弧焊。焊接过程中，焊接熔池的形成主要借助等离子弧的热传导，熔透深度则通过调整焊接参数（焊接电流、焊接速度等）控制。这种等离子弧在焊接过程中的焊缝成形过程与钨极氩弧焊相类似，随着焊枪向前移动，熔池金属凝固形成焊缝。

熔透型等离子弧焊的特点是在相当宽的焊接电流范围（25~500A）稳定地工作，可以用相当高的速度（大于60m/h）完成焊接过程，并可保证焊缝质量。熔透型等离子弧焊主要适用于薄板（0.15~3.0mm）焊接、卷边焊接或厚板多层焊的第二层及以后各层的焊接。

（3）微束等离子弧焊 微束等离子弧焊又称为针状等离子弧焊。焊接电流在30A以下的熔透型焊接通常称为微束等离子弧焊。为了提高等离子弧的稳定性，采用小孔径压缩喷嘴（直径为0.6~1.2mm）及联合型等离子弧。由于非转移弧的存在，焊接电流小至1A以下仍能获得稳定的焊接电弧（喷嘴至焊件的距离可达2mm以上）。这时的非转移弧又称为维弧，而用于焊接的转移弧又称为主弧。

微束等离子弧焊可采用联合型等离子弧，也可采用高频引弧的转移型等离子弧。微束等离子弧焊多由两台独立的焊接电源供电，其中一台电源输出端跨接于钨极和喷嘴之间，产生非转移型电弧（通常为2~5A），作用是维持电弧燃烧；另一台焊接电源向钨极和焊件供电，产生转移型电弧进行正常焊接。微束等离子弧特别适合于薄板、细丝和箔材的焊接。

2. 其他的等离子弧焊方法

（1）脉冲等离子弧焊 为使穿孔型等离子弧焊也能适用于全位置焊，可以采用焊接电流和离子气流量同步脉冲的直流脉冲等离子弧焊，将焊接电流调制成基值电流和脉冲电流，脉冲频率可在1~20Hz范围选取。基值电流起维弧和预热焊件的作用，脉冲电流起熔化焊件的作用。因此拓宽了焊接参数的调节范围，也拓宽了等离子弧焊的适用范围。这样，如同脉冲TIG焊一样，可通过调整脉冲宽度（时间）和频率，严格控制焊接热输入，保证在立焊和仰焊位置焊缝成形良好，提高穿孔型等离子弧焊的工艺适应性。脉冲等离子弧焊技术主要用于薄板的焊接，也满足了大型焊件和管件在安装位置焊接的需求。

（2）变极性等离子弧焊 变极性等离子弧焊是采用极性瞬时交替变换的直流电进行焊接的一种方法。铝、镁及其合金采用变极性等离子弧焊可以获得最佳的焊缝质量。反向的脉冲电流可以产生独特的阴极清理作用，以去除熔池前面的氧化膜和其他污染物。变极性等离子弧焊的焊接电流与普通交流方波焊接电流的最大区别在于：正向电流转换成反向电流的时间间隔几乎等于零，电流的控制精度以微秒级计算，从而使焊接电弧十分稳定。

变极性等离子弧焊的焊接电流的另一个重要特点是可以采用高达10000Hz的脉冲电流，使等离子弧进一步受到压缩，提高了焊接电弧的穿透能力。与常规的等离子弧焊相比，变极性等离子弧焊可以较低的热输入完成相同厚度板的焊接。

（3）熔化极等离子弧焊　熔化极等离子弧焊是等离子弧与熔化极电弧焊相组合的一种焊接方法。与等离子弧焊比较，其优点是：焊丝受等离子弧预热，熔化功率大，焊接速度高。熔化功率和焊件上的热输入量可以单独调节。熔化极直流电源，采用直流反接时有去除氧化膜的阴极破碎作用，所以这种方法适用于焊接铝、镁及其合金。熔化极等离子弧焊有两种基本形式（水冷喷嘴式和钨极式）。图4-6所示为水冷喷嘴式熔化极等离子弧焊的示意图。

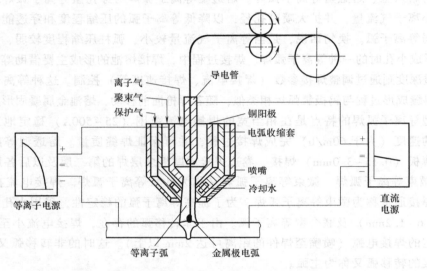

图 4-6　水冷喷嘴式熔化极等离子弧焊

水冷喷嘴在强烈的直接水冷条件下，可以承受较大的等离子弧电流。在焊枪体中间送入一熔化极，熔化极与焊件之间接一直流电源。熔化极电弧在等离子弧中间燃烧。等离子弧起到预热熔化焊丝的作用，因此熔敷率很高，适用于堆焊。

图4-7所示为钨极式熔化极等离子弧焊的示意图。在钨极与焊件之间接有直流电源和高频引弧器，等离子弧在钨极与焊件之间燃烧。熔化极与焊件之间接直流电源，熔化极电弧在等离子弧中燃烧。在焊接导热性强的金属材料时，还可以在焊件和喷嘴之间加一降压特性的直流电源加热焊件。

（4）热丝等离子弧焊　为了提高熔敷速

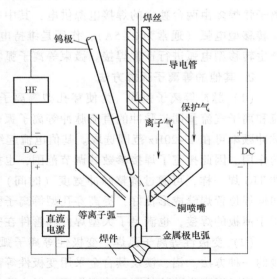

图 4-7　钨极式熔化极等离子弧焊

度，用一单独的平特性交流电源加热填充焊丝，交流电源可以减弱磁偏吹，对稳定焊接电弧有利。为了提高生产率可以采用双丝和多丝输送，双丝热丝等离子弧焊方法适用于堆焊。

4.2.2 等离子弧焊设备的组成

等离子弧焊接系统由焊接电源、等离子弧发生器（焊枪）、控制系统、供气及供水系统等组成，如图 4-8 所示。自动等离子弧焊接系统还包括焊接小车、转动夹具的行走机构和控制电路等。图 4-9 所示为手工等离子弧焊接系统（大电流等离子弧、微束等离子弧）示意图。

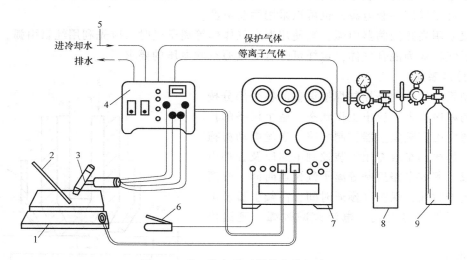

图 4-8 手工等离子弧焊设备的组成

1—焊件 2—填充焊丝 3—焊枪 4—控制系统 5—水冷系统 6—起动开关
（常安装在焊枪上） 7—焊接电源 8、9—供气系统

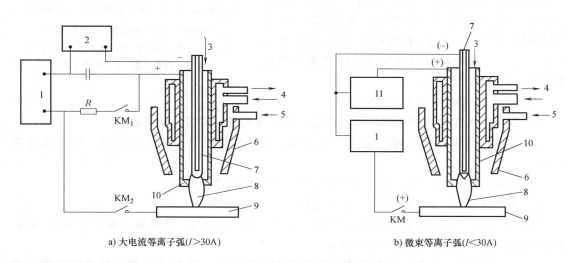

a) 大电流等离子弧(I>30A)   b) 微束等离子弧(I<30A)

图 4-9 典型等离子弧焊接系统示意图

1—焊接电源 2—高频振荡器 3—离子气 4—冷却水 5—保护气 6—保护气罩 7—钨极
8—等离子弧 9—焊件 10—喷嘴 11—维弧电源 KM_1、KM_2—接触器触头

1. 弧焊电源

等离子弧焊设备一般采用具有垂直外特性或陡降外特性的电源，以防止焊接电流因弧长的变化而变化，获得均匀稳定的熔深及焊缝外形尺寸。一般不采用交流电源，只采用直流电源，并采用正极性接法。焊接铝合金时可采用交流变极性电源。与钨极氩弧焊相比，等离子弧焊所需的电源空载电压较高。

采用氩气作等离子气时，电源空载电压应为 $60 \sim 85V$；当采用 $Ar+H_2$ 或 Ar 与其他双原子的混合气体作等离子气时，电源的空载电压应为 $110 \sim 120V$。采用联合型电弧焊接时，由于转移型电弧与非转移型电弧同时存在，因此，需要两套独立的电源供电。利用转移型电弧焊接时，可以采用一套电源，也可以采用两套电源。

一般采用高频振荡器引弧，当使用混合气体作等离子气时，应先利用纯氩引弧，然后再将等离子气转变为混合气体，这样可降低对电源空载电压的要求。

2. 控制系统

控制系统的作用是控制焊接设备的各个部分按照预定的程序进入、退出工作状态。整个设备的控制系统通常由高频发生器控制电路、送丝电动机拖动电路、焊接小车或专用工装控制电路以及程控电路等组成。程控电路控制等离子气预通时间、等离子气流递增时间、保护气预通时间、高频引弧及电弧转移、焊件预热时间、电流衰减熄弧、延迟停气等。

3. 焊枪

等离子弧焊枪也即等离子弧发生器，对等离子弧的性能及焊接过程的稳定性起着决定性作用。其主要由电极、电极夹头、压缩喷嘴、中间绝缘体、上枪体、下枪体及冷却套等组成。最关键的部件是压缩喷嘴及电极。等离子弧焊枪的主要组成如图 4-10 所示。钨极氩弧焊和等离子弧焊的焊枪比较如图 4-11 所示。

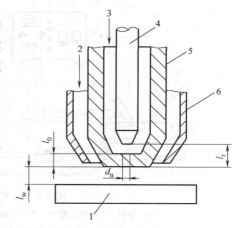

图 4-10　等离子弧焊枪的主要组成

d_n—喷嘴孔径　l_0—喷嘴孔道长度　l_r—钨极内缩长度　l_w—喷嘴至焊件的距离

1—焊件　2—保护气　3—离子气　4—钨极　5—压缩喷嘴　6—保护气罩

等离子弧焊枪在结构上应达到：

1）能固定钨极与喷嘴之间的相对位置，并要求钨极与喷嘴孔径同心。

2）能够水冷钨极及喷嘴，焊接电流在 20A 以下的焊枪可以不水冷钨极，但必须冷却喷嘴。

3）喷嘴要与钨极绝缘，以便在钨极与喷嘴之间产生非转移弧。

4）采用单独的气路分别导入离子气与保护气。

等离子弧手工焊枪的最大许用正接极性电流一般为 225A，反接极性电流不超过 70A。等离子弧自动焊枪的许用电流可达 500A。

（1）压缩喷嘴　压缩喷嘴是等离子弧焊枪的关键部分。等离子弧焊枪的典型喷嘴结构如图 4-12 所示。根据喷嘴孔道的数量，等离子弧焊枪喷嘴可分为单孔型（见图 4-12a、c）和三孔型（见图 4-12b、d、e）两种。根据孔道的形状，喷嘴可分为圆柱型（见

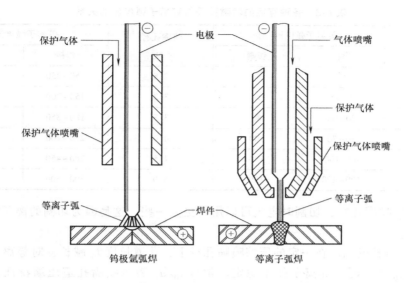

图 4-11 钨极氩弧焊和等离子弧焊的焊枪比较

图 4-12a、b）及收敛扩散型（见图 4-12c、d、e）两种。大部分焊枪采用圆柱形压缩孔道，而收敛扩散型压缩孔道有利于电弧的稳定。

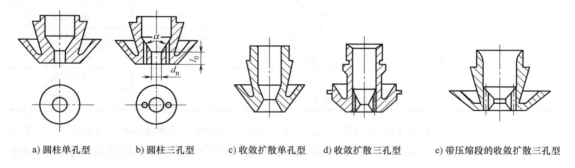

a) 圆柱单孔型　　　b) 圆柱三孔型　　　c) 收敛扩散单孔型　　d) 收敛扩散三孔型　　e) 带压缩段的收敛扩散三孔型

图 4-12 等离子弧焊接喷嘴的结构形状

d_n—喷嘴孔径　　l_0—喷嘴孔道长度　　α—压缩角

三孔型喷嘴除了中心主孔外，主孔左右还有两个小孔。从这两个小孔中喷出的等离子气对等离子弧有附加压缩作用，使等离子弧的截面变为椭圆形。当椭圆的长轴平行于焊接方向时，可显著提高焊接速度，减小焊接热影响区的宽度。

压缩喷嘴的结构类型和尺寸对等离子弧性能起决定性作用。压缩喷嘴有两个重要的喷嘴形状参数：喷嘴孔径 d_n 及孔道长度 l_0。

1）喷嘴孔径 d_n。喷嘴孔径 d_n 决定了等离子弧的直径及能量密度，应根据焊接电流大小及等离子气种类及流量来选择。对于给定的电流和离子气流量，喷嘴孔径 d_n 越小，对电弧的压缩作用越大；如 d_n 过大，就无压缩效果了。但 d_n 太小时，等离子弧的稳定性下降，甚至导致双弧现象，烧坏喷嘴。对于一定的喷嘴孔径 d_n，有一个合理的电流范围，表 4-3 列出了各种直径的喷嘴孔径与等离子弧电流的关系。

表4-3 各种直径的喷嘴孔径与等离子弧电流的关系

喷嘴孔径 /mm	等离子弧电流/A		喷嘴孔径 /mm	等离子弧电流/A	
	焊接	切割		焊接	切割
0.6	≤5	—	2.8	150~250	240
0.8	1~25	14	3.2	150~300	280
1.2	20~60	80	3.5	180~350	380
1.4	30~70	100	4.0	250~400	400
2.0	40~100	140	4.5	280~450	450
2.5	100~200	180	5.0	300~500	—

对于相同的喷嘴孔径，切割时电流可以用得更大一些，这是因为切割的离子气流量远大于焊接的缘故。

2）喷嘴孔道长度 l_0。在一定的压缩喷嘴孔径下，孔道长度 l_0 越长，对等离子弧的压缩作用越强，但 l_0 太大时，等离子弧不稳定。常以 l_0/d_n 表示喷嘴孔道压缩特征，称为孔道比。孔道比超过一定值会导致双弧的产生。通常要求孔道比 l_0/d_n 在一定的范围之内，见表4-4。

表4-4 喷嘴的孔道比及压缩角

喷嘴用途	喷嘴孔径 d_n/mm	孔道比 l_0/d_n	压缩角 α/(°)	等离子弧类型
焊接	0.6~1.2	2.0~6.0	25~45	联合型弧
	1.6~3.5	1.0~1.2	60~90	转移型弧
切割	0.8~2.0	2.0~2.5	—	转移型弧
	2.5~5.0	1.5~1.8	—	转移型弧
堆焊	—	0.6~0.98	60~75	转移型弧

3）压缩角 α。压缩角又称为锥角，对等离子弧的压缩有一定的影响。当离子气流量及孔道比 l_0/d_n 较小时，α 在 30°~160° 范围内都可以用。但压缩角 α 最好与钨极的端部形状配合来选择，保证将阳极斑点稳定在电极的顶端，以免等离子弧不是在钨极顶端引燃而是缩在喷嘴内。压缩角 α 通常为 60°~90°，尤其以 60°应用较多。

喷嘴材料一般选用纯铜。大功率喷嘴必须采用直接水冷，为提高冷却效果，喷嘴壁厚一般不宜大于 2~2.5mm。

（2）电极 等离子弧焊焊枪的剖面结构如图4-13所示。等离子弧焊一般采用钍钨极或铈钨极，有时也采用锆钨极或锆电极。钨极一般需要水冷，小电流时采用间接水冷方式，钨极为棒状电极；大电流时，采用直接水冷，钨极为镶嵌式结构。

为了便于引弧和提高电弧稳定性，棒状电极端头一般磨成具有 20°~60°夹角的尖锥形或尖锥平台形，电流

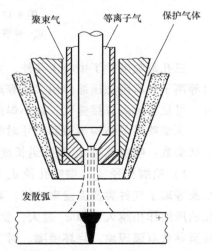

图4-13 等离子弧焊焊枪的剖面结构

较大时还可磨成圆台形或球形，以减少烧损。表 4-5 列出了棒状电极的许用电流。镶嵌式电极的端部一般磨成平面形。为了保证焊接电弧稳定，不产生双弧，钨极应与喷嘴保持同心。同心度可根据电极和喷嘴之间的高频火花在电极四周的分布情况来检查，一般焊接时要求高频火花布满圆周 75%~80% 以上。

表 4-5　不同直径棒状电极的许用电流

电极直径/mm	电流范围/A	电极直径/mm	电流范围/A
0.25	<15	2.4	150~250
0.50	5~20	3.2	250~400
1.0	15~80	4.0	400~500
1.6	70~150	5~9	500~1000

由钨极安装位置所确定的钨极内缩长度 l_r 是一个对等离子弧有很大影响的参数。钨极内缩长度 l_r（见图 4-14）对电弧压缩作用有影响。钨极内缩长度 l_r 增大，压缩程度提高，但 l_r 过大会引起双弧。一般等离子弧焊焊枪的钨极内缩长度取 $l_r = l_0 \pm 0.2$mm。

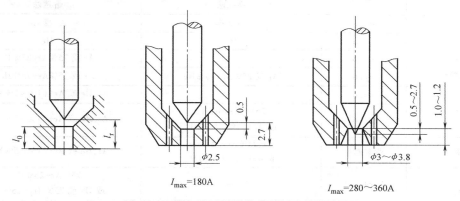

图 4-14　等离子弧焊焊枪的钨极内缩长度

4. 供气系统

等离子弧焊设备的气路系统较复杂。由等离子气路、正面保护气路及反面保护气路等组成，而等离子气路还必须能够进行衰减控制。为此，等离子气路一般采用两路供给，其中一路可经气阀放空，以实现等离子气的衰减控制。采用 Ar+H$_2$ 的混合气体作等离子气时，气路中最好设有专门的引弧气路，以降低对电源空载电压的要求。

表 4-6 列出了大电流等离子弧焊焊接各种金属时所采用的气体。表 4-7 列出了小电流等离子弧焊常用的保护气体。

表 4-6　大电流等离子弧焊常用的等离子气及保护气体

金属	厚度/mm	焊接工艺	
		穿孔法	熔透法
碳钢	<3.2	Ar	Ar
（铝镇静钢）	>3.2	Ar	25%Ar+75%He
低合金钢	<3.2	Ar	Ar
	>3.2	Ar	25%Ar+75%He

（续）

金属	厚度/mm	焊接工艺	
		穿孔法	熔透法
不锈钢	<3.2	Ar 或 92.5%Ar+7.5%H₂	Ar
	>3.2	Ar 或 95%Ar+5%H₂	25%Ar+75%He
铜	<2.4	Ar	He 或 25%Ar+75%He
	>2.4	—	He
镍合金	<3.2	Ar 或 92.5%Ar+7.5%H₂	Ar
	>3.2	Ar 或 95%Ar+5%H₂	25%Ar+75%He
活性金属	<6.4	Ar	Ar
	>6.4	Ar+（50%~70%）He	25%Ar+75%He

注：表中气体所占比例为体积分数。

表 4-7 小电流等离子弧焊时常用的保护气体

金属	厚度/mm	焊接工艺	
		穿孔法	熔透法
铝	<1.6	不推荐	Ar 或 He
	>1.6	He	He
碳钢 （铝镇静钢）	<1.6	—	Ar 或 75%Ar+25%He
	>1.6	Ar 或 25%Ar+75%He	Ar 或 25%Ar+75%He
低合金钢	<1.6	—	Ar，He 或 Ar+（1%~5%）H₂
	>1.6	25%Ar+75%He 或 Ar+（1%~5%）H₂	Ar，He 或 Ar+（1%~5%）H₂
不锈钢	所有厚度	Ar，25%Ar+75%He 或 Ar+（1%~5%）H₂	Ar，He 或 Ar+（1%~5%）H₂
铜	<1.6	—	75%Ar+25%He 或 He 或 75%H₂+25%Ar
	>1.6	He 或 25%Ar+75%He	He
镍合金	所有厚度	Ar，25%Ar+75%He 或 Ar+（1%~5%）H₂	Ar，He 或 Ar+（1%~5%）H₂
活性金属	<1.6	Ar，He 或 25%Ar+75%He	Ar
	>1.6	Ar，He 或 25%Ar+75%He	Ar 或 25%Ar+75%He

注：1. 气体选择仅指保护气体，在所有情况下等离子气均为氩气。
　　2. 表中气体所占比例为体积分数。

5. 水路系统

由于等离子弧的温度在 10000℃ 以上，为了防止烧坏喷嘴并增加对电弧的压缩作用，必须对电极及喷嘴进行有效的水冷却。冷却水的流量不得小于 3L/min，水压不小于 0.15~0.2MPa。水路中应设有水压开关，在水压达不到要求时，切断供电回路。

4.3 等离子弧焊工艺

4.3.1 接头形式及装配要求

等离子弧焊接工艺

等离子弧焊的通用接头是对接接头，板厚≤8mm 采用 I 形坡口，从一侧或两侧进行单道或多道焊。除对接接头外，等离子弧焊也适合于焊接角焊缝和 T 形接头，而且具有良好的熔透性。

工件厚度大于 1.6mm 但小于表 4-2 所列的厚度值时，可不开坡口，采用穿孔法单面焊双面成形一次焊接完成。工件厚度大于表 4-2 所列的数值时，根据厚度不同，可开单面 V、U 形或双面 V、双面 U 形坡口。对于厚度较大的工件，需要开坡口对接焊时，与钨极氩弧焊相比，可采用较大的钝边和较小的坡口角度。第一道焊缝采用穿孔法焊接，其余填充焊道采用熔透法完成。

焊件厚度在 0.05~1.6mm 之间时，常用微束等离子弧焊以熔透法焊接，接头形式有：对接、卷边对接、卷边角接、端面接头。厚度为 0.05~0.25mm 的焊件一般用卷边接头，接头可在折边机上制备。厚度小于 0.8mm 的薄板对接接头的装配要求列于表 4-8。

表 4-8　厚度小于 0.8mm 的薄板对接接头的装配要求

接头形式	对接间隙/mm	错边/mm	压板间距离/mm	衬垫槽宽度/mm
平板对接	$\leq 0.2\delta$	$\leq 0.4\delta$	$(10\sim20)\delta$	$(4\sim16)\delta$
卷边对接	$\leq 0.6\delta$	$\leq\delta$	$(15\sim30)\delta$	$(10\sim24)\delta$
端接	$\leq\delta$	$\leq 3\delta$	—	—

注：1. 衬垫槽中通氩或氮。

　　2. 板厚小于 0.25mm 时推荐用卷边对接接头。

图 4-15 所示为厚度 $\delta<0.8$mm 的薄板等离子弧焊对接接头的装配形式。图 4-16 所示为薄板（厚度 $\delta<0.8$mm）端面接头的装配要求。

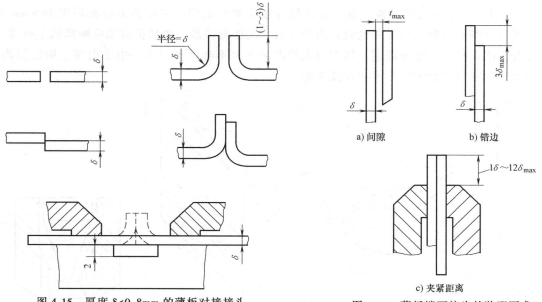

图 4-15　厚度 $\delta<0.8$mm 的薄板对接接头

图 4-16　薄板端面接头的装配要求

厚度大于 3mm 的焊件可用穿孔型等离子弧焊技术单面一次焊接成形。密度小或在液态下表面张力大的金属，如钛及其合金，穿孔法能焊接更厚的截面（可达 15mm）。板厚较大（$\delta>8$mm）的焊件采用开坡口对接焊时，因等离子弧焊的熔深比钨极氩弧焊大，钝边可加大，第一道焊缝采用穿孔法焊接技术，其余填充焊道用钨极氩弧焊填丝等熔透法焊接完成。

等离子弧焊起弧处的坡口边缘须紧密接触，间隙不应超过金属厚度的 10%。穿孔法焊接时，熔池靠液态金属的表面张力支托，不需要起激冷作用和支托作用的衬垫。焊接不锈钢时一般在焊缝背面用保护气体进行保护。图 4-17 所示为等离子弧焊中常用的衬垫，它有一较深的通气槽，两边可支托焊件使之对齐。槽内通入对焊缝背面起保护作用的气体，这也为等离子体射流提供了一个排出空间。

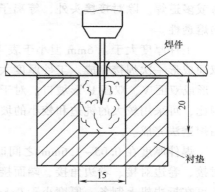

图 4-17 穿孔法焊接对接接头用的衬垫

4.3.2 等离子弧焊的焊接参数及技术要点

1. 等离子弧焊的焊接参数

在喷嘴结构形状和尺寸确定后，焊接电流、焊接速度和离子气流量三个焊接参数之间需合理匹配，才能获得最佳的效果。

（1）焊接电流 焊接电流应根据板厚或熔透要求来选定。焊接电流过小，难以形成小孔效应；焊接电流增大，等离子弧穿透能力增大，但电流过大会造成熔池金属因小孔直径过大而坠落，难以形成合格焊缝，甚至引起"双弧"现象，损伤喷嘴并破坏焊接过程的稳定性。因此，在喷嘴结构确定后，为了获得稳定的小孔焊接过程，焊接电流只能在一个合适的范围内选择，而且这个范围与离子气的流量有关。

图 4-18a 所示为喷嘴结构、板厚和其他焊接参数给定后，用试验方法在厚度为 8mm 的不锈钢板上测定的穿孔型焊接电流和离子气流量的匹配关系。收敛扩散型喷嘴降低了喷嘴压缩程度，因而扩大了电流范围，即在较大的电流下也不会出现双弧。由于电流上限的提高，采用这种喷嘴可增大焊件厚度和焊接速度。

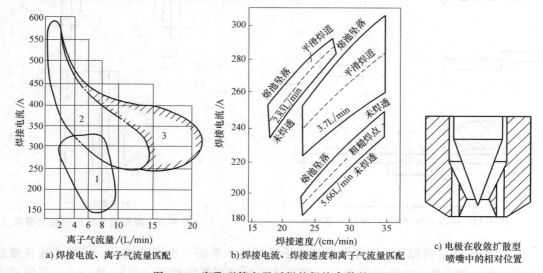

a) 焊接电流、离子气流量匹配　　b) 焊接电流、焊接速度和离子气流量匹配　　c) 电极在收敛扩散型喷嘴中的相对位置

图 4-18 穿孔型等离子弧焊的焊接参数的匹配

1—圆柱型喷嘴 2—三孔收敛扩散喷嘴 3—加填充金属可消除咬肉的区域

（2）焊接速度　焊接速度也是影响小孔效应的一个重要焊接参数，应根据等离子气流量及焊接电流来选择。其他条件一定时，如果焊接速度增大，焊接热输入减小，小孔直径随之减小，直至消失，失去小孔效应。反之，如果焊接速度太小，母材过热，小孔扩大，熔池金属易坠落，甚至造成焊缝凹陷、焊穿等缺陷。

因此，焊接速度的确定取决于离子气流量和焊接电流，这三个焊接参数的相互匹配关系如图 4-19b 所示。由图可见，为了获得平滑的穿孔型焊缝，随着焊接速度的提高，必须同时提高焊接电流。如果焊接电流一定，增大离子气流量就要增大焊接速度。焊接速度一定时，增加离子气流量应相应减小焊接电流。

试验结果表明，在一定喷嘴结构和尺寸及其他条件不变的情况下，焊接电流、焊接速度和离子气流量三者在一定范围内可采取多种匹配组合，即改变某一焊接参数，另一参数做相应调整，也能使焊接熔池实现小孔效应，获得满意的焊缝成形。焊接电流、焊接速度和离子气流量相互之间有如下的匹配规律：

1）焊接电流一定时，增加离子气流量，必须相应增加焊接速度，如图 4-19a 所示。

2）离子气流量一定时，增加焊接速度，必须相应增大焊接电流，如图 4-19b 所示。

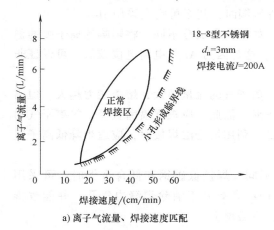

a) 离子气流量、焊接速度匹配　　　　　　b) 焊接速度、焊接电流量匹配

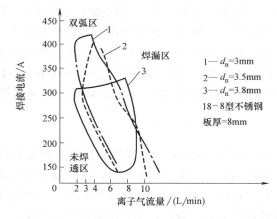

c) 焊接电流、离子气流量匹配
(用多孔喷嘴)

图 4-19　等离子弧焊焊接参数的匹配规律

3) 焊接速度一定时，增加离子气流量应相应减小焊接电流，如图4-19c所示。

按上述规律可以调试到既能保证小孔形成，又无双弧出现，且焊接生产率最佳的焊接参数匹配方案。

（3）喷嘴离焊件的距离 喷嘴离焊件的距离过大，熔透能力降低；距离过小易造成喷嘴被飞溅物堵塞，破坏喷嘴正常工作。喷嘴离焊件的距离一般取3~8mm。和钨极氩弧焊相比，等离子弧焊喷嘴距离变化对焊接质量的影响不太敏感。

（4）离子气及保护气流量 等离子弧焊时，除向焊枪压缩喷嘴输送离子气外，还要向焊枪保护气罩输送保护气体，以充分保护焊接熔池不受大气影响。离子气及保护气体应根据被焊金属及电流大小来选择。大电流等离子弧焊时，离子气及保护气体通常采用相同的气体，否则电弧的稳定性将变差。

应用最广泛的离子气是Ar，适用于所有金属。为了增加工件的热输入，提高焊接生产率以及改善接头质量，针对不同的金属，可在Ar中分别加入H_2、He等气体。例如，焊接不锈钢和镍合金时，在Ar中加入H_2 [$\varphi(H_2)$ = 5%~7.5%，H_2的含量过多会引起气孔或裂纹。穿孔法焊接薄板时，混合气体中允许的H_2含量可比焊厚板时略高些]。焊接钛及钛合金时，在Ar中加入He [$\varphi(He)$ = 50%~75%]；焊接铜时，甚至可完全采用He。

大电流等离子弧焊，离子气和保护气体相同。如果两者成分不同，将影响等离子弧的稳定性。小电流等离子弧焊通常采用纯Ar作离子气。这是因为Ar的电离电位较低，可保证非转移弧容易引燃和稳定燃烧。

离子气流量决定了等离子弧流力和熔透能力。离子气的流量越大，熔透能力越大。但离子气流量过大会使小孔直径过大而不能保证焊缝成形。因此，应根据喷嘴直径、等离子气的种类、焊接电流及焊接速度选择适当的离子气流量。利用熔透法焊接时，应适当降低离子气流量，以减小等离子弧流力。

保护气体的成分可以和离子气相同，也可以不同。焊接低碳钢和低合金钢时，可采用Ar+CO_2作保护气体，$\varphi(CO_2)$ = 5%~20%，加入CO_2后有利于消除焊缝内气孔，并能改善焊缝表面成形，但不宜加入太多，否则熔池下塌，飞溅增大。

保护气体流量与离子气流量应有一个适当的比例，比例不当会导致气流的紊乱。保护气体流量应根据焊接电流及离子气流量来选择。在一定的离子气流量下，保护气体流量太大会导致气流的紊乱，影响电弧稳定性。而保护气流量太小，保护效果也不好。

穿孔型焊接保护气体流量一般在15~30L/min范围。采用较小的离子气流量焊接时，等离子弧流力减小，电弧的穿透能力降低，只能熔化焊件，形不成小孔，焊缝成形过程与钨极氩弧焊相似，这种方法（即熔透型等离子弧焊）适用于薄板、多层焊的盖面焊及角焊缝的焊接。

2. 焊接技术要点

（1）焊接起弧及收弧 板厚小于3mm的纵缝和环缝，可直接在焊件上起弧，建立小孔的地方一般不会产生缺陷。但利用穿孔法焊接厚板时，由于焊接电流较大，起弧及熄弧处容易产生气孔、下凹等缺陷。对于直缝，可采用引弧板及熄弧板来解决这个问题，即先在引弧板上形成小孔，然后再过渡到焊件上去，最后将小孔闭合在熄弧板上。

大厚度的环缝，无法加引弧板和收弧板，应采取焊接电流和离子气流量斜率递增的方法在焊件上起弧。厚板环缝穿孔型焊接电流及离子气流量的斜率控制曲线如图4-20所示。这

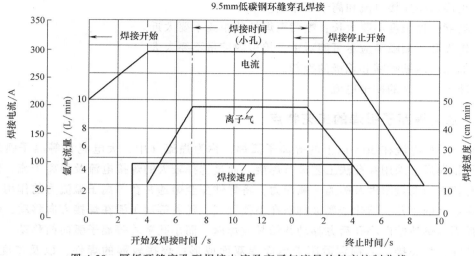

图 4-20　厚板环缝穿孔型焊接电流及离子气流量的斜率控制曲线

样起弧后，从母材开始熔化到建立小孔并利用电流和离子气流量衰减法来收弧闭合小孔，能形成一个圆滑的过渡和稳定的焊接过程。

厚板纵缝可用引出板将小孔闭合在引出板上。厚板环缝则如同起弧一样，采取斜率递减控制法，通过逐渐减小焊接电流和离子气流量来闭合小孔。

（2）"双弧"及其防止措施　正常的转移型等离子弧应稳定建立于钨极与焊件之间。由于某些原因，有时除了在钨极和焊件之间燃烧的等离子弧外，还会另外产生一个在钨极-喷嘴-焊件之间燃烧的串联电弧，从外部可观察到两个电弧同时存在，这种现象就是所谓的"双弧"，如图 4-21 所示。

双弧形成后，主弧电流降低，正常的焊接过程受到破坏，使喷嘴过热，严重时甚至烧坏喷嘴，导致焊接过程中断。

关于双弧的形成机理，比较一致的观点是：等离子弧稳定燃烧时，在弧柱与喷嘴孔道之间存在一层冷气膜。由于喷嘴是带电的，冷气膜中也有少量的带电粒子；等离子弧电流中有一部分是通过喷嘴传导的，这部分电流称为"喷嘴电流"。等离子弧的电流增大，喷嘴电流也将随之增大。当喷嘴电流增大到足够数值时，冷气膜中带电粒子数量增多，于是很容易产生雪崩式击穿而形成双弧。

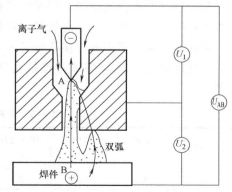

图 4-21　等离子弧焊中的"双弧"现象
U_1—钨棒与喷嘴间的电压　U_2—喷嘴与工件间的电压　U_{AB}—等离子弧稳定电压

焊枪压缩喷嘴的结构参数对双弧的形成有决定性的作用。喷嘴孔径减小，孔道长度增大时，都容易形成双弧。钨极与压缩喷嘴的不同心，也会造成冷气膜厚度不均匀，局部区域冷气膜厚度减小，这也是导致双弧的诱因之一。压缩喷嘴冷却效果不佳，或喷嘴表面有氧化膜或金属飞溅附着物，也加大了双弧形成的可能性。

防止产生双弧的措施包括：

1）正确选择焊接电流和离子气流量。

2）喷嘴孔道长度不要太长，喷嘴至焊件的距离不要太近。

3）钨极和压缩喷嘴应尽可能对中，钨极内缩量不要太大。

4）加强对压缩喷嘴和钨极的冷却。

5）减小转弧时的冲击电流。

4.3.3 强流等离子弧焊的工艺特点

通常将焊接电流在 30A 以上的等离子弧焊，称为强流（中、大电流）等离子弧焊。强流等离子弧焊通常采用穿孔法工艺进行焊接。通过选择较大的焊接电流及等离子流，使等离子弧具有较大的能量密度及等离子弧流力，将焊件完全熔透并在等离子弧流力的作用下形成一个贯穿焊件的小孔，熔化金属被排挤在小孔周围。随着等离子弧在焊接方向移动，熔化金属沿电弧周围熔池壁向小孔后方移动并结晶成焊缝，而小孔随着等离子弧向前移动。

这种穿孔型焊接工艺特别适用于单面焊双面成形；焊接较薄的焊件，以及厚度为 1~8mm 的不锈钢、厚度为 1~7mm 的碳钢以及厚度为 1~10mm 的钛合金时，可不开坡口、不加垫板、不加填充金属，一次实现单面焊双面成形。

小孔的产生依赖于等离子弧的能量密度，板厚越大，要求的能量密度越大。由于等离子弧的能量密度是有限的，穿孔型等离子弧焊的焊接厚度也受到限制。对于厚度更大的板材，穿孔型等离子弧焊只能进行第一道焊缝的焊接，其余各层用熔透法或其他焊接方法焊接。

穿孔型等离子弧焊时，焊接过程中确保小孔的稳定是获得优质焊缝的前提。影响小孔稳定性的主要焊接参数有：离子气种类及流量、焊接电流、电弧电压、焊接速度，其次为喷嘴距离和保护气种类及流量等。焊接时应根据板厚或熔透要求首先选定焊接电流。为了形成稳定的小孔效应，等离子气应有足够的流量，并且要与焊接电流、焊接速度适当匹配。

穿孔型等离子弧焊的焊接参数见表 4-9。穿孔型等离子弧焊各焊接参数之间有着密切的联系，互相制约。选择调试各焊接参数时，应注意它们之间的匹配关系，才能获得最佳效果。

表 4-9 穿孔型等离子弧焊的焊接参数

焊件材料	板厚 /mm	焊接电流 /A	焊接电压 /V	焊接速度 /(cm/s)	气体流量/(L/h)			坡口形式
					气体种类	离子气	保护气	
低碳钢	3.2	185	28	0.51	Ar	364	1680	I
低合金钢	4.2	200	29	0.42	Ar	336	1680	I
	6.4	275	33	0.59	Ar	420	1680	I
不锈钢	2.5	115	30	1.01	Ar+5%H_2	168	980	I
	3.2	145	32	1.19	Ar+5%H_2	280	980	I
	4.2	165	36	0.60	Ar+5%H_2	364	1260	I
	6.4	240	38	0.59	Ar+5%H_2	504	1400	I
	12.7	320	26	0.45	Ar	—	—	I
钛合金	3.2	185	21	1.01	Ar	224	1680	I
	4.2	175	25	0.55	Ar	504	1680	I

（续）

焊件材料	板厚/mm	焊接电流/A	焊接电压/V	焊接速度/(cm/s)	气体流量/(L/h)			坡口形式
					气体种类	离子气	保护气	
钛合金	10.0	225	38	0.42	75%He+Ar	896	1680	I
	12.7	270	36	0.42	50%He+Ar	756	1680	I
	14.2	250	39	0.30	50%He+Ar	840	1680	V
铜	2.5	180	28	0.42	Ar	280	1680	I
黄铜	2.0	140	25	0.85	Ar	224	1680	I
	3.2	200	27	0.60	Ar	280	1680	I
镍	3.2	200	30	—	Ar+5%H$_2$	280	1200	I
	6.4	250	30	—	Ar+5%H$_2$	280	1200	I
锆	6.4	195	30	0.42	Ar	228	1320	I

　　强流等离子弧焊也可采用熔透型焊接工艺进行焊接，这种焊接工艺与钨极氩弧焊相似，但等离子弧焊的功率密度比钨极氩弧焊大约 30%~40%（见图 4-22）。

　　强流（中、大电流）等离子弧焊焊接参数的取值范围见表 4-10。

　　熔透型等离子弧焊的焊接参数与穿孔型等离子弧焊基本相同，但熔透型等离子弧焊通常采用联合型等离子弧。由于非转移型等离子弧（维弧）的存在，使转移型等离子弧易于稳定。主弧在较小电流下仍能稳定燃烧。非转移型等离子弧（维弧）

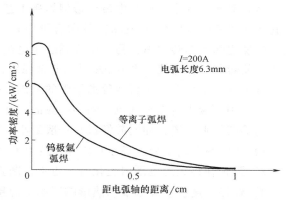

I=200A
电弧长度6.3mm

等离子弧焊

钨极氩弧焊

图 4-22　等离子弧焊与钨极氩弧焊功率密度的比较

的阳极斑点位于压缩喷嘴孔壁上，维弧电流不宜过大，以免损坏喷嘴，一般以 2~5A 为宜。

表 4-10　强流等离子弧焊焊接参数的取值范围

焊接电流 I/A	钨极直径/mm	钨极端角/(°)	喷嘴孔径 d/mm	离子气流量/(L/min)	保护罩出口直径/mm	保护气流量/(L/min)
中电流等离子弧焊，焊枪级别：100A						
30	2.4	30	0.79	0.47	12	4~7
50	2.4	30	1.17	0.71	12	4~7
75	2.4	30	1.57	0.94	12	4~7
100	2.4	30	2.06	1.18	12	4~7
中电流等离子弧焊，焊枪级别：200A						
50	4.8	30	1.17	0.71	17	4~12
100	4.8	30	1.57	0.94	17	4~12
160	4.8	30	2.36	1.42	17	4~12
200	4.8	30	3.20	1.65	17	4~12

（续）

焊接电流 I/A	钨极直径 /mm	钨极端角 /(°)	喷嘴孔径 d/mm	离子气流量 /(L/min)	保护罩出口直径/mm	保护气流量 /(L/min)
大电流等离子弧焊,焊枪级别:400A						
200	4.8	60①	3.45②	3.0		20~35
300	4.8	60①	3.45②	3.5		20~35
350	4.8	60①	3.96②	4.1		20~35

注：纯氩气作为离子气,纯氩气或氢氩混合气作为保护气。

① 钨极端部为圆台形,直径为1mm。

② 多孔喷嘴。

4.3.4 微束等离子弧焊的工艺特点

1. 微束等离子弧焊的特点

微束等离子焊是一种小电流熔透型焊接工艺,为了保持小电流时焊接电弧的稳定,采用小孔径压缩喷嘴（0.6~1.2mm）及联合型电弧。即焊接时存在两个电弧,一个是燃烧于电极与喷嘴之间的非转移弧,另一个为燃烧于电极与焊件之间的转移弧。前者起着引弧和维弧作用,使转移弧在电流小至0.5A时仍非常稳定;后者用于熔化焊件。

微束等离子弧在产生普通等离子弧的基础上采取提高电弧稳定性措施,进一步加强电弧的压缩作用,减小电流和气流,缩小电弧的尺寸。这样,就使微小的等离子焊枪喷嘴喷射出细小的等离子弧焰流,如同缝纫机针一般细小。微束等离子弧焊的优点是:

1) 可焊更薄的金属,最小可焊厚度为0.01mm。

2) 弧长在很大的范围内变化时,也不会断弧,并能保持柱状特征。

3) 焊接速度快、焊缝窄、热影响区小、焊接变形小。

2. 获得微束等离子弧的条件

获得微束等离子弧的三个基本条件为:

1) 要有一个良好的等离子焊枪,要求不漏气、不漏水、不漏电,电极对中且调整更换方便,喷嘴耐用又便于更换。电弧室由上、下两体构成,中间加绝缘。上枪体的主要功能是夹持钨极并使之接入电源负极,钨极尖端产生电弧放电的阴极斑点;下枪体上安装经常更换的喷嘴,接电源的正极,有进出冷却水的散热系统。

2) 微束等离子弧电源有一个特殊要求,即高空载电压。一般直流电源的空载电压是80~100V,微束等离子弧的电源空载电压应是120~160V,有时高达200V。因微束等离子弧的电流小（$I<30A$）,为便于引弧和稳弧,需要提高空载电压。

3) 在等离子焊枪的电弧室里,电弧柱在三个压缩效应（机械压缩效应、热收缩效应和磁压缩效应）作用下形成微束等离子弧。微束等离子弧所使用的惰性气体一般是氩气,使用工业瓶装压缩氩气即可。接装减压表和流量计,以便能精细地调节压力和流量。

3. 微束等离子弧焊的焊接参数

微束等离子弧焊的焊接参数主要是:焊接电流、焊接速度、工作气体流量、保护气体流量、电弧长度、喷嘴直径、喷嘴通道比和钨极内缩量等。为了保证精确装配和获得高质量的焊缝,需使用装配夹具。夹具的尺寸要求精密,装卸方便,焊缝周围的夹具零件要用非磁性材料（黄铜、不锈钢）制造，防止焊接时电弧产生偏吹。

为了保证焊缝背面成形良好，焊道背面要放置金属垫板。金属垫板上有成形槽，形状可以是倒三角形、矩形或半椭圆形。成形槽的宽度为 2~3mm，槽深为 0.2~0.5mm。厚度小于 0.3mm 的焊件可使用无槽的光垫板。金属垫板的材料可选用纯铜，常和装配-焊接夹具结合在一起使用。微束等离子弧焊的焊接参数的取值范围见表 4-11。

表 4-11　微束等离子弧焊的焊接参数的取值范围（焊枪级别：20A）

焊接电流 I/A	钨极直径 /mm	钨极端角 /(°)	喷嘴孔径 d/mm	离子气流量 /(L/min)	保护罩出口 直径/mm	保护气流量 /(L/min)
5	1.0	15	0.8	0.2	8	4~7
10	1.0	15	0.8	0.3	8	4~7
20	1.0	15	1.0	0.5	8	4~7

微束等离子弧焊枪一般带有保护气罩装置（喷嘴）。但有些情况下，如受焊缝形式和位置所限，或焊件的结构和尺寸所限，焊枪的保护气罩对焊缝的保护并不完全有效，这时焊接夹具应加设特殊的保护装置，增强保护效果。

保护装置的结构因焊件而异，是多种多样的。例如，装在正面焊缝两侧附近的反射屏（保护气挡板），可将散失的保护气折回，改善保护条件。再如，焊接管状结构件（或小型容器）时，可向管（或容器）内部充保护气体，保护背面焊道。对某些焊件也可以设计专用保护喷嘴，如保护卷边对接焊缝的专用喷嘴。

不使用焊接夹具的焊件，焊缝较长时，要每隔 3~5mm 设置一个定位焊点，使其定位，否则焊接时要发生变形。定位焊使用的焊接参数可与焊接时相同或略小一些。使用夹具的焊件，焊前不用定位焊。

薄板熔透型微束等离子弧焊的焊接参数见表 4-12。

表 4-12　薄板熔透型微束等离子弧焊的焊接参数

材料	板厚 /mm	焊接电流/A	焊接电压/V	焊接速度 /(cm/s)	离子气 Ar /(L/min)	保护气体 /(L/min)	喷嘴孔径 /mm	备注
	0.025	0.3	—	0.212	0.20	8(Ar+1%H₂)	0.75	
	0.075	1.6	—	0.253	0.20	8(Ar+1%H₂)	0.75	
	0.125	1.6	—	0.625	0.28	7(Ar+0.5%H₂)	0.75	卷边焊
	0.175	3.2	—	1.292	0.28	9.5(Ar+4%H₂)	0.75	
	0.250	5.0	30	0.533	0.50	7Ar	0.60	
不锈钢	0.2	4.3	25	—	0.40	5Ar	0.80	
	0.1	3.3	24	0.617	0.15	4Ar	0.60	
	0.25	6.5	24	0.450	0.60	6Ar	0.80	对接焊
	1.0	8.7	25	0.450	0.60	11Ar	1.20	（背面有
	0.25	6.0	—	0.333	0.28	9.5(1%H₂+Ar)	0.75	铜垫）
	0.75	10	—	0.208	0.28	9.5(1%H₂+Ar)	0.75	
	1.2	13	—	0.250	0.42	7(Ar+8%H₂)	0.80	
	1.6	46	—	0.432	0.47	12(Ar+5%H₂)	1.3	手工
	2.4	90	—	0.333	0.70	12(Ar+5%H₂)	2.2	对接
	3.2	100	—	0.432	0.70	12(Ar+5%H₂)	2.2	

（续）

材料	板厚 /mm	焊接电流/A	焊接电压/V	焊接速度 /(cm/s)	离子气 Ar /(L/min)	保护气体 /(L/min)	喷嘴孔径 /mm	备注
镍合金	0.15	5	22	0.50	0.40	5Ar	0.6	对接焊
	0.56	4~6	—	0.25~0.333	0.28	7(Ar+8%H$_2$)	0.8	
	0.71	5~7	—	0.25~0.333	0.28	7(Ar+8%H$_2$)	0.8	
	0.91	6~8	—	0.208~0.292	0.33	7(Ar+8%H$_2$)	0.8	
	1.20	10~12	—	0.208~0.25	0.38	7(Ar+8%H$_2$)	0.8	
钛	0.75	3		0.25	0.2	8Ar	0.75	手工对接
	0.20	5		0.25	0.2	8Ar	0.75	
	0.55	12		0.417	0.2	4.2Ar	0.90	
纯铜	0.025	0.3		0.208	0.28	9.5(Ar+0.5%H$_2$)	0.75	卷边对接
	0.075	0.10	—	0.25	0.28	9.5(Ar+75%H$_e$)	0.75	

4. 焊接技术要点

1）微束等离子弧焊使用的电弧形态是联合弧，即维弧、工作弧同时存在。

2）当焊缝间隙稍大，出现焊缝余高不够或呈现下陷时，说明焊缝金属填充不够，应该使用填充焊丝。填充焊丝要选用与母材金属同成分的专用焊丝，也可以使用从母材上剪下来的边条。

3）焊接时，转移弧产生后不要立即移动焊枪，要在原地维持一段时间使母材熔化，形成熔池后再开始填丝并移动焊枪。焊枪在运行中要保持前倾，手工等离子弧焊时前倾角保持在60°~80°，自动焊时前倾角应为80°~90°。

4）微束等离子弧焊采用熔池无小孔效应的熔透型焊接法，即用微弧将焊件焊接处熔化到一定深度或熔透成双面成形的焊缝。

5）喷嘴中心孔与待焊焊缝的对中要求高，偏差应尽可能小，否则会焊偏或产生咬边。

6）焊接过程中的电弧熄灭或焊接结束时的熄弧，焊枪均要在原处停留几秒钟，使保护气继续保护高温的焊缝，以免氧化。

微束等离子弧焊电源空载电压高，易使操作者触电，应注意防止。由于微束等离子弧焊焊枪体积小，在换喷嘴、换电极或电极对中时，都极易发生电极与喷嘴的接触，这时若误触动焊枪手把上的微动按钮，便会发生电极与喷嘴的电短路（打弧），损坏喷嘴和电极。因此在更换电极、喷嘴或电极对中时，应将电源切断才能保证安全进行。

4.3.5　脉冲等离子弧焊的工艺特点

1. 脉冲等离子弧焊的特点

穿孔型、熔透型及微束等离子弧焊均可采用脉冲焊接方法，通过对热输入的控制，提高焊接过程稳定性、控制全位置焊接时的焊缝成形、减小热影响区宽度和焊接变形。脉冲等离子弧焊机一般采用频率为50Hz以下的脉冲弧焊电源，脉冲电源结构形式基本上和脉冲钨极氩弧焊的电源相似。脉冲电源的结构形式主要为晶闸管式、晶体管式及逆变式。

等离子弧焊的脉冲频率一般在15Hz以下。特别是采用"一脉一孔"的工艺，可以限制焊接熔池根部熔宽，提高根部基体金属对熔池的拘束作用，使熔池稳定，也可以保证全位置焊的焊缝成形。所谓"一脉一孔"，是指每一个脉冲电流的峰值期间，熔池形成小孔，在基值电流期间小孔闭合。

与一般等离子弧焊相比，脉冲等离子弧焊的优点是：

1）焊接过程更加稳定。

2）焊接热输入易于控制，能够更好地控制熔池，保证良好的焊缝成形。

3）焊接热影响区较小、焊接变形小。

4）脉冲电弧对熔池具有搅拌作用，有利于细化晶粒，降低焊接裂纹的敏感性。

5）可进行全位置焊接。

2. 脉冲等离子弧焊的焊接参数

脉冲等离子弧焊的焊接参数主要有：脉冲电流（I_p）、基值电流（I_b）、脉冲频率（f）、脉宽比 $t_p/(t_p+t_b)$。脉冲等离子弧焊适用于管道的全位置焊接，薄壁构件以及热敏感性强的材料的焊接。脉冲等离子弧焊的焊接参数示例见表 4-13。

表 4-13　脉冲等离子弧焊的焊接参数示例

材料种类	试板厚度 /mm	基值电流 I_b/A	脉冲电流 I_p/A	脉冲频率 f/Hz	脉宽比 $t_p/(t_p+t_b)$	离子气流量 /(L/min)	焊接速度 /(cm/s)
不锈钢	3	70	100	2.4	12/21	5.5	0.67
	4	50	120	1.4	21/35	6.0	0.42
钛	6	90	170	2.9	10/17	6.5	0.34
	3	40	90	3	10/16	6.0	0.67
不锈钢波纹管膜片	0.05+0.05（内圆）	0.12	0.5	10	2/5	0.6	0.75
	0.05+0.15（内圆）	0.12	1.2	10	2/5	0.6	0.75
	0.05+0.05（外圆）	0.12	0.55	10	2/5	0.6	0.58

4.3.6　变极性等离子弧焊的工艺特点

变极性等离子弧焊（Variable Polarity Plasma Arc Welding，VP-PAW）即不对称方波交流等离子弧焊，是一种针对铝及铝合金开发的高效焊接工艺。它综合了变极性钨极氩弧焊和等离子弧焊的优点。它的特征参数（电流频率、电流幅值及正负半波导通时间比例等）可根据工艺要求独立调节，合理分配电弧热量，在满足焊件熔化和自动去除焊件表面氧化膜的同时，最大限度地降低钨极烧损。此外，还可有效地利用等离子束流所具有的高能量密度、高射流速度、强电弧力的特性，在焊接过程中形成穿孔熔池，实现铝合金中厚板单面焊双面成形。

变极性等离子弧焊技术主要用于各种铝合金的焊接，其单道焊接铝合金厚度可达25mm。变极性等离子弧焊的工艺特点是在焊接过程中，正极性电流（DCEN）幅值、反极性电流（DCEP）幅值、一个周波内正反极性电流持续时间的比例可以分别独立调节，这既有利于焊缝熔透，又有利于清除铝合金焊件表层的氧化膜。变极性等离子弧焊在铝合金的焊接中采用穿孔型向上立焊工艺，既有利于焊缝的正面成形，又有利于熔池中氢的逸出，减少铝合金焊接的气孔缺陷，因此被誉为"零缺陷焊接"方法。

图 4-23 所示为变极性等离子弧穿孔立焊及焊接电流波形的示意图。为了减少钨极的烧损，反极性电流幅值高于正极性电流幅值，正反极性脉宽比约为 19∶4。经验表明，对于不

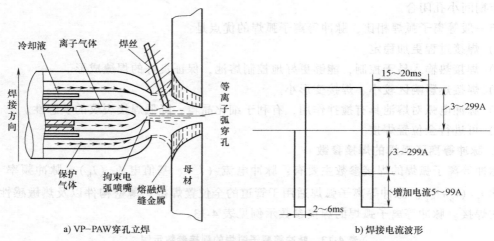

a) VP-PAW穿孔立焊　　　　　　　　　　　　b) 焊接电流波形

图 4-23　变极性等离子弧穿孔立焊及焊接电流波形

同的铝合金，其正反极性幅值和脉宽参数也稍有差别（见表 4-14）。

表 4-14　不同铝合金变极性等离子弧焊的焊接参数

铝合金	正极性电流 （DCEN）时间/ms	反极性电流 （DCEP）时间/ms	正极性电流 （DCEN）/A	反极性电流 （DCEP）/A
5456	19	3	130	185
2219	19	3	140	180
5086	19	4	145	180

铝合金变极性等离子弧焊时，最重要的参数是正、反极性时间及其比值。对于大多数铝合金，变极性等离子弧焊的正、反极性时间的最佳比值为 19：4；正、反极性时间的最佳取值范围为：正极性时间为 15~20ms，反极性时间为 2~5ms，但两者比值在 19：4 附近变动为宜，反极性电流幅值一般比正极性电流幅值大 30~80A。正、反极性的这种比值和幅值可以很好地清理焊缝及根部表面的氧化膜，并且在喷嘴和钨极处产生最小的热量。研究表明，在变极性等离子弧焊过程中，80%的热量施加在焊件上，只有 20%的热量作用在钨极上。

1. VP-PAW 小孔焊的优点

与非压缩的钨极氩弧焊相比，变极性等离子弧焊（VP-PAW）在工艺上具有突出的特点。

1）焊缝内部缺陷（如气孔、夹渣等）少。穿孔型变极性等离子弧以及离子气流穿过小孔时起着一定的冲刷作用，在其他焊接方法中残留在熔化金属中生成气孔的气体会被等离子弧以及离子气流通过小孔带走，夹渣物也同样被冲刷掉。与 TIG 焊相比，VP-PAW 焊缝气孔明显减少，对于纯铝的焊接效果更为显著，基本上无气孔存在。

2）可焊接的板厚范围宽。等离子弧熔透能力强，对于厚度为 6mm 的铝合金可以实现各种位置的焊接。研究表明，不填充焊丝，平板对接单道焊最大厚度是 8mm；如果焊接更厚的材料，必须采用立焊方法。例如，对于厚度在 16mm 以下的铝合金，VP-PAW 立焊可以一次性焊透；对于厚度在 16mm 以上的铝合金通常要制备较为复杂的焊接接头，已经实现了厚度为 25mm 的铝合金的一次性穿透焊接。

应指出，单道焊的最大可焊厚度似乎并不是这种焊接方法的限制条件，而是受焊接电源功率的限制，如果增大焊接电源的额定功率，焊接更厚一些的铝合金也是可能的。

3）焊后焊件变形小。由于等离子弧熔透能力强，加热集中，熔化区域小，而且穿孔型 VP-PAW 焊对焊件正、反面加热均匀，减少了焊后焊接件的挠曲变形，与钨极氩弧焊相比焊件的挠曲变形明显减小。

4）焊缝力学性能有所提高。穿孔型等离子弧焊焊缝与钨极氩弧焊焊缝相比，在焊后状态下屈服强度相差不多。但是，加工去除根部焊缝和加强高的条件下，穿孔型 VP-PAW 焊焊缝的屈服强度高于钨极氩弧焊焊缝的屈服强度。这表明 VP-PAW 焊的焊接质量高于其他弧焊方法的焊接质量，焊缝力学性能好。

5）效率高、成本低。由于等离子弧焊能量密度高，穿透能力强，因此穿孔型等离子弧焊可焊厚度大，特别对于厚板焊接，焊道数大大减少，焊缝内部气孔、夹渣等缺陷少。减少了焊后检验工作和修补工作量，对接接头可采用 I 形坡口，焊前准备工作量少，对油污的敏感性小，无论在时间上还是在费用上明显少于 TIG/MIG 焊接，是一种高效率、低成本的焊接方法。

铝合金 VP-PAW 焊接工艺也有自身的不足：

1）焊接可变参数多，规范区间窄，参数调整要求高。

2）采用向上立焊工艺，只能自动焊接。

3）焊枪对焊缝质量影响较大，喷嘴寿命短。

2. 影响 VP-PAW 焊缝成形的因素

影响变极性等离子弧焊接过程的焊接参数有：焊接电流、离子气流量、焊接速度、喷嘴几何形状尺寸、喷嘴到焊件的距离、钨极内缩量、送丝速度等。

(1) 喷嘴的几何形状尺寸　喷嘴的几何形状尺寸包括：喷嘴孔径 d_n、孔道长度 l_0 等。喷嘴孔径和孔道长度是对电弧进行机械压缩的关键尺寸，直接影响等离子弧焊的稳定性，一般用压缩比 (l_0/d_n) 表示喷嘴对电弧的压缩程度。压缩比 (l_0/d_n) 值越大，对电弧的压缩越强，电弧的穿透能力也越强。但是压缩比 (l_0/d_n) 值过大，会降低喷嘴的临界电流，易产生双弧，破坏等离子弧和焊接过程的稳定性。焊接不同厚度的铝合金要求孔道长度 l_0 和喷嘴孔径 d_n 的匹配关系不同，表 4-15 列出了最大压缩比与板厚的关系。根据表 4-15 可绘出最大喷嘴压缩比 (l_0/d_n) 与板厚的关系曲线，如图 4-24 所示。所以采用相同孔径、相同压缩比的喷嘴，通过适当调节离子气流量仍能完成不同厚度铝合金的焊接。例如，喷嘴孔径 d_n 为 4mm，压缩比 (l_0/d_n) 为 0.8 的喷嘴，能很好地完成厚度为 4mm、6mm 和 8mm 铝合金板的焊接。

表 4-15　最大压缩比 (l_0/d_n) 与铝合金板厚的关系

板厚/mm	4	6	8	10
喷嘴孔径 d_n/mm	2.5	4.0	4.0	4.0
最大压缩比	2.0	1.1	0.9	0.7

(2) 钨极内缩量、喷嘴到焊件的距离　钨极内缩量对等离子弧的压缩及穿透能力均有影响。其他参数不变的情况下，钨极内缩量过大，等离子弧的压缩及穿透能力过强，引起焊缝成形恶化；钨极内缩量过小，等离子弧的压缩及穿透能力减弱，不易保证焊透。试验表

明，孔径为 4mm，压缩比为 0.8 的喷嘴，焊接厚度为 6mm 的铝合金时，内缩量为 4 ~ 4.5mm 较为合适；焊接厚度为 8mm 的铝合金时，内缩量为 3.5 ~ 4 mm 较为合适。

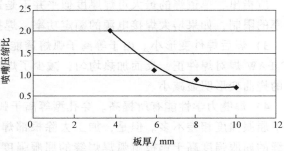

图 4-24　喷嘴压缩比（l_0/d_n）与板厚的关系曲线

喷嘴到焊件的距离，对电弧的稳定性有很大影响。距离过大，电弧漂移，保护效果降低，且阴极的清理作用降低；反之，距离过小，会造成喷嘴表面污染，易诱发双弧。焊接厚度为 6mm、8mm 的铝合金时，喷嘴到焊件的距离为 2~4mm 较为合适。这个距离要结合具体的焊枪而定，但都有个适当的范围。

显然，对不同厚度的板材要选择不同的喷嘴孔径、压缩比和钨极内缩量，根据焊枪的特性选择适当的喷嘴到焊件的距离。这些参数值本身就很小，它们的微量变化直接影响焊接工艺的稳定。

（3）焊接电流、离子气流量和焊接速度　焊接电流、离子气流量、焊接速度对 VP-PAW 穿孔的形成及稳定起着重要的作用。焊接电流和焊接速度表明电弧对焊件的加热程度，也对电弧力有较大的影响。离子气流量是电弧力的一个重要标志，同时又影响电弧对焊件热输入的分布。焊接电流、离子气流量和焊接速度必须相互匹配，穿孔才能稳定存在，这正是变极性等离子弧小孔焊的难度所在。

焊接过程中小孔能够动态稳定是有规律可循的：对应一定的熔宽，存在一临界小孔孔径，只要焊接小孔小于在该熔宽条件下的临界孔径，焊接小孔可以动态稳定存在。图 4-25 所示为焊缝熔宽与临界孔径的关系曲线。焊接电流和离子气流量对小孔直径的影响趋势一致，随着焊接电流和离子气流量的增加，小孔孔径增大；而随着焊接速度的增加，小孔呈减小趋势。

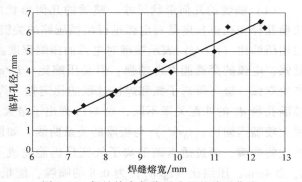

图 4-25　焊缝熔宽与临界孔径的关系曲线

图 4-26a 所示为焊接电流和离子气流量的匹配区间，可以看出这样一个趋势：为保证小孔的稳定存在，若提高焊接电流、增大小孔孔径，则必须相应地降低离子气流量，将小孔直径恢复到临界孔径之下；反之，若增加离子气流量，则必须相应地减小焊接电流。

图 4-26b 所示为在一定离子气流量情况下，保持穿孔稳定存在的焊接电流与焊接速度的匹配关系区间。在此区间，离子气流量不变，为保证小孔的直径不变，若提高焊接电流，就必须相应地提高焊接速度，若减小焊接电流就必须减小焊接速度。

总之，针对特定的焊枪，对一定的板厚，要想获得稳定的穿孔状态，焊接电流、焊接速度和离子气流量这三个参数必须在一定的规范区间进行合理匹配。它们的规律是：在一定的

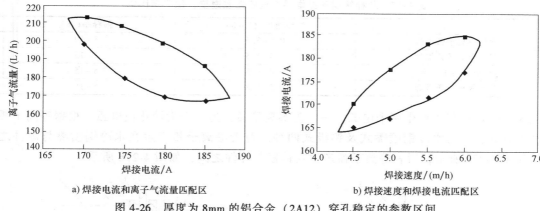

a) 焊接电流和离子气流量匹配区　　　　　　b) 焊接速度和焊接电流匹配区

图 4-26　厚度为 8mm 的铝合金（2A12）穿孔稳定的参数区间

焊接速度条件下，增加焊接电流就要相应地减小离子气流量；在一定的离子气流量条件下，增加焊接电流，就要相应提高焊接速度。

变极性等离子弧焊（VP-PAW）的焊接参数选择取决于材料的类型、厚度和焊接位置。厚度在 6.4mm 以下的铝合金板，平焊、横焊和立焊均可。厚度在 6.5～16mm 的板材最佳的焊接工艺是向上立焊。例如，航天工业中常用铝合金采用 VP-PAW 穿孔向上立焊的优化参数见表 4-16。

表 4-16　铝合金 VP-PAW 穿孔向上立焊的焊接参数

铝　合　金	2A14	2A14	2B16
板厚/mm	6	8	4
焊丝牌号（直径/mm）	BJ-380A（1.6）	BJ-380A（1.6）	ER-2319（1.6）
送丝速度/（m/min）	1.6	1.7	1.4
离子气流量/（L/min）	Ar:2.0	Ar:2.5	Ar:1.86
保护气流量/（L/min）	Ar:13	Ar:13	Ar:13
喷嘴直径/mm	3.2	3.2	3.0
焊接速度/（mm/min）	160	160	160
DCEN 电流/A	156	165	100
DCEN 时间/ms	19	19	19
DCEP 电流/A	206	225	160
DCEP 时间/ms	4	4	4

注：焊接条件为钨极直径 3.2mm、喷嘴直径 3.2mm、钨极高度 6.5mm、钨极内缩量 0.5mm；接头形式为平板对接。

4.3.7　等离子弧堆焊的工艺特点

等离子弧堆焊具有熔深浅、熔敷速度快、稀释率低等优点。根据堆焊时所使用的填充材料，等离子弧堆焊可分为熔化极等离子弧堆焊和粉末等离子弧堆焊两大类。几种等离子弧堆焊方法的熔敷速度、稀释率比较见表 4-17。

1. 熔化极等离子弧堆焊

熔化极等离子弧堆焊通过一种特殊的等离子弧焊枪将等离子弧焊和熔化极气体保护焊组

表 4-17　几种等离子弧堆焊方法的熔敷速度、稀释率比较

方　　法	熔敷速度/(kg/h)	稀释率(%)
冷丝等离子弧堆焊	0.5~3.6	5~10
热丝等离子弧堆焊	0.5~6.5	5~15
熔化极等离子弧堆焊	0.8~6.5	5~15
粉末等离子弧堆焊	0.5~6.8	5~15

合起来。焊接过程中产生两个电弧，一个为等离子弧，另一个为熔化极电弧。根据等离子弧的产生方式，分为水冷铜喷嘴式及钨极式两种。前者等离子弧产生在水冷铜喷嘴与焊件之间，如图 4-27a 所示；后者等离子弧产生在钨极与焊件之间，如图 4-27b 所示。

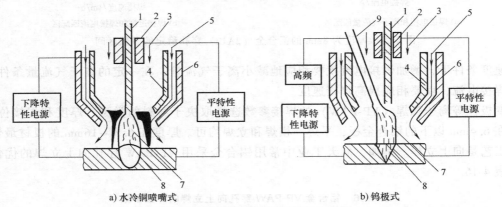

图 4-27　熔化极等离子堆焊的示意图
1—焊丝　2—导电嘴　3、7—等离子气　4—铜喷嘴　5—保护气体　6—保护罩　8—过渡金属　9—钨极

熔化极电弧产生在焊丝与焊件之间，并在等离子弧中间燃烧。整个焊机需要两台电源。其中一台为陡降特性电源，负极接钨极或水冷铜喷嘴，正极接焊件；另一台为平特性电源，正极接焊丝，负极接焊件。

熔化极堆焊机既可用于焊接，也可用于堆焊。焊接时选用较小的电流，此时熔滴过渡为大滴过渡；堆焊时选用较大的电流，熔滴过渡为旋转射流过渡。

与一般等离子弧焊及熔化极气体保护焊相比，熔化极等离子弧堆焊具有下列优点：

1）焊丝受到等离子弧的预热，熔化功率大，堆焊速度快。

2）由于等离子流力的作用，进行大滴过渡及旋转射流过渡时均不会产生飞溅。

3）熔化功率和焊件上的热输入可单独调节。

熔化极等离子弧堆焊又可细分为冷丝等离子弧堆焊、热丝等离子弧堆焊或单丝和双丝等离子弧堆焊等。

（1）冷丝等离子弧堆焊　冷丝等离子弧堆焊与填充焊丝的熔透型等离子弧焊相同，其设备也与填充焊丝的强流等离子弧焊设备相似。由于这种方法的效率低，目前已很少使用。

（2）热丝等离子弧堆焊　热丝等离子弧堆焊结合了热丝钨极氩弧焊及等离子弧焊的特点。焊机由一台直流电源、一台交流电源、送丝机、控制箱、焊枪和机架等组成。直流电源用作焊接电源，用于产生等离子弧，加热并熔化母材和填充焊丝。交流电源作为预热电源，在自动送入的焊丝中通以加热电流，以产生电阻热、提高熔敷效率和降低对熔敷金属的稀释程度。此外，热丝等离子弧堆焊还有利于消除堆焊层中的气孔。

（3）双丝等离子弧堆焊　对于单丝等离子弧堆焊焊机，预热电源的两极分别接焊丝和焊件；对于双丝等离子弧堆焊焊机，电源的两个电极分别接两根焊丝，堆焊时选择合适的预热电流，使焊丝在恰好送进到熔池时被电阻热所熔化，同时两根焊丝间又不产生电弧。这样可减小焊接电流，从而降低熔敷金属的稀释率。

热丝等离子弧堆焊主要用于在表面积较大的焊件上堆焊不锈钢、镍基合金、铜及铜合金等。双热丝等离子弧堆焊的焊接参数见表 4-18。

表 4-18　双热丝等离子弧堆焊的焊接参数

焊丝直径 /mm	焊接电流 /A	电弧电压 /V	气体流量 /（L/min）	堆焊速度 /（cm/min）	熔敷速度 /（kg/h）	稀释率 （%）	预热电流 /A
1.6	400	38	23.4	20	18~23	8~12	160
1.6	480	38	23.4	23	23~27	8~12	180
1.6	500	39	23.4	23	27~32	8~15	200
2.4	500	39	23.6	25	27~32	8~15	240

2. 粉末等离子弧堆焊

粉末等离子弧堆焊是将合金粉末自动送入等离子弧区实现堆焊的方法。堆焊时合金成分的要求易于满足，堆焊工作易于实现自动化，能获得稀释率低的薄堆焊层，且表面平整，不加工或稍加工即可使用，可以降低贵重材料的消耗。粉末等离子弧堆焊适于在低熔点材质的工件上进行堆焊，特别是大批量和高效率地堆焊新零件更为方便。

粉末等离子弧堆焊机与一般等离子弧焊机大体相同，只不过用粉末堆焊焊枪代替等离子弧焊中的焊枪。粉末等离子弧堆焊焊枪多采用直接水冷并带有送粉通道，所用喷嘴的压缩孔道比不超过 1。粉末等离子弧堆焊时，一般采用转移弧或联合型弧。除了等离子气及保护气外，还需要送粉气。送粉气一般采用氩气。粉末等离子弧堆焊具有生产率高、堆焊层质量高、便于自动化等特点，是目前应用广泛的一种等离子弧堆焊方法。特别适合于轴承、轴颈、阀门板和座、涡轮叶片等零部件的堆焊。

国产粉末等离子弧堆焊机有几种型号，如 LUF4-250 型粉末等离子弧堆焊机可以用来堆焊各种圆形焊件的外圆或端面，也可进行直接堆焊。其堆焊的最大焊件直径达 500mm，直线长度达 800mm，一次堆焊的最大宽度为 50mm；可用于各种阀门密封面的堆焊，高温排气阀门堆焊，以及对轧辊、轴磨损后的修复等。

根据堆焊合金的成分，等离子弧堆焊用的合金粉末有镍基、钴基和铁基三类。镍基合金粉末主要是镍铬硼硅合金，熔点低，流动性好，具有良好的耐磨、耐蚀、耐热和抗氧化等综合性能。镍基合金粉末主要用于堆焊阀门、泵柱塞、转子、密封环、刮板等耐高温、耐磨零件。钴基合金粉末耐磨、耐蚀，比镍基合金粉末具有更好的热硬性、耐热性和抗氧化性，但价格昂贵。钴基合金粉末主要用于高温高压阀门锻模、热剪切刀具、轧钢机导轨等堆焊。铁基合金粉末成本较低、耐磨性好，并有一定的耐蚀、耐热性能。铁基合金粉末主要用于堆焊受强烈磨损的零件，如破碎机辊、挖掘机铲齿、泵套、排气叶片、高温中压阀门等。

4.3.8　等离子弧焊的稳定性及缺陷防止

1. 等离子弧焊过程的稳定性

穿孔型等离子弧焊工业应用的一个主要问题是焊接过程的稳定性，它直接影响接头质量，厚板焊接时尤为明显。等离子弧焊过程稳定性差表现在两个方面：

1）压缩电弧对焊接参数的变化较敏感，获得良好接头质量的焊接参数区间窄，工艺宽容度小，在大电流强压缩条件下易出现双弧。

2）焊缝成形的稳定性差，影响因素有等离子弧的稳定性、熔池液态金属的流动性、穿孔熔池受力状态及动态平衡性等。

近年来，国内外关于等离子弧焊新工艺的研究报道不断涌现，如等离子弧点焊、三重气体等离子弧焊、无电极真空等离子弧焊、双面等离子弧焊等。焊接工作者从等离子弧物理和熔池行为等方面，对影响等离子弧焊稳定性的因素和规律等进行了大量的研究，提出了一些具体的改善措施，见表4-19。随着等离子弧焊设备整体性能水平的不断提高（包括焊接电源和焊枪的性能），计算机及先进的控制技术在焊接控制单元中的应用越来越广泛，等离子弧焊的稳定性在很大程度上将得到改善。

表 4-19　提高等离子弧焊过程稳定性的措施

序号	解决方法和技术措施	特点及效果
1	采用弱等离子弧焊工艺，如小的钨极内缩量、大的喷嘴孔径或气动压缩等工艺措施降低等离子弧的压缩程度，克服双弧，以提高焊接过程的稳定性	1）通过调整焊枪结构，以克服双弧 2）采用弱等离子弧焊工艺，以牺牲等离子弧的压缩性能为代价 3）采用特殊结构的喷嘴，但增大了焊枪的尺寸
2	采用分体结构的喷嘴，既避免产生双弧，又保证了等离子弧的强压缩特性	
3	减小等离子弧焊焊接参数的波动，通过提高焊接设备性能或采取其他焊接过程控制方法，尽可能地稳定各种焊接参数	对提高等离子弧的稳定性有一定效果，易于实施，是当前工业界广泛采用的方法，但这两种方法的效果有限
4	采用低频脉冲焊工艺，有规律性的低频脉冲电流不仅可以更有效地控制热输入，而且可以减弱焊接参数波动对焊接过程稳定性造成的不利影响	
5	通过专用传感器检测与焊接质量相关的过程信号，并反馈到焊接参数调节系统，从而实现焊接质量的实时闭环控制	在焊接过程中实施闭环质量控制，是提高焊接质量稳定性的有效方法

2. 等离子弧焊的缺陷及防止

等离子弧焊常见的特征缺陷有咬边、气孔、裂纹等。等离子弧焊不加填充焊丝时易出现咬边，有单侧咬边和双侧咬边，特别是焊接电流较大时。等离子弧焊的气孔多出现于焊缝根部。焊前清理焊件、提高装配质量、正确选择焊接参数，及时调整电极对中和焊枪位置等，是防止产生气孔、咬边及其他缺陷的有效措施。

等离子弧焊常见焊接缺陷产生原因及防止措施见表4-20。

表 4-20　常见焊接缺陷及防止措施

缺陷类型	产 生 原 因	防 止 措 施
单侧咬边	1）焊枪偏向焊缝一侧 2）离子气流量过大，电流过大及焊接速度过快 3）接头错边量太大，坡口两侧边缘高低不平 4）电缆连接位置不当，导致磁偏吹 5）电极与喷嘴不同心；采用多孔喷嘴时，双侧辅助孔位置偏斜	1）改正焊枪对中位置 2）调整离子气流量、电流及焊接速度 3）保证装配质量，添加填充焊丝 4）改变地线位置 5）调整同心度，调整双侧辅助孔位置
双侧咬边	1）焊接速度太快 2）焊接电流太小	1）降低焊接速度 2）加大焊接电流

（续）

缺陷类型	产生原因	防止措施
气孔	1）焊前清理不当，焊丝不清洁 2）起弧和收弧处焊接参数配合不当 3）焊接电流太小，电弧电压过高 4）填充焊丝送进速度太快 5）焊接速度太快	1）除净焊接区的油锈及污物，清洗焊丝 2）调整焊接参数使之配合合理 3）加大焊接电流，降低电弧电压 4）适当降低送丝速度 5）适当降低焊接速度
热裂纹	1）焊材或母材 S 含量太高 2）焊缝熔深、熔宽较大，熔池太长 3）焊件刚度太大	1）选用 S 含量低、Mn 含量高的焊丝 2）调整焊接参数 3）预热、焊后缓冷

4.4　等离子弧焊的应用

等离子弧焊机
器人加工示例

等离子弧焊适于焊接不锈钢、钛合金、低碳钢或低合金结构钢以及铝及铝合金、铜、镍及镍合金的对接焊缝。在适当厚度范围，等离子弧焊可在不开坡口、不加填充金属、不用衬垫的条件下实现单面焊双面成形，大厚度板可采用 V 形或 U 形坡口多层焊。

4.4.1　铝及铝合金的等离子弧焊

焊接铝及铝合金时，采用直流反接或交流。铝及铝合金交流等离子弧焊多采用矩形波交流焊接电源，用氩气作为等离子气和保护气体。对于纯铝、防锈铝，采用等离子弧焊的焊接性良好；硬铝的等离子弧焊的焊接性尚可。

1. 平焊位置的等离子弧焊

铝及铝合金平焊位置等离子弧焊时，为了获得高质量的焊缝应注意以下几点：

1）焊前要加强对焊件、焊丝的清理，防止氢溶入产生气孔，还应加强对焊缝和焊丝的保护。

2）交流等离子弧焊的许用等离子气流量较小，若等离子弧的吹力过大，铝熔池的液态金属被向上吹起，形成凹凸不平或不连续的凸峰状焊缝。为了加强钨极的冷却效果，可以适当加大喷嘴孔径或选用多孔型喷嘴。

3）当板厚大于 6mm 时，要求焊前预热 100～200℃。板厚较大时用 He 作等离子气或保护气，可增加熔深或提高焊接效率。

4）需用的垫板和压板用导热性不好的材料（如不锈钢）制造。垫板上加工出深度为 1mm、宽度为 20～40mm 的凹槽，以使待焊铝板坡口近处不与垫板接触，防止散热过快。

5）板厚不大于 10mm 时，在对接坡口上每间隔 150mm 定位焊一点；板厚大于 10mm 时，每间隔 300mm 定位焊一点。定位焊采用与正常焊接相同的电流。

6）多道焊时，焊完前一道焊道后应用钢丝或铜丝刷清理焊道直至露出纯净的铝表面。

表 4-21 所列为纯铝自动交流等离子弧焊的焊接参数。表 4-22 所列为铝合金直流等离子弧焊的焊接参数。

2. 变极性等离子弧立焊

受常规焊接方法的影响，早期穿孔型等离子弧焊是以平焊形式出现的。实践中发现，立焊方式不仅可以使焊件可焊厚度增加，更重要的是焊缝的成形稳定性显著提高。因此，立焊

表 4-21　纯铝自动交流等离子弧焊的焊接参数

板厚 /mm	钨极为负极		钨极为正极		气体流量/(L/h)		焊接速度 /(cm/s)
	焊接电流/A	时间/ms	焊接电流/A	时间/ms	等离子气	保护气	
0.3	10~12	20	8~10	40	9~12	120~180	0.70~0.83
0.5	20~25	30	15~20	30	12~15	120~180	0.70~0.83
1.0	40~50	40	18~20	40	15~18	180~240	0.56~0.70
1.5	70~80	60	25~30	60	18~21	180~240	0.56~0.70
2.0	110~130	80	30~40	80	21~24	240~300	0.42~0.56

表 4-22　铝合金直流等离子弧焊的焊接参数

板厚 /mm	接头 形式	非转移 弧电流 /A	喷嘴与焊 件间电流 /A	离子气 流量 Ar /(L/min)	保护气 流量 He /(L/min)	喷嘴 孔径 /mm	电极 直径 /mm	填充 金属	定位焊
0.4	卷边	4	6	0.4	0	0.8	1.0	无	无
0.5	平对接	4	10	0.5	0	1.0	1.0	无	无
0.8	平对接	4	10	0.5	9	1.0	1.0	有	有
1.6	平对接	4	20	0.7	9	1.2	1.0	有	有
2	平对接	4	25	0.7	12	1.2	1.0	有	有
3	平对接	20	30	1.2	15	1.6	1.6	有	有
2	外角接	4	20	1.0	12	1.2	1.0	有	有
2	内角接	4	25	1.6	12	1.2	1.0	有	有
5	内角接	20	80	25	15	1.6	1.6	有	有

位置焊接工艺的采用，推动了铝合金穿孔型等离子弧焊技术的发展。图 4-28 所示为穿孔型等离子弧立焊的示意图。

穿孔型等离子弧立焊可实现中厚板的单面焊双面同时自由成形，并且气孔和夹渣少、生产率高、成本低，因而成为航空航天工业中铝合金焊接产品的重要焊接方法。但是，铝合金穿孔型等离子弧立焊也存在焊缝成形的问题。从焊接工艺角度看，铝合金等离子弧立焊存在的主要问题如下：

1）要保证铝合金等离子弧焊熔池金属良好的流动性，需采用在焊件为负的反极性期间内去除氧化膜的交流焊方法，但会使钨极烧损严重，造成电弧燃烧不稳定。

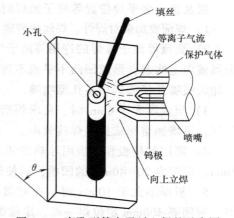

图 4-28　穿孔型等离子弧立焊的示意图

2）需对交流等离子弧采取稳弧措施，这不仅会增加设备的复杂程度，而且易产生双弧。

3）由于等离子弧对焊件背面的氧化膜几乎没有清理作用，因此，穿孔熔池背面液态金属的流动受到焊件背面氧化膜的影响。

4）由于铝合金的比热容、热导率和溶解热大，使得为提高焊缝成形稳定性而在焊接钢材时采用的"一脉一孔"的低频脉冲穿孔型等离子弧焊不能很好地应用于铝合金焊接。

美国国家航空和航天管理局（NASA）马歇尔宇航中心在对上述问题进行大量试验研究的基础上，采用变极性等离子弧焊技术，取代钨极气体保护焊用于航天飞机外储箱的焊接，成功地实现了厚板铝合金构件的焊接。

等离子弧焊用于铝合金的焊接必须解决铝合金表面氧化膜的阴极清理和钨极烧损两者的矛盾。变极性电源技术的出现解决了这一矛盾，既满足了焊铝所需的阴极清理作用，又能降低钨极的烧损。变极性等离子弧焊工艺主要用于铝合金焊接，特别是用在厚板焊接中。由于变极性电源输出的正负半波比值、幅值均可独立调节，在控制小孔稳定性、保证焊缝双面稳定成形上更具优势。目前，变极性等离子弧立焊已应用于航天飞机外储箱、船用液化石油储罐、火箭及导弹壳体等重大铝合金构件的焊接生产。由于它独特的优越性以及随着此项技术的不断进步与发展，在铝合金焊接构件的生产中将发挥越来越重要的作用。

4.4.2　钛及钛合金的等离子弧焊

等离子弧焊能量密度高、效率高。厚度为 2.5~15mm 的钛及钛合金板材采用穿孔型方法可一次焊透，并可有效地防止产生气孔。熔透型等离子弧焊方法适于各种板厚，但一次焊透的厚度较小，板厚在 3mm 以上一般需开坡口。

钛的弹性模量仅相当于铁的 1/2，在应力水平相同的条件下，钛及钛合金焊接接头将发生比较显著的变形。等离子弧的能量密度介于钨极氩弧和电子束之间，用等离子弧焊焊接钛及钛合金时，热影响区较窄，焊接变形也较易控制。微束等离子弧焊已经成功地应用于钛合金薄板的焊接，采用 3~10A 的焊接电流可以焊接厚度为 0.08~0.6mm 的钛合金板材。

由于液态钛的相对质量密度较小，表面张力较大，利用等离子弧焊的小孔效应可以单道焊接厚度较大的钛及钛合金，不致发生熔池坍塌，焊缝成形良好。通常单道钨极氩弧焊时，焊件的最大厚度不超过 3mm，因为钨极距离熔池较近，可能发生钨极熔蚀，使焊缝渗入钨夹杂物。等离子弧焊时，不开坡口就可焊透厚度达 12mm 的接头，不出现焊缝渗钨现象。

钛板等离子弧焊的焊接参数见表 4-23。TC4 钛合金等离子弧焊和钨极氩弧焊接头的力学性能见表 4-24。

表 4-23　钛板等离子弧焊的焊接参数

板厚 /mm	喷嘴孔径 /mm	焊接电流 /A	焊接电压 /V	焊接速度 /(cm/s)	送丝速度 /(m/min)	焊丝直径 /mm	氩气流量/(L/min)			
							离子气	保护气	拖罩	背面
0.2	0.8	5	—	1.3	—	—	0.25	10	—	2
0.4	0.8	6	—	1.3	—	—	0.25	10	—	2
1	1.5	35	18	2.0	—	—	0.5	12	15	2
3	3.5	150	24	3.8	60	1.5	4	15	20	6
6	3.5	160	30	3.0	68	1.5	7	20	25	15
8	3.5	172	30	3.0	72	1.5	7	20	25	15
10	3.5	250	25	1.5	46	1.5	7	20	25	15

注：电源极性为直流正接。

表 4-24 钛合金等离子弧焊和钨极氩弧焊接头的力学性能

材 料	抗拉强度 /MPa	屈服强度 /MPa	伸长率 （%）	断面收缩率 （%）	冷弯角 /（°）
TC4 钛合金	1072	983	11.2	27.3	16.9
等离子弧焊接头	1005	954	6.9	21.8	53.2
钨极氩弧焊接头	1006	957	5.9	14.6	6.5

注：钨极氩弧焊的填充金属为 TC3，等离子弧焊不填丝，拉伸试样均断在热影响区过热区。

　　焊接 TC4 钛合金高压气瓶的试验结果表明，等离子弧焊接头强度与钨极氩弧焊相当，强度系数均为 90%，但塑性指标比钨极氩弧焊接头高，可达到母材的 75%。根据 30 万 t 合成氨成套设备的生产经验，用等离子弧焊焊接厚度为 10mm 的 TA1 工业纯钛板材，生产率比钨极氩弧焊提高 5~6 倍，对操作者的熟练程度要求也较低。

　　纯钛等离子弧焊的气体保护方式与钨极氩弧焊相似，可采用氩弧焊拖罩，但随着板厚的增加、焊接速度的提高，拖罩要加长，使处于 350℃ 以上的区域得到良好保护。背面垫板上的沟槽一般宽度和深度各为 2.0~3.0mm，同时背面保护气体的流量也要增加。厚度在 15mm 以上的钛板焊接时，开 6~8mm 钝边的 V 形或 U 形坡口，用穿孔型等离子弧焊封底，然后用熔透型等离子弧焊填满坡口。用等离子弧焊封底可以减少焊道层数，减少填丝量和焊接角变形，提高生产率。熔透型多用于厚度在 3mm 以下薄件的焊接，比钨极氩弧焊容易保证焊接质量。

4.4.3　镁合金变极性等离子弧焊

　　变极性等离子弧焊能够改善镁合金焊接接头组织并提高接头的性能，是一种提高镁合金焊接质量的方法。采用变极性等离子弧焊可实现变形镁合金板材的优质连接，对推进镁合金的焊接应用有重要的意义。

1. 材料及焊接方法

　　试验板材为 300mm×100mm×5mm 的变形镁合金 AZ31B。试样焊接前采用丙酮去除油脂，干燥后分别用砂布和钢丝刷去除氧化膜。对 AZ31B 镁合金板材进行变极性等离子弧焊对接焊试验，所用焊机为 VPP-400 型等离子弧焊机，钨极内缩量为 5mm，焊枪喷嘴结构如图 4-29 所示。

　　焊接时焊枪位置保持固定，夹持焊件的工作台水平移动，采用氩气作为保护气体和离子气，不填充焊剂，要求单面焊双面成形，一次焊透。

2. 焊接工艺分析

　　图 4-30 所示为其他参数给定时，试验测定的变极性等离子弧焊小孔焊接电流、离子气流量和焊接速度

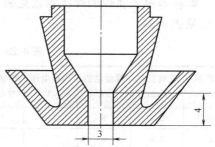

图 4-29　焊枪喷嘴结构

的匹配关系（区间上边线表示焊缝正常成形而不出现切割，下边线表示出现稳定的"小孔"而且保证焊缝正常成形）。由图可见，离子气流量的不同对焊接过程产生了较大的影响，当离子气流量较大（$Q=4$L/min）或较小（$Q=2$L/min）时，焊接参数变化区间都较窄，离子气流量 $Q=3$L/min 时的焊接参数变化区间相对来说比较宽。

离子气流量 $Q=2L/min$ 时，等离子流力和穿透能力较小，在相同的速度下，形成小孔所需的电流最大。电流增大到 70A 时虽不会出现切割现象，但由于离子气流量较小，电弧挺度不足，不能维持焊接"小孔"的稳定，导致不能获得稳定的焊缝成形。当焊接速度继续提高时需同时增大电流，此时易出现双弧现象而使焊接过程不能正常进行。当焊接速度增大到 800mm/min 时，由于离子气流量过小带来的电弧挺度不足和所需的电流值较大而出现了较为严重的双弧现象，使焊接无法进行。

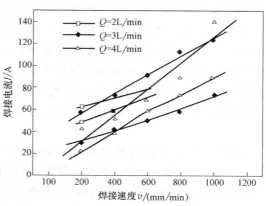

图 4-30　AZ31B 镁合金变极性
等离子弧焊参数变化区间

影响双弧形成的主要因素是所用喷嘴的结构参数，喷嘴孔径减小、孔道长度或内缩量增大时，容易形成双弧。当喷嘴参数一定时，焊接电流、离子气流量以及表面是否有飞溅凸起物成为影响双弧形成的主要因素。

离子气流量 $Q=4L/min$ 时，等离子流力和穿透能力增大，形成小孔所需的电流本应最小，但是在焊接速度较大时，由于不易保证焊缝的稳定成形，需适当地提高对应的电流值，所以在焊接速度大于 400mm/min 后匹配的电流值要大于 $Q=3L/min$ 时匹配的电流值。从图 4-30 中还可看出，该离子气流量下较小的电流就会产生切割现象。

3. 焊接参数对焊缝及接头性能的影响

（1）焊接电流和焊接速度　在一定的焊接速度和离子气流量下，调节焊接电流的大小可以得到满意的焊缝成形。焊接电流增大，热输入增加，焊缝宽度也随之增加，图 4-31a 所示为焊接电流变化对焊缝宽度的影响。当电流增加到一定值之后，熔池出现"小孔"的稳定性下降，常常出现不连续的焊缝（个别地方间断地烧穿，甚至切割），使形成连续正常焊缝的重复性变差。同样在焊接电流和离子气流量一定的情况下，焊接速度的变化也会对焊缝成形产生影响（见图 4-31b）。当焊接速度增加时，焊缝宽度呈下降趋势，在焊接速度过大时，小孔也会变得不稳定，甚至不断"消失"，导致焊缝成形变差甚至不能正常成形。

（2）极性时宽比　极性时宽比 M_k 是以焊件为对象，在一个周期中焊件为阳极的时间和

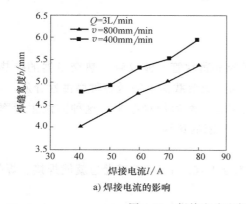

a) 焊接电流的影响

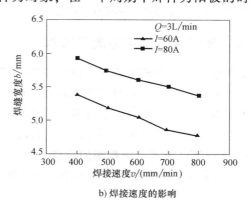

b) 焊接速度的影响

图 4-31　焊接电流和焊接速度对焊缝成形的影响

一个周期的时间之比。当 M_k 增加时与相同规范下的其他焊道相比，焊缝宽度明显减小，钨极烧损量逐渐减小。M_k 对焊缝尺寸和接头强度的影响如图4-32所示。由图可见，随着 M_k 的增大，焊缝宽度逐渐减小，接头强度逐渐升高，在 $M_k = 0.9$ 左右时抗拉强度最大，此时接头抗拉强度可达到母材的95%左右。

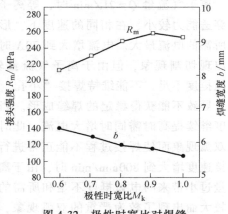

图 4-32　极性时宽比对焊缝尺寸和接头强度的影响

极性时宽比 M_k 的变化使得电弧热量在一个周期内的分配发生变化，M_k 越大，作用于镁合金焊件熔化的时间相对越长，在同样的焊接电流下所得焊缝的熔深越大，热影响区宽度越小，接头的强度越高。但当 M_k 过大时，阴极清理区太小或没有，表面氧化膜的存在使得焊接性变差，使得焊接过程不稳定和产生较多的缺陷，反而造成了接头强度的下降。

（3）阴极清理时间　在不改变其他焊接参数的前提下，阴极清理时间对焊缝性能以及焊缝宽度和阴极清理区大小的影响如图4-33所示。由图可见，随着清理时间的延长，阴极清理去除氧化膜的作用明显，清理区的宽度 C（包含焊缝宽度 b）增大，焊缝表面也变得更为光亮。

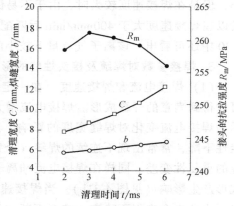

图 4-33　阴极清理时间对焊缝尺寸及接头性能的影响

焊接接头的抗拉强度随着清理时间的延长呈先增大后减小的趋势，在清理时间为3ms左右时强度值达到最高，随后随清理时间的延长有所下降。这是由于在清理时间相对较短时，增加清理时间可以提高电弧对镁合金表面氧化膜的清理作用，改善了材料的焊接性，使接头强度有所升高。进一步延长阴极清理时间，会使电弧斑点自动寻找、去除氧化膜的范围加大，由于电弧斑点的这种跳动，最终使电弧变得飘移，加热面增大，焊缝宽度增加，热影响区扩大，从而导致接头性能的下降。

4.4.4　薄壁管的微束等离子弧焊

薄壁管在工业生产中有着广泛的应用，可制造金属软管、波纹管、热交换器的换热管、仪器仪表的谐振筒等，有时应用在高温高压、振动和交变载荷下输送各种腐蚀性介质。用微束等离子弧焊工艺制造薄壁有缝管是把带材卷成圆管，然后焊接起来。这种方法生产率高、成本低（为无缝管的50%左右），受到国内外生产厂家的重视。

1. 薄壁管微束等离子弧焊的特点

1）焊接的带材厚度比氩弧焊小，通常厚度为 0.1~0.5mm，不需卷边就能焊接，焊接质量良好。

2）薄壁管连续自动焊接时，等离子弧长的变化对焊接质量影响不大，这与氩弧焊不同，氩弧焊弧长变化对焊接质量影响很大。

3）焊接电流小时（小于 3A），微束等离子弧稳定性好，而氩弧有时游动，稳定性较差。

4）微束等离子弧由于热量集中，焊接速度高于氩弧焊，生产率高。

5）能焊接多种金属薄壁管，包括不锈钢、非铁金属等。

薄壁管连续自动微束等离子弧焊，类似封闭压缩弧焊过程。在焊接模套和焊枪之间安装绝缘套，使等离子弧焊枪与金属零件可靠绝缘，同时把保护氩气封闭在一个小室中，相当于建立了近似可控气氛的焊接条件，提高了保护效果。

工作气体流量大，电弧挺度好，电弧易引出喷嘴，转移弧容易建立；工作气体流量小，电弧挺度差，转移弧建立较困难。但工作气体流量不能过大，太大会导致焊缝成形不良。保护气体流量与工作气体流量有一个最佳比值，这要通过试验确定。

影响薄壁管生产率的主要焊接参数是焊接电流、工作气体流量和喷嘴小孔直径等。保护气体用 Ar+H$_2$ 混合气体效果好，一般用体积分数为 5% 的 H$_2$，其余为 Ar。有时也加 He，但 He 价格昂贵，只对某些非铁金属焊接时才用。

铜及铜合金薄壁管的焊接工艺与不锈钢管的焊接工艺有共同点。由于铜及铜合金的物理性能不同，如线胀系数和导热性高，焊缝气孔倾向大，合金元素锌（黄铜）、铍（铍青铜）易烧损等，焊接时须采取以下附加措施：

1）在焊接处建立起封闭小室，用 He 作为保护气体，以避免熔池氧化，提高保护效果。

2）用钼喷嘴代替铜喷嘴。由于钼喷嘴的热导率低（约为铜的 1/3），加热到高温时呈炽热的桃红色，妨碍锌和铍的蒸发和沉积作用，可以减少锌和铍的烧损。

3）须利用软态带材制造薄壁管。在封闭小室中用 He 作保护气体也能够用微束等离子弧焊焊接钛和锆的超薄壁管。

2. 薄壁波纹管的微束等离子弧焊

金属波纹管分为三大类：液压波纹管、焊接波纹管和电成形波纹管。把带有波纹的金属膜片，在内径和外径上交替焊接而成的波纹管称为焊接波纹管。随着科学技术的发展，焊接波纹管的应用领域日趋扩大。焊接波纹管的主要用途是：作为控制机构、变送器或调节器的检测元件，也可用作温度、压力和液位的测量元件，还可作各种密封以及能量传递元件等。

采用焊接工艺制造的焊接波纹管，可以根据使用需要设计出各种波形膜片，选择较大的内外直径差，为采用弹性材料制造波纹管开辟了一条新途径。

（1）波纹膜片的制造　波纹膜片是组成焊接波纹管的主体。波纹膜片的形状有正弦波形、圆弧波形、平板波形和 U 形波形几种。波纹膜片的加工质量直接影响焊接质量和波纹管的使用性能。因此，保证波纹膜片的加工质量是制造优质焊接波纹管的前提。

焊接波纹管膜片的材料通常是 06Cr18Ni11Ti 不锈钢、因康镍、蒙乃尔、高弹性合金等，厚度一般为 0.05~0.3mm。为了保证获得优质焊缝，对波纹膜片有以下要求：

1）波纹膜片被焊边缘必须平整、不翘曲、无皱纹和凹凸不平，波纹饱满、均匀。

2）波纹膜片内外直径上无毛刺。

3）波纹膜片的内径和外径的圆度以及波形与内外径的同心度应符合技术要求，不超过波纹膜片厚度的 10%~20%。

4）两种焊在一起的波纹膜片的内径和外径应一致（误差不超过其厚度的 20%），这是保证焊接波纹管焊缝均匀、光滑的重要条件。组装焊接时波纹膜片的错边量不超过允许值。

厚度在0.1mm以下的波纹膜片的制造，通常采用无间隙冲裁工艺，即用一个带波形的钢模作上模或下模（取决于结构），另一个是用橡皮或聚氨酯制作的软模。采用软模制造波纹膜片的优点是降低了模具加工配合的精度，方便实用；缺点是波形随橡皮的成形力而变，波形精度较硬模低。如果上下模都采用钢模，要求加工精度很高，一般采用双柱式复合模座，上、下模之间间隙很小。

波纹膜片通常采用微束等离子弧焊，被焊的波纹膜片厚度大于0.2mm时也可采用小功率钨极氩弧焊。

（2）波纹膜片内圆焊接 内圆焊接之前，要求将波纹膜片仔细清洗，去除油污和氧化膜。清洗好的波纹膜片要用无水乙醇浸泡，取出后立即吹干或烘干。清洗好的波纹膜片不能再用手接触，必须用金属镊子夹取，操作者应带好白纱手套。

对两种相同波形的波纹膜片用内圆焊接夹具组装固定，如图4-34a所示。先将两个待焊波纹膜片和压环装在定位轴上，以保证待焊波纹膜片彼此同心，然后把定位轴放入转轴中，使待焊波纹膜片与转轴同心。

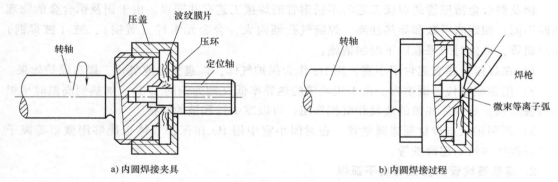

a) 内圆焊接夹具　　　　　　　　　　　b) 内圆焊接过程

图 4-34　内圆焊接夹具及焊接过程示意图

起动微束等离子弧焊机，调整等离子焊枪的空间位置，然后引弧，待等离子弧稳定后，使维弧喷出喷嘴并对准波纹膜片的内径（见图4-34b），开动焊机使转轴旋转。观察维弧是否稳定和被焊波纹膜片是否偏心。待一切正常后，施加焊接电流，调整焊接速度。在焊接参数、焊缝质量稳定后，可以进行微束等离子弧的自动焊接。

06Cr18Ni11Ti不锈钢波纹膜片内圆微束等离子弧焊的焊接参数见表4-25。钨极直径为1mm。波纹膜片内圆焊好后要逐个进行检漏，不允许有泄露现象。

表 4-25　波纹膜片内圆微束等离子弧焊的焊接参数

波纹膜片厚度 /mm	焊接电流 /A	维弧电流 /A	工作气体流量 Ar/(L/min)	保护气体流量		焊接速度 /(cm/s)
				Ar/(L/min)	H₂/(L/min)	
0.1	1~1.2	1.3	0.5	3.1	0.2	0.20
0.2	2~3	1.3	0.8	3.4	0.2	0.20
0.3	6~7	0.5	0.5	3.5	—	0.27

（3）波纹膜片外圆焊接 焊接好内圆的波纹膜片在专用夹具上组装，进行波纹膜片的

外圆焊接。图 4-35 所示为波纹膜片外圆焊接的夹具组装图。心轴 1 与微束等离子弧焊机机头连接,焊接时心轴 1 带动被焊波纹膜片对 6 旋转,微束等离子焊枪不动。焊前先将已焊好内圆的波纹膜片对 6 分别装上卡环 3(卡环由两半环组成)。卡环 3 的作用是使波纹膜片彼此贴紧并保证被焊接处散热。卡环通常用黄铜材料制造,卡环的外径要比波纹膜片的外径小 0.8~1.5mm。

装夹好的已焊完内圆的波纹膜片对按图 4-36 所示与微束等离子弧焊机相连。调整好焊枪的位置,起动焊机。观察被焊波纹膜片是否偏心和彼此贴紧状况,若不符合要求可重新调整。特别是波纹管比较长时,要仔细调整已焊好内圆的波纹膜片彼此的同心度。同心度不好,错边量大于波纹膜片厚度的 20% 时,焊缝将出现锯齿状,外形不美观,密封达不到要求。

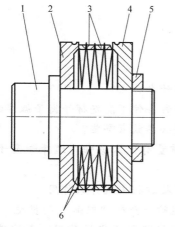

图 4-35　波纹膜片外圆焊接夹具组装图

1—心轴　2—左压块　3—卡环(由半环组成)

4—右压块　5—螺母　6—焊好内圆的波纹膜片对

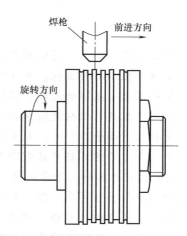

图 4-36　外圆微束等离子弧焊示意图

焊接参数的调整与波纹膜片的内圆焊接相同,先通过试焊来调整焊接参数,待焊缝质量稳定后,可进行微束等离子弧自动焊接,一般由左至右逐条焊缝施焊。06Cr18Ni11Ti 不锈钢波纹膜片外圆的微束等离子弧焊的焊接参数见表 4-26。

不锈钢材料经过冷加工和焊接热循环后会产生内应力。为了消除应力,有时进行焊后加热稳定处理。对于 06Cr18Ni11Ti 奥氏体不锈钢,热稳定处理温度为 350~400℃,保温时间为 8~10h。

表 4-26　波纹膜片外圆微束等离子弧焊的焊接参数

波纹膜片厚度 /mm	焊接电流 /A	维弧电流 /A	工作气体流量 Ar/(L/min)	保护气体流量		焊接速度 /(cm/s)
				Ar/(L/min)	H₂/(L/min)	
0.1	0.7~1.0	1.3	0.55	3.9	0.2	0.33
0.2	1.6~2.0	1.3~1.5	0.55	3.4	0.2	0.20
0.3	6~6.5	0.5	0.4	3.5	—	0.25

焊接完成的波纹膜片外圆,必须进行整体气密性检验。气密性检验有两种方法:水检和

真空检漏。

波纹膜片在进行微束等离子弧焊时，要注意以下问题：

1) 钨极对中要好。钨极是发射电子的阴极，对中不好容易引起双弧，破坏等离子弧的稳定性，影响焊接质量。要尽量使钨极中心与喷嘴中心重合，偏差越小越好。

2) 经常清理喷嘴。清理方法是用细铁丝卷上脱脂棉，在无水乙醇中浸一下，然后在喷嘴内孔中擦洗，直至喷嘴内孔中无脏物为止。

3) 经常修磨钨极。当焊接过程中等离子弧忽大忽小不稳定或等离子弧建立不起来时，应检查钨极是否有问题。如果钨极尖端形状不符合要求应立即修磨，使钨极尖端保持 30°锥体形状。修磨钨极可用电极磨光机，也可用砂轮或油石手工磨修。

思 考 题

1. 什么是等离子弧？简述等离子弧的形成过程。

2. 等离子弧焊有什么优、缺点？适用于何种场合？

3. 简述等离子弧焊的原理。有几种基本方法？各有什么特点？

4. 等离子弧焊与钨极氩弧焊相比有什么异同？在何种条件下能发挥等离子弧焊的优势？

5. 穿孔型等离子弧焊时，影响小孔稳定性的主要焊接参数有哪些？

6. 等离子弧焊的焊接参数有哪些？对等离子弧焊质量有什么影响？选择等离子弧焊的焊接参数时，应考虑哪几个方面的问题？

7. 何谓非转移型等离子弧？非转移型等离子弧在焊接过程中起什么作用？

8. 等离子弧焊的"双弧"现象是如何产生的？简述防止产生"双弧"的措施。

9. 为什么说压缩喷嘴的结构类型和尺寸对等离子弧性能起决定性作用？压缩喷嘴有哪两个重要的喷嘴形状参数，如何影响等离子弧的稳定性？

10. 什么是变极性等离子弧穿孔立焊技术？有什么特点？用于何种场合？

11. 举例说明等离子弧焊技术在工业生产及典型结构中的应用。

第5章 扩散连接

扩散连接（或称扩散焊）是依靠界面原子相互扩散而实现结合的一种连接方法。近年来，随着航空航天、电子和能源等工业部门的发展，扩散连接技术得到了快速的发展。扩散连接在尖端科学技术领域起着十分重要的作用，是异种材料、耐热合金和新材料（如高技术陶瓷、金属间化合物、复合材料等）连接的主要方法之一。特别是对用熔焊方法难以连接的材料，扩散连接具有明显的优势，日益引起人们的重视。

5.1 扩散连接的分类及特点

扩散连接（Diffusion Bonding）是指在一定的温度和压力下，在真空条件下（或在保护气氛中）被连接表面相互靠近、相互接触，通过使局部发生微观塑性变形，或通过被连接表面产生的微观液相而扩大被连接表面的物理接触，然后结合层原子之间经过一定时间的相互扩散，形成结合界面可靠连接的过程。扩散连接本质上是一种固相连接。

一些特殊高性能构件的制造，经常要求把特殊合金或性能差别很大的异种材料，如金属与陶瓷、铜与铝、钛与钢、金属与玻璃等连接在一起，这些难焊材料用传统的熔焊方法难以实现可靠的连接。为了适应这种要求，作为固相连接方法之一的扩散连接技术引起了人们的重视，成为连接领域新的热点。

5.1.1 扩散连接的分类

可根据不同的准则对扩散连接方法进行分类。一般可分为固相扩散连接和固-液相扩散连接两大类。固相扩散连接所有的界面反应均在固态下进行；固-液相扩散连接是在异种材料之间发生相互扩散，使界面组分变化导致连接温度下液相的形成。在液相形成之前，固相扩散连接和固-液相扩散连接的原理相同，而一旦有液相形成，固-液相扩散连接实际上就变成钎焊+扩散焊。也可以按连接时是否加中间层、连接气氛等来分类。

根据扩散连接的定义，各种材料扩散连接接头的组合可分为图 5-1 所示的四种类型。

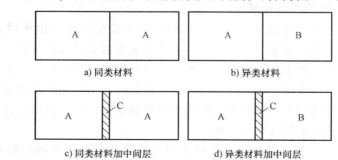

图 5-1 扩散连接接头的四种组合类型

一般地，扩散连接有两种分类方法（见表 5-1），每类扩散连接方法的特点如下：

表 5-1 扩散连接的分类

分类法	划分依据	类别名称	
第一种	按被焊材料的组合形式	无中间层	同种材料扩散连接
			异种材料扩散连接
		加中间层	同种材料扩散连接
			异种材料扩散连接
第二种	按连接过程中接头区是否出现液相或其他工艺变化	固相扩散连接（SDB）	
		瞬间液相扩散连接（TLP）	
		超塑性成形扩散连接（PF-DB）	
		热等静压扩散连接（HIP）	

1. 同种材料扩散连接

同种材料扩散连接是指两种同种金属直接接触或加中间层的扩散连接。同种材料的扩散连接，一般要求待焊表面制备质量较高，焊接时要求施加较大的压力，焊后扩散接头的化学成分、组织与母材基本一致。对于同种材料来说，Ti、Cu、Zr、Ta 等易于实现扩散连接；铝及其合金、含 Al、Cr、Ti 的铁基及钴基合金则因氧化物不易去除而难以实现扩散连接。同种材料固相扩散连接通常在扩散连接设备的真空室或保护气氛中进行。

2. 异种材料扩散连接

异种材料扩散连接是指两种不同的金属、合金或金属与陶瓷、石墨等非金属材料的扩散连接。异种金属的化学成分、物理性能等有显著差异。两种材料的熔点、线胀系数、电磁性、氧化性等差异越大，扩散连接难度越大。异种材料扩散连接时可能出现以下问题：

1）由于线胀系数不同而在结合面上出现热应力，导致界面附近出现裂纹。

2）在扩散结合面上由于冶金反应产生低熔点共晶或形成脆性金属间化合物，易使界面处产生裂纹，甚至断裂。

3）因为两种材料扩散系数不同，可能导致扩散接头中形成扩散孔洞。

对于采用常规固相扩散连接方法难以焊接或焊接效果较差的材料，可在被焊材料之间加入一层过渡金属或合金（称为中间层），这样就可以焊接很多难焊的或冶金上不相容的异种材料，可以焊接熔点很高的同种或异种材料。被焊材料或中间层合金中含有易挥发元素时不宜采用这种方法。

3. 瞬间（过渡）液相扩散连接

瞬间（过渡）液相扩散连接是指在扩散连接过程中接缝区瞬时出现微量液相的扩散连接方法。换句话说，是利用在某一温度下待焊异种金属之间会形成低熔点共晶的特点加速扩散过程的连接方法。在扩散连接过程中，中间层与母材发生共晶反应，形成一层极薄的液相薄膜，此液膜填充整个接头间隙后，再使之等温凝固并进行均匀化扩散处理，从而获得均匀的扩散连接接头。微量液相的出现有助于改善界面接触状态，允许使用较低的扩散压力。

获得微量液相的方法主要有以下两种：

（1）利用共晶反应 利用某些异种材料之间可能形成低熔点共晶的特点进行液相扩散连接（称为共晶反应扩散连接）。这种方法要求一旦液相形成应立即降温使之凝固，以免继续生成过量液相，所以要严格控制温度。

将共晶反应扩散连接原理应用于加中间层扩散连接时，液相总量可通过中间层厚度和温度来控制，这种方法称为瞬间液相扩散连接（或过渡液相扩散连接）。

（2）添加特殊合金或钎料　采用与母材成分接近但含有少量既能降低熔点又能在母材中快速扩散的元素（如 B、Si、Be 等），用此钎料作为中间层，以箔片或涂层方式加入。与普通钎焊相比，此钎料层厚度很薄，钎料凝固是在等温状态下完成的，而钎焊时钎料是在冷却过程中凝固的。

4. 超塑性成形扩散连接

这种扩散连接工艺的特点是：在高温下具有相变超塑性的材料，可以在高温下用较低的压力同时实现成形和扩散连接。扩散连接压力较低，与成形压力相匹配，扩散时间较长，可长达数小时。用此种组合工艺可以在一个热循环中制造出复杂的空心整体结构件。采用此方法的条件之一是材料的超塑性成形温度与扩散连接温度接近，该扩散连接在低真空度下完成。在超塑性状态下进行扩散连接有助于焊接接头质量的提高，这种方法已在航空航天工业中得到应用。

5. 热等静压扩散连接

热等静压扩散连接是在热等静压设备中实现的扩散连接。扩散连接前应将组装好的工件密封在薄的软质金属包囊中并将其抽真空，封焊抽气口；然后将整个包囊置于加热室中进行加热，利用高压气体与真空气囊中的压力差对工件施加各向均衡的等静压力，在高温高压下完成扩散连接过程。

由于压力各向均匀，工件变形小。当待焊表面处于两被焊工件本身所构成的空腔内时，可不用包囊而直接用真空电子束焊等方法将工件周围封焊起来。这种方法焊接时所加气压压力较高，可高达 100MPa。当工件轮廓不能充满包囊时应采用夹具将其填满，防止工件变形。这种方法尤其适合于脆性材料的扩散连接。

5.1.2　扩散连接的特点

1. 扩散连接的工艺特点

一些脆硬材料（如陶瓷、金属间化合物）或复合材料、非晶态材料及单晶等，采用传统的熔焊方法很难实现可靠的连接。一些特殊的高性能结构件的制造，往往要求把性能差别较大的异种材料（如金属与陶瓷、非铁金属与钢、金属与玻璃等）连接在一起，这用传统的熔焊方法也难以实现。为了满足上述种种要求，作为固相连接方法之一的扩散连接日益引起人们的重视。

扩散连接是正在不断发展的一种焊接技术，有关其分类、机理、设备和工艺都在不断完善和向前发展。根据被焊材料的组合和连接方式的不同，几种扩散连接方法的工艺特点见表 5-2。

表 5-2　扩散连接方法的工艺特点

类　　型	工　艺　特　点
同种材料扩散连接	是指不加中间层的两同种金属直接接触的扩散连接。对待焊表面制备质量要求高,要求施加较大的压力。焊后接头组织与母材基本一致 对氧溶解度大的金属（如 Ti、Cu、Fe、Zr、Ta 等）易焊,而对容易氧化的铝及其合金,含 Al、Cr、Ti 的铁基及钴基合金难焊

（续）

类 型	工 艺 特 点
异种材料扩散连接	是指异种金属或金属与陶瓷、石墨等非金属之间直接接触的扩散连接。由于两种材质上存在物理和化学等性能差异,焊接时可能出现: 1)因线胀系数不同,导致结合面上出现热应力,产生裂纹 2)由于冶金反应在结合面上产生低熔点共晶或形成脆性金属间化合物 3)因扩散系数不同,导致接头中形成扩散孔洞
加中间层的扩散连接	是指在待焊界面之间加入中间层材料的扩散连接。该中间层材料通常以箔片、电镀层、喷涂或气相沉积层等形式使用,其厚度<0.25mm。中间层的作用是:降低扩散连接的温度和压力,提高扩散系数,缩短保温时间,防止金属间化合物的形成等。中间层经过充分扩散后,其成分逐渐接近于母材。此方法可以焊接很多难焊的或在冶金上不相容的异种材料
过渡液相扩散连接 （TLP）	是一种具有钎焊特点的扩散连接。在工件待连接面之间放置熔点低于母材的中间层金属,在较小压力下加热,使中间层金属熔化、润湿并填充整个接头间隙成为过渡液相,通过扩散和等温凝固,然后再经一定时间的扩散均匀化处理,从而形成焊接接头的方法
超塑性成形扩散连接 （PF-DB）	是一种将超塑性成形与扩散连接组合起来的工艺,适用于具有相变超塑性的材料,如钛及其合金等。薄壁零件可先超塑性成形然后焊接,也可相反进行,次序取决于零件的设计。如果先成形,则使接头的两个配合面对在一起,以便焊接;如果两个配合面原来已经贴合,则先焊接,然后用惰性气体充压使零件在模具中成形
热等静压扩散连接 （HIP）	是利用热等静压技术完成焊接的一种扩散连接。焊接时将待焊件安放在密封的真空盒内,将此盒放入通有高压惰性气体的加热釜中,通过电热元件加热,利用高压气体与真空盒中的压力差对工件施以各向均衡的等静压力,在高温与高压共同作用下完成焊接过程。此法因加压均匀,不易损坏构件,适合于脆性材料的扩散连接,可以精确地控制焊接构件的尺寸

从广义上讲,扩散连接属于压焊的一种,与常用压焊方法（冷压焊、摩擦焊、爆炸焊及超声波焊）相同的是在连接过程中要施加一定的压力。扩散连接与其他焊接方法加热温度、压力及过程持续时间等工艺条件的对比见表 5-3。

表 5-3　扩散连接与其他焊接方法的对比

工艺条件	扩散连接	熔 焊	钎 焊
加热	局部、整体	局部	局部、整体
温度	0.5~0.8 倍母材熔点	母材熔点	高于钎料熔点
表面准备	严格	不严格	严格
装配	精确	不严格	不严格
被焊接材料	金属、合金、非金属	金属、合金	金属、合金、非金属
异种材料连接	无限制	受限制	无限制
裂纹倾向	无	强	弱
气孔倾向	无	有	有
变形	无	强	轻
接头施工可达性	无限制	有限制	有限制
接头强度	接近母材	接近母材	取决于钎料的强度
接头抗腐蚀性	好	敏感	差

2. 扩散连接的优缺点

（1）优点　扩散连接与熔焊方法、钎焊方法相比，在某些方面具有明显的优点，主要表现在以下几个方面：

1）可以进行内部及多点、大端面构件的连接（如异种复合板制造、大端面圆柱体的连接等），以及电弧可达性不好或用熔焊方法不能实现的连接。不存在具有过热组织的热影响区。焊接参数易于精确控制，在批量生产时接头质量和性能稳定。

2）是一种高精密的连接方法，用这种方法连接后的工件精度高、变形小，可以实现精密接合，一般不需要再进行机械加工，可获得较大的经济效益。

3）可以连接用熔焊和其他方法难以连接的材料，如活性金属、耐热合金、陶瓷和复合材料等。对于塑性差或熔点高的同种材料，或对于不互溶或在熔焊时会产生脆性金属间化合物的异种材料，扩散连接是一种可靠的方法。在扩散连接的研究与实际应用中，大多涉及异种材料的连接。

（2）缺点

1）零件被连接表面的制备和装配质量的要求较高，特别对接合表面要求严格。

2）连接过程中，加热时间长，在某些情况下会产生基体晶粒长大等副作用。

3）生产设备一次性投资较大，且被连接工件的形状和尺寸受到设备的限制；难以进行连续式批量生产。

尽管如此，近年来扩散连接技术仍发展很快，已经被应用于航空航天、仪表及电子、核工业等领域，并逐步扩展到机械、化工、电力及汽车制造等领域。

5.2　扩散连接原理及扩散机制

5.2.1　扩散连接原理

扩散连接是在一定的温度和压力下，经过一定的时间，工件接触界面通过原子间相互扩散而实现的可靠连接。具体地说，扩散连接是把两个或两个以上的固相材料（包括中间层材料）紧压在一起，置于真空或保护气氛中加热至母材熔点以下某个温度，对其施加压力使连接界面凹凸不平处产生微观塑性变形达到紧密接触，再经过保温、原子相互扩散而形成牢固接头的一种连接方法。

扩散连接过程是在温度、压力和保护气氛（或真空条件）的共同作用下完成的，但连接压力不能引起试件的宏观塑性变形。温度和压力的作用是使被连接表面微观凸起处产生塑性变形而增大紧密接触面积，激活界面原子之间的扩散。

扩散连接时，首先要使待连接母材表面接近到相互原子间的引力作用范围。图 5-2所示为原子间作用力与原子间距的关系示意图。可以看出，两个原子远离时其相互间的作用

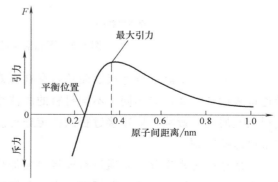

图 5-2　原子间作用力与原子间距的关系

引力几乎为零，随着原子间距的不断靠近，相互引力不断增大。当原子间距约为金属晶体原子点阵平均原子间距的1.5倍时，引力达到最大。如果原子进一步靠近，则引力和斥力的大小相等，原子间相互作用力为零，从能量角度看此时状态最稳定。这时，自由电子成为共有，与晶格点阵的金属离子相互作用形成金属键，使被连接材料在界面处形成冶金结合。

在金属不熔化的情况下，要形成界面结合牢固的扩散焊接头就必须使两待焊表面紧密接触，使之距离达到 $(1\sim5)\times10^{-8}$cm 以内。在这种条件下，金属原子间的引力才开始起作用，才可能形成金属键，获得具有一定结合强度的接头。

实际上，金属表面无论经过什么样的精密加工，在微观上总还是起伏不平的。经微细磨削加工的金属表面，其轮廓算术平均偏差为 $(0.8\sim1.6)\times10^{-4}$cm。在零压力下接触时，实际接触点只占全部表面积的百万分之一；施加一般压力时，实际紧密接触面积仅占全部表面积的1%左右，其余表面的间距均大于原子引力起作用的范围。即使少数接触点形成了金属键连接，其连接强度在宏观上也是微不足道的。

由于实际的材料表面不可能完全平整和清洁，因而实际的扩散连接过程要复杂得多。固态金属表面除在微观上呈凹凸不平外（见图5-3a），最外层表面还有 $0.2\sim0.3$nm 的气体吸附层（主要是水蒸气、O_2、CO_2 和 H_2S 等）；在吸附层之下是厚度为 $3\sim4$nm 的氧化膜，在氧化膜之下是厚度为 $1\sim10\mu m$ 的变形层，如图5-3b所示。

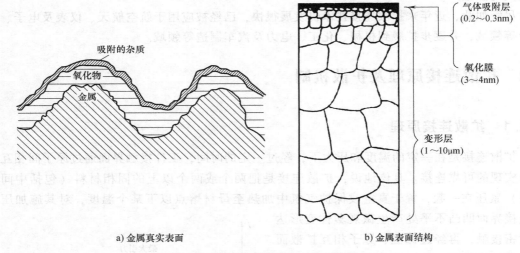

a) 金属真实表面　　　　　　　　　　　　　　b) 金属表面结构

图5-3　固态金属的表面结构示意图

也就是说，实际的待连接表面总是存在微观凹凸不平、气体吸附层、氧化膜等。而且，待连接表面的晶体位向不同，不同材料的晶体结构不同，这些因素都会阻碍接触点处原子之间形成金属键，影响扩散连接过程的稳定进行。所以，扩散连接时必须采取适当的工艺措施来解决这些问题。

扩散连接过程实际上是通过对连接界面加热和加压，使金属表面的氧化膜破碎、表面微观凸出处发生塑性变形和高温蠕变，在若干微小区域出现界面间的结合。这些区域进一步通过原子相互扩散得以不断扩大，当整个连接界面均形成金属键结合时，即最终完成了扩散连接过程。

5.2.2 扩散连接的三个阶段

扩散连接界面的形成过程示意如图 5-4 所示。为了便于分析和研究，可以把扩散连接过程分为三个阶段：第一阶段为塑性变形使连接界面接触；第二阶段为扩散和晶界迁移；第三阶段为体积扩散、微孔消除和界面消失。

1. 塑性变形使连接界面接触

这一阶段为物理接触阶段，高温下微观凹凸不平的表面，在外加压力的作用下，通过屈服和蠕变机理使一些点首先达到塑性变形。在持续压力的作用下，界面接触面积逐渐扩大，最终达到整个界面的可靠接触。

扩散连接时，材料表面通常是进行机械加工后再进行研磨、抛光和清洗，加工后的材料表面在微观上仍然是粗糙的，存在许多 $0.1 \sim 5\mu m$ 的微观凹凸，且表面还常常有氧化膜覆盖。将这样的固体表面相互接触，在不施加压力的情况下，首先会在凸出处相接触，如图 5-4a 所示。初始接触面积的大小与材料性质、表面加工状态及其他一些因素有关。尽管初始接触点的数量可能很多，但实际接触面积通常只有名义面积的 1/100000 ~ 1/100，而且很难达到金属之间的真实接触。即使在这些区域形成金属键，整体接头的强度仍然很低。因此，只有在高温下通过对被连接件施加压力，才能使材料表面微观凸出部位发生塑性变形，破坏氧化膜层，使被焊材料间紧密接触面积不断增大，直到接触面积可以抵抗外载引起的变形，这时局部应力低于材料的屈服强度，如图 5-4b 所示。

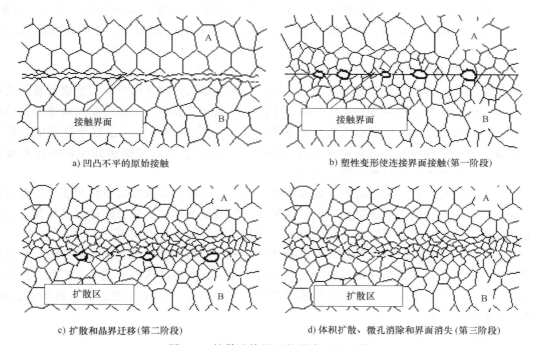

a) 凹凸不平的原始接触

b) 塑性变形使连接界面接触(第一阶段)

c) 扩散和晶界迁移(第二阶段)

d) 体积扩散、微孔消除和界面消失(第三阶段)

图 5-4　扩散连接界面的形成过程示意

在金属紧密接触后，原子相互扩散并交换电子，形成金属键连接。由于开始时连接压力仅施加在极少部分初始接触的凸起处，故压力不大即可使这些局部凸起处的压应力达到很高的数值，超过材料的屈服强度而发生塑性变形。但随着塑性变形的发展，接触面积迅速增大，一般可达连接表面的 40%～75%，使其所受的压应力迅速减小，塑性变形量逐渐减小。以后的接触过程主要依靠蠕变，可达到 90%～95%。剩下的 5% 左右未能达到紧密接触的区域逐渐演变成界面孔洞，其中大部分孔洞能依靠进一步的原子扩散而逐渐消除。个别较大的孔洞，特别是包围在晶粒内部的孔洞，有时经过很长时间（几小时至几十小时）的保温扩散也不能完全消除而残留在连接界面区，成为连接缺陷。

因此，接触表面应尽可能光洁平整，以减少界面孔洞。该阶段对整个扩散连接十分重要，为以后通过扩散形成冶金结合创造了条件。在这一阶段末期，界面之间还有空隙，但其接触部分基本上已是晶粒间的连接。

2. 扩散和晶界迁移

第二阶段是接触界面原子间的相互扩散，形成牢固的结合层。这一阶段，由于晶界处原子持续扩散而使许多空隙消失。同时，界面处的晶界迁移离开了接头的原始界面，达到了新的平衡状态，但仍有许多小空隙遗留在晶粒内。

与第一阶段的变形机制相比，该阶段中扩散的作用要大得多。连接表面达到紧密接触后，由于变形引起的晶格畸变、位错、空位等各种缺陷大量堆集，界面区的能量显著增大，原子处于高度激活状态，扩散迁移十分迅速，很快就形成以金属键连接为主要形式的接头。由于扩散的作用，大部分孔洞消失，而且也会产生连接界面的移动。

该阶段还会发生越过连接界面的晶粒生长或再结晶以及界面迁移，使第一阶段建成的金属键连接变成牢固的冶金结合，这是扩散连接过程中的主要阶段，如图 5-4c 所示。但这时界面附近的组织和成分与母材差别较大，远未达到均匀化的状况，接头强度并不高。因此，必须继续保温扩散一定时间，完成第三阶段，使扩散层达到一定深度，才能获得高质量的接头。

3. 界面和孔洞消失

第三阶段是在界面接触部分形成的结合层，逐渐向体积扩散方向发展，形成可靠的连接接头。通过继续扩散，进一步加强已形成的连接，扩大连接面积，特别是要消除界面、晶界和晶粒内部的残留孔洞，使接头组织与成分均匀化，如图 5-4d 所示。在这个阶段中主要是体积扩散，速度比较缓慢，通常需要几十分钟到几十小时，最后才能达到晶粒穿过界面生长，原始界面和遗留下的显微孔洞完全消失。

由于需要时间很长，第三阶段一般难以进行彻底。只有当要求接头组织和成分与母材完全相同时，才不惜时间来完成第三阶段。如果在连接温度下保温扩散引起母材晶粒长大，反而会降低接头强度，这时可以在较低的温度下进行扩散，但所需时间更长。

上述扩散连接过程的三个阶段并不是截然分开的，而是依次和相互交叉进行的，甚至有局部重叠，很难准确确定其开始与终止时间。最终在接头连接区域由于蠕变、扩散、再结晶等过程而形成固态冶金结合，它可以形成固溶体及共晶体，有时也可能生成金属间化合物，形成可靠的扩散连接。

5.2.3 扩散连接机制

扩散连接通过界面原子间的相互作用形成接头，原子间的相互扩散是实现连接的基础。对于具体材料和合金，要具体分析原子扩散的路径及材料界面元素间的相互物理化学作用。异种材料扩散连接可能生成金属间化合物，而非金属材料的扩散界面可能有化学反应。界面生成物的形态及其生成规律，对材料扩散连接接头性能有很大的影响。

固态扩散有以下几种机制：空位机制、间隙机制、轮转机制、双原子机制等。空位机制、轮转机制、双原子机制的扩散可以形成置换式固溶体；间隙机制可以形成间隙式固溶体，只有原子体积小的元素，如氢、硼、碳、氮等才有这种扩散形式。

1. 材料界面的吸附与活化

在外界压力的作用下，被连接界面靠近到距离为 2~4nm，形成物理吸附。经过精细加工的表面，微观仍有一定的不平度，在外力作用下，连接表面微观凸起部位形成微区塑性变形（如果是异种材料则较软的金属先变形），被连接表面的局部区域达到物理吸附，这一阶段被称为物理接触。

随着扩散时间延长，被连接表面微观凸起变形量增加，物理接触面积进一步增大，在接触界面的某些点形成活化中心，该区域可以进行局部化学反应。被连接表面局部区域产生原子间相互作用，当原子间距达到 0.1~0.3nm 时，原子间相互作用的反应区域达到局部化学结合。在界面上完成由物理吸附、活化到化学结合的过渡。金属材料扩散连接时形成金属键，而当金属与非金属连接时，此过程形成离子键与共价键。

随着时间的延长，局部的活化区域沿整个界面扩展，表面形成局部粘合与结合，最终导致整个结合面形成原子间的结合。但是，仅结合面的粘合还不能称为固态连接过程的最终完成，还需向结合面两侧扩散或在结合区域完成物理化学反应和组织转变。

连接材料界面结合区再结晶形成共同的晶粒，接头区由于应变产生的内应力得到松弛，使结合金属的性能得到改善。异种金属扩散连接界面附近可以生成无限固溶体、有限固溶体、金属间化合物或共析组织的过渡区。当金属与非金属扩散连接时，可以在连接界面区形成尖晶石、硅酸盐、铝酸盐及其他热力学反应新相。如果结合材料在界面区可能形成脆性层，可以用改变扩散连接参数的方法加以控制。

2. 固体中扩散的基本规律

扩散是指相互接触的物质，由于热运动而发生的原子相互渗透。扩散向着物质浓度减小的方向进行，使粒子在其占有的空间均匀分布，它可以是自身原子的扩散，也可以是外来物质形成的异质扩散。

扩散理论的研究主要有两个方面。一方面是宏观规律的研究，重点讨论扩散物质的浓度分布与时间的关系，即扩散速度问题。根据不同条件建立一系列的扩散方程，并按边界条件不同求解。目前利用计算机的数值解析法已代替了传统的、复杂的数学物理方程解。该研究领域对指导受控于扩散过程的工程应用具有指导意义。

扩散理论研究的另一方面是研究扩散过程中原子运动的微观机制，即在只有万分之几微米的位置间原子的无规则运动和实测宏观物质流之间的关系。它表明扩散与晶体中的缺陷密切相关，通过扩散结果可以研究这些缺陷的性质、浓度和形成条件。

扩散系数 D 是研究扩散的基本参数，它定义为单位时间内经过一定平面的平均粒子数。扩散系数对加热时晶体中的缺陷、应力及变形特别敏感。当晶体中的缺陷，特别是空穴增加时，原子在固体中的扩散加速。扩散系数 D 与温度 T 呈指数关系变化，即服从阿累尼乌斯（Arrehenius）公式：

$$D = D_0 \exp(Q/RT) \tag{5-1}$$

式中，D 为扩散系数（cm^2/s）；Q 为扩散过程的激活能（kJ/mol）；R 为波尔兹曼常数；D_0

为扩散因子；T 为热力学温度（K）。

由式（5-1）可以看出，扩散系数随着温度的提高而显著增加。

原子一般从高浓度区向低浓度区扩散。对于两个理想接触面的柱体（半无限体），原子的平均扩散距离的计算公式为

$$x = (2Dt)^{1/2} \tag{5-2}$$

式中，x 为扩散原子的平均扩散距离；D 为扩散系数；t 为扩散时间。

由式（5-2）可以看出，扩散连接时，原子的扩散距离与时间的平方根成正比。在扩散连接时，可以根据不同的要求选择不同的扩散时间。为了使扩散连接接头成分和性能均匀化，要用较长的扩散时间。如果连接界面间生成脆性的金属间化合物，则要缩短扩散时间。

（1）扩散界面元素的分布　异种材料扩散连接过程中，扩散界面附近的元素浓度随加热温度和保温时间发生变化，属于非稳态扩散过程。扩散连接工件的尺寸相对于焊接过程中元素在界面附近的扩散是足够大的，能够提供充足的扩散原子。扩散连接时元素从一侧越过界面向另一侧扩散，服从一维扩散规律。

扩散连接界面附近元素的浓度随距离、时间的变化服从菲克（Fick）第二定律，可以使用一维无限大介质中的非稳态扩散方程求解。界面元素扩散分布方程的坐标系如图 5-5 所示。

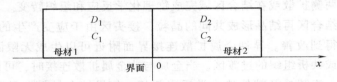

图 5-5　界面元素扩散分布方程的坐标系

某元素在异种材料扩散连接母材 1 和母材 2 中的初始浓度分别为 C_1 和 C_2。元素在母材 1 和母材 2 中的扩散系数 D_1、D_2 不随浓度及扩散方向变化，扩散连接之前界面两侧各元素未发生扩散。扩散界面附近元素的浓度分布服从菲克第二定律中一维无限大介质非稳态条件下的扩散方程，即

$$\frac{\partial C}{\partial t} = D \frac{\partial^2 C}{\partial x^2} \tag{5-3}$$

通过分离变量法求扩散方程的通解，即

$$C(x,t) = \frac{1}{2\sqrt{\pi Dt}} \int_{-\infty}^{+\infty} f(\xi) e^{-\frac{(\xi-x)^2}{4Dt}} d\xi \tag{5-4}$$

根据母材 1 和母材 2 界面元素扩散的初始条件和边界条件：

初始条件：
$$C(x,0) = \begin{cases} C_1 & (x<0) \\ C_2 & (x>0) \end{cases}$$

边界条件：
$$C(x,t) = \begin{cases} C_1 & (x=-\infty) \\ C_2 & (x=+\infty) \end{cases}$$

得到在扩散连接界面靠近母材 1（A）与母材 2（B）两侧的元素分布方程为

$$C(x,t) = \begin{cases} C_A(x,t) = \dfrac{C_1 + C_2}{2} + \dfrac{C_1 - C_2}{\sqrt{\pi}}\left[\displaystyle\int_0^{\eta_1} e^{(-\eta_1^2)}\,d\eta_1\right] & (x < 0) \\[3mm] C_B(x,t) = \dfrac{C_1 + C_2}{2} + \dfrac{C_2 - C_1}{\sqrt{\pi}}\left[\displaystyle\int_0^{\eta_2} e^{(-\eta_2^2)}\,d\eta_2\right] & (x > 0) \end{cases} \quad (5\text{-}5)$$

其中，$\eta_1 = \dfrac{x}{\sqrt{4D_1 t}}$，$\eta_2 = \dfrac{x}{\sqrt{4D_2 t}}$，$\eta_1$ 和 η_2 的值随着元素在两种母材中的扩散系数 D_i 而变化。

考虑到各元素在母材 1 与母材 2 中的扩散系数相差很大，增设界面边界条件：

$$D_1 \frac{\partial C_A(x=0,t)}{\partial x} = D_2 \frac{\partial C_B(x=0,t)}{\partial x}$$

这表明在母材 1 与母材 2 扩散连接界面交界处的扩散流量相等，此时得到元素在扩散连接界面处的分布方程为

$$C(x,t) = \begin{cases} C_A(x,t) = \dfrac{C_1 + C_2}{2} + \dfrac{\sqrt{D_2}\,(C_1 - C_2)}{\sqrt{\pi}\,(\sqrt{D_1} + \sqrt{D_2})}\left[\displaystyle\int_0^{\eta_1} e^{(-\eta_1^2)}\,d\eta_1\right] & (x < 0) \\[3mm] C_B(x,t) = \dfrac{C_1 + C_2}{2} + \dfrac{\sqrt{D_1 D_2}\,(C_1 - C_2)}{\sqrt{\pi}\,(D_2 + \sqrt{D_1 D_2})}\left[\displaystyle\int_0^{\eta_2} e^{(-\eta_2^2)}\,d\eta_2\right] & (x > 0) \end{cases} \quad (5\text{-}6)$$

根据误差函数 $erf(Z) = \dfrac{2}{\sqrt{\pi}}\displaystyle\int_0^Z e^{(-\eta^2)}\,d\eta$，式（5-6）的误差函数解为

$$C(x,t) = \begin{cases} C_A(x,t) = \dfrac{C_1 + C_2}{2} + \dfrac{\sqrt{D_2}\,(C_1 - C_2)}{2(\sqrt{D_1} + \sqrt{D_2})}\,erf\left(\dfrac{x}{\sqrt{4D_1 t}}\right) & (x < 0) \\[3mm] C_B(x,t) = \dfrac{C_1 + C_2}{2} + \dfrac{\sqrt{D_1 D_2}\,(C_1 - C_2)}{2(D_2 + \sqrt{D_1 D_2})}\,erf\left(\dfrac{x}{\sqrt{4D_2 t}}\right) & (x > 0) \end{cases} \quad (5\text{-}7)$$

式（5-7）即为异种材料（母材 1 和母材 2）扩散连接界面附近元素浓度与扩散距离 x 和保温时间 t 的误差函数关系式。

在异种材料扩散连接界面元素分布的计算方程中，除了扩散距离 x 和保温时间 t 两个变量外，最重要的参数是各元素在扩散连接母材中的浓度 C_i 以及扩散系数 D_i。元素在扩散连接界面两侧的浓度梯度是元素扩散的驱动力之一。

元素在扩散连接界面两侧母材中的原始浓度可以通过电子探针（EPMA）分析测定。元素的扩散系数采用放射性同位素示踪法测定的各元素扩散的扩散因子 D_0 和扩散激活能 Q 计算得出。根据阿累尼乌斯公式 $D = D_0 \exp(-Q/RT)$，应用 C 语言编写程序可计算出异种材料中扩散元素在不同温度下的扩散系数。

（2）表面氧化膜的行为　通过表面分析发现，一些材料（如铝、钛、镁及其合金等）表面的氧化膜严重阻碍了扩散连接过程的进行。图 5-3 表明，在材料表面总是存在一层氧化膜。因此，实际上材料在扩散连接初期均为表面氧化膜之间的相互接触。在随后的扩散连接过程中，表面氧化膜的行为对扩散连接质量有很大的影响。

关于表面氧化膜的去向，一般认为在连接过程中氧化膜先发生分解，然后原子向母材中扩散和溶解。例如，扩散连接钛或钛合金时，由于氧在钛中的固溶度和扩散系数大，所以氧

化膜很容易通过分解、扩散、溶解机制而消除。但铜和钢铁材料中氧的固溶度较小，氧化膜较难向金属中溶解。这时，氧化膜在连接过程中会聚集形成夹杂物，夹杂物数量随连接时间的增加逐渐减少，这类夹杂物能在接头拉断的断口上观察到。扩散连接铝时，由于氧在铝中几乎不溶，因此氧化膜在连接前后几乎没有什么变化。

材料表面氧化膜的行为一直是扩散连接研究的重点问题之一。不同材料的表面氧化膜在扩散连接过程中的行为是不同的。根据材料表面氧化膜的行为特点，可将材料分为三种类型，其基本特征如图 5-6 所示。

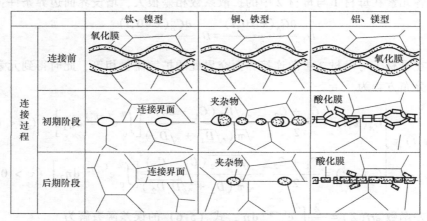

图 5-6　扩散连接过程中氧化膜的类型

1）钛、镍型。这类材料扩散连接时，氧化膜可迅速通过分解、向母材溶解而去除，因而在连接初期氧化膜即可消失。如镍表面的氧化膜为 NiO，1427K 时氧在镍中的固溶度为 0.012%，厚度为 5nm 的氧化膜在该温度下只要几秒即可溶解，钛也属于此类。这类材料的氧化膜在不太厚的情况下一般对扩散连接过程没有什么影响。

2）铜、铁型。由于氧在基体金属中溶解度较小，材料表面的氧化膜在连接初期不能立即溶解，界面上的氧化物会发生聚集，在空隙和连接界面上形成夹杂物。随着连接过程的进行，通过氧向母材的扩散，夹杂物数量逐渐减少。铜、铁和不锈钢均属于此类。母材为钢铁材料时，夹杂物主要是钢中所含的 Al、Si、Mn 等元素的氧化物及硫化物。

3）铝、镁型。这类材料的表面有一层稳定而致密的氧化膜，它们在基体金属中几乎不溶解，因而在扩散连接中不能通过溶解、扩散机制消除。但可以通过微区塑性变形使氧化膜破碎，露出新鲜金属表面，但能实现的金属之间的连接面积仍较小。通过用透射电镜对铝合金扩散连接进行深入的研究，发现 6063 铝合金扩散连接时氧化膜为粒状 AlMgO，$w_{Mg} = 1\% \sim 2.4\%$ 时，就会形成 MgO。为了克服氧化膜的影响，可以在真空扩散连接过程中用高活性金属（如 Mg）将铝表面的氧化膜还原，或采用超声波振动的方法使氧化膜破碎以实现可靠的连接。

氧化膜的行为近年来主要是采用电子显微镜进行研究。此外，还可根据电阻变化来研究扩散连接时氧化膜的行为、连接区域氧化膜的稳定性以及紧密接触面积的变化等。

（3）扩散孔洞与柯肯达尔效应　异种金属或不同成分的合金进行扩散连接时，由于母材的化学成分不同，不同元素的原子具有不同的扩散速度（扩散系数不一样），造成穿过界面的物质流不一样，使某物质向一个方向运动，最终会形成界面的移动。扩散速度大的原子大量越过界面向另一侧金属中扩散，而反方向扩散过来的原子数量较少，这样造成了通过界面向其两侧扩散迁移的原子数量不等。移出量大于移入量的一侧出现了大量的空穴，集聚起来达到一定密度后即聚合为孔洞，这种孔洞称为扩散孔洞。这一现象是 1947 年柯肯达尔（Kerkendal）等人研究铜和黄铜扩散连接的过程中首先发现的，故称柯肯达尔效应。在其他金属组合（如 Ni-Cu、Cu-Al、Fe-Ni 等）中也都发现了这种现象。

扩散孔洞可在连接过程中产生，也会在连接后的长期高温工作时产生。图 5-7 所示为 Ni-Cu 扩散连接界面附近的扩散孔洞及柯肯达尔效应示意图。显见，扩散孔洞与界面孔洞不同，扩散孔洞的特征是集聚在离界面一段距离的区域。这是因为 Cu 原子向 Ni 中扩散的速度比 Ni 原子向 Cu 中扩散大造成的。另外，在原始分界面附近 Cu 的横截面由于失去原子而缩小，在表面形成凹陷，而 Ni 的横截面由于得到原子而膨胀，在表面形成凸起。

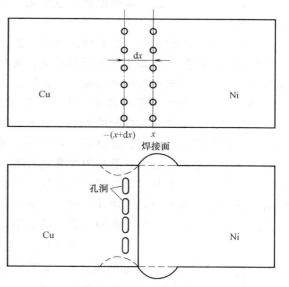

图 5-7　Ni-Cu 扩散连接界面附近的扩散孔洞及柯肯达尔效应示意图

在无压力的情况下扩散连接或退火都会产生扩散孔洞。造成扩散孔洞的原因是由于不同元素的原子扩散速度不一样引起的。一般情况下，若两种不同金属相互接触，结合界面移向熔点低的金属一侧。当非均匀扩散时，边界也非均匀地运动，从而出现孔洞。

扩散孔洞的存在严重影响接头的质量，特别是使接头强度降低。扩散连接后未能消除的微小界面孔洞中还残留有气体，这些残留气体对接头质量也有影响。

图 5-8a 归纳了在不同保护气氛中界面空隙内所含的残留气体。其中，第一阶段是指两个微观表面相互接触并加热、加压时，凸出部分首先发生塑性变形并实现了连接。但随着连

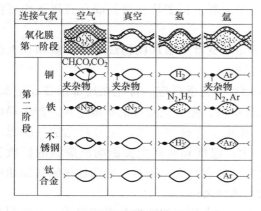

a) 不同保护气氛的界面空隙

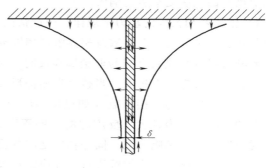

b) 原子沿界面扩散的模型

图 5-8　界面空隙内所含的残留气体及原子沿界面扩散的模型

接过程的进行，界面间隙或孔洞内的残留气体被封闭。第二阶段是指被封闭在孔洞中的气体与母材发生反应，使其含量和组成发生变化。界面间隙或孔洞中的残留气体主要是氧、氮、氢、氩等。

压力可减少扩散孔洞，提高接头强度。扩散连接时施加一定的压力，使所加的压强超过低熔点金属在扩散连接温度下的屈服强度，有利于扩散孔洞的消除。随着压力的增大，扩散孔洞减少。对已形成扩散孔洞的接头，加压退火可有效地减少扩散孔洞。

（4）扩散与组织缺陷的关系　实际工程材料都存在着大量的缺陷，很多材料甚至处于非平衡状态，组织缺陷对扩散的影响十分显著。在许多情况下，组织缺陷决定了扩散的机制和速度。材料的晶粒越细，即材料一定体积中的边界长度越大，沿晶界扩散的现象越明显。英国物理学家 Fisher 提出的沿晶界扩散的模型（见图5-8b）认为，晶界是晶粒间嵌入一定厚度的薄片，扩散沿晶界薄片进行得很快，沿晶界进入的原子数量远超过从表面直接进入晶粒的原子。原子首先沿晶界快速运动，而后再从晶界进入晶粒内部，原子沿晶界扩散的路径与晶内扩散不一样，晶界扩散原子的平均扩散距离与时间的四次方根成正比，即

$$x_{\mathrm{b}} = \left(\delta D \sqrt{\pi t / 2} \sqrt{D} \right)^{1/2} \tag{5-8}$$

式中，x_{b} 为原子沿晶界扩散的距离；δ 为晶界厚度；D 为扩散系数；t 为扩散时间。

沿金属表面的扩散与该表面的结构有关。实际晶体表面是不均匀的，表面存在着不平和微观凸起，有时表面形成机械加工硬化，这使表面层位错密度很高。再加上异种金属连接时，不同材料原子间的吸附与化学作用，使表面原子有很大的活性。对表面、晶界和体积扩散的研究结果表明，表面扩散的激活能在三种形式的扩散中是最小的，即 $Q_{\text{表面}} < Q_{\text{晶界}} < Q_{\text{体积}}$。在同样的温度下，扩散系数 $D_{\text{表面}} > D_{\text{晶界}} > D_{\text{体积}}$，即在表面扩散要快得多。

（5）扩散连接过程中的化学反应　随着扩散过程的进行，由于成分变化在扩散区中同时发生多相反应，称为多相扩散或反应扩散。反应扩散的基本特点如下：

1）整个过程由扩散+相变反应两步组成，其中扩散是控制因素，由于发生了相变，扩散一般在多相系统中进行。

2）在浓度-距离曲线上，在多相扩散区之间浓度分布不连续或呈梯度分布，在相界面上有浓度突变。

3）新相形成的规律与相图相对应。但从动力学上看，相变孕育期长或在高压下均可使相图上反映的相区变窄直至消失。

4）依据新相长大的动力学规律，一般情况下相区宽度应服从抛物线规律。新相长大的速度与在各相区间的扩散系数及相界浓度梯度成正比。

异种材料（特别是金属与非金属连接时）界面处有化学反应。首先在局部形成反应源，而后向整个连接界面上扩展，当整个界面都形成反应时，能形成良好的扩散连接。产生局部化学反应的萌生源与焊接参数（如温度、压力和时间）有密切关系。压力对化学反应源有决定性的影响，压力越大，反应源的扩展程度越大；温度和时间主要影响反应源的扩散程度，对反应数量的影响不大。固态物质之间的反应只能在界面上进行。向活性区输送原始反应物，使其局部化学反应继续进行是反应区扩大的条件之一。

界面处的化学反应主要有化合反应和置换反应。化合反应的特性是形成单质，反应剂和反应产物的晶体结构比较简单，通常这些物质的物理和化学性能是已知的。如金属经过氧化层与陶瓷或玻璃的连接（形成各种尖晶石、硅酸盐及铝酸盐等）即属于这种类型，这类反

应进行得很普遍。

置换反应是以活性元素置换非活性元素的情况，在 Al-Mg 合金与玻璃或陶瓷的连接中得到了典型应用。铝与氧化硅在界面上发生置换反应，SiO_2 中的 Si 被 Al 置换，还原为 Si 原子溶解于铝中。当达到饱和浓度后，由固溶体中析出含硅的新相。使用活性金属 Al、Ti、Zr 等扩散连接 SiC 和 Si_3N_4 陶瓷时也有类似反应。

扩散连接时化合反应与置换反应的差别在于，化合反应是在生成的金属表面氧化物与玻璃或陶瓷中的氧化物之间进行的。化合反应由开始局部接触，而后逐渐扩展到整个表面，形成一定的化合物层，在这个过程中反应速度一直是增加的。由于反应物的溶解度较小，在界面上可能形成一个很宽的难熔化合物层。由于在非金属化合物中扩散过程进行得很慢，所以反应速度急剧下降，化合物的形成过程就此结束。此时继续增加扩散连接的时间，对接头的强度没有显著的影响。

异种金属的扩散系数要比同种金属的扩散系数大，用扩散连接来焊接脆硬性金属比焊接塑性金属更合适。当界面结合率要求达到 100% 时，需要加入形成液相的金属中间层或夹层。如果没有中间过渡层，就要求加大压力，以便获得良好的界面接触。原子扩散过程是比较慢的，但是如果提高加热温度，可加快扩散速度。

5.3　扩散连接的设备与工艺

5.3.1　扩散连接设备的组成

扩散焊

扩散连接设备至少应包括保护系统（在加热和加压过程中，保护工件不被氧化的真空或可控气氛）、加热系统、加压系统和控制系统等，如图 5-9 所示。

在进行扩散连接时，必须保证连接面及被连接金属不受空气的影响，必须在真空或惰性气体介质中进行，现在采用最多的方法是真空扩散连接。真空扩散连接可以

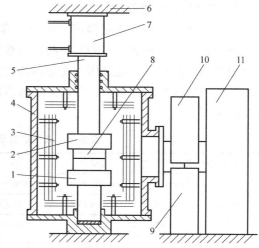

图 5-9　扩散连接设备的组成示意图

1—下压头　2—上压头　3—加热器　4—真空炉炉体　5—传力杆　6—机架　7—液压系统
8—工件　9—机械泵　10—扩散泵　11—电器及控制系统

采用高频、辐射、接触电阻、电子束及辉光放电等，对工件进行局部或整体加热。生产中普遍应用的扩散连接设备，主要采用感应和辐射加热的方法。

扩散连接设备主要是由带有真空系统的真空室、对工件的加热源、对工件的加压系统、水循环系统、对温度和真空度的检测系统、电器和控制系统组成。无论何种加热方式的真空扩散连接设备都主要由以下几部分组成：

1. 保护系统（真空系统）

保护系统可以是真空或惰性气体。真空系统一般由机械泵和扩散泵组成。机械泵能达到 1.33×10^{-3} Pa 的真空度，加扩散泵后可以达到 $1.33 \times 10^{-4} \sim 1.33 \times 10^{-6}$ Pa 的真空度，可以满足几乎所有材料的扩散连接要求。真空度越高，越有利于被焊材料表面杂质和氧化物的分解与蒸发，促进扩散连接的顺利进行。但真空度越高，抽真空的时间越长。

真空系统按真空度可分为低真空、中真空、高真空等。目前扩散连接设备大多采用真空室或保护气氛。真空室越大，要达到和保持一定的真空度对所需真空系统要求越高。真空室中应有由耐高温材料围成的均匀加热区，以保持设定的温度；真空室外壳需要冷却。

2. 加热系统

常采用感应加热和电阻辐射加热，对工件进行局部或整体加热。根据不同的加热要求，电阻辐射加热可选用钨、钼或石墨作加热体，经过高温辐射对工件进行加热。加热系统按加热方式分为感应加热系统、辐射加热系统和接触加热系统等。

3. 加压系统

扩散连接过程一般要施加一定的压力。在高温下材料的屈服强度较低，为避免构件的整体变形，加压只是使接触面产生微观的局部变形。扩散连接所施加的压力较小，压强可在 $1 \sim 100$MPa 范围变化。只有当材料的高温变形阻力较大、加工表面较粗糙或扩散连接温度较低时，才采用较高的压力。加压系统分为液压系统、气压系统、机械系统、热膨胀加压系统等。

目前大多数扩散连接设备采用液压和机械加压系统。近年来，国内外已采用气压将所需的压力从各个方向均匀地施加到工件上，称为热等静压技术（HIP）。

4. 测量与控制系统

扩散连接设备都具有对温度、压力、真空度及时间的控制系统。根据选用的热电偶不同，可实现对温度从 $20 \sim 2300$℃的测量与程序控制，温度控制的精度可在 $\pm (5 \sim 10)$℃。压力的测量与控制一般是通过压力传感器进行的。

扩散连接设备种类繁多，目前采用较多的是感应加热方式。表 5-4 列举了几种扩散连接设备的主要技术参数。

表 5-4 真空扩散连接设备的主要技术参数

设备型号或类型		ZKL-1	ZKL-2	Workhorse II	HKZ-40	DZL-1
加热区尺寸/mm		$\phi600 \times 800$	$\phi300 \times 400$	$304 \times 304 \times 457$	$300 \times 300 \times 300$	—
真空度 /Pa	冷态	1.33×10^{-3}	1.33×10^{-3}	1.33×10^{-6}	1.33×10^{-3}	7.62×10^{-4}
	热态	5×10^{-3}	5×10^{-3}	6.65×10^{-5}	—	—
加压能力 /kN		245（最大）	58.8（最大）	300	80	300
最高炉温 /℃		1200	1200	1350	1300	1200
炉温均匀性 /℃		1000 ± 10	1000 ± 5	1300 ± 5	1300 ± 10	1200 ± 5

扩散连接时压力的施加和保持由液压系统完成。控制仪表主要由数字控制处理器、程序控制器、计算机以及加热温度、压力、真空度的测量和记录仪器等组成。由于采用了计算机控制，扩散连接过程实现了全部自动运行。扩散连接的加热温度、压力、保温时间、真空度等参数可以通过预先编制的程序控制整个焊接过程，提高了焊接过程的精度和可靠性。

5.3.2　表面处理及中间层材料

扩散连接的工艺流程一般包括以下几个阶段：工件表面处理、工件装配、装炉、扩散连接（包括抽真空、加热、加压、保温等）、炉冷。

1. 工件表面处理及装配

为了使工件得到满意的扩散连接，被连接件必须满足以下两个必要条件：

1）使被连接件表面金属与金属间达到紧密接触。

2）必须对有妨碍的材料表面污染物和氧化膜加以破坏和分解，以便形成金属间结合。

金属表面一般不平整，附着有氧化物或其他固态或液态产物（如油脂、灰尘等），吸附有气体或潮气。待连接件组装前必须对工件表面进行仔细处理。表面处理不仅包括清洗，去除化学结合的表面膜层（氧化物），清除气、水或有机物表面膜层，还有对金属表面粗糙度的要求。

除油是扩散连接前工件表面清理工序的必要部分，一般采用乙醇、三氯乙烯、丙酮、洗涤剂等，可在多种溶液中反复清洗。

为了保证在扩散连接时能均匀接触，对工件表面的最小平直度和最小粗糙度有一定的要求。采用机械加工、磨削、研磨和抛光方法能够加工出所要求的表面平直度和粗糙度，以保证不用大的变形就可使其界面达到紧密接触。但机械加工或磨削的附带效果是会引起表面的冷作硬化。机械加工还会使材料表面产生塑性变形，导致材料再结晶温度降低，但这种作用有时不明显。

对那些氧化层影响严重和存在表面硬化层的材料，应在加工之后再用化学方法侵蚀与剥离，将氧化层去除。可采用化学腐蚀或酸洗清除材料表面的氧化膜。对不同的材料来说，适用的化学溶剂不同。对工件进行连接前处理的化学腐蚀有两个作用：

1）去除非金属表面膜（通常是氧化物）。

2）部分或全部去除在机械加工时形成的冷作加工硬化层。

也可采用在真空中加热的方法来获取清洁的表面。有机物或水、气的吸附层通过在真空中进行高温处理很容易去除，但大多数氧化物在真空加热时不分解。真空清洁处理后的零件要求随即在真空或控制气氛中保存，以免重新形成吸附层。

选择表面处理方法时需考虑具体的连接条件。如果在很高的温度或压力下扩散连接，焊前获得特别清洁的表面就不十分重要了。因为真空和高温条件本身具有洁净表面的作用，但洁净效果取决于材料及其表面膜的性质。原子活性、表面凸凹变形以及对杂质元素溶解度的增加，有助于使表面污染物分解。真空处理在高温下可以溶解基体材料上黏附的氧化膜，可以分解工件表面的氧化膜，但不易分解 Ti、Al 或含大量 Cr 的合金表面上的氧化膜。在较低温度和较低压力下连接时有必要进行较严格的表面处理。

工件装配是扩散连接得到质量良好的扩散连接接头的关键步骤之一。待连接件表面紧密接触可使被连接面在较低的温度或压力下实现可靠的结合与连接。对于异形工件可采用装配严格的工装。

2. 中间层材料及选择

为了促进扩散连接过程的进行，降低扩散连接温度、时间、压力和提高接头性能，扩散连接时会在待连接材料之间插入中间层。中间层材料不仅在瞬间（过渡）液相扩散连接时使用，在固相扩散连接中也有广泛的应用。

在工件之间增加中间层是异种材料扩散连接的有效手段之一，特别是对于原子结构差别很大的材料。采用中间过渡层实际上是改变了原来的连接界面性能，使连接成为不同异种材料之间的连接。中间层可以改善材料表面的接触，降低对待焊表面制备的要求，改善扩散条件（降低扩散连接温度、压力和缩短扩散连接时间），避免或减少因被焊材料之间的物理化学性能差异过大而引起的其他冶金问题。

（1）中间层材料的特点

1）容易发生塑性变形；含有加速扩散的元素，如 B、Be、Si 等。

2）物理化学性能与母材的差异较被焊材料之间的差异小；不与母材发生不良冶金反应，如产生脆性相或不希望的共晶相。

3）不会在接头处引起电化学腐蚀问题。

通常，中间层是熔点较低（但不低于扩散连接温度）、塑性较好的纯金属，如 Cu、Ni、Al、Ag 等，或与母材成分接近的含有少量易扩散的低熔点元素的合金。

（2）中间层的作用

1）改善表面接触，减小扩散连接时的压力。对于难变形材料，使用比母材软的金属或合金作为中间过渡层，利用中间层的塑性变形和塑性流动，提高物理接触和减小达到紧密接触所需的时间。同时，中间层材料的加入，使界面的浓度梯度增大，促使元素的扩散和加速扩散孔洞的消失。

2）改善冶金反应，避免或减少形成脆性金属间化合物。异种材料扩散连接应选用与母材不形成金属间化合物的第三种材料，以便通过控制界面反应，借助中间层材料与母材的合金化，如固溶强化和沉淀强化，提高接头结合强度。

3）异种材料连接时，可以抑制夹杂物的形成，促使其破碎或分解。例如，铝合金表面易形成一层稳定的 Al_2O_3 氧化膜层，扩散连接时很难向母材中溶解，可以采用 Si 作中间层，利用 Al-Si 共晶反应形成液膜，促使 Al_2O_3 层破碎。

4）促进原子扩散，降低连接温度，加速连接过程。例如，Mo 直接扩散连接时，连接温度为 1260℃，而采用 Ti 箔作中间层，连接温度只需要 930℃。

5）控制接头应力，提高接头强度。连接线胀系数相差很大的异种材料时，选取兼容两种母材性能的中间层，使之形成梯度接头，能避免或减小界面的热应力，从而提高接头强度。

（3）中间层的选用　中间层可采用箔片、粉末、镀层、离子溅射和喷涂层等多种形式。中间层厚度一般为几十微米，以利于缩短均匀化扩散的时间。过厚的中间层连接后会以层状残留在界面区，会影响到接头的物理、化学和力学性能。通常中间层厚度不超过 $100\mu m$，而且应尽可能采用小于 $10\mu m$ 的中间层。中间层厚度在 $30\sim100\mu m$ 时，可以箔片的形式夹在待连接表面间。为了抑制脆性金属间化合物的生成，有时也会加大中间层厚度使其以层状分布在连接界面，起到隔离层的作用。

不能轧制成箔片的中间层材料，可以采用电镀、真空蒸镀、等离子喷涂的方法直接将中间层材料涂覆在待焊材料表面。镀层厚度可以仅有几微米。中间层厚度可根据最终成分来计算、初选，通过试验修正确定。

中间层材料是比母材金属低合金化的改型材料，以纯金属应用较多。例如，含铬的镍基高温合金扩散连接常用纯镍作中间层。含快速扩散元素的中间层也可使用，如含铍的合金可用于镍合金的扩散连接，以提高接头形成速率。合理地选择中间层材料是扩散连接的重要因素之一。固相扩散连接时常用的中间层材料及连接参数见表 5-5。

表 5-5　固相扩散连接时常用的中间层材料及连接参数

连接母材	中间层材料	连接参数			
		压力/MPa	温度/℃	时间/min	保护气体
Al/Al	Si	7~15	580	1	真空
Be/Be	—	70	815~900	240	非活性气体
	Ag 箔	70	705	10	真空
Mo/Mo	—	70	1260~1430	180	非活性气体
	Ti 箔	70	930	120	氩气
	Ti 箔	85	870	10	真空
Ta/Ta	—	70	1315~1430	180	非活性气体
	Ti 箔	70	870	10	真空
Ta-10W/Ta-10W	Ta 箔	70~140	1430	0.3	氩气
Cu-20Ni/钢	Ni 箔	30	600	10	真空
Al/Ti	—	1	600~650	1.8	真空
	Ag 箔	1	550~600	1.8	真空
Al/钢	Ti 箔	0.4	610~635	30	真空

在固相扩散连接中，多选用软质纯金属材料作中间层，常用的材料为 Ti、Ni、Cu、Al、Ag、Au 及不锈钢等。例如，Ni 基超合金扩散连接时采用 Ni 箔，Ti 基合金扩散连接时采用 Ti 箔作中间层。

瞬间（过渡）液相扩散连接时，除了要求中间层具有上述性能以外，还要求中间层与母材润湿性好、凝固时间短、含有加速扩散的元素。对于 Ti 基合金，可以使用含有 Cu、Ni、Zr 等元素的 Ti 基中间层。对于铝及铝合金，可使用含有 Cu、Si、Mg 等元素的 Al 基中间层。对于 Ni 基母材，中间层须含有 B、Si、P 等元素。

中间层的厚度对扩散连接接头性能有很大的影响。用 Cu、Ni 等软金属或合金扩散连接各种高温合金时，接头的性能取决于中间层的相对厚度 x，相对厚度 x 为中间层厚度与试件厚度（或直径）的比值。中间层相对厚度小时，由于变形阻力大，使表面物理接触不良，接头性能差；只有中间层的相对厚度为某一最佳值时，才可以得到理想的接头性能。中间层材料和相对厚度对高温合金接头的高温性能也有影响。试验表明，用镍作中间层接头的高温性能比母材差，接头的高温持久强度低于不加镍中间层。用镍合金作中间层，则可以改善接头的高温性能。中间层的相对厚度对高温性能同样存在一最佳值。

在陶瓷与金属的扩散连接中，活性金属中间层可选择 V、Ti、Nb、Zr、Ni-Cr、Cu-Ti

等。为了减小陶瓷和金属扩散接头的残余应力，中间层的选择可分为以下三种类型：

1) 单一的金属中间层。通常采用软金属，如 Cu、Ni、Al 及 Al-Si 合金等，通过中间层的塑性变形和蠕变来缓解接头的残余应力。例如，Si_3N_4 与钢的连接中发现，不采用中间层时，接头中的最大残余应力为 350MPa；当分别采用厚度为 1.5mm 的 Cu 和 Mo 中间层时，接头残余应力的数值分别降低至 180MPa 和 250MPa。

2) 多层金属中间层。一般在陶瓷一侧添加低线胀系数、高弹性模量的金属，如 W、Mo 等；而在金属一侧添加塑性好的软金属，如 Ni、Cu 等。多层金属中间层降低接头区残余应力的效果较好。

3) 梯度金属中间层。按弹性模量或线胀系数的逐渐变化来依次放置，整个中间层表现为在陶瓷一侧的部分线胀系数低、弹性模量高，而在金属一侧的部分线胀系数高、塑性好。也就是说，从陶瓷一侧过渡到金属一侧，梯度中间层的弹性模量逐渐降低，而线胀系数逐渐增高，这样能更有效地降低陶瓷/金属接头的残余应力。

3. 阻焊剂

扩散连接时为了防止压头与工件或工件之间某些区域被扩散连接焊接在一起，需加阻焊剂（片状或粉状）。阻焊剂应具有以下性能：

1) 有高于扩散连接温度的熔点或软化点。

2) 具有较好的高温化学稳定性，在高温下不与工件、夹具或压头发生化学反应。

3) 不释放出有害气体污染附近的待焊表面，不破坏保护气氛或真空度。

例如，钢与钢扩散连接时，可以用人造云母片隔离压头；钛与钛扩散连接时，可以涂一层氮化硼或氧化钇粉作为阻焊剂。

5.3.3 扩散连接的工艺参数

扩散连接的工艺参数主要有：加热速度、加热温度、保温时间、压力、真空度和气体介质等，其中最主要的参数为加热温度、保温时间、压力和真空度，这些因素对扩散连接过程及接头质量有重要的影响，而且是相互影响的。

1. 扩散连接参数的选用原则

扩散连接参数的正确选择是获得致密的连接界面和优质接头性能的重要保证。确定扩散连接参数时，必须考虑下述一些冶金因素。

1) 材料的同素异构转变和显微组织，对扩散速率有很大的影响。常用的合金钢、钛、锆、钴等均有同素异构转变。Fe 的自扩散速率在体心立方晶格 α-Fe 中比在同一温度下的面心立方晶格 γ-Fe 中的扩散速率约大 1000 倍。显然，选择在体心立方晶格状态下进行扩散连接可以大大缩短连接时间。

2) 母材能产生超塑性时，扩散连接就容易进行。进行同素异构转变时金属的塑性非常大，当连接温度在相变温度上下反复变动时可产生相变超塑性，利用相变超塑性也可以大大促进扩散连接过程。除相变超塑性外，细晶粒也对扩散过程有利。例如，当 Ti-6Al-4V 合金的晶粒足够细小时也产生超塑性，对扩散连接有利。

3) 增加扩散速率的另一个途径是合金化，确切地说是在中间层合金系中加入高扩散系数的元素。高扩散系数的元素除了加快扩散速率外，在母材中通常有一定的溶解度，不和母材形成稳定的化合物，但降低金属局部的熔点。因此，必须控制合金化导致的熔点降低，否则在接头界面处可能产生液化。

异种材料连接时，界面处有时会形成柯肯达尔孔洞，有时还会形成脆性金属间化合物，使接头的力学性能下降。将线胀系数不同的异种材料在高温下进行扩散连接，冷却时由于界面的约束会产生很大的残余应力。构件尺寸越大、形状越复杂、连接温度越高，产生的线膨胀差就越大，残余应力也越大，甚至可使界面附近产生裂纹。因此，在扩散接头设计时要设法减少由线膨胀差引起的残余应力，避免使硬脆材料承受拉应力。为了解决此类问题，工艺上可降低连接温度，或加入适当的中间过渡层，以吸收应力、转移应力和减小线膨胀差。

2. 扩散连接参数的选用

（1）加热温度　加热温度是扩散连接最重要的连接参数，加热温度的微小变化会使扩散速度产生较大的变化。温度是容易控制和测量的参数，在任何热激活过程中，提高温度引起动力学过程的变化比其他参数的作用大得多。扩散连接过程中的所有机制都对温度敏感。加热温度的变化对连接初期工件表面局部凸出部位的塑性变形、扩散系数、表面氧化物的溶解以及界面孔洞的消失等会产生显著影响。

加热温度决定了母材的相变、析出以及再结晶过程。材料在连接加热过程中由于温度变化伴随着一系列物理、化学、力学和冶金学方面的性能变化，这些变化直接或间接地影响到扩散连接过程及接头的质量。

从扩散规律可知，扩散系数 D 与温度 T 为指数关系 ［见式（5-1）］。也就是说，在一定的温度范围，温度越高扩散系数越大，扩散过程越快。同时，温度越高，金属的塑性变形能力越好，连接界面达到紧密接触所需的压力越小。但是，加热温度的提高受被焊材料的冶金和物理化学性能的限制，如再结晶、低熔共晶和金属间化合物的生成等。提高加热温度还会造成母材软化及硬化。因此，当温度高于某一限定值后，再提高加热温度时，扩散连接接头质量提高不多，甚至有所下降。不同材料组合的连接接头，应根据具体情况，通过试验来确定加热温度。

加热温度的选择要考虑母材成分、表面状态、中间层材料以及相变等因素。从试验结果看，由于受材料的物理性能、工件表面状态、设备等因素的限制，对于许多金属和合金，扩散连接合适的加热温度一般为 $0.6 \sim 0.8 T_m$（T_m 为母材熔点，异种材料连接时 T_m 为熔点较低一侧母材的熔点），该温度范围与金属的再结晶温度范围基本一致，故有时扩散连接也可称为再结晶连接。表 5-6 列出了一些金属材料的扩散连接温度与熔化温度的关系。对于出现液相低熔共晶的扩散连接，加热温度应比中间层材料熔点或共晶反应温度稍高一点。液相低熔共晶填充间隙后的等温凝固和均匀化扩散温度可略微降低一些。

表 5-6　一些金属材料的扩散连接温度与熔化温度的关系

金属材料	扩散连接温度 T /℃	熔化温度 T_m /℃	T/T_m
银（Ag）	325	960	0.34
铜（Cu）	345	1083	0.32
70-30 黄铜	420	916	0.46
钛（Ti）	710	1815	0.39
20 钢	605	1510	0.40
45 钢	800,1100	1490,1490	0.54,0.74

（续）

金属材料	扩散连接温度 T/℃	熔化温度 T_m/℃	T/T_m
铍（Be）	950	1280	0.74
2%铍铜	800	1071	0.75
Cr20-Ni10 不锈钢	1000	1454	0.68
	1200	1454	0.83
铌（Nb）	1150	2415	0.48
钽（Ta）	1315	2996	0.44
钼（Mo）	1260	2625	0.48

　　确定连接温度时必须同时考虑保温时间和压力的大小。温度-时间-压力之间具有连续的相互依赖关系。加热温度对扩散连接接头强度的影响如图 5-10 所示，保温时间为 5min。由图可见，随着温度的提高，接头强度逐渐增加；但随着压力的继续增大，温度的影响逐渐减小。例如，压力 $p=5$MPa 时，1273K 的接头强度比 1073K 的接头强度大一倍多；而压力 $p=20$MPa 时，1273K 的接头强度比 1073K 的接头强度只增加了约 40%。此外，温度只能在一定范围内提高接头的强度，温度过高反而使接头强度下降（见图 5-10 中的曲线 3、4），这是由于随着温度的升高，母材晶粒迅速长大及其他物理化学性能变化的结果。

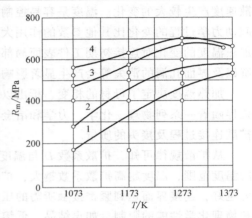

图 5-10　加热温度与接头强度的关系
1—$p=5$MPa　2—$p=10$MPa
3—$p=20$MPa　4—$p=50$MPa

　　总之，扩散连接温度是一个十分关键的参数。选择时可参照已有的试验结果，在尽可能短的时间内、尽可能小的压力下达到良好的冶金连接，而又不损害母材的基本性能。

　　（2）保温时间　保温时间是指工件在焊接温度下保持的时间。在该保温时间内必须保证完成扩散过程，达到所需的结合强度。扩散连接接头强度与保温时间的关系如图 5-11 所示。保温时间太短，扩散连接接头达不到稳定的结合强度。但高温、高压持续时间太长，对接头质量起不到进一步提高的作用，反而会使母材的晶粒长大。对可能形成脆性化合物的接头，应控制保温时间以限制脆性层的厚度，使之不影响接头的性能。

　　大多数由扩散控制的界面反应都是随时间变化的，但扩散连接所需的保温时间与温度、压力、中间层厚度和对接头成分及组织均匀化的要求密切相关，也受材料表面状态和中间层材料的影响。温度较高或压力较大时，保温时间可以缩短。在一定的温度和压力条件下，初始阶段接头强度随保温时间延长增加，但当接头强度提高到一定值后，便不再随保温时间而继续增加。

　　原子扩散迁移的平均距离（扩散层深度）与保温时间的平方根成正比。异种材料连接时常会形成金属间化合物等反应层，反应层厚度也与保温时间的平方根成正比，即符合抛物线定律：

$$x=k\sqrt{Dt} \tag{5-9}$$

式中，x 为扩散层深度或反应层厚度（mm）；t 为保温时间（s）；D 为扩散系数（mm²/s）；

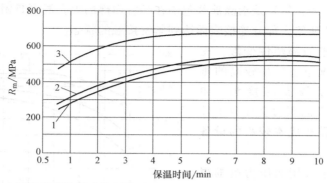

图 5-11　扩散连接接头强度与保温时间的关系（低合金钢，压力 $p = 20MPa$）

1—$T = 800℃$　2—$T = 900℃$　3—$T = 1000℃$

k 为常数。

　　因此，要求接头成分均匀化的程度越高，保温时间应以平方的速度增长。扩散连接的最初阶段，接头强度随保温时间的延长而增大，待 6~7min 后，接头强度即趋于稳定（此时的时间称为临界保温时间），不再明显增加。相反，保温时间过长还会导致接头脆化。因此，扩散连接保温时间不宜过长，特别是异种金属连接形成脆性化合物或扩散孔洞时，应避免连接时间超过临界保温时间。

　　在实际扩散连接中，保温时间可以在一个较宽的范围变化，从几分钟到几小时，甚至长达几十小时。但从提高生产率的角度考虑，在保证结合强度条件下，保温时间越短越好。但缩短保温时间，必须相应提高温度与压力。对那些不要求成分与组织均匀化的接头，保温时间一般只需要 10~30min。

　　图 5-12 所示为钛合金扩散连接时压力与最小保温时间的关系。对于加中间层的扩散连接，保温时间还取决于中间层厚度和对接头化学成分、组织均匀性的要求（包括脆性相的允许量）。

　　（3）压力　与加热温度和保温时间相比，压力是一个不易控制的连接参数。对任何给定的温度-时间组合来说，提高压力能获得较好的界面连接，但扩散连接时的压力必须保证不引起工件的宏观塑性变形。

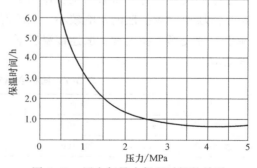

图 5-12　压力与最小保温时间的关系
（926℃ 时 Ti-6Al-4V 的低压扩散连接）

　　施加压力的主要作用是促使连接表面微观凸起的部分产生塑性变形，使表面氧化膜破碎并达到洁净金属直接紧密接触，促使界面区原子激活，同时实现界面区原子间的相互扩散。施加压力还有加速扩散、加速再结晶过程和消除扩散孔洞的作用。

　　压力越大、温度越高，界面紧密接触的面积越大。但不管施加多大的压力，在扩散连接第一阶段不可能使连接表面达到 100% 的紧密接触，总有局部未接触的区域演变为界面孔洞。界面孔洞是由未能达到紧密接触的凹凸不平部分交错而构成的。这些孔洞不仅削弱接头性能，而且还像销钉一样，阻碍着晶粒生长和扩散原子穿过界面的迁移运动。在扩散连接第一阶段形成的界面孔洞，如果在第二阶段仍未能通过蠕变而弥合，则只能依靠原子扩散来消除，这需要很长的时间，特别是消除那些包围在晶粒内部的大孔洞更是困难。因此，在加压变形阶段，就要设法使绝大部分连接表面达到紧密接触的状态。

增加压力能促进局部塑性变形，在其他参数固定的情况下，采用较高的压力能形成结合强度较高的接头，如图 5-13 所示。但过大的压力会导致工件变形，同时高压力需要成本较高的设备和更精确的控制。

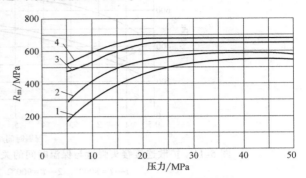

图 5-13　扩散连接接头强度与压力的关系（保温时间 5min）

1—$T = 800℃$　2—$T = 900℃$

3—$T = 1000℃$　4—$T = 1100℃$

扩散连接参数中应用的压力范围很宽，小的只有 0.07MPa（瞬时液相扩散连接），大的可达 350MPa（热等静压扩散连接），而一般常用压力为 3～10MPa。对于异种金属扩散连接，采用较大的压力对减少或消除扩散孔洞有良好的作用。通常异种材料扩散连接采用的压力在 0.5～50MPa 之间。

扩散连接时存在一个临界压力，即使实际压力超过该临界压力，接头强度和韧性也不会继续增加。连接压力与温度和保温时间的关系非常密切，所以获得优质连接接头的压力范围很大。在实际工作中，压力还受到接头几何形状和设备条件的限制。从经济性和加工方面考虑，选用较低的压力是有利的。

连接同类材料时，压力的主要作用是扩散连接第一阶段使连接表面紧密接触，而在第二和第三阶段压力对扩散的影响较小。在固态扩散连接时可在后期将压力减小或完全撤去，以便减小工件变形。在正常扩散连接温度下，从限制工件变形量考虑，压力可在表 5-7 给出的范围选取。

表 5-7　同种金属扩散连接常用的压力示例

材　　料	碳钢	不锈钢	铝合金	钛合金
常规扩散压力 /MPa	5～10	6～12	2～7	4～10
热等静压扩散压力 /MPa	60～100	80～120	50～75	50～80

（4）保护气氛及真空度　扩散连接接头质量与保护方法、保护气体、母材与中间层的冶金物理性能等因素有关。工件表面准备好之后，随即必须对清洁的表面加以保护，有效的方法是在扩散连接过程中采用保护性气氛，真空环境也能够长时间防止污染。也可以在真空室中加氩、氦等保护气氛。纯氢气氛能减少形成的氧化物数量，并能在高温下使许多金属的表面氧化物层减薄。但氢能与 Zr、Ti、Nb 和 Ta 形成不利的氢化物，应注意避免。Ar、He 也可用于在高温下保护清洁的表面，但使用这些气体时纯度必须很高，以防止造成重新污染。

连接过程中保护气氛的纯度、流量、压力或真空度、漏气率都会影响扩散连接接头的质量。扩散连接中常用的保护气体是氩气。真空度通常为 $(1～20) \times 10^{-3}$ Pa。对于有些材料也可以采用高纯度氮气、氢气或氦气。在超塑性成形和扩散连接组合工艺中常用氩气氛负压

（低真空）保护钛板表面。

不管材料表面经过如何精心地清洗（包括酸洗、化学抛光、电解抛光、脱脂和清洗等），也难以避免氧化层和吸附层。材料表面上还会存在加工硬化层。虽然加工硬化层内晶格发生严重畸变，晶体缺陷密度很高，使得再结晶温度和原子扩散激活能下降，有利于扩散连接过程的进行，但表面加工硬化层会阻碍微观塑性变形。根据实验测试，即使在低真空条件下，清洁金属的表面瞬间就会形成单分子氧化层或吸附层。因此，为了尽可能使连接表面清洁，可在真空或保护气氛中对连接表面进行离子轰击或进行辉光放电处理。

对于在冷却过程中有相变的材料以及陶瓷类脆性材料，在扩散连接时，加热和冷却速度应加以控制。采用能与母材发生共晶反应的金属作中间层进行扩散连接，有助于去除氧化膜和污染层。但共晶反应扩散时，加热速度太慢，会因扩散而使接触面上的化学成分发生变化，影响熔融共晶的生成。

（5）表面准备　连接表面的洁净度和平面度也是影响扩散连接接头质量的因素。扩散连接组装之前必须对工件表面进行认真准备，其表面准备包括：加工符合要求的表面粗糙度、平面度，去除表面的氧化物，消除表面的气、水或有机物膜层。

工件表面的平面度和粗糙度是通过机械加工、磨削、研磨或抛光得到的。表面氧化物和加工硬化层通常采用化学腐蚀，应注意的是化学腐蚀后要用酒精和水清洗。

对材料表面处理的要求还受连接温度和压力的影响。随着连接温度和压力的提高，对表面处理的要求逐渐降低。一般是为了降低连接温度或压力，才需要制备较洁净的表面。异种材料连接时，对表面平面度的要求与材料组配有关，在连接温度下对较硬材料的表面平面度和装配质量的要求更为严格。例如，铝和钛扩散连接时，借助钛表面凸出部位来破坏铝表面的氧化膜，并形成界面间的连接。对不同表面粗糙度的工件进行扩散连接试验发现，随着工件表面粗糙度值的降低，铜的扩散连接接头的强度和韧性均得到提高。

5.3.4　扩散连接接头的质量检验

扩散连接接头的主要缺陷有断续未连接、裂纹、变形等，产生这些缺陷的影响因素较多。表 5-8 列出了常见的扩散连接缺陷及产生的原因。一些异种材料扩散连接的缺陷、产生原因及防止措施列于表 5-9 中。

表 5-8　常见的扩散连接缺陷及产生的原因

缺　陷	缺陷产生的原因
出现裂纹	升温和冷却速度太快，压力太大，加热温度过高，加热时间太长，连接表面加工精度低
断续未连接贴合	加热温度不够，压力不足，焊接保温时间短，真空度低；夹具结构不正确或在真空室里零件安装位置不正确；工件表面加工精度低
孔洞	加热温度不够高，压力太小，保温时间不够长
残余变形	加热温度过高，压力太大，保温时间过长
局部熔化	加热温度过高，保温时间过长；加热装置结构不合理或加热装置与工件的相应位置不对，加热速度太快
错位	夹具结构不合适或在真空室里工件安放位置不对，工件错动

表 5-9　异种材料扩散连接的缺陷、产生原因及防止措施

异种材料	焊接缺陷	缺陷产生的原因	防止措施
青铜+铸铁	青铜一侧产生裂纹,铸铁一侧变形严重	扩散连接时加热温度、压力不合适,冷却速度太快	选择合适的连接参数,真空度要合适,延长冷却时间
钢+铜	铜母材一侧结合强度差	加热温度不够,压力不足,焊接时间短,接头装配位置不正确	提高加热温度、压力,延长焊接时间,接头装配合理
铜+铝	接头严重变形	加热温度过高,压力过大,保温时间过长	加热温度、压力及保温时间应合理
金属+玻璃	接头贴合,强度低	加热温度不够,压力不足,保温时间短,真空度低	提高加热温度,增加压力,延长保温时间,提高真空度
金属+陶瓷	产生裂纹或剥离	线胀系数相差太大,升温过快,冷却速度太快,压力过大,加热时间过长	选择线胀系数相近的两种材料,升温、冷却应均匀,压力适当,加热温度和保温时间适当
金属+半导体材料	错位、尺寸不合要求	夹具结构不正确,接头安放位置不对,工件振动	夹具结构合理,接头安放位置正确,防止振动

扩散连接接头的质量检验方法有以下几种:

1) 采用着色、荧光粉或磁粉探伤来检验表面缺陷。

2) 采用真空、压缩空气以及煤油试验等来检查气密性。

3) 采用超声波、X 光射线探伤等检查接头的内部缺陷。

由于接头结构、工件材料、技术要求不同,每一种方法的检验灵敏度波动范围较大,要根据具体情况选用。总体来说超声波探伤是扩散连接接头较常用的内部缺陷检验方法。

5.4　固相扩散连接的局限性及改进

5.4.1　固相扩散连接的局限性

与熔焊方法相比,固相扩散连接虽有许多优点,解决了许多用熔焊方法难以连接的材料的可靠连接,但由于其连接过程中材料处于固相,因而也存在下述的局限性:

1) 固体材料塑性变形较困难,为了使连接表面紧密接触和消除界面孔洞,常常需要较高的连接温度并施加较大的压力,这样有引起连接件宏观变形的可能性。

2) 固相扩散速度慢,因而要完全消除界面孔洞,使界面区域的成分和组织与母材相近,通常需要很长的连接时间,生产效率低。

3) 因为要加热和加压,真空扩散连接设备比真空钎焊设备复杂得多,连接接头的形式也受到一定限制。

为了克服上述固相扩散连接的不足,人们通过改进工艺,提出了瞬间(过渡)液相扩散连接和超塑性成形扩散连接等工艺。

5.4.2　瞬间(过渡)液相扩散连接(TLP)

瞬间(过渡)液相扩散连接采用熔化温度较低的特殊成分的中间薄层作为过渡合金,放置在连接面之间。施加较小的压力,在真空条件下加热到中间层合金熔化,液态的中间层

合金润湿母材，在连接界面间形成均匀的液态薄膜，经过一定的保温时间，中间层合金与母材之间发生扩散，合金元素趋向于平衡，形成牢固的界面结合。

瞬间液相扩散连接开始时中间层熔化形成液相，液体金属浸润母材表面填充毛细间隙，形成致密的连接界面。在保温过程中，借助固-液相之间的相互扩散使液相合金的成分向高熔点侧变化，最终发生等温凝固和固相成分均匀化。

瞬间液相扩散连接所用的中间层合金是促进扩散连接的重要因素。中间层合金的成分应保证瞬间液相扩散连接工艺顺利进行，即应有合适的熔化温度（约为母材熔点 T_m 的 $0.6\sim$ 0.9），应能使接头区在连接温度下达到等温凝固，不产生新的脆性相。中间层合金成分还应保证接头性能与母材相近，达到使用要求。

用于瞬间液相扩散连接的中间层主要有如下两类：

1) 低熔点的中间层合金，成分与母材接近，但添加了少量能降低熔点的元素，使其熔点低于母材，加热时中间层直接熔化形成液相。

2) 与母材能发生共晶反应形成低熔点共晶的中间层合金。

一般中间层合金以 Ni-Cr-Mo 或 Ni-Cr-Co-W（Mo）为基，加入适量 B 元素（或 Si）而构成。例如，DZ22 定向凝固高温合金的中间层合金 Z2P 和 Z2F；DD3 单晶合金的 D1F 均是这样设计和生产的。有时中间层合金中也适当加入或调整固溶强化元素 Co、Mo、W 的比例，如 Ni_3Al 基高温合金的中间层合金 I6F、I7F、D1F。

中间层合金的品种有粉状和厚度为 $0.02\sim0.04mm$ 的箔料。

瞬间液相扩散连接与钎焊连接有着本质的区别。在钎焊中，钎料的熔点要超过连接接头的使用温度，对于要在高温下使用的接头，连接温度就更高。而瞬间液相扩散连接则在较低温度或在低于最终使用温度的条件下进行连接。以 A-B 匀晶相图系（见图 5-14）为例，该图给出了不同连接方法的连接温度所处的范围。

图 5-14 中 A 端的阴影区表示连接后中间层或钎缝最终所要达到的成分。这时，钎焊温度和固相扩散连接温度显然要超过或接近难熔金属 A 的熔点，分别如图中点 1 和点 2 所示。而瞬间液相扩散连接的温度则取决于低熔点金属 B 的熔点（或 A-B 间的共晶温度），如图中点 3 所示，如果连接后均匀中间层的成分达到点 3′，就与固相扩散连接的情况几乎一致。由于 A 的熔点和 B 的熔点（或共晶温度）可能相差很大，因而用瞬间液相扩散连接能显著地降低连接温度。这种方法尤其适用于焊接性较差的铸造高温合金。

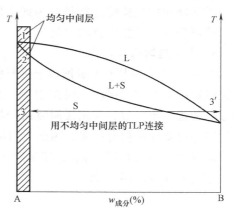

图 5-14　不同连接方法连接温度选择示意图
1—钎焊　2—固相扩散连接　3—瞬间液相扩散连接

在瞬间液相扩散连接中，中间层熔化或中间层与母材界面反应形成的液态合金，起着类似钎料的作用。由于有液相参与，因而瞬间液相扩散连接初始阶段与钎焊类似，从理论上说不需要连接压力，实际使用的压力比固相连接时要小得多（有人认为压力约大于 0.07MPa 即可）。此外，与固相扩散连接相比，由于形成的液态金属能填充材料表面的微观孔隙，降低了对待连接材料表面加工精度的要求，这也是应用上的有利之处。

图 5-15 示出了二元共晶系瞬间液相扩散连接不同阶段连接区域中成分的变化。该模型的建立基于以下几点假设：

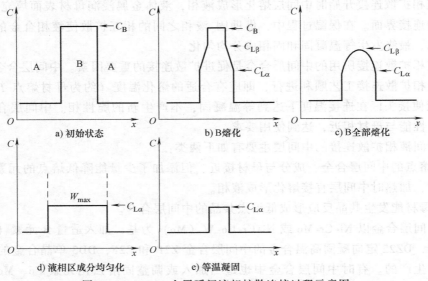

a) 初始状态   b) B熔化   c) B全部熔化

d) 液相区成分均匀化   e) 等温凝固

图 5-15 A/B/A 金属瞬间液相扩散连接过程示意图

1) 固-液界面呈局部平衡，因此相界面上各个相的成分可由相图决定。

2) 由于中间层的厚度很薄，忽略液体的对流，从而把瞬间液相扩散连接作为一个纯扩散问题处理。

3) 液相和固相中原子的相互扩散系数 D_S 和 D_L 与成分无关，并且 α、β 和液相（L）各个相的偏摩尔体积相等，这就可直接用摩尔分数来表达菲克第二定律。

瞬间液相扩散连接过程可分为四个阶段：中间层溶解或熔化、液相区增宽和成分均匀化、等温凝固、固相成分均匀化。

1. 中间层溶解或熔化

A/B/A 接头在其共晶温度以上进行瞬间液相扩散连接时，由于母材 A 和中间层 B 之间存在较陡的初始浓度梯度，因而相互扩散十分迅速，导致在 A/B 界面上形成液相。随着界面原子的进一步扩散，液相区同时向母材 A 和中间层 B 侧推移，使液相区逐步增宽。由于中间层厚度要比母材薄得多，因而中间层最终被全部溶解成液相。如果固-液界面仅向中间层方向移动（单方向移动），连接温度为 T_B，中间层 B 的厚度为 W_0，那么中间层完全被溶解或熔化所需的时间 t_1 为

$$t_1 = \frac{W_0^2}{16K_1^2 D_L} \qquad (5-10)$$

2. 液相区增宽和成分均匀化

中间层 B 完全溶解时，由于液相区成分不均匀，如图 5-15b 所示，液体和固态母材之间进一步的相互扩散导致液相区成分均匀化和固相母材被不断熔化。当液相区达到最大宽度 W_{max} 时，液相区成分也正好均匀化，为 $C_{L\alpha}$，如图 5-15d 所示。根据质量平衡原理，并忽略材料熔化时发生的体积变化，最大液相区宽度 W_{max} 可用下式估算，即

$$W_{\max} = W_0 C_B \rho_B / C_{L\alpha} \rho_L \tag{5-11}$$

式中，ρ_B 和 ρ_L 为金属 B 和液相（成分为 $C_{L\alpha}$）的密度。

液相区达到最大宽度和成分均匀化的时间由下式决定，即

$$t_2 = \frac{(W_{\max} - W_0)^2}{16K_2^2 D_{\text{eff}}} \tag{5-12}$$

式中，D_{eff} 为有效扩散系数。

有效扩散系数 D_{eff} 取决于过程的控制因素，如原子在液相中的扩散、在固相中的扩散或界面反应。研究表明，D_{eff} 可表达为

$$D_{\text{eff}} = D_L^{0.7} D_S^{0.3} \tag{5-13}$$

3. 等温凝固

当液相区成分达到 $C_{L\alpha}$ 后，随着固-液相界面上液相中的溶质原子 B 逐渐扩散进入母材金属 A，液相区的熔点随之升高，开始发生等温凝固，晶粒从母材表面向液相内生长，液相逐渐减少，如图 5-15e 所示，最终液相区全部消失。液相区完全等温凝固所需时间可用下式计算，即

$$t_3 = \frac{W_{\max}^2}{16K_3^2 D_S} \tag{5-14}$$

式（5-10）、式（5-12）和式（5-14）中的 K_1、K_2 和 K_3 在给定的温度下对特定的连接材料系均为无量纲常数。应指出，液相区等温凝固过程受原子在固相中的扩散控制，需要较长的时间。由于实际多晶材料中存在大量晶界、位错，为扩散提供了快速通道，因此实际等温凝固时间要比理论计算的时间短得多。

4. 固相成分均匀化

液相区完全等温凝固后，液相虽然全部消失，但接头中心区域的成分与母材仍有差别，通过进一步保温，促使成分均匀化，从而可得到成分和组织性能与母材相匹配的连接接头，这一过程需要更长的时间。瞬间液相扩散连接时间主要取决于液相区等温凝固和固相成分均匀化的时间。

瞬间液相扩散连接的工艺参数有加热温度、保温时间、中间层合金的厚度、压力、真空度等。压力参数以工件结合面能良好地接触为目的，因此可以施加较小的压力，往往是加静压力。加热温度和保温时间参数对接头质量影响很大，它取决于母材性能、中间层合金成分和熔化温度。对要求强度高和质量好的接头，应选择较高的温度和较长的保温时间，使中间层合金与母材充分扩散，消除界面附近 B、Si 的共晶组织。中间层合金的厚度以能形成均匀液态薄膜为原则，一般厚度控制在 0.02~0.05mm。表 5-10 列出了几种高温合金瞬间液相扩散连接的工艺参数。

表 5-10 几种高温合金瞬间液相扩散连接的工艺参数

合金牌号	中间层合金及厚度/mm	工艺参数		
		加热温度/℃	保温时间/h	压力/MPa
GH22	Ni 0.01	1158	4	0.7~3.5
DZ22	Z2F 0.04×2	1210	24	<0.07

（续）

合金牌号	中间层合金及厚度/mm	工艺参数		
		加热温度/℃	保温时间/h	压力/MPa
	Z2P　0.10	1210	24	<0.07
DD3	D1P　0.01	1250	24	<0.07

5.4.3　超塑性成形扩散连接（SPF/DB）

材料的超塑性是指在一定温度下，组织为等轴细晶粒且晶粒尺寸小于 $3\mu m$、变形速率小于 $10^{-5}\sim10^{-3}/s$ 时，拉伸变形率可达到 100%~1500%，这种行为称为材料的超塑性。材料超塑性的发现，使人们可以利用超塑性材料的高延性来加速界面的紧密接触，由此发展了超塑性成形扩散连接方法。

1. 超塑性扩散连接的特点

扩散连接主要依靠局部变形和扩散来实现连接。连接界面的紧密接触和界面孔洞的消除与材料的塑性变形、蠕变及扩散过程关系密切。人们发现利用材料的超塑性可加速扩散连接过程，特别是在具有最大超塑性的温度范围，扩散连接速率最高，这表明超塑性变形与扩散连接之间有着密切的联系。

在连接初期的变形阶段，由于超塑性材料具有低流变应力的特征，所以塑性变形能迅速在连接界面处发生，甚至有助于破坏材料表面的氧化膜，加速了界面的紧密接触过程。实际上，真正促进连接过程的是界面附近的局部超塑性。用激光快速熔凝技术在 TiAl 合金表面制备超细晶粒组织，即表层材料（厚度约 $100\mu m$）具有超塑性特性时，即可实现超塑性扩散连接。而且，扩散连接时发生的宏观应变非常小（≤1%）。

超塑性材料所具有的超细晶粒，增加了界面区的晶界密度和晶界扩散的作用，明显加速了孔洞与界面消失的过程。

进行超塑性扩散连接时，可以是界面两侧的母材均具有超塑性特性，也可以是只有一侧母材具有超塑性特性。即使在界面两侧母材均不具有超塑性特性时，只要插入具有超塑性特性的中间过渡层材料，也可以实现超塑性扩散连接。

超塑性成形扩散连接在很多领域得到应用，其中最成功的是航空航天领域。这项技术被认为是推动航空航天结构设计发展和突破传统结构成形的先进制造技术，是航空航天大型复杂薄壁钛合金、铝合金、镍基高温合金和金属间化合物等结构件制造的重要工艺方法。这项技术已从用于次承力构件发展到用于主承力构件。

超塑性成形扩散连接的结构件示例如图 5-16 所示。单层结构在超塑性成形件的局部扩散连接加强板，以提高构件的刚度和强度，如图 5-16a 所示。这种结构常用于制造飞机和航天器的加强板、肋板和翼梁。

双层结构是将超塑性成形板材和外层板之间需要连接的地方保持良好的接触界面（如图 5-16b 所示），不需要连接的地方涂覆阻焊剂。这种结构常用于制造飞行器的口盖、舱门和翼面。多层结构的超塑性成形扩散连接结构多由三、四层板组成，如图 5-16c、d 所示，在成形之前板与板之间的适当区域涂覆阻焊剂。经超塑性成形扩散连接后，上、下两块板形成面板，而中间层形成波纹板或隔板，起加强结构作用。这种形式适用于内部带纵横隔板的

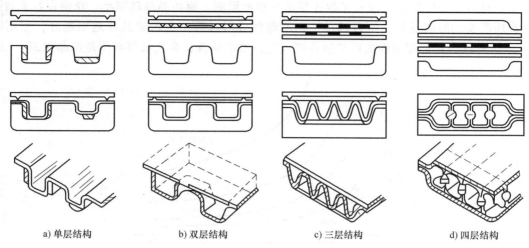

a) 单层结构　　　b) 双层结构　　　c) 三层结构　　　d) 四层结构

图 5-16　超塑性成形扩散连接的结构件示例

夹层结构。三层板和四层板夹层结构适合于制造两侧都有较高要求的结构件，如飞机进气道唇口、导弹翼面和发动机叶片等夹层结构。

2. 钛合金的超塑性成形扩散连接

目前成功应用的是钛及钛合金的超塑性成形扩散连接。钛及钛合金在 760~927℃ 温度范围具有超塑性，也就是说，在高温和非常小的载荷下，达到极高的拉伸伸长而不产生缩颈或断裂。

超塑性成形扩散连接是一种两阶段的加工方法，用这种方法连接钛及钛合金时不发生熔化。第一阶段主要是机械作用，包括加压使粗糙表面产生塑性变形，从而达到金属与金属之间的紧密接触。第二阶段是通过穿越接头界面的原子扩散和晶粒长大进一步提高界面强度，这是置换原子迁移的作用，通过将材料在高温下按所需时间保温来完成。因为钛及钛合金的超塑性成形和扩散连接是在相同温度下进行的，所以可将这两个阶段组合在一个制造循环中。对于同样的钛合金材料，超塑性扩散连接的压力（2MPa）比常规扩散连接所需压力（14MPa）低得多。

超塑性扩散连接的工艺参数直接影响接头性能。例如，TC4 钛合金超塑性成形扩散连接的加热温度范围为 1143~1213K，达到了该合金的相变温度。超过 1213K，α 相开始转变为 β 相，将使晶粒粗大，降低接头的性能。超塑性成形扩散连接与一般的扩散连接不一样，必须使变形速率小于一

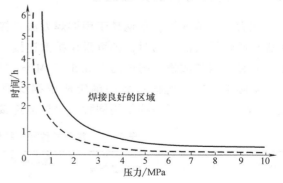

图 5-17　超塑性扩散连接接头质量
与压力和时间的关系
（$T=1213K$，真空度小于 $1.33×10^{-3}$Pa）

定的数值，所加的压力比较小，同时压力与时间有一定的相关性。为了达到 100% 的界面结合，必须保证连接界面可靠接触，接头连接质量与压力和时间的关系如图 5-17 所示。图中实线以上为质量保证区域，在虚线以下不能获得良好的连接质量，接头界面结合率小于 50%。

钛及钛合金的原始晶粒度对扩散连接质量也有影响。原始晶粒越细小，获得良好扩散连接接头所需要的时间越短、压力越小，在超塑性成形过程中也希望晶粒越细越好，如图 5-18 所示。所以，对于超塑性成形扩散连接工艺，要求钛及钛合金材料必须是细晶组织。

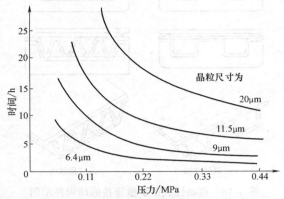

图 5-18　钛合金超塑性扩散连接时晶粒度与压力和时间的关系

5.5　扩散连接的应用

由于扩散连接的接头质量好且稳定，几乎适合于各种材料，特别是适于一些脆性材料、特殊结构的焊接。虽然真空扩散连接的成本稍高一些，但在航空航天、电子和核工业等焊接质量较重要的场合，仍得到了相当成功的应用。许多零部件的使用环境苛刻，加之产品结构要求特殊，设计者不得不采用特种材料（如为减重而采用空心结构），而且要求接头与母材成分、性能上匹配。在这种情况下，扩散连接可能成为优先考虑的焊接方法。

5.5.1　同种材料的扩散连接

在大多数情况下，碳钢易于用熔焊方法焊接，所以通常不采用扩散连接。但要在大平面形成高质量接头的产品时，则可采用扩散连接。各种高碳钢、高合金钢也能顺利进行扩散连接。同种材料扩散连接的压力在 0.5~50MPa 之间选择。

实际生产中，连接参数的确定应根据试焊所得接头性能选出一个最佳值（或最佳范围）。表 5-11 列出了一些常用同种材料扩散连接的工艺参数示例。

表 5-11　常用同种材料扩散连接的工艺参数示例

序号	材　料	中间层合金	加热温度 /℃	保温时间 /min	压力 /MPa	真空度 /Pa
1	20 钢	—	950	6	16	1.33×10^{-5}
2	30CrMnSiA	—	1150~1180	12	10	1.33×10^{-5}
3	W18Cr4V	—	1100	5	10	1.33×10^{-4}
4	12Cr18Ni10Ti	—	1000	10	20	2.67×10^{-5}
5	12Cr13	—	1050	20	15	1.33×10^{-5}
		Ni+9%~10%Be	931	5	0.07	—

（续）

序号	材　料	中间层合金	加热温度/℃	保温时间/min	压力/MPa	真空度/Pa
6	2A14	—	540	180	4	—
7	TC4	—	900~930	60~90	1~2	1.33×10^{-3}
8	Ti_3Al	—	960~980	60	8~10	1.33×10^{-5}
9	Cu	—	800	20	6.9	还原性气氛
10	H72	—	750	5	8	—
11	Mo	—	1050	5	16~40	1.33×10^{-2}
12	Nb	—	1200	180	70~100	1.33×10^{-3}
13	Nb	Zr	598	—	—	—
14	Ta	Zr	598	—	—	—
15	Zr2	Cu	767	30~120	0.21	—

钛及钛合金是一种有发展前景的高性能材料。钛合金熔点较高（约 1933K），主要有两个优点：一是密度小、强度高，有良好的高温性能，可以在 723~773K 的条件下工作；二是有非常好的耐蚀性，在酸性介质中的耐蚀性优于不锈钢。因此钛合金在航空航天、医疗器械和化工等领域得到了广泛的应用。

航空航天领域钛合金结构要求减轻重量，焊接接头质量比制造成本更重要，因此较多地应用扩散连接方法。虽然钛合金表面有一层致密的氧化膜，但经过适当清理的钛合金，在高温、真空条件下，其表面的氧化膜很容易溶入母材中，不会妨碍扩散连接的顺利进行。因此，钛合金不需要特殊的表面准备就可以进行扩散连接。由于钛合金屈服强度较低，根据不同的要求，扩散连接的压力可在 1~10MPa 之间变化，加热温度在 1073~1273K 之间，保温时间为几十分钟至数小时，真空度大于 1.33×10^{-3}Pa。应注意，过高的温度及在高温长时间停留，会使接头及钛合金母材性能变差。钛能大量吸收 O_2、H_2 和 N_2 等气体，不宜在 H_2、N_2 气氛中焊接。

镍合金主要用于耐高温、耐蚀及高韧性的条件下，其熔焊的焊接性差，熔焊时接头韧性远低于母材，因此较多地应用扩散连接。由于镍合金的高温强度高，因此需将这些合金在接近其熔化温度和相当高的压力下进行焊接。并且仔细地进行焊接表面准备，还需在扩散连接过程中严格控制气氛，防止表面污染，通常还需要纯镍或镍合金作中间层。

镍合金扩散连接的参数为：加热温度 1093~1204℃，保温时间 0.5~4h，压力 2.5~10.7MPa，真空度 1.33×10^{-2}Pa 以上。实际连接参数与结构件的几何形状有关，要获得满意的焊接质量需进行多次试验。

铝及其合金的扩散连接有一定的困难，主要是因为清洗好的工件在空气中会很快生成一层氧化膜。铝与氧的亲和力很大，在常温下铝也容易与空气中的氧化合，生成密度比铝本身高的氧化铝膜，这使铝的扩散连接成为困难。

铝与铝直接扩散连接的加热温度不得超过铝的软化温度，需要较大的压力和高真空度。还可采用加中间扩散层的方法，中间层材料可选用 Cu、Ni 等，这时压力和加热温度都可降低。

固相扩散连接几乎可以焊接各类高温合金，如机械化型高温合金，含高 Al、Ti 的铸造高温合金等。高温合金中含有 Cr、Al 等元素，表面氧化膜很稳定，难以去除，焊前必须严格加工和清理，甚至要求表面镀层后才能进行固相扩散连接。几种高温合金扩散连接的工艺参数示例见表 5-12。

表 5-12　几种高温合金扩散连接的工艺参数示例

合金牌号	加热温度/℃	保温时间/min	压力/MPa	真空度/Pa
GH3039	1175	6~10	29.4~19.6	
GH3044	1000	10	19.6	1.33×10⁻²
GH99	1150~1175	10	39.2~29.4	
K403	1000	10	19.6	

高温合金的热强性高，变形困难，同时又对过热敏感，因此必须严格控制连接参数，才能获得与母材匹配的连接接头。高温合金扩散连接时，需要较高的焊接温度和压力，焊接温度约为 $0.8 \sim 0.85 T_m$（T_m 是合金的熔化温度）。

焊接压力通常略低于相应温度下合金的屈服应力。其他参数不变时，焊接压力越大，界面变形越大，有效接触面积增大，接头性能越好；但焊接压力过高，会使设备结构复杂，造价昂贵。焊接温度较高时，接头性能提高，但过高会引起晶粒长大，塑性降低。

Al、Ti 含量高的沉淀强化高温合金扩散连接时，由于结合面上会形成 Ti（CN）、NiTiO₃ 等析出物，会造成接头性能降低。若加入较薄的 Ni-35%Co 中间层合金，则可以获得组织性能均匀的接头，同时可以降低连接参数变化对接头质量的影响。压力和温度对高温合金扩散连接接头力学性能的影响如图 5-19 所示。

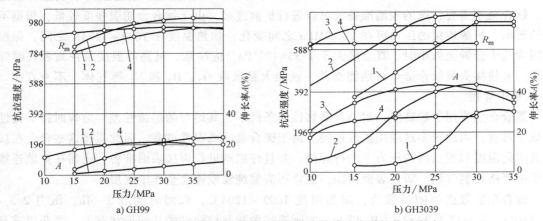

图 5-19　压力和温度对高温合金扩散连接接头力学性能的影响

1—1000℃　2—1150℃　3—1175℃　4—1200℃

同种材料加中间层扩散连接的工艺参数见表 5-13。

表 5-13　同种材料加中间层扩散连接的工艺参数

序号	被焊材料	中间层	加热温度/℃	保温时间/min	压力/MPa	真空度/Pa（或保护气氛）
1	5A06	5A02	500	60	3	50×10⁻³
2	Al	Si	580	1	9.8	—

（续）

序号	被焊材料	中间层	加热温度 /℃	保温时间 /min	压力 /MPa	真空度 /Pa （或保护气氛）
3	H62	Ag+Au	400~500	20~30	0.5	—
4	06Cr18Ni11Ti	Ni	1000	60~90	17.3	1.33×10^{-2}
5	K18Ni 基高温合金	Ni-Cr-B-Mo	1100	120	—	真空
6	GH141	Ni-Fe	1178	120	10.3	—
7	GH22	Ni	1158	240	0.7~3.5	—
8	GH188 钴基合金	97Ni-3Be	1100	30	10	—
9	Al_2O_3	Pt	1550	100	0.03	空气
10	95 陶瓷	Cu	1020	10	14~16	5×10^{-3}
11	SiC	Nb	1123~1790	600	7.26	真空
12	Mo	Ti	900	10~20	68~86	—
13	Mo	Ta	915	20	68.6	—
14	W	Nb	915	20	70	—

瞬间（过渡）液相扩散连接可用于连接沉淀强化高温合金、单晶和定向的铸造高温合金以及 Ni-Al 化合物基高温合金，如单晶和定向凝固的涡轮叶片、涡轮导向叶片等受力高温部件。高温合金瞬间液相扩散连接的接头组织主要由 Ni-Cr 固溶体、γ' 强化相组成，可能有 Si 或 B 的化合物，有时有少量共晶组织。由于组织与母材基本一致，接头力学性能较好，高温持久强度也较高（见表 5-14）。

表 5-14　高温合金瞬间液相扩散连接的接头性能

母材	中间层 合金	接头间隙 /mm	连接参数	持久性能			断裂 位置
				试验温度/℃	应力/MPa	持久寿命/h	
DZ22	Z2P	0.1	1210℃×36h	980	166	77.4	接头
						51.2	
	Z2F	0.08	1210℃×24h	980	166	129.2	接头
						203.0	
					186	80.3	接头
						116.6	
			1210℃×36h	980	166	166.0	接头
DD3	D1F	0.08	1250℃×24h +870℃×32h	980	181	198.0	母材
						379.5	
			1250℃×36h +870℃×32h		203	137.0	母材
						124.0	

5.5.2　异种材料的扩散连接

当两种材料的物理化学性能相差很大时，采用熔焊方法很难进行焊接，采用扩散连接有时可以获得满意的接头性能。确定某个异种金属组合的扩散连接条件时，应考虑到两种材料之间相互扩散的可能性及出现的问题。这些问题及防止措施如下：

1）扩散界面形成中间相或脆性金属间化合物，可通过选择合适的中间过渡合金来避免或防止。

2）由于扩散产生的元素迁移速度不同，而在紧邻扩散界面处形成一些显微孔洞。选择合适的连接条件、连接参数或适宜的中间层，可以解决这个问题。

3）两种材料的线胀系数差异大，在加热和冷却过程中产生较大的收缩应力，产生工件变形或内应力过大，甚至造成开裂。可根据具体被连接件的材质、使用要求，采用焊后缓冷的工艺措施等。

一些材料异种组合的扩散连接的工艺参数见表 5-15。

表 5-15　一些材料异种组合的扩散连接的工艺参数

序号	焊接材料	中间层合金	加热温度/℃	保温时间/min	压力/MPa	真空度/Pa
1	A l+Cu	—	500	10	9.8	6.67×10^{-3}
2	5A06+不锈钢	—	550	15	13.7	1.33×10^{-2}
3	Al+钢	—	460	1.5	1.9	1.33×10^{-2}
4	Al+Ni	—	450	4	15.4~36.2	—
5	Al+Zr	—	490	15	15.435	
6	Mo+0.5Ti	Ti	915	20	70	
7	Mo+Cu	—	900	10	72	
8	Ti+Cu	—	860	15	4.9	
9	Ti+不锈钢	—	770	10	—	
10	TAl（钛）+ 95 陶瓷	Al	900	20~30	9.8	$>1.33 \times 10^{-2}$
11	TC4 钛合金+06Cr18Ni11Ti	V+Cu	900~950	20~30	5~10	1.33×10^{-3}
12	Cu+低碳钢	—	850	10	4.9	
13	Cu+不锈钢	—	970	20	13.7	
14	Cu+Cr18-Ni13 不锈钢	Cu	982	2	①	
15	Cu+（Nb-1%Zr）	Nb-1%Zr	982	240	①	
16	可伐合金+铜	—	850~950	10	4.9~6.8	1.33×10^{-3}
17	硬质合金+钢	—	1100	6	9.8	1.33×10^{-2}
18	95 陶瓷+Cu	—	950~970	15~20	7.8~11.8	6.67×10^{-3}
19	Al_2O_3 陶瓷+Cu	Al	580	10	19.6	
20	Al_2O_3 + ZrO_2	Pt	1459	240	1	
21	Al_2O_3 + 不锈钢	Al	550	30	50~100	
22	Si_3N_4 + 钢	Al-Si	550	30	60	
23	铁素体不锈钢+Inconel 718	—	943	240	200	
24	Ni200+Inconel 600	—	927	180	6.9	
25	（Nb-1%Zr）+ Cr18-Ni13 不锈钢	Nb-1%Zr	982	240	①	
26	Zr2+奥氏体不锈钢	—	1021~1038	30	①	
27	ZrO_2 + 不锈钢	Pt	1130	240	1	

①　焊接压力借助差动热膨胀夹具施加。

1. 钢与铝、钛、铜、钼的扩散连接

钢与铝及铝合金进行扩散连接时，在扩散连接界面附近易形成脆性的 Fe-Al 金属间化合物，会使接头韧性下降。为了获得良好的扩散连接接头性能，可采用增加中间过渡层的方法获得牢固的接头。中间过渡层可采用电镀等方法镀上一层很薄的金属，镀层材料可选用 Cu 和 Ni。因为 Cu 和 Ni 能形成无限固溶体，Ni 与 Fe、Ni 与 Al 能形成连续固溶体。这样就能防止界面处出现 Fe-Al 金属间化合物，提高接头的性能。中间层的成分可根据合金相图和在界面区可能形成的新相进行选择。

低碳钢与铝及铝合金扩散连接时，可在低碳钢表面上先镀一层 Cu，之后再镀一层 Ni。Cu、Ni 中间层可用电镀法获得。碳钢、不锈钢与铝及铝合金扩散连接的工艺参数见表 5-16。

表 5-16　碳钢、不锈钢与铝及铝合金扩散连接的工艺参数

异种金属	中间层	工艺参数			
		加热温度/℃	保温时间/min	压力/MPa	真空度/Pa
3A21 铝+Q235 钢	镀 Cu、Ni	550	2~20	13.7	1.33×10^{-4}
1035 铝+Q235 钢	Ni	550	2~15	12.3	1.33×10^{-4}
1071 铝+Q235 钢	Ni	350~450	5~15	2.2~9.8	1.33×10^{-3}
	Cu	450~500	15~20	19.5~29.4	1.33×10^{-3}
1035 铝+06Cr18Ni11Ti	—	500	20~30	17.5	6.66×10^{-4}

合金元素 Mg、Si 及 Cu 对钢与铝扩散连接接头的强度影响很大。Mg 可增加接头中形成金属间化合物的倾向。随着铝合金中 Mg 含量的增加，接头强度明显降低。当铝合金中 $w_{Cu}=0.5\%$ 且 $w_{Si}<3\%$ 时，对 06Cr18Ni11Ti 不锈钢与铝合金的扩散连接有利。由于铝合金中 Si 的含量较高，能提高抗蠕变能力，所以扩散连接时必须延长保温时间才能获得较高的接头强度。

铝合金中 $w_{Cu}=3\%$ 时，可以明显提高接头的强度性能，这时在接头区域没有脆性相。06Cr18Ni11Ti 不锈钢与 Al-Cu 系合金扩散连接时，加热温度不应超过 525℃。

采用扩散连接方法连接钢与钛及钛合金时，应添加中间扩散层或复合填充材料。中间扩散层材料一般是 V、Nb、Ta、Mo、Cu 等，复合填充材料有：V+Cu、Cu+Ni、V+Cu+Ni 以及 Ta 和青铜等。纯铁和不锈钢与纯钛 TA7 扩散连接的工艺参数见表 5-17。

表 5-17　纯铁和不锈钢与纯钛 TA7 扩散连接的工艺参数

异种金属	中间扩散层材料	工艺参数				备注
		加热温度/℃	保温时间/min	压力/MPa	真空度/Pa	
Fe+TA7	Mo	1000	20	17.25	1.33×10^{-5}	Fe/Mo 界面开裂
	—	700	10	17.25	1.33×10^{-5}	界面上硬度增高
	—	1000	10	10.39	1.33×10^{-5}	纯铁侧硬度增高
Cr25Ni15+TA7		700	10	6.86	1.33×10^{-4}	钢与钛界面有 α 相
	Ta	900	10	8.82	1.33×10^{-4}	接头强度 R_m=292.4MPa
	Ta	1100	10	11.07	1.33×10^{-4}	有 TaFe₂，NiTa

（续）

异种金属	中间扩散层材料	工艺参数				备　注
		加热温度/℃	保温时间/min	压力/MPa	真空度/Pa	
12Cr18Ni10Ti+TA7	—	900	15	0.98	1.33×10^{-5}	$R_m = 274 \sim 323MPa$
	V	900	15	0.98	1.33×10^{-5}	$R_m = 274 \sim 323MPa$
	V+Cu	900	15	0.98	1.33×10^{-5}	有金属间化合物
	V+Cu+Ni	1000	10~15	4.9	1.33×10^{-5}	有金属间化合物
	Cu+Ni	1000	10~15	4.9	1.33×10^{-5}	有金属间化合物

钢与铜及铜合金扩散连接时，由 Cu 溶于 Fe 中的 α 固溶体及 Fe 溶于 Cu 固溶体的混合物（共晶体）结晶而促使形成接头。在加热温度为 750℃、保温时间为 20~30min 的扩散连接条件下，通过金相分析可观察到共晶体。因此，钢与铜采用扩散连接时要严格控制温度、时间等连接参数，使界面处形成的共晶脆性相的厚度不超过 2~3μm，否则整个连接界面将变脆。

钢与铜扩散连接的工艺参数为：加热温度 900℃，保温时间 20min，压力 5MPa，真空度 $1.33 \times 10^{-2} \sim 1.33 \times 10^{-3}$ Pa。

为了提高钢与铜及铜合金扩散连接接头的强度，可采用 Ni 作中间过渡层。Ni 与 Fe、Cu 形成无限连续固溶体。根据 Fe-Ni-Cu 相图，Ni 能大大提高 Fe 在 Cu 中或 Cu 在 Fe 中的溶解度，随后在低于 910℃时在 α-Fe 中形成有限溶解度的固溶体。当温度超过 910℃时，形成 Cu 在 γ-Fe 中的连续固溶体。在 750~850℃ 温度区间，在 Fe 与 Ni 的接触面上形成共晶体膜，共晶体的组成为：Cu 在 α-Fe 中和 Ni 与 Fe 在铜中固溶体的混合物。当温度为 900~950℃ 时，扩散过渡区形成无限连续的固溶体。当加热温度大于 900℃，保温时间大于 15min 时，形成与铜等强度的扩散连接接头。

不锈钢（06Cr18Ni11Ti 和 12Cr13）与钼扩散连接能获得质量稳定的接头。不锈钢与钼扩散连接时，为了提高接头性能，可采用中间扩散层，中间扩散层材料一般为 Ni 或 Cu。采用 Ni 或 Cu 作为中间层的扩散接头不产生金属间化合物，塑性好、强度高。06Cr18Ni11Ti、12Cr13 与 Mo 扩散连接的工艺参数见表 5-18。

表 5-18　06Cr18Ni11Ti、12Cr13 与 Mo 扩散连接的工艺参数

异种金属	中间层材料	工艺参数			
		加热温度/℃	保温时间/min	压力/MPa	真空度/Pa
12Cr13+Mo	—	900~950	5~10	5~10	1.33×10^{-4}
	Ni	1000~1200	15~25	10~15	1.33×10^{-4}
	Cu	1200	5	5	1.33×10^{-4}
06Cr18Ni11Ti+Mo	—	900~950	5	5	1.33×10^{-4}
	Ni	1000~1200	5~30	5~20	1.33×10^{-4}
	Cu	1200	30	19	1.33×10^{-4}

2. 铜与铝、钛、镍、钼的扩散连接

铜和铝扩散连接时，连接前工件表面须进行精细加工、磨平和清洗去油，使其表面尽可

能洁净和无任何杂质。连接前须先去除铝材表面的氧化膜，真空度达到 1.33×10^{-4} Pa。受铝熔点的限制，加热温度不能太高，否则母材晶粒长大，使接头强韧性降低。在 540℃ 以下 Cu/Al 扩散连接接头强度随加热温度的提高而增加，继续提高温度则使接头强韧性降低，因为在 565℃ 附近时形成 Al 与 Cu 的共晶体。

受铝的热物理性能的影响，压力不能太大。Cu/Al 扩散连接压力为 11.5MPa 可避免界面扩散孔洞的产生。在加热温度和压力不变的情况下，延长保温时间到 25~30min 时，接头强度有显著的提高。

若保温时间太短，Cu、Al 原子来不及充分扩散，无法形成牢固结合的扩散连接接头。但时间过长使 Cu/Al 界面过渡层区晶粒长大，金属间化合物增厚，致使接头强韧性下降。在 510~530℃ 的加热温度下，扩散时间为 40~60min 时，压力 11.5MPa，扩散接头界面结合较好。

用电子探针（EPMA）对 Cu/Al 扩散连接接头区的元素进行分析，结果表明，Al 和 Cu 在加热温度 510~530℃ 的扩散连接温度范围内互扩散较为顺利，扩散过渡区宽度约为 40μm，其中铜侧扩散区较厚（约为 28.8μm），铝侧扩散区约 11.8μm。这是因为 Al 原子活性比 Cu 强，Al 向铜侧扩散进行的较充分。

根据铜与铝扩散连接接头的显微硬度测定结果，铜侧过渡区中可能产生了金属间化合物。在高温下 Al 和 Cu 会形成多种脆性的金属间化合物，在温度为 150℃ 时，在反应扩散的起始就形成 $CuAl_2$；在 350℃ 时会出现化合物 Cu_9Al_4 的附加层；在 400℃ 时，在 $CuAl_2$ 与 Cu_9Al_4 之间会出现 CuAl 层。当金属间化合物层的厚度达到 3~5μm 以上时，扩散连接接头的强度性能明显降低。

熔焊时，在 Cu/Al 接头的靠铜一侧易形成厚度为 3~10μm 的金属间化合物（$CuAl_2$）层，存在这样一个区域会使接头强韧性降低。只有在金属间化合物层的厚度小于 1μm 的情况下才不会影响接头的强韧性。扩散层具有细化的晶粒组织并夹带有金属间化合物层，因此显微硬度明显增高，但只要控制脆性区宽度不超过某一限度，仍然可以满足扩散连接接头的使用要求。

铜和铝扩散连接的工艺参数应根据实际情况确定。对于电真空器件的零件，其连接参数为：加热温度 500~520℃，保温时间 10~15min，压力 6.8~9.8MPa，真空度 6.66×10^{-5} Pa。当压力为 9.8MPa 时，扩散连接接头的界面结合率可达到 100%。

铜与钛的扩散连接可采用直接扩散连接和加中间层的扩散连接方法，前者接头强度低，后者强度高，并有一定的塑性。铜与钛之间不加中间层直接扩散连接时，为了避免金属间化合物的生成，连接过程应在短时间内完成。铜与 TA2 纯钛扩散连接的工艺参数是：加热温度 850℃，保温时间 10min，压力 4.9MPa，真空度 1.33×10^{-5} Pa。此温度虽低于产生共晶体的温度，但接头的强度并不高，低于铜的强度。

表面洁净度对扩散连接的质量影响较大。连接前对铜件用三氯乙烯进行清洗，清除油脂，然后在质量分数为 10% 的 H_2SO_4 溶液中侵蚀 1min，再用蒸馏水洗涤。随后进行退火处理，退火温度为 820~830℃，时间 10min。钛母材用三氯乙烯清洗后，在 2%HF+50%HNO_3（质量分数）的水溶液中，用超声波振动侵蚀 4min，以便清除氧化膜，然后再用水和酒精清洗干净。

在铜（T2）与钛（TC2）之间加入中间过渡层 Mo 和 Nb，抑制被连接金属间的界面反应，使被连接金属间既不产生低熔点共晶，也不产生脆性的金属间化合物，接头性能会得到很大的提高。铜与钛加中间层的扩散连接的工艺参数及接头抗拉强度见表 5-19。此外，采用扩散连接方法连接铜与镍的零件，是真空器件制造中应用较为广泛的连接工艺。铜与镍及镍合金真空扩散连接的工艺参数见表 5-20。

表 5-19　铜与钛扩散连接的工艺参数及接头抗拉强度

中间材料	工艺参数				抗拉强度 /MPa	加热方式
	加热温度 /℃	保温时间 /min	压力 /MPa	真空度 /Pa		
不加中间层	800	30	4.9	1.33×10^{-4}	62.7	高频感应加热
	800	300	3.4	1.33×10^{-4}	144.1~156.8	电炉加热
Mo（喷涂）	950	30	4.9	1.33×10^{-4}	78.4~112.7	高频感应加热
	980	300	3.4	1.33×10^{-4}	186.2~215.6	电炉加热
Nb（喷涂）	950	30	4.9	1.33×10^{-4}	70.6~102.9	高频感应加热
	980	300	3.4	1.33×10^{-4}	186.2~215.6	电炉加热
Nb（0.1mm 箔片）	950	30	4.9	1.33×10^{-4}	94.2	高频感应加热
	980	300	3.4	1.33×10^{-4}	215.6~266.6	电炉加热

表 5-20　铜与镍及镍合金真空扩散连接的工艺参数

异种金属	接头形式	工艺参数			
		加热温度/℃	保温时间/min	压力/MPa	真空度/Pa
Cu+Ni	对接	400	20	9.8	1.33×10^{-4}
	对接	900	20~30	12.7~14.7	6.67×10^{-5}
Cu+镍合金	对接	900	15~20	11.76	1.33×10^{-5}
Cu+可伐合金	对接	950	10	1.9~6.9	1.33×10^{-4}

铜与钼之间不能互溶，铜与钼难以进行熔焊。铜与钼的线胀系数相差悬殊，在加热和冷却过程中会产生较大的热应力，焊接时容易产生裂纹。采用加入中间层金属 Ni 的扩散连接便可缓解热应力，同时 Ni 与 Cu 互溶，可获得质量良好的扩散连接接头。

加入中间层 Ni 的铜与钼扩散连接的工艺参数为：加热温度 800~950℃，保温时间 10~15mim，压力 19~23MPa，真空度 1.33×10^{-4} Pa。铜与钼扩散连接还可以采用镀层的方法，在钼表面镀上一层厚度为 7~14μm 的镍层，然后再进行真空扩散连接，能获得强度较高的扩散连接接头。

5.5.3　陶瓷与金属的扩散连接

陶瓷与金属可以采用扩散连接的方法实现连接，其中陶瓷与铜的扩散连接研究得比较多，应用也比较广泛。陶瓷材料扩散连接的方法有：①同种陶瓷材料直接连接；②用另一种薄层材料连接同种陶瓷材料；③异种陶瓷材料直接连接；④用第三种薄层材料连接异种陶瓷材料。

陶瓷材料扩散连接的主要优点是：连接强度高，尺寸容易控制，适合于连接异种材料。

其主要不足是扩散温度高、时间长且在真空下连接，成本高，试件尺寸和形状受到限制。

1. 主要连接参数

陶瓷与金属的扩散连接既可在真空中进行，也可在氢气氛中进行。金属表面有氧化膜时更易产生陶瓷/金属相互间的化学作用。因此在真空室中充以还原性的活性介质（使金属表面仍保持一层薄的氧化膜）会使扩散连接接头具有更高的强度。

氧化铝陶瓷与无氧铜之间的扩散连接温度达到 900℃ 可得到满意的接头强度。更高的强度指标要在 1030~1050℃ 温度下才能获得，因为此时铜具有很高的塑性，易在压力下产生变形，使界面接触面积增大。影响陶瓷与金属扩散连接接头强度的因素是加热温度、保温时间、施加的压力、环境介质、被连接面的表面状态以及被连接材料之间的化学反应和物理性能（如线胀系数）的匹配等。

（1）加热温度　加热温度对扩散过程的影响最显著，连接金属与陶瓷时温度一般达到金属熔点的 90% 以上。扩散连接时，元素之间相互扩散引起的化学反应层可以促使形成界面结合。反应层的厚度（X）可以通过下式估算：

$$X = D_0 t^n \exp(-Q/RT) \tag{5-15}$$

式中，D_0 为扩散因子；t 为连接时间（s）；n 为时间指数；Q 为扩散激活能（kJ/mol），取决于扩散机制；T 为热力学温度（K）；R 为波尔兹曼常数。

加热温度对陶瓷/金属扩散连接接头强度的影响也有同样的趋势。根据拉伸试验得到的加热温度对接头抗拉强度（R_m）的影响可以用下式表示：

$$R_m = B_0 \exp(-Q_{app}/RT) \tag{5-16}$$

式中，B_0 为系数；Q_{app} 为表观激活能（kJ/mol），可以是各种激活能的总和。

用厚度为 0.5mm 的铝作中间层连接钢与氧化铝陶瓷时，扩散连接接头的抗拉强度随着加热温度的升高而提高。但是，连接温度升高会使陶瓷的性能发生变化，或在界面附近出现脆性相而使接头性能降低。陶瓷与金属扩散连接接头的抗拉强度与金属的熔点有关，在氧化铝陶瓷与金属的扩散连接接头中，金属熔点提高，接头抗拉强度增大。

（2）保温时间　保温时间对扩散连接接头强度的影响也有同样的趋势，抗拉强度（R_m）与保温时间（t）的关系为：$R_m = B_0 t^{1/2}$，其中 B_0 为常数。在一定试验温度下，保温时间存在一个最佳值。SiC 陶瓷/Nb 扩散连接接头中反应层厚度与保温时间的关系如图 5-20 所示。Al_2O_3/Al 接头中，保温时间对接头抗拉强度的影响如图 5-21 所示。用 Nb 作中间层扩散连接 SiC 和 18-8 不锈钢时，保温时间过长后出现了线胀系数与 SiC 相差很大的 $NbSi_2$ 相，而使接头抗剪强度降低（见图 5-22）。用 V 作中间层连接 AlN 时，保温时间过长后也由于 V_5Al_8 脆性相的出现而使接头抗剪强度降低。

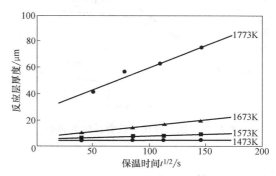

图 5-20　SiC 陶瓷/Nb 扩散连接接头中
反应层厚度与保温时间的关系

（3）压力　扩散连接过程中施加压力是为了使接触界面处产生塑性变形，减小表面不平度和破坏表面氧化膜，增加表面接触，为原子扩散提供条件。为了防止构件发生大的变

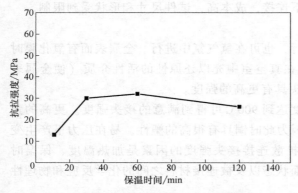

图 5-21 保温时间对接头抗拉强度的影响

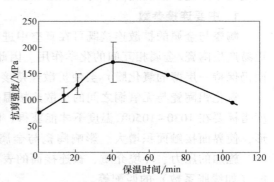

图 5-22 保温时间对 SiC/Nb/18-8
不锈钢接头抗剪强度的影响

形,陶瓷与金属扩散连接时所加的压力一般较小,约为 $0.1 \sim 12MPa$,这一压力范围通常足以减小表面不平度和破坏表面氧化膜,增加表面接触。

压力较小时,增大压力可以使接头强度提高,如用 Cu 或 Ag 连接 Al_2O_3 陶瓷、用 Al 连接 SiC 时,施加的压力对接头抗剪强度的影响如图 5-23 所示。与加热温度和保温时间的影响一样,压力提高后也存在最佳压力以获得最佳强度,如用 Al 连接 Si_3N_4 陶瓷、用 Ni 连接 Al_2O_3 陶瓷时,压力分别为 4MPa 和 15MPa 可获得良好的结果。

压力的影响还与材料的类型、厚度以及表面氧化状态有关。用贵金属（如 Au、Pt）连接氧化铝陶瓷时,金属表面的氧化膜非常薄,随着压力的提高,接头强度提高直到一个稳定值。Al_2O_3/Pt 扩散连接时压力对接头抗弯强度的影响如图 5-24 所示。

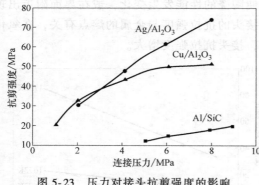

图 5-23 压力对接头抗剪强度的影响

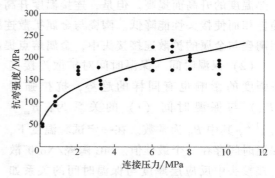

图 5-24 Al_2O_3/Pt 扩散连接时
压力对接头抗弯强度的影响

2. 界面结合状态

表面粗糙度对扩散连接接头强度也有影响,表面粗糙会在陶瓷/金属界面产生局部应力集中而易引起脆性破坏。Si_3N_4/Al 扩散连接接头表面粗糙度对接头抗弯强度的影响如图 5-25 所示,表面粗糙度 Ra 值由 $0.1\mu m$ 变为 $0.3\mu m$ 时,接头抗弯强度从 470MPa 降低到 270MPa。

固相扩散连接陶瓷与金属时,陶瓷与金属界面会发生反应形成化合物,所形成的化合物种类与连接条件（如温度、表面状态、杂质类型与含量等）有关。几种陶瓷/金属扩散连接接头中可能出现的化合物见表 5-21。

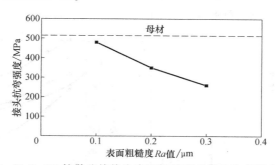

图 5-25　Si_3N_4/Al 扩散连接接头表面粗糙度对接头抗弯强度的影响

表 5-21　几种陶瓷/金属扩散连接接头中可能出现的化合物

接头组合	界面反应产物	接头组合	界面反应产物
Al_2O_3/Cu	$CuAlO_2$，$CuAl_2O_4$	Si_3N_4/Al	AlN
Al_2O_3/Ti	$NiO \cdot Al_2O_3$，$NiO \cdot SiAl_2O_3$	Si_3N_4/Ni	Ni_3Si，$Ni(Si)$
SiC/Nb	Nb_5Si_3，$NbSi_2$，Nb_2C，$Nb_5Si_3C_x$，NbC	$Si_3N_4/Fe-Cr$ 合金	Fe_3Si，Fe_4N，Cr_2N，CrN，Fe_xN
SiC/Ni	Ni_2Si	AlN/V	$V(Al)$，V_2N，V_5Al_8，V_3Al
SiC/Ti	Ti_5Si_3，Ti_3SiC_2，TiC	ZrO_2/Ni、ZrO_2/Cu	未发现有新相出现

　　扩散条件不同，界面附近反应产物不同，接头性能有很大差别。一般情况下，真空扩散连接的接头强度高于在氩气和空气中连接的接头强度。用 Al 作中间层连接 Si_3N_4 时，环境条件对接头抗弯强度的影响如图 5-26 所示。

　　真空扩散连接接头的强度最高，抗弯强度超过 500MPa。而在大气中连接强度最低，接头沿 Al/Si_3N_4 界面脆性断裂，可能是由于氧化产生 Al_2O_3 的缘故。虽然加压能够破坏氧化膜，但当氧分压较高时会形成新的金属氧化物层，而使接头强度降低。

　　在高温（1500℃）下直接扩散连接 Si_3N_4 陶瓷时，由于高温下 Si_3N_4 陶瓷容易分解形成孔洞，但在 N_2 气氛中连接可以限制 Si_3N_4 的分解，N_2 分压高时接头抗弯强度较高。在 1MPa 氮气中连接的接头抗弯强度比 0.1MPa 氮气中连接的接头抗弯强度高 30%左右。

　　扩散连接时采用中间层是为了降低扩散温度，减小压力和缩短保温时间，以促进扩散和去除杂质元素，同时也为了降低界面产生的残余应力。06Cr13 马氏体不锈钢与氧化铝陶瓷扩散连接时，中间层厚度对 $Al_2O_3/06Cr13$ 接头残余应力的影响如图 5-27 所示。中间层厚度增大，残余应力降低，Nb 与氧化铝陶瓷的线胀系数接近，作用最明显。但是，中间层的影响有时比较复杂，如果界面有反应产生，中间层的作用会因反应物类型与厚度的不同而有所不同。

　　中间层的选择很关键，选择不当会引起接头性能的恶化。如由于化学反应激烈形成脆性反应物而使接头抗弯强度降低，或由于线胀系数的不匹配而增大残余应力，或使接头耐蚀性能降低。中间层可以不同的形式加入，通常以粉末、箔状或通过金属化加入。

3. 陶瓷/金属扩散连接的应用

　　Al_2O_3、SiC、Si_3N_4 及 WC 等陶瓷与金属的扩散连接研发较早，而 AlN、ZrO_2 陶瓷发展得相对较晚。有关陶瓷与金属扩散连接接头的性能试验，以往主要以四点或三点弯曲及剪切

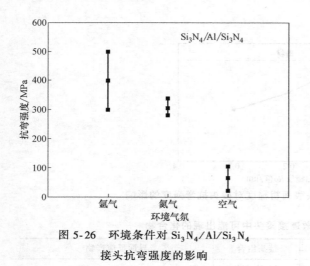

图 5-26 环境条件对 Si$_3$N$_4$/Al/Si$_3$N$_4$
接头抗弯强度的影响

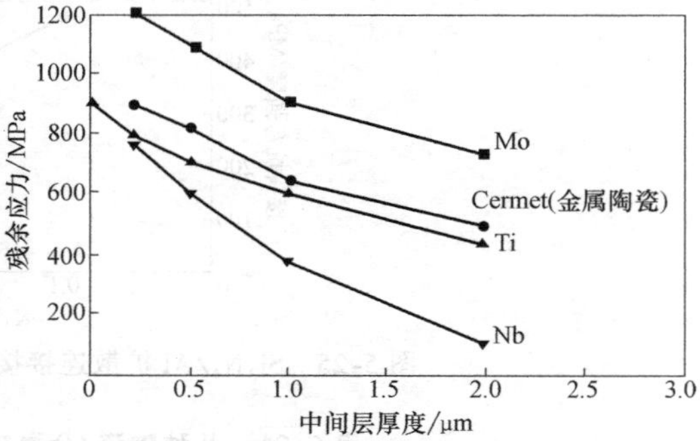

图 5-27 中间层厚度对 Al$_2$O$_3$/06Cr13
接头残余应力的影响
（1300℃，30min，100MPa）

或拉伸试验来检验，但陶瓷属于脆性材料，只有强度指标不够完全，测量接头的断裂韧度是有必要的。

陶瓷的硬度与强度较高，不易发生变形，所以陶瓷与金属的扩散连接除了要求被连接的表面非常平整和洁净外，扩散连接时还必须施加压力（压力为 0.1~15MPa），温度高（通常为金属熔点 T_m 的 90%），焊接时间也比其他焊接方法长得多。陶瓷与金属的扩散连接，常用的陶瓷材料为氧化铝陶瓷和氧化锆陶瓷，与此类陶瓷焊接的金属有铜（无氧铜）、钛（TA1）、钛钽合金（Ti-5Ta）等。

氧化铝陶瓷材料具有硬度高、塑性低的特性，在扩散连接时仍将保持这种特性。即使氧化铝陶瓷内存在玻璃相（多半散布在刚玉晶粒的周围），陶瓷也要加热到 1100~1300℃ 以上才会出现蠕变行为，陶瓷与大多数金属扩散连接时的实际接触首先是在金属的塑性变形过程中形成的。陶瓷与金属直接扩散连接有困难时，可以采用中间层的方法，而且金属中间层的塑性变形可以降低对陶瓷表面加工精度的要求。例如，在陶瓷与 Fe-Ni-Co 合金之间，加入厚度为 20μm 的 Cu 箔作为中间过渡层，在加热温度为 1050℃、压力为 15MPa、保温时间为 10min 的工艺下，可得到抗拉强度为 72MPa 的扩散连接接头。

中间过渡层可以直接使用金属箔片，也可以采用真空蒸发、离子溅射、化学气相沉积（CVD）、喷涂、电镀等。还可以采用烧结金属粉末法、活性金属化法，金属粉末或钎料等均可实现扩散连接。此外，扩散连接工艺不仅用于金属与陶瓷的连接，也可用于微晶玻璃、半导体陶瓷、石英、石墨等与金属的连接。

5.5.4　C/C 复合材料的扩散连接

C/C 复合材料由于具有高比强度和优异的高温性能而在航空航天领域成为一种很有吸引力的结构材料，已用于飞机制动片、航天飞机机翼前缘以及涡轮发动机部件，如燃烧室和增压器的喷嘴等。其优异的热力学性能、很低的中子激活以及很高的熔点和升华温度也适合于核聚变反应堆中的应用。由于 C/C 复合材料主要在一些具有特殊要求的极端环境下工作，将其连接成更大的零部件或将 C/C 复合材料与其他材料连接使用具有重要的意义。C/C 复合材料连接中可能出现的主要问题如下：

1）在连接过程中如何保证 C/C 复合材料原有的优异性能不受破坏，是连接工艺要解决的问题。

2）如何获得与 C/C 复合材料性能相匹配的接头区（或连接层），这是连接材料要解决的问题。

针对以上两个问题，要实现 C/C 复合材料的连接，目前各种连接方法中扩散连接和钎焊是最有希望的连接技术。但是，由于 C/C 复合材料的工作条件特殊，在选择连接材料时必须考虑到 C/C 复合材料应用中的特殊要求。

1. 加石墨中间层的 C/C 复合材料扩散连接

可以采用加中间层的方法对 C/C 复合材料进行扩散连接，中间层材料可以用石墨（C）、B、Ti 或 $TiSi_2$ 等。不管是哪种方式，都是通过中间层与 C 的界面反应，形成碳化物或晶体从而达到相互连接的目的。

采用能与碳作用生成碳化物的石墨作中间层材料。在扩散连接加热过程中，先通过固态扩散连接或液相与 C/C 复合材料基体相互作用，生成热稳定性较低的碳化物过渡接头。然后，加热到更高温度使碳化物分解为石墨和金属，并使金属完全蒸发消失，最终在连接层中仅剩下石墨晶片。

从接头的微观组成考虑，这种接头结构的匹配较为合理，即接头结构形式为：（C/C 复合材料）/石墨/（C/C 复合材料），其中除了 C 以外没有任何其他的外来材料。但是从实际试验结果看，所得接头的强度性能不令人满意，主要原因是由于接头中石墨晶片的强度不足。作为提高石墨晶片强度的措施，以 Mn 作为填充材料生成石墨中间层扩散连接 C/C 复合材料可获得相对较好的效果。采用这种形成石墨中间层扩散连接 C/C 复合材料的方法时，获得性能良好接头的关键在于：

1）所加的中间层和填充金属要能与 C/C 复合材料中的 C 反应，形成完整的碳化物连接层。应指出，碳化物只是扩散连接过程中的中间产物，但碳化物的形成也很关键，没有碳化物连接层，也就不能获得最终的石墨连接层。

2）借助高温下碳化物的分解和金属元素（或碳化物形成元素）的蒸发，形成石墨晶片连接层。应指出，形成碳化物连接层后不一定能形成完整的石墨连接层，还取决于所形成的碳化物连接层在高温下能否充分分解，分解后的金属又能否彻底蒸发掉。

研究表明，那些蒸气压过高的金属、易氧化的金属、生成的碳化物在很高温度（>2000℃）分解的金属以及高温下不易蒸发的金属，都不适合用作形成石墨中间层扩散连接 C/C 复合材料的填充金属。有研究者曾用 Mg、Al 作为填充材料加石墨中间层扩散连接 C/C 复合材料，但未成功。

以下是用 Mn 作填充材料生成石墨中间层扩散连接 C/C 复合材料获得成功的示例。

1）试验材料。扩散连接 C/C 复合材料（C-CAT-4）的试样尺寸：25.4mm×12.7mm×5mm，两块。用纯度为 99.9%（质量分数）、粒度为 100 目（≤150μm）的金属锰粉做成的乙醇稀浆作为中间层填充材料，放在试样的被连接表面之间。

2）连接工艺要点。通过加热和加压进行扩散连接。在加热的开始阶段，即中间层开始熔化前（约 1250℃）以及在连接过程后期，金属完全转变为固态碳化物相后（约 1700℃），在接触面上保持最低压力为 0.69MPa，最高压力为 5.18MPa。在有液相的温度区间为防止液相流失引起 Mn 元素损失，将所加压力调整为 0。

3）扩散连接过程分析。整个扩散连接过程可分为两个阶段：第一阶段是碳化物形成阶段，第二阶段是碳化物分解和石墨晶形成阶段。

① 第一阶段内中间层中的填充材料 Mn 与 C/C 复合材料中的 C 发生反应，生成 Mn 的碳化物。这一阶段中碳化物逐渐增加，Mn 逐渐减少，直至完全消失，并形成碳化物连接层。第一阶段内为了生成更多的碳化物，减少金属 Mn 的蒸发损失，不应在真空条件下进行，而是在充氦（He）条件下进行，氦气纯度为 99.99%（体积分数），氦蒸气压约为 27.5kPa。

② Mn 与 C 形成碳化物的反应从固态（<1100℃）就开始进行，一直到 Mn 熔化后。在生成的碳化物中，Mn_7C_3 的稳定性最高，可以达到 1333℃。

③ 进入第二阶段，当温度进一步升高时，Mn_7C_3 会分解为石墨和 Mn-C 的溶液，即碳化物分解和石墨形成阶段。在第二阶段中为了加速 Mn 的蒸发，需在真空条件下进行。Mn 的沸点为 2060℃，其蒸气压在 1850℃ 时为 28.52kPa。因此，在真空条件下，Mn 在低于 1850℃ 时能很快蒸发。

④ 加热到 1850~2200℃ 之间时，真空度突然下降，这表明此时分解出来的 Mn 或一些没有反应完的 Mn 开始大量蒸发。因此，加热到 2200℃ 后，经保温使中间层中的 Mn 完全蒸发掉，最终获得全部由石墨晶组成的中间层。

4）接头强度性能。中间层的石墨形成过程进行得越充分，剪切断口石墨晶的面积百分比越高，接头强度也越高。为了获得完整的石墨连接层，应采用较厚的中间填充材料（约 100μm），并防止在 1700~1246℃ 温度区间由于液相流失导致的 Mn 量不足。

2. 提高 C/C 复合材料扩散连接强度的措施

针对加石墨中间层的 C/C 复合材料扩散连接接头强度低的问题，为了获得耐高温的接头，可采用形成碳化物的难熔金属（如 Ti、Zr、Nb、Ta 和 Hf 等）作中间层，在 2300~3000℃ 进行扩散连接。用难熔的化合物（如硼化物和碳化物）作为连接 C/C 复合材料的中间层可以提高接头的高温强度。C/C 复合材料扩散连接接头的抗剪强度如图 5-28 所示，所用试件的尺寸为 25.4mm×12.7mm×6.3mm，三维纤维增强。

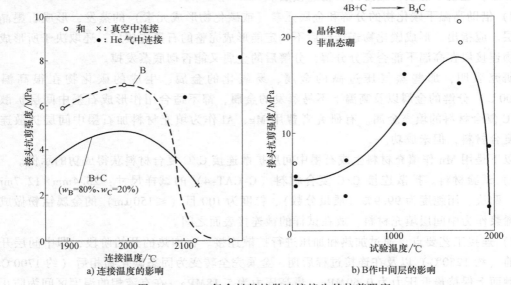

图 5-28 C/C 复合材料扩散连接接头的抗剪强度

用 B 或 B+C 作中间层扩散连接 C/C 复合材料时，B 与 C 在高温下发生化学反应，形成硼的碳化物。图 5-28a 所示为是连接温度对用 B 和 B+C 作中间层的 C/C 复合材料接头抗剪强度的影响（剪切试验温度为 1575℃）。由图可知，连接温度低于 2095℃时，B 中间层的接头强度比 B+C 中间层的强度高；温度超过 2095℃以后，由于 B 的蒸发损失，导致扩散接头强度急剧下降。扩散连接压力对接头抗剪强度有很大影响，在 1995℃ 连接温度下，压力由 3.10MPa 增加到 7.38MPa 时，扩散接头在 1575℃的抗剪强度由 6.94MPa 增加到 9.70MPa。这表明压力高时接头中间层的致密度较高，接头强度也较高。但过高的连接压力会导致 C/C 复合材料的性能受损。

图 5-28b 所示为试验温度对用 B 作中间层的 C/C 复合材料接头抗剪强度的影响。所有试验都是在下述连接条件下获得的：加热温度 1995℃，保温时间 15min，压力 7.38MPa。由图可见，开始时接头的抗剪强度随试验温度升高而增加，原因与高温下 C/C 复合材料的强度较高和残余连接应力降低有关。但超过约 1600℃以后抗剪强度急剧下降，原因可能与连接中间层的强度下降有关。

思　考　题

1. 什么是扩散连接？有什么显著的特点？

2. 简述扩散连接的基本原理和扩散连接过程的三个阶段。

3. 简述扩散孔洞形成的原因、柯肯达尔效应和消除扩散孔洞的机制。

4. 根据表面氧化膜在扩散连接时的不同行为，可将材料分为哪几类？各有什么特点？

5. 扩散连接的工艺参数有哪些？对扩散连接质量有什么影响？选择扩散连接的工艺参数时，应考虑哪几个方面的问题？

6. 真空扩散连接适于连接哪些材料？扩散界面是如何形成的？

7. 在扩散连接中为什么有时采用中间层？在何种情况下应采用中间层？

8. 瞬间（过渡）液相扩散连接包括哪几个基本过程？它与固相扩散连接和钎焊连接有什么区别和联系？

9. 何谓超塑性成形扩散连接？有什么特点？

10. 同种材料扩散连接和异种材料扩散连接有什么区别？简述异种材料扩散连接时可能出现的问题和解决的措施。

11. 简述陶瓷与金属瞬间（过渡）液相扩散连接的特点，举例说明。

12. 任举一例说明扩散连接的应用，简述扩散连接技术的发展前景。

第6章　搅拌摩擦焊

搅拌摩擦焊（Friction Stir Welding，FSW）最初是由英国焊接研究所（TWI）针对铝合金、镁合金等轻质非铁金属开发的一种固相连接技术，该技术具有接头质量高、焊接变形小、焊接过程绿色无污染等优点。它使得以往通过传统熔焊方法难以焊接的材料通过搅拌摩擦

搅拌摩擦焊　　静轴肩搅拌摩擦焊

焊得以实现高质量连接，是铝、镁、钛等轻质合金优选的焊接方法，在船舶、机车车辆、航空航天等制造领域具有广阔的应用前景，日益受到人们的重视。

6.1　搅拌摩擦焊的原理、特点及扩展

6.1.1　搅拌摩擦焊的原理

搅拌摩擦焊属于固相焊接方法，其原理示意如图6-1所示。试样放在垫板上并用夹具压紧，以免在焊接过程中发生滑动或移位。焊接工具主要包括夹持部分、轴肩和搅拌针。搅拌针直径通常为轴肩直径的1/3，长度比母材厚度稍短些。搅拌头与焊缝垂直线有2°~5°的夹角，以降低搅拌头在焊接过程中的阻力，避免搅拌针折损。搅拌针缓慢插入母材中，直到轴肩和母材表面接触。高速旋转的搅拌头与母材摩擦产热，并在其周围形成螺旋状的塑性层。产生的塑性层从搅拌针前部向后方移动。随着焊接过程的进行，搅拌头尾端材料冷却形成焊缝，从而连接两块板材。焊接过程温度不超过母材熔点，故搅拌摩擦焊不存在熔焊时的各种常见缺陷。

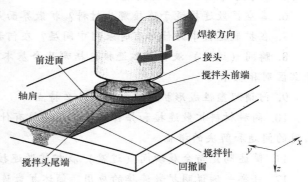

图6-1　搅拌摩擦焊的原理示意

搅拌摩擦焊的有关技术术语如下：

前进面（Advancing Side）：搅拌头旋转速度方向与焊接速度方向相同的一侧。

回撤面（Retreating Side）：搅拌头旋转速度方向与焊接速度方向相反的一侧。

搅拌头前端（Leading Edge）和尾端（Trailing Edge）：沿 y 轴对称，分别位于焊接方向的前端和末端。搅拌头尾端位于焊接方向后侧，辅助焊缝成形。

其中前进面和回撤面沿焊缝中心线（x 轴）对称，对应于两块连接的母材，焊接时分别放置于前进面侧和回撤面侧。

搅拌摩擦焊过程主要由以下五个部分组成（见图 6-2）：① 搅拌针插入母材过程；② 搅拌头旋转预热过程；③ 搅拌头移动焊接过程；④ 焊后停留保温过程；⑤ 搅拌针拔出过程。前三个阶段较为重要，特别是第三个阶段为稳定的焊接过程，摩擦产生的热量对整个搅拌摩擦焊过程影响最大。

搅拌摩擦焊原理

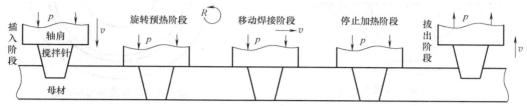

图 6-2　搅拌摩擦焊过程的不同阶段

1. 搅拌摩擦焊的产热分析

搅拌摩擦焊过程产热示意如图 6-3 所示，主要依靠搅拌头与母材作用界面摩擦产热，包括轴肩下表面产热及搅拌针表面产热，焊缝区域塑性变形产热也占一部分。焊接过程的散热主要是向搅拌头、母材及垫板的热传导散热，以及向焊件端面及表面的对流辐射散热。

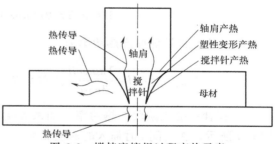

图 6-3　搅拌摩擦焊过程产热示意

在焊接压力作用下，搅拌头与母材摩擦产热，使材料达到超塑性状态，发生塑性变形和流体流动从而导致形变产热。由于再结晶温度之前摩擦作用对产热的贡献更大，因而优先考虑摩擦产热，建立搅拌摩擦焊过程产热的数学模型。

搅拌头各部分的尺寸标记分别为：轴肩直径 $2R_1$，搅拌针根部直径 $2R_2$，搅拌针端部直径 $2R_3$、搅拌针锥角 2α、搅拌针长度 H、旋转速度 $N(\mathrm{r/s})$、角速度 ω、焊接压力 $p(\mathrm{Pa})$，如图 6-4 所示。

（1）轴肩产热功率　轴肩产热实际有效区域为 R_1 与 R_2 之间的圆环，假设焊接压力均匀施加于轴肩，不随半径变化，如图 6-5 所示。

半径为 r，宽度为 $\mathrm{d}r$ 的微圆环上所受摩擦力为

$$\mathrm{d}f=\mu F=\mu p \mathrm{d}s=\mu p 2\pi r \mathrm{d}r \tag{6-1}$$

轴肩产热功率为

$$W_{\text{shoulder}}=\omega M_{\text{shoulder}}=\frac{2\pi\omega\mu p}{3}(R_1^3-R_2^3) \tag{6-2}$$

式中，ω 为角速度，$\omega=2\pi N$；W_{shoulder} 为轴肩产热功率 [J/s(或 W)]。

（2）搅拌针产热功率　圆台体搅拌针锥角为 2α，根部和端部半径分别为 R_2 和 R_3（见图 6-6），则半径为 r，厚度为 $\mathrm{d}s$ 的微圆台侧面积为

$$\mathrm{d}A=2\pi r \mathrm{d}s \tag{6-3}$$

其中，$\mathrm{d}s=\dfrac{\mathrm{d}h}{\cos\alpha}$，$r=R_3+h\tan\alpha$，代入式（6-3）得

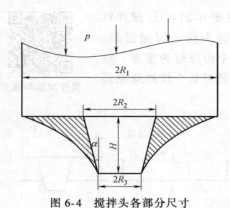

图 6-4 搅拌头各部分尺寸

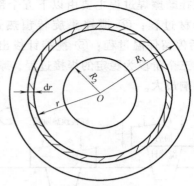

图 6-5 轴肩微单元环产热

$$dA = \frac{2\pi(R_3 + h\tan\alpha)}{\cos\alpha}dh \qquad (6-4)$$

搅拌针侧面微圆环受到的摩擦力为

$$df = \mu p_1 2\pi r ds = \mu p 2\pi(R_3 + h\tan\alpha)\frac{dh}{\cos\alpha} \qquad (6-5)$$

故圆台体搅拌针侧面产热功率为

$$W_{pin1side} = \omega M = \frac{2\pi\mu\omega pH}{3\cos\alpha}(3R_3^2 + 3R_3\tan\alpha + H^2\tan^2\alpha) = \frac{2\pi\mu p\omega}{3\sin\alpha}(R_2^3 - R_3^3) \qquad (6-6)$$

（3）搅拌针插入阶段产热功率 如果焊接过程压力不变，搅拌针插入母材的速度为 v，如图 6-7 所示。在时间 t 时插入的深度 h 为

$$h = vt \qquad (6-7)$$

搅拌针插入最大半径为 r，则

$$r = R_3 + vt\tan\alpha \qquad (6-8)$$

同理可得，搅拌针插入时间 t 时，产热功率为

$$W_{pin1total} = W_{pinside} + W_{pinbottom} = \frac{2\pi\mu\omega}{3\sin\alpha}(r^3 - R_3^3)\left(\frac{R_1}{r}\right)^2 p + \frac{2\pi\mu\omega}{3}\left(\frac{R_1}{r}\right)^2 pR_3^3 \qquad (6-9)$$

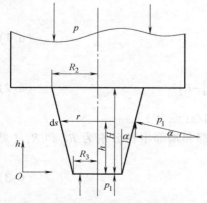

图 6-6 圆台体搅拌针产热分析

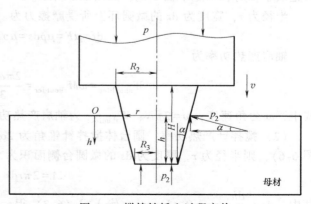

图 6-7 搅拌针插入过程产热

2. 搅拌摩擦焊过程的塑性流体流动

搅拌摩擦焊接头形成机理的一个重要部分为焊接过程中塑性流动规律，其影响因素主要包括：焊接参数、搅拌头的形状及搅拌头的倾斜角等。对搅拌摩擦焊过程中材料塑性流动及接头成形的研究主要包括材料流动的可视化以及计算机模拟两个方面。由于搅拌摩擦焊过程自身的特点，现阶段仍无法直接观察到搅拌摩擦焊过程材料流动的情况。目前常用的试验方法主要有钢球跟踪和停止运动技术标签法，以及数值模拟法等。

（1）钢球跟踪和停止运动技术　研究人员采用钢球跟踪和停止运动技术分析搅拌摩擦焊过程中塑性流体的流动。钢球跟踪技术是用直径为 0.38mm 的钢球镶嵌在焊缝两侧不同的位置，在焊接过程中快速停止搅拌头旋转，于是钢球将沿着搅拌头分布，得到塑性金属流动轨迹。停止运动技术是指快速停止搅拌头的旋转并将搅拌头从工件中取出，保证与搅拌头接触的金属材料仍然附着在针孔的周围。

通过在平行焊接方向开的沟槽内插入作为示踪元素的钢球，沟槽离焊缝中心的距离不同，深度不同，如图 6-8 所示，焊后通过 X 射线显示钢球的分布。研究结果表明，并不是所有被搅拌头影响的材料都参与环形塑性流动。搅拌头搅拌的材料由表面沿搅拌针环形向下流动，填充搅拌针移动所形成的孔隙，部分回撤面侧材料并未沿搅拌针做环形流动。

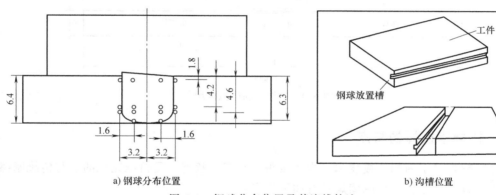

a) 钢球分布位置　　　　　　　　　　　　b) 沟槽位置

图 6-8　钢球分布位置及其流线轨迹

（2）标签法　标记材料的选择原则为：与母材金属流动一致且不影响母材金属流动；焊接后与母材有明显的腐蚀差异。例如，选用 5456 铝合金作为标记材料，试验前装嵌于 Al2014-T6 母材中，标记材料与母材在化学成分及焊接性方面相似，不影响母材焊缝金属的塑性流动。标记材料在焊接后显示的流动轨迹可以从侧面反映焊缝金属的流体流动。标记材料放置在前进边和回撤边的不同高度位置上，涵盖了板厚上部、中部和下部。

在焊缝中间部位，大量的标记材料在焊接后转移到它原始位置的后方，仅仅在前进边上有少量的材料转移到它原始位置前方。发生变形和转移的材料稍大于搅拌针的直径，回撤边发生变形的标记材料要比前进边多。在前进边和回撤边，可看到标记材料呈"锯齿"状沉积在原始位置后部，对这些"锯齿"分析发现，"锯齿"之间的间距恰好等于焊接速度与旋转速度的比值，即搅拌头旋转一周在焊接方向上移动的位移。

（3）数值模拟法　通过试验方法了解焊缝金属的流动，虽然取得了一定的成效，但由于搅拌摩擦焊过程的复杂性和其本身的特点（无法直接看到材料流动的过程）而受到很大的限制。随着计算机技术的发展，运用解析和数学建模的方法来研究焊接过程中材料的流动也成为一种重要的手段。例如，采用三维模型进行搅拌摩擦焊过程塑性流体流动的数值模拟。三维流动模拟区域的尺寸为 200mm×130mm×8mm，如图 6-9 所示，搅拌头设置在流体区域原点处。模拟结果所得到的轴肩影响范围可能大于实际焊接中的轴肩影响范围。实际焊接中搅拌头倾斜且有一定的压入量，模拟中没有考虑这些实际情况可能造成一定的差异。

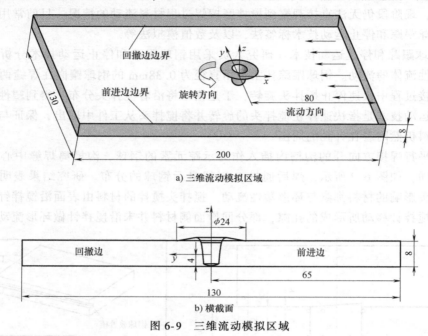

a) 三维流动模拟区域

b) 横截面

图 6-9　三维流动模拟区域

6.1.2　搅拌摩擦焊的特点

搅拌摩擦焊属于固相连接技术，焊接接头是在塑性状态下受挤压完成的。与传统摩擦焊及其他焊接方法相比，搅拌摩擦焊具有如下优点：

1) 生产成本低，可以得到高质量的接头，变形小，无裂纹、夹杂、气孔、元素烧损等熔焊缺陷；避免了柱状晶的产生，使焊缝组织晶粒细化，可以得到等强度接头，塑性降低很小甚至不降低，焊接接头力学性能优异。

2) 焊接过程中不需要其他焊接材料，如焊条、焊丝、焊剂及保护气体等，唯一消耗的是搅拌头。在铝合金焊接时，一个工具钢搅拌头可焊接约 800m 长的焊缝。搅拌摩擦焊的温度相对较低，焊后接头的残余应力或变形比熔焊时小得多。

3) 焊接前及焊接过程中对环境没有污染。整个焊接过程中无飞溅、无烟尘、无辐射、无有害物质污染等，噪声低；焊接件边缘不用加工坡口，不苛求装配精度；焊前焊件无须严格的表面清理（如去除氧化膜，只需去除油污即可），焊接过程中的摩擦和搅拌可以去除焊件表面的氧化膜。

4) 搅拌摩擦焊靠焊接工具旋转并移动，逐步实现整条焊缝的焊接，比熔焊甚至常规摩擦焊更节省能源，是一种高效节能的连接方法。

5) 广泛的工艺适应性，不受重力的影响，可实现多种位置（平、横、立、仰）多种形式的焊接；可进行平板的对接和搭接，可焊接直焊缝、角焊缝及环焊缝，可进行大型框架结构、大型筒体制造等。

6）便于机械化、自动焊操作，有利于实现全位置高速焊接以及精密零部件的焊接；焊接质量比较稳定，重复性好。

同时，搅拌摩擦焊作为一种新型连接技术，也存在一些不足，主要表现在：

1）焊接装置的设计、过程参数及力学性能只对较小范围、一定厚度的合金适用。

2）搅拌头的磨损和消耗对搅拌头材料有较高要求。

3）某些特定服设环境下的应用受限（如腐蚀环境、疲劳载荷等）。

4）需要特定的夹具。

搅拌摩擦焊主要应用于铝、镁、铜、钛等非铁金属及其合金的焊接。近年来由于新型材料搅拌头的出现，使得钢铁材料、复合材料、超塑性材料的搅拌摩擦焊也得到应用。研究人员开始尝试利用搅拌摩擦焊对材料进行表面改性和制备新型材料。

6.1.3　搅拌摩擦焊技术的扩展

近年来，随着科技的不断发展，搅拌摩擦焊新技术改善了传统搅拌摩擦焊的局限性。例如，衍生出回抽式搅拌摩擦焊、双轴肩搅拌摩擦焊、静轴肩搅拌摩擦焊、复合热源搅拌摩擦焊、机器人搅拌摩擦焊等。

1. 回抽式搅拌摩擦焊

回抽式搅拌摩擦焊（Retractable Keyhole-less FSW）是在搅拌摩擦焊的焊缝末尾，使搅拌针逐渐回抽，实现焊缝“无匙孔”的搅拌摩擦焊工艺，主要应用在贮箱环形焊缝的焊接上，其基本原理示意如图 6-10 和图 6-11 所示。

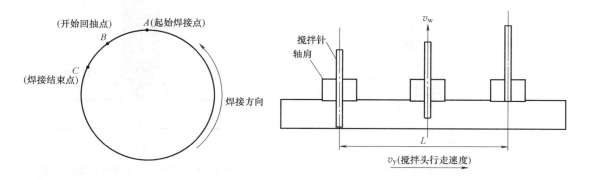

图 6-10　回抽式搅拌摩擦焊原理示意　　　　图 6-11　BC 搅拌针回抽运动示意

起始焊接点位于 A 处，焊接方向沿 A→B→C→A 进行，采用常规搅拌摩擦焊的方法完成一周环形焊缝焊接时，搅拌针回到起焊点 A，为了避开较薄弱的起焊点，搅拌针继续行进直至运动到 B 位置开始回抽，之后搅拌针逐渐变短，到 C 点搅拌针与轴肩平齐。此时搅拌头从焊件上移开完成环缝焊接，实现了“无匙孔”的搅拌摩擦焊。这种焊接工艺避免了常规搅拌摩擦焊对焊接后“匙孔”的修补，扩大了搅拌摩擦焊的应用范围。

2. 双轴肩搅拌摩擦焊

双轴肩搅拌摩擦焊技术采用一种特殊结构的搅拌头——双轴肩搅拌头（Self-Reacting Pin Tool SRPT）。它由上轴肩、下轴肩及搅拌针组成，通过与工件材料的相互作用实现被焊材料的连接，如图 6-12 所示。根据搅拌头的种类，双轴肩搅拌分为固定式、浮动式以及可调式双轴肩搅拌摩擦焊。

和常规搅拌摩擦焊相比，双轴肩搅拌摩擦焊具有以下几方面的优势：

1）双轴肩搅拌摩擦焊相当于一种"悬空"状态的搅拌摩擦焊，不需要与焊缝背部接触的全刚性支撑垫板，因此工装结构可以简化。

2）双轴肩搅拌摩擦焊的轴向顶锻力很小，只相当于常规搅拌摩擦焊的 1/5~1/4，因此对主轴结构设计难度降低很多。轴向顶锻力的降低，可以有效提高焊接速度（600~1200mm/min）。

3）双轴肩搅拌摩擦焊的下轴肩替代了常规搅拌摩擦焊的背部刚性支撑垫板，从根本上消除了背部未焊透、弱结合的缺陷。

4）双轴肩搅拌摩擦焊属于 0°倾角焊接工艺，双轴肩搅拌头的上、下轴肩具有沿径向方向向焊缝中心聚拢塑性金属的特点，焊接过程中飞边量小，焊缝几乎不存在减薄。

3. 静轴肩搅拌摩擦焊

静轴肩搅拌摩擦焊（Stationary Shoulder Friction Stir Welding，SSFSW）是英国焊接研究所在传统搅拌摩擦焊基础上提出的一种新的焊接方法，其搅拌工具由旋转搅拌针和在材料表面滑动的静止轴肩组成。焊接过程中内部搅拌针处于旋转状态，而外部轴肩不转动，仅沿焊接方向行进，其原理示意如图 6-13 所示。

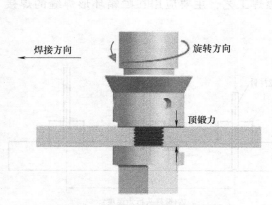

图 6-12　双轴肩搅拌摩擦焊示意

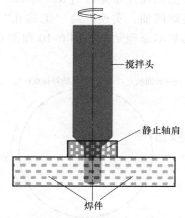

图 6-13　静轴肩搅拌摩擦焊原理示意

常规搅拌摩擦焊主要用于平板对接、环形焊缝对接、搭接以及类似的接头形式，在角焊缝中搅拌头的轴肩容易破坏两侧母材，并且填充材料不易保证。静轴肩搅拌摩擦焊通过设计特定形状的轴肩形状使之与角焊缝形状完全吻合，在焊接过程中与角焊缝两侧的板材紧密接触，并且随着搅拌头沿焊接方向不断前进，但并不转动，如图 6-14 所示。

但是当静止轴肩的横截面为直角三角形时，获得的角焊缝的两板间的过渡角为直角，会引起应力集中，从而影响接头的承载能力和疲劳寿命。为了改善接头形式从而提高接头性能，对静止轴肩进行改进，通过填丝方法实现了圆角过渡的角焊缝成形方法，其原理示意如图 6-15 所示。焊后的焊缝形貌对比如图 6-16 所示。

静轴肩搅拌摩擦焊因其工作原理的特殊性，主要有以下优势：

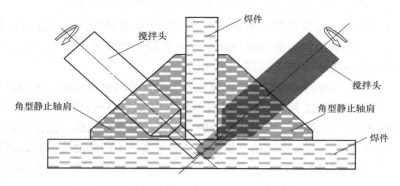

图 6-14　静轴肩搅拌摩擦焊直角接头原理示意

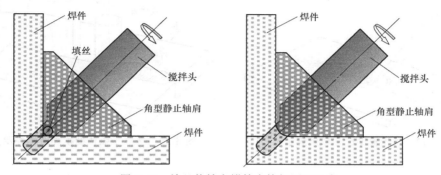

图 6-15　填丝静轴肩搅拌摩擦焊原理示意

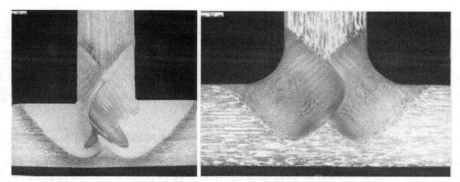

图 6-16　直角接头与圆角接头对比

1）可以实现角焊缝、T 形接头等特殊形式的连接。

2）静止轴肩能减少飞边，焊缝成形美观。

3）静止轴肩抑制塑化材料被挤出，防止孔洞等缺陷，且焊缝无减薄。

4）工作环境清洁。

4. 复合热源搅拌摩擦焊

搅拌摩擦焊过程中的热能主要是搅拌头与焊件间的摩擦产热及塑性变形产热，其特殊的产热方式决定了焊接高熔点、大厚度合金时，焊接速度较慢。为了克服上述不足，研究者不断地研发出多种复合搅拌摩擦焊技术。目前，国际上在此领域的研发工作主要是以激光为辅助热源的复合搅拌摩擦焊和以等离子弧为辅助热源的复合搅拌摩擦焊。

以激光为辅助热源的复合搅拌摩擦焊技术采用激光束预热搅拌头前方的待焊试件。试件在激光的作用下受热变软，在随激光跟进的搅拌头旋转、摩擦和顶锻作用下，最终形成牢固的接头，激光辅助搅拌摩擦焊示意如图 6-17 所示。

以等离子弧为辅助热源的复合搅拌摩擦焊原理与激光辅助原理相似，区别只是在于预热能量的来源不同。采用等离子弧为辅助热源的复合搅拌摩擦焊技术进行焊接时，搅拌头高速旋转，并沿焊件的对接面压入焊件，当搅拌头的轴肩与焊件紧密接触后，搅拌头沿对接面向前移动实现焊接，焊接区域在搅拌头产生的摩擦热与等离子弧产生的辅助热量的共同作用下发生塑性变形，最终在搅拌头后部形成焊缝。等离子弧辅助搅拌摩擦焊示意如图 6-18 所示。

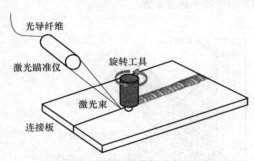

图 6-17　激光辅助搅拌摩擦焊示意

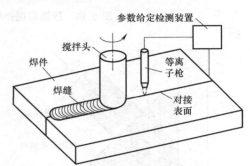

图 6-18　等离子弧辅助搅拌摩擦焊示意

6.2　搅拌摩擦焊设备

英国焊接研究所 1995 年研制出移动龙门式搅拌摩擦焊设备 FW21，可以焊接长度达 2m 的焊缝。不久又研制出可以焊接大尺寸板件的搅拌摩擦焊设备 FW22，还研制了可以焊接环缝的 FSW 设备。瑞典 ESAB 公司设计制造的搅拌摩擦焊设备可以焊接长度为 16 m 的焊缝，在此基础上又开发了基于数控技术的具有五个自由度的更小巧轻便的设备，这台设备还可以焊接非线性焊缝。

我国已开发出用于不同规格产品焊接用的多种搅拌摩擦焊设备，图 6-19 所示为我国研制的 C 型搅拌摩擦焊设备，适用于薄板产品的平面二维搅拌摩擦焊，具有成本低、性价比高的特点。我国自行研制的搅拌摩擦焊设备可用于直缝和环缝焊接，焊接板厚可达 15mm。焊接过程中采用数字控制，具有控制精度高、焊接工艺重复性好等优点。焊接速度和旋转速度均可无级调节，焊接压力根据搅拌头插入深度进行调节。

图 6-20 所示为我国研制的龙门式搅拌摩擦焊设备，分为小型、中型和大型，适用于不同的焊件尺寸和应用领域。动龙门式搅拌摩擦焊设备实现了在轨道交通等领域大型复杂型材的高效焊接。应指出，搅拌摩擦焊设备有很多种，从开始的 FW21，发展到用于各种形状、尺寸焊件的焊接设备，搅拌摩擦焊设备在不停地更新换代。

6.2.1　搅拌摩擦焊设备的组成

搅拌摩擦焊设备从组成功能上可以分为主机、焊接工装及辅助设备（气/液压系统、冷

图 6-19　C 型搅拌摩擦焊设备

图 6-20　龙门式搅拌摩擦焊设备

却系统等)。

1. 搅拌摩擦焊设备主机

搅拌摩擦焊设备主机包括机身、主轴和主轴运动系统、压紧/气压或液压装置、动力/控制系统、冷却系统、监测系统和数据采集系统等。

(1) 机身　机身是搅拌头及其夹持装置的着力点，整个搅拌头的运动基座，一般由能承受主轴巨大压力的方框架结构组成。方框架结构既能保证焊接过程中变形处于允许范围，又能确保搅拌头的工作精度，因而刚度条件是机身最重要的要求。此外还需要较大的空间尺寸，以保证各运动轴的行程。

(2) 主轴和主轴运动系统　主轴系统作为整个搅拌摩擦焊设备的核心组成部分，提供焊接时所必需的压力和转速。主轴运动系统是整个设备中运动机构最复杂、精度要求最高的部分，主要由方箱结构组成，用以带动搅拌头在三维空间的运动。

一般来说，主轴系统要求能够沿主轴方向承受 6~10t 的压力，沿焊接方向能承受 2~5t 的抗弯力，旋转速度能够实现无级调速，范围为 0~2000r/min。由于焊接过程一般需要倾斜一定角度，所以主轴系统还应具有偏转系统，可调节范围一般为±5°。

（3）压紧/气压或液压系统　焊接过程中，搅拌头下压力以及对零件的撑开力都很大，需要接缝两侧绝对压紧，以确保焊接时对接焊缝不被搅拌头撑开，此时利用气压或液压系统，为焊缝压紧系统提供动力。若焊接过程中压力太小，提供的压紧力不足，焊接时搅拌头撑开板材会造成对接焊缝间隙过大等问题；若压力太大，稳定性能降低，易造成安全隐患。

（4）动力/控制系统　对于主机而言，动力系统需要为搅拌头在三维空间运动提供动力，保证搅拌头的对中及焊缝的搅拌摩擦焊接。动力系统一般采用液压或电气伺服系统。焊接过程中，常常需要控制多轴联动，并且搅拌头的压入量对接头质量影响很大，所以需要较高的控制精度。随着数控技术的发展，搅拌摩擦焊设备一般都具有自动编程、闭环控制等功能，对设备控制系统提出更高的要求。

（5）冷却系统　该系统的主要作用是对搅拌头和高速旋转轴进行冷却，确保焊接过程中焊接条件的连续性，保证焊缝质量的一致和稳定。冷却系统分为两种：内部冷却系统和外部冷却系统。内部冷却系统主要对旋转主轴进行冷却，常用循环水冷却；外部冷却系统主要是对搅拌头进行冷却，冷却方式有水冷、气冷和雾冷。

（6）监测系统和数据采集系统　这个部分不是搅拌摩擦焊设备所必备的。该系统主要功能包括两个方面，一是利用摄像头对焊接过程搅拌头、焊缝成形的情况通过显示屏显示出来，方便对焊接参数的调整；二是在焊接过程中，监测系统实时监控各个闭环控制系统，将各运动机构工作情况等实时显示并采集下来，进行记录和分析，方便对焊缝质量的跟踪、复查和复现。

2. 搅拌摩擦焊设备工装

焊接工装主要进行焊件的固定和调整，以满足搅拌摩擦焊装配需求。根据焊件形状的不同，需要设计形态各异的焊接工装，用以保证焊接质量。以筒段纵缝搅拌摩擦焊设备工装为例，该结构中主要包括基座、支撑机构、旋转机构、调整机构、驱动机构等几部分。

（1）基座　基座是整套工装的承载装置，要求平整、耐压、刚性好。

（2）背部垫板　背部垫板包括两部分，一部分是背部焊接垫板，另一部分是背部铣切垫板，通过垫板更换动力装置进行焊接、铣切垫板的更换。背部垫板主要用于焊接过程中从背面支撑焊缝，保证焊缝在搅拌摩擦焊过程中不发生变形，确保焊接顺利进行。它在所有的搅拌摩擦焊设备工装中都是必不可少的（双轴肩搅拌摩擦焊除外）。背部垫板需要承受焊接过程的巨大压力，一般要求其平直光滑，且硬度大于45HRC。

（3）零件底部支撑调整及零限位装置　这部分也是搅拌摩擦焊设备工装所必备的，但不同的焊接产品对象需要不同的零件底部支撑调整及零件限位装置。

（4）工装内部支撑机构　该部分主要发挥刚性支撑作用，并在焊接过程中支撑零件沿圆周方向上的位置运动。焊接过程中，支架是向外支撑的，焊接结束后支架可沿轴向回缩，这样可以方便地将焊接完成的筒段取下。

（5）动力驱动机构　该装置主要为零件的旋转、支撑架的移动提供动力，保证零件的定位和拆卸，一般使用液压伺服系统或电气伺服系统。

（6）冷却系统　它主要对背部垫板进行冷却，确保垫板在焊接过程中不会因累积热量导致热输入不一致，保证焊缝质量的稳定性。一般情况下，工装不需要冷却系统，但当连续长时间焊接时，需要考虑垫板的冷却问题。常见的冷却系统包括水冷、气冷和雾冷三种模式。

6.2.2　搅拌摩擦焊设备的技术参数

随着搅拌摩擦焊技术的进步，设备也不断地更新。焊接过程往往需要根据焊件实际要求，选择合适的设备技术参数。

1. C 型搅拌摩擦焊设备

该设备结构紧凑，占地面积小，焊接成本低，过程性价比高，适合于高校和科研单位等使用，主要应用领域有新能源汽车、散热器电子冷板、电力电子等。以 HT-JC6×8/2 型设备为例，C 型搅拌摩擦焊设备的技术参数见表 6-1。

表 6-1　C 型搅拌摩擦焊设备的技术参数

设备型号		HT-JC6×8/2
焊接厚度/ mm		铝合金 1~6
工作台尺寸(宽×长)/ mm×mm		600×800
龙门通过高度/ mm		0~300
行程	X 轴/mm	800
	Y 轴/mm	600
	Z 轴/mm	300
	C 轴/(°)	0~360
	B 轴/(°)	0~5
快移速度	X 轴/(mm/min)	3000
	Y 轴/(mm/min)	3000
	Z 轴/(mm/min)	2000
	B 轴/(r/min)	手动
主轴最大转速/(r/min)		4000
机床外形尺寸(长×宽×高)/ mm×mm×mm		2700×2000×2300

2. 龙门式搅拌摩擦焊设备

龙门式搅拌摩擦焊设备包括一维、小型二维、中型二维、三维等搅拌摩擦焊设备。以国内首台 AC 双摆头的龙门式五轴联动搅拌摩擦焊设备为例，设备技术参数见表 6-2。该设备主要应用于复杂空间曲面的三维搅拌摩擦焊，解决了航空航天复杂曲面的空间焊接难题。该设备采用了大承载力 AC 摆头，可满足承受焊接过程中大的顶锻力和前进抗力的需求，AC 轴导轨采用自适应成形技术，提高了 A 轴和 C 轴的回转精度，可实现空间任意曲线焊接。

表 6-2　三维搅拌摩擦焊设备技术参数

设备型号		HT-JM10×40/3H	HT-JM10×80/3H
焊接厚度/ mm		铝合金 1~16	铝合金 1~16
工作台尺寸(宽×长)/ mm×mm		3000×4000	3200×8200
龙门通过高度/ mm		300~1300	200~1700
龙门通过宽度/ mm		3600	4200
行程	X 轴/mm	4200	8400
	Y 轴/mm	3700	4600
	Z 轴/mm	1000	1500
	C 轴/(°)	±220	±220
	A 轴/(°)	±90	±90
	W 轴/ mm	20	20

（续）

设备型号		HT-JM10×40/3H	HT-JM10×80/3H
快移速度	X轴/mm	6000	8000
	Y轴/mm	4000	3000
	Z轴/mm	1000	2000
	C轴/（r/min）	5	5
	A轴/（r/min）	5	5
	W轴/（mm/min）	200	200
主轴最大转速/（r/min）		4000	4000
机床外形尺寸（长×宽×高）/ mm×mm×mm		10630×6910×7520	19300×8590×8170

3. 大型贮箱总对接搅拌摩擦焊设备

国内首台运载火箭贮箱总对接搅拌摩擦焊设备（见图 6-21）采用了回抽式主轴，可实现筒段环焊缝的无匙孔焊接；采用大刚性内外支撑夹具，实现了焊接过程中筒段焊接的精确装配，满足搅拌摩擦焊过程中大负载的要求；利用浮动式芯轴，攻克了筒段在焊接过程中扭转的难题；采用弹簧+升降丝杠结构，能兼容不同直径筒段的柔性支撑。

图 6-21　运载火箭贮箱总对接搅拌摩擦焊设备

6.3　搅拌摩擦焊工艺及参数

6.3.1　搅拌摩擦焊接头设计及装配精度

搅拌摩擦焊工艺　　搅拌摩擦焊工艺

1. 搅拌摩擦焊的接头形式

搅拌摩擦焊可以实现管/管、板/板的可靠连接，接头形式可设计为对接、搭接，可进行直焊缝、角焊缝及环焊缝的焊接，也可进行单层或多层一次焊接成形，由于搅拌摩擦焊过程可以将氧化膜破碎、挤出，所以焊前不需要进行表面处理。搅拌摩擦焊的接头形式如图 6-22 所示。

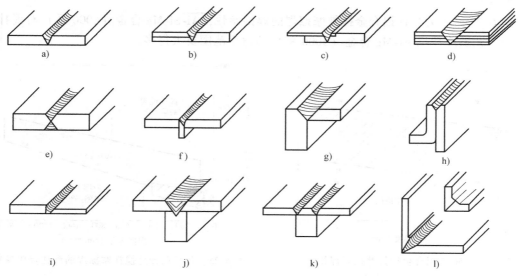

图 6-22 搅拌摩擦焊的接头形式

对于铝合金的搅拌摩擦焊，搅拌头的旋转速度可以从几百 r/min 到上千 r/min。焊接速度一般在 1~15mm/s 之间。搅拌摩擦焊可以方便地实现自动控制。在搅拌摩擦焊过程中搅拌头要压紧焊件。不同的被焊金属在不同板厚条件下的最大焊接速度如图 6-23 所示。

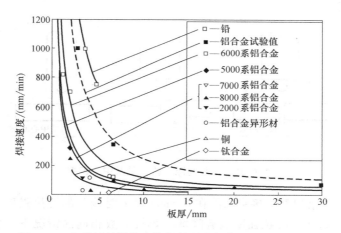

图 6-23 各种材料搅拌摩擦焊的最大焊接速度（计算值）

板厚为 5mm 时，焊接铝时搅拌摩擦焊的焊接速度最大为 700mm/min；焊接铝合金时焊接速度为 500~150mm/min；异种铝合金的焊接速度要低得多。

搅拌摩擦焊的焊接速度与搅拌头转速密切相关，搅拌头的转速与焊接速度可在较大范围内选择，只有焊接速度与搅拌头转速相互配合才能获得良好的焊缝。图 6-24 所示为 5005 铝合金搅拌摩擦焊焊接速度与搅拌头转速的关系，焊接速度与搅拌头的转速存在着最佳范围。在高转速低焊接速度的情况下，由于接头获得了搅拌摩擦过剩的热量，部分焊缝金属由肩部排出形成飞边，使焊缝金属的塑性流动不好，焊缝中会产生孔洞（中空）状的焊接缺陷，甚至会产生搅拌针的破损。接头区的最佳参数范围因搅拌头（特别是搅拌针）的形状不同而有所变动。

图 6-25 所示为几种铝合金搅拌摩擦焊的焊接参数，Al-Si-Mg 合金（6000 系）对搅拌摩擦焊的工艺适应性比 Al-Mg 合金（5000 系）的适用范围要大得多。

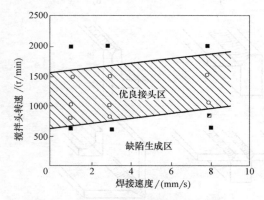

图 6-24　5005 铝合金搅拌摩擦焊焊接
速度与搅拌头转速的关系

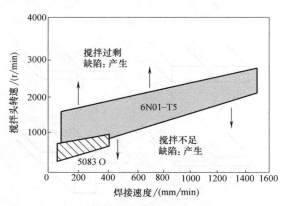

图 6-25　几种铝合金搅拌摩擦焊的最佳焊接参数

2. 搅拌摩擦焊接头的装配精度

搅拌摩擦焊对焊件的装配精度要求较高，比常规电弧焊接头更加严格。在进行搅拌摩擦焊时，接头的装配精度要考虑几种情况，即接头间隙、错边量和搅拌头中心与焊缝中心线的偏差，如图 6-26 所示。

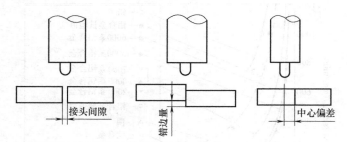

图 6-26　接头间隙、错边量及中心偏差

（1）接头间隙及错边量　接头间隙在 0.5mm 以上时接头的抗拉强度显著下降；同样错边量在 0.5mm 以上时接头抗拉强度显著降低。焊接参数相同的情况下，保持接头间隙和错边量在 0.5mm 以下，即使焊接速度达到 900mm/min，也不会产生缺陷。焊接速度较低时（300mm/min），接头间隙可稍大一些。

接头装配精度还与搅拌头的位置有关。搅拌头肩部表面与母材表面的接触程度也是影响接头质量的一个重要因素。可通过焊接结束后搅拌头肩部外观判别搅拌头的旋转方向，以及搅拌头肩部表面与母材表面的接触程度。搅拌头肩部表面完全被侵蚀，表明搅拌头肩部表面与母材表面接触是正常的；当肩部周围 75% 的表面被侵蚀，表明搅拌头肩部表面与母材表面接触程度在允许范围；当肩部表面被侵蚀在 70% 以下时，表明搅拌头肩部表面与母材表面接触不良，在工艺上是不允许的。

（2）搅拌头中心与焊缝中心线的偏差　搅拌头中心与焊缝中心线的相对位置，对搅拌摩擦焊接头质量，特别是对接头抗拉强度有很大的影响。搅拌头的中心位置对接头抗拉强度的影响示例如图 6-27 所示。图中也表示了搅拌头中心位置与焊接方向及搅拌头旋转方向之间的关系。对于搅拌头旋转的反方向一侧，搅拌头中心与接头中心线偏差 2mm 时，对焊接接头的抗拉强度几乎没什么影响。但在搅拌头旋转方向相同一侧，搅拌头中心与接头中心线偏差 2mm 时，接头的抗拉强度显著降低。

当搅拌头的搅拌针直径为 5mm 时，搅拌头轴线与接头轴线允许偏差为搅拌针直径的 40% 以下，这是对于搅拌摩擦焊焊接性好的材料而言。而对于焊接性较差的其他合金，

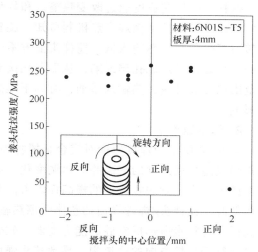

图 6-27　搅拌头中心位置对接头抗拉强度的影响

允许范围要小得多。为了获得优良的焊接接头，搅拌头轴线位置必须保持在允许的范围。例如，接头间隙在 0.5mm 以下时，搅拌头轴线位置允许偏差为 2mm。

还应考虑接头中心线的扭曲、接头间隙不均匀、接合面的垂直度或平行度等。确定搅拌摩擦焊焊接参数时，还要考虑搅拌针的形状、焊接胎夹具、搅拌摩擦焊焊机等因素。这些因素对确定搅拌摩擦焊的最佳焊接参数也有一定的影响。

6.3.2　搅拌摩擦焊的焊接参数

搅拌摩擦焊最重要的焊接参数是旋转速度 R、焊接速度 v、焊接压力 p、搅拌头倾角、搅拌头插入速度和保持时间等。

1. 旋转速度 R

搅拌头的旋转速度可以从几百 r/min 到上千 r/min，转速过高（如超过 10000r/min），会引起材料应变速率增加，影响焊缝的再结晶过程。

保持焊接速度一定，改变搅拌头旋转速度进行试验，结果表明：当旋转速度较低时，不能形成良好的焊缝，搅拌头的后边有一条沟槽。随着旋转速度的增加，沟槽的宽度减小，当旋转速度提高到一定数值时，焊缝外观良好，内部的孔洞也逐渐消失。在合适的旋转速度下接头才能获得最佳的抗拉强度值。图 6-28 所示为 AZ31 镁合金搅拌摩擦焊在不同的焊接速度下，接头抗拉强度随旋转速度的变化趋势。当旋转速度为 1180r/min 时，接头抗拉强度达到最大值，为母材强度的 93%。超过此旋转速度，强度值有所下降。

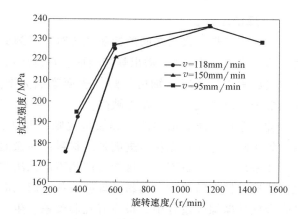

图 6-28　旋转速度对镁合金搅拌摩擦焊接头强度的影响

　　搅拌头的旋转速度通过改变热输入和软化材料流动来影响接头微观组织，进而影响接头力学性能。由搅拌摩擦焊产热机制可知，旋转速度增加，热输入增加，如图6-29所示。当旋转速度较低时，热输入低，搅拌头前方不能形成足够的软化材料填充搅拌针后方所形成的空腔，焊缝内易形成孔洞缺陷，从而弱化接头强度。转速高，焊接峰值温度升高，因而在一定范围内提高转速，热输入增加，有利于提高软化材料填充空腔的能力，避免接头内部缺陷的形成。

2. 焊接速度 v

　　图6-30所示为焊接速度对镁合金搅拌摩擦焊接头抗拉强度的影响。由图可见，接头的抗拉强度随焊接速度的提高并非单调变化，而是存在峰值。当焊接速度小于150mm/min时，接头的抗拉强度随焊接速度的提高而增大。从焊接热输入分析可知，当转速为定值且焊接速度较低时，搅拌头/焊件界面的整体摩擦热输入较高。如果焊接速度过高，使塑性软化材料填充搅拌针行走所形成空腔的能力变弱，软化材料填充空腔能力不足，焊缝内易形成一条狭长且平行于焊接方向的隧道沟，导致接头强度降低。

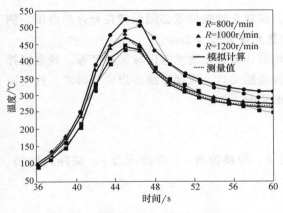

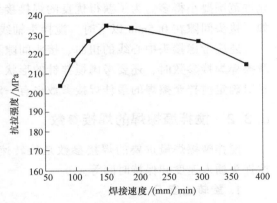

图6-29　旋转速度对温度分布的影响　　　　图6-30　焊接速度对镁合金搅拌摩擦焊接头
（焊接速度200mm/min）　　　　　　　　抗拉强度的影响（旋转速度1180r/min）

3. 焊接压力 p

　　搅拌头与焊件表面之间的接触状态对焊缝的成形也有较大的影响。当压紧力不足时，表面热塑性金属"上浮"，溢出焊接表面，焊缝底部在冷却后会由于金属的"上浮"而形成孔洞。当压紧力过大时，轴肩与焊件表面摩擦力增大，摩擦热将使轴肩发生"粘头"现象，使焊缝表面出现飞边、毛刺等缺陷。

　　搅拌摩擦焊压力适中时，焊核呈规则椭圆状，接头区域有明显分区，焊缝底部完全焊透。焊接时搅拌针首先从前进面带动材料往回撤面旋转，经过回撤面侧一次或多次旋转后沉积。如果焊接压入量不足，将导致产热不足无法产生足够的塑性流体，且塑性流体不能很好地围绕搅拌针旋转移动，则易在焊缝底部形成孔洞，一般出现在焊缝中心偏前进面一侧。在镁合金搅拌摩擦焊过程中，很少有孔洞现象产生。孔洞一般产生于焊核边缘，能清晰地看到塑性流体的流动迹线。由搅拌摩擦焊热过程分析可知，焊接温度与焊接压力密切相关，压力过低，产热不足而不能形成足够的塑性流体。

4. 搅拌头倾角

搅拌头倾角影响塑性流体流动，从而对焊核的形成过程有影响。当倾角为 0° 时，焊核几乎对称，近似圆形，焊核与冠状区域的交界处存在明显的机械变形特征。而倾角为 3° 时，焊核比较扁长。这是由于随倾角增大，塑性流体沿焊接方向承受搅拌头的作用力增强，材料围绕搅拌针螺旋线向下运动的同时沿焊接方向有较大的运动，从而形成扁长状的焊核。

5. 搅拌头插入速度和保持时间

在搅拌摩擦焊过程中，搅拌头的起始插入速度不可过高，否则容易造成搅拌头折损。但过慢则造成生产率低下。选择恰当的插入速度非常重要。搅拌头的插入速度对预热温度的影响如图 6-31 所示。保持时间一般为 10~15s，过短则产生塑性材料不足，过长易造成局部过热和生产率的下降。

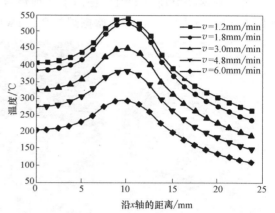

图 6-31 搅拌头的插入速度对预热温度的影响

测量结果显示，搅拌针插入过程温度随着插入深度的增加而增加，完全插入停止预热阶段温度先降后升，预热时间大于 10s 后，温度回升（见图 6-32）。通过搅拌针的产热数学模型分析可知，搅拌针完全插入瞬间产热功率最高。焊接压力的变化是产生这一现象的主导因素。另外轴肩与焊件表面接触，增加散热，温度回升需要一定时间。这表明，对于 5mm 厚的 AZ31 镁合金，预热时间不应小于 10s，综合考虑焊接效率，预热时间 15~20s 最佳。

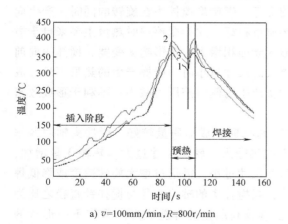

a) $v=100mm/min，R=800r/min$

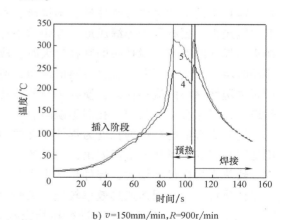

b) $v=150mm/min，R=900r/min$

图 6-32 搅拌针插入过程温度分布（图中 1~5 表示 5 组试验）

丹麦学者 H. Schmidt 等的研究结果存在同样规律。搅拌针开始插入阶段，作用压力稳定增长到 21kN，力矩增长到 15N·m，主要是由于搅拌针随插入深度的增加，其作用增强。轴肩与母材接触的瞬间，作用压力和力矩达到最大值（力矩 60N·m）。焊接预热阶段，作用压力从 21kN 降至 12kN，力矩降至 40N·m。

6.3.3 搅拌摩擦焊的搅拌头设计

1. 搅拌头的形状

搅拌头的形状决定了搅拌摩擦焊过程的产热及焊缝金属的塑性流动，最终影响焊缝的成形及接头性能。搅拌针是否带螺纹，对接头成形有很大影响。搅拌针不带螺纹时，易发生搅拌头折断现象，表明焊接过程搅拌针受到的母材阻力大，以至超过了搅拌针承受极限而在搅拌针与轴肩结合部位断裂，且焊缝内部有孔洞产生。

英国焊接研究所（TWI）提出了两种焊接工具模型：三槽锥形螺纹和锥形螺纹搅拌头，如图6-33a、b所示。在搅拌摩擦焊初期，TWI开发成功了图6-33c所示的柱形搅拌头。

a) 三槽锥形螺纹搅拌头　　　　　　b) 锥形螺纹搅拌头　　　　　　　c) 柱形搅拌头

图6-33 几种典型的搅拌摩擦焊搅拌头

搅拌头形状设计合理，会使成形区摩擦产热量大，热塑性材料易于流动，成形工艺性好。搅拌头的形状主要有圆柱形、圆锥形、螺旋形等。螺旋形搅拌头在旋转的同时，产生向下的锻造力，更有利于焊缝成形，螺距越小焊接质量越好。搅拌摩擦焊时热量主要来自于搅拌头与焊件的摩擦。搅拌头的直径过大时，成形区断面积增大，热影响区变宽，搅拌头向前移动时阻力增大，不利于金属材料的流动；搅拌头的尺寸过小时，摩擦产生的热量不足，成形区热塑性材料的流动性差，搅拌头向前移动时所产生的侧向挤压力减小，不利于形成致密的组织，可能会形成沟槽、孔洞等缺陷。

搅拌头端部搅拌针的长度为焊件厚度的70%~80%时，成形质量较好。搅拌头轴肩的作用是限制塑变金属从成形区溢出，同时产生一定的热输入。轴肩尺寸过大，热输入量增加，将导致热影响区尺寸增大，焊件易产生变形；肩部尺寸过小，需通过增大旋转速度或降低焊速保证热输入量，因而成形效率较低。试验表明，当搅拌头的轴肩直径与搅拌针直径之比为3:1时，在适宜的焊接参数下进行搅拌摩擦易获得较高质量的焊缝成形。采用不同形状的轴肩，如表面带有螺纹的轴肩以及表面带有凸起的轴肩，可以改变搅拌摩擦过程中的热输入量以及提高材料的流动能力。

轴肩的发展经历了"平面—凹面—同心圆环槽—涡状线"的过程。轴肩的主要作用是尽可能包拢塑性区金属，促使焊缝成形光滑平整，提高焊接行走速度。搅拌头轴肩的发展经历了由光面圆柱体向普通螺纹、锥形螺纹、大螺纹、带螺旋流动槽螺纹发展的历程，如图6-34所示。它们都是在搅拌针和轴肩的交界处中间凹入。在焊接过程中，这种设计形式可保证轴肩端部下方的软化材料受到向内方向力的作用，有利于将轴肩端部下方形成的软化材料汇集到轴肩端面的中心，以填充搅拌针后方所形成的空腔，同时可减少焊接过程中搅拌头内部的应力集中而保护搅拌针。

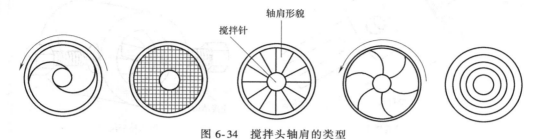

图 6-34　搅拌头轴肩的类型

2. 搅拌头的结构设计

搅拌头的结构设计是搅拌摩擦焊的关键技术。它直接影响到焊缝塑性金属的流体流动并决定了接头性能。搅拌头的结构分为搅拌针和轴肩两部分，这两部分结构在焊接过程中的作用不同，搅拌头的设计包括搅拌针和轴肩形状及尺寸的设计。

（1）可消除匙孔型　常规搅拌摩擦焊完成后，在焊缝的尾端会留有一个匙孔。为了解决这个问题，研发了可以自调节的搅拌摩擦焊工具，主要功能是让搅拌摩擦焊的匙孔愈合。这种焊接工具也称为可伸缩探针搅拌头，在焊接尾段搅拌头自动地退回到轴肩里面，使匙孔愈合，如图 6-35 所示。

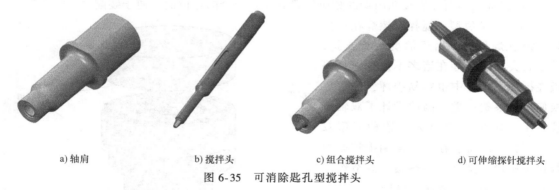

a) 轴肩　　　　　　　b) 搅拌头　　　　　　c) 组合搅拌头　　　　　d) 可伸缩探针搅拌头

图 6-35　可消除匙孔型搅拌头

（2）轴肩探针可拆卸型　国内外应用的搅拌头通常制造为一体，这样在搅拌针磨损失去搅拌作用、轴肩磨损性能变差时，必须更换搅拌头。搅拌摩擦焊过程是一个热、机械综合作用的过程，搅拌头工作时轴肩和搅拌针在焊接温度（约为母材熔点 80%）下磨损相对较高。而夹持部分由于受热、力的作用较弱，一般不存在磨损情况。为了保证搅拌针和轴肩的耐热、耐磨特性，搅拌头须能在一定温度和载荷下工作。如果搅拌头是一体化设计，则整个夹持部分也不能继续使用。

整体式搅拌头另一个不足是加工过程材料的浪费。考虑到搅拌头的摩擦产热及散热作用，夹持部分、轴肩通常采用不同的直径，而搅拌针的直径只有轴肩的 1/3，整体式机加工方式也会造成材料的浪费。为了减少搅拌头的制造和使用成本，研发了一种轴肩和搅拌针可以拆卸重复使用的分体式搅拌头。该搅拌头由夹持部段、探针轴肩复合部段、连接组件三部分构成，如图 6-36 所示。

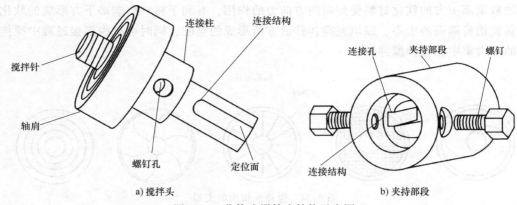

搅拌针　连接柱　连接结构

轴肩

螺钉孔　定位面

a) 搅拌头

连接孔　夹持部段　螺钉

连接结构

b) 夹持部段

图 6-36　分体式搅拌头结构示意图

分体式搅拌头结构具有以下优点：

1) 节约材料成本，由于搅拌头为分体式设计，在搅拌头磨损后，仅更换磨损较大的轴肩和搅拌针部分即可，不需要更换未磨损的夹持部段；降低材料要求，夹持部段对受热、力作用不大，可选择性能不是太高的材料。

2) 节省加工时间。仅加工轴肩和搅拌针部分即可，不需要另外加工夹持部段，也不需要更换夹持部段，使得更换更为方便。

3) 可焊接不同厚度试样。夹持部分通用，仅更换不同尺寸的轴肩和搅拌针即可。

4) 连接柱侧面和连接孔内壁的相应位置有相互配合的定位面，便于装配。

（3）双轴肩型　搅拌摩擦焊在焊接环形筒状焊件时，由于需要垫板支持，使工装夹具设计存在诸多不便，而且垫板在搅拌摩擦焊中也容易损坏，经常更换使材料浪费严重。因此设计了双轴肩搅拌头，如图 6-37 所示。这种新型双轴肩搅拌头的特点在于不影响搅拌摩擦焊接头质量，又可省去垫板，既节约了材料，又方便了工装夹具设计。

3. 搅拌头的发展趋势

我国焊接行业对搅拌摩擦焊搅拌头这种核心技术的研发尚不够深入，一般

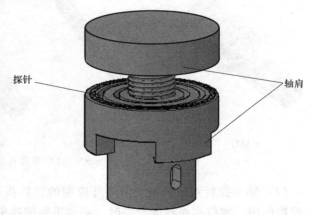

探针

轴肩

图 6-37　双轴肩搅拌头的形状

的搅拌头都比较简单，大多是在圆柱形搅拌针上车几道螺纹，不像国外的搅拌摩擦焊搅拌头那么复杂。下一步的研发应注意以下几方面：

1) 冷却装置。研发人员提出的冷却方式包括：内部的水管冷却，外部的水喷洒冷却，或气体冷却。

2) 表面涂层改性。用于铝合金焊接的搅拌头，可以通过表面涂层提高其使用寿命。目前部分搅拌头使用 TiN 涂层，效果很好，可以防止金属粘连搅拌头。

3) 复合式搅拌头（见图 6-38）。搅拌针和轴肩发挥的作用不同，两者可以使用不同的材料，尽可能使轴肩和搅拌针发挥各自的作用。使用一些昂贵的耐磨搅拌针材料时，轴肩与

搅拌针分别制造，在焊接相对较硬的材料时，搅拌针磨损严重后，可以单独更换搅拌针而不是整个搅拌头都换掉，这样可以降低成本。

6.3.4　搅拌摩擦焊接头的组织与性能

1. 搅拌摩擦焊接头的组织特征

铝合金搅拌摩擦焊的焊缝是在摩擦热和搅拌针的强烈搅拌作用下形成的，与熔焊熔化结晶形成的焊缝组织，或与扩散连接、钎焊形成的焊缝组织相比有明显的不同。

（1）焊缝形状　搅拌摩擦焊的焊缝断面形状分为两种：一种为圆柱状，另一种为熔核状。大多数搅拌摩擦焊的焊缝为圆柱状；熔核状的断面多发生于高强度和轧制加工性不好的铝合金（如7075、5083）搅拌摩擦焊焊缝中。

图 6-38　焊接厚度为 6mm 的钢用 W-Re/PCBN 复合搅拌头

搅拌摩擦焊焊缝断面大多为一倒三角形，中心区是由搅拌针产生摩擦热在强烈搅拌作用下形成的，上部是由轴肩与母材表面摩擦热而形成的。焊缝表面与母材表面平齐，没有增高，稍微有些凹陷。

搅拌摩擦焊接头的组织与母材的原始组织存在较大的差异。焊核区位于接头的中心，受到搅拌针的强烈搅拌作用，经历了较高温度的热循环，组织发生动态再结晶，由母材原始组织转变为细小的等轴再结晶组织。焊核区受搅拌针的机械作用最大，发生再结晶的晶粒来不及长大就在搅拌针的作用下被打碎，形成等轴、细小的晶粒。

（2）焊接区的划分　对搅拌摩擦焊接头区的金相分析表明，铝合金搅拌摩擦焊接头依据金相组织的不同分为 4 个区域（见图 6-39），即 A 区为母材；B 区为热影响区（HAZ）；C 区为热-机影响区（TMAZ），属于塑性变形和局部再结晶区；D 区为焊核区（完全再结晶区，即焊缝中心区）。

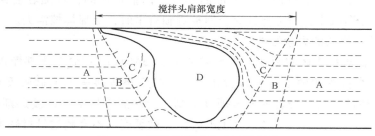

图 6-39　搅拌摩擦焊接头区的划分

A—母材　B—热影响区　C—热-机影响区　D—焊核区

其中，母材（A 区）和热影响区（B 区）的组织特征与熔焊条件下的组织特征相似。与熔焊组织完全不同的是 C 区（热-机影响区）和 D 区（焊核区）。在热-机影响区可以看到部分晶粒发生了明显的塑性变形和部分再结晶。焊核区实质上是一个晶粒细小的熔核区域，在此区域的焊缝金属经历了完全再结晶的过程。搅拌摩擦焊焊缝区上宽下窄，呈"V"形，在焊核中心形成一系列同心圆环状结构，很多文献将其称之为"洋葱环"。

通过对 5005 铝合金搅拌摩擦焊接头组织的分析，在焊缝中心区发现了等轴结晶组织，但是晶粒的细化不是很明显，晶粒大小多在 20~30μm。这可能是由于焊接热输入量过大，产生过热而造成的。对 2024 铝合金和铸铝的异种金属搅拌摩擦焊接头的分析表明，由于圆柱状焊缝金属的塑性流动，出现了"洋葱环"状组织。这种洋葱环状组织是搅拌摩擦焊接头特有的组织特征。

在回抽式搅拌摩擦焊接头中，不回抽区与回抽区的受热和搅拌作用不一致，两者的组织形貌也有差异。不回抽区与常规搅拌摩擦焊过程相同，焊缝组织也没有明显差异。回抽区的不同区域受到的热-机械作用不同，呈现出不同的组织特征。

将回抽式焊缝分成四个阶段进行组织观察，即搅拌针回抽 25%、回抽 50%、回抽 75%、回抽 100%（回抽过程完成）。搅拌摩擦焊回抽阶段示意如图 6-40 所示。

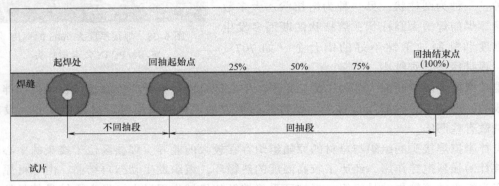

图 6-40　搅拌摩擦焊回抽阶段示意

回抽焊缝不同阶段接头的组织形态如图 6-41 所示。总体上看，回抽接头的组织形态与常规搅拌摩擦焊类似，都为盆形，但焊核内部洋葱环的形状有所不同。以回抽 50% 为例，存在两个洋葱环形的焊核，相当于采用一半长度的搅拌针在原始搅拌摩擦焊焊缝上进行堆焊。焊缝中心有明显的一大一小两个焊核，下部的焊核是第一次搅拌摩擦焊形成的，上部的焊核是搅拌针回抽了 50% 后形成的。上部的焊核是回抽形成的，且随着搅拌针回抽位移的增加，上部焊核逐渐减小，当搅拌针完全回抽进轴肩里时，上部焊核消失。

2. 搅拌摩擦焊接头的力学性能

（1）搅拌摩擦焊接头区的硬度　图 6-42 所示为 6N01-T5 铝合金搅拌摩擦焊接头的硬度分布，并与 MIG 焊接头的硬度分布进行比较。搅拌摩擦焊接头的显微硬度整体下降不大，其硬度分布的大体趋势为：母材的显微硬度最高，至热影响区显微硬度逐渐降低，在热-机影响区附近降到最低，然后在焊核区又上升，但显微硬度值不会超过母材硬度，而硬度最低点位于回撤边一侧大概热-机影响区的位置。

可以看出，铝合金搅拌摩擦焊接头的硬度比 MIG 焊接头硬度高。对 2014 和 7075 铝合金搅拌摩擦焊接头焊后进行 9 个月自然时效，最初 2 个月接头区硬度恢复速度很快。经自然时效 9 个月后，2014 和 7075 铝合金焊接接头都没有恢复到母材的硬度值，但 7075 铝合金焊接接头硬度的恢复大一些。厚度为 6mm 的 6063-T5 铝合金搅拌摩擦焊接头，经人工时效的接头硬度分布如图 6-43 所示。可见，在 175℃保温 2h 后焊接接头的硬度接近于母材的硬度，

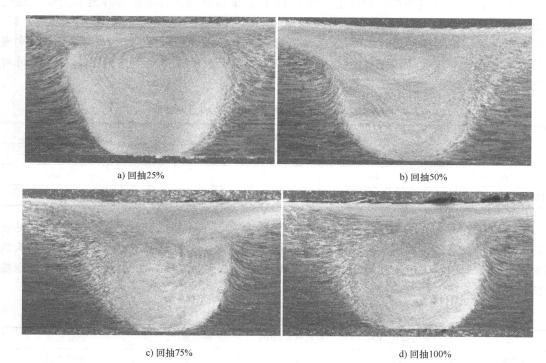

a) 回抽25%　　　　　　　　　　　　　　　　b) 回抽50%

c) 回抽75%　　　　　　　　　　　　　　　　d) 回抽100%

图 6-41　回抽焊缝不同阶段接头的组织形态

人工时效促使焊缝金属中的针状析出物和 β′ 相析出，导致接头硬度的恢复。但人工时效 12h 后，接头区一部分处于过时效状态。

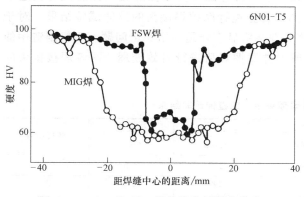

图 6-42　FSW 和 MIG 焊接接头的硬度分布

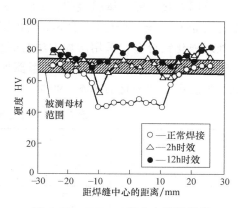

图 6-43　6063-T5 铝合金搅拌摩擦焊接头硬度的变化

硬度分布与接头区经历的不同焊接热循环和塑性变形有关。焊核区和热-机影响区都经历了再结晶软化，所以硬度值有所下降。焊核区塑性变形更剧烈，再结晶晶粒更细而硬度值稍有提高。热影响区温度较低，相对于母材有晶粒长大和部分强化相析出，显微硬度下降不大，没有出现熔焊的过时效区导致的硬度大幅下降。此外，由于垫板的散热作用，搅拌摩擦焊接头温度由上而下逐渐降低，硬度分布受此影响由上而下逐步升高。

（2）搅拌摩擦焊接头的拉伸性能 对 2219 铝合金母材与搅拌摩擦焊焊缝的力学性能进行了对比，见表 6-3，焊接参数为：焊接速度 180mm/min、转速 900r/min 且焊后未热处理。可以看出，采用搅拌摩擦焊技术焊接 2219 铝合金，常温强度系数达到 0.78，高于采用常规熔焊方法的 0.65 左右，同时伸长率也大幅提高。焊接接头的正弯角度达到了 180°，与母材相当，背弯也达到了 100°，表明接头塑性较好。

表 6-3 2219 铝合金搅拌摩擦焊接头的力学性能

组 号	抗拉强度 /MPa	伸长率 （%）	弯曲角 /(°)	
			正弯	背弯
母材（常温）	440	12	180	180
搅拌摩擦焊接头（常温）	340	7.5	180	100

搅拌摩擦焊和其他方法焊接的 6005-T5 铝合金接头的拉伸试验结果对比表明（见表 6-4），等离子弧焊的接头强度性能最高，为 194MPa；MIG 焊为 179MPa；搅拌摩擦焊接头的强度最低（175MPa），但搅拌摩擦焊接头的伸长率最高，为 22%。2000 系铝合金搅拌摩擦焊接头的断裂发生在热影响区。

表 6-4 焊接方法对 6005-T5 铝合金接头拉伸性能的影响

焊接方法	屈服强度/MPa	抗拉强度/MPa	伸长率(%)	断裂位置
搅拌摩擦焊	94	175	22	焊缝金属
等离子弧焊	107	194	20	焊缝金属
MIG 焊	104	179	18	焊缝金属

英国焊接研究所试验表明，2 系、5 系和 7 系铝合金的搅拌摩擦焊接头强度性能接近于母材（也有的低于母材）。表 6-5 给出了系列铝合金搅拌摩擦焊接头的拉伸试验结果。对于热处理强化铝合金，采用熔焊方法时焊接接头性能明显下降是一个突出问题。飞机制造用的 2 系、7 系硬铝，时效后进行搅拌摩擦焊，或搅拌摩擦焊后进行时效处理，两者焊接接头的抗拉强度可达到母材的 80%～90%。

表 6-5 铝合金搅拌摩擦焊接头的拉伸试验结果

母 材	焊接速度 /(cm/min)	屈服强度 /MPa	抗拉强度 /MPa	伸长率 （%）	断裂位置
2014-T6	—	247	378	6.5	HAZ
5083-0	—	142	299	23.0	PM
5083	4.6	143	—	19.8	WM
5083	6.6	156	—	20.3	WM
5083	9.2	144，154	—	16.2，18.8	WM
5083	13.2	141	—	13.6	WM
5083-H112	15.0	156	315	18.0	HAZ/PM
6082	26.4	132	—	11.3	WM
6082	37.4	144	—	10.7	HAZ
6082	53.0	141	—	10.7	HAZ
6082	75.0	136	254	8.4	HAZ
6082-T4 时效	—	285	310	9.9	—

（续）

母　材	焊接速度/(cm/min)	屈服强度/MPa	抗拉强度/MPa	伸长率/(%)	断裂位置
6082-T5	—	—	260	—	—
6082-T6	150	145	220	7.0	—
6082-T6 时效	150	230	280	9.0	—
7075-T7351	—	208	384	5.5	HAZ/PM
7108-T79	90	205	317	11	—

注：PM—断裂在母材；WM—断裂在焊缝；HAZ—断裂在热影响区；HAZ/PM—断裂在热影响区和母材交界处。

铝合金搅拌摩擦焊焊缝金属承受载荷的能力，等于或高于母材垂直于轧制方向的承载能力。与电弧焊接头弯曲试验不同，搅拌摩擦焊接头弯曲试验的弯曲半径为板厚的 4 倍以上。在这种试验条件下，各种铝合金搅拌摩擦焊接头的 180°弯曲性能都很好。

（3）搅拌摩擦焊接头的疲劳强度和韧性　与 TIG 焊和 MIG 焊等熔焊方法相比，铝合金搅拌摩擦焊接头的抗疲劳性能良好。其原因有两个，一是搅拌摩擦焊接头经过搅拌头的摩擦、挤压、顶锻得到的是精细的等轴晶组织；二是 FSW 焊接过程是在低于材料熔点温度下完成的，焊缝组织中没有熔焊时常出现的凝固结晶过程中产生的缺陷，如偏析、气孔、裂纹等。

针对不同铝合金（如 2014-T6、2219、5083、7075 等）的搅拌摩擦焊接头的疲劳性能试验表明，铝合金搅拌摩擦焊接头的疲劳性能优于熔焊接头，其中 5083 铝合金搅拌摩擦焊接头的疲劳性能可达到与母材相同的水平。

试验结果表明，搅拌摩擦焊接头的疲劳破坏处于焊缝上表面位置，而熔焊接头的疲劳破坏则出现在焊缝根部。图 6-44 所示为板厚为 40mm 的 6N01-T5 铝合金搅拌摩擦焊接头的疲劳性能试验结果（应力比为 0.1），可见，循环次数为 10^7 次时疲劳寿命达到母材的 70%，即 50MPa，这个数值为激光焊、MIG 焊的 2 倍。

为了确定 6N01S-T5 铝合金甲板结构的疲劳强度，进行了箱型梁疲劳试验。疲劳试件为宽 200mm、腹板高 250mm 的异形箱型断面，长度为 2m。图 6-45 所示为这一疲劳试验的结果。大型搅拌摩擦焊试件的疲劳强度极限比欧洲标准（Eurocod 9）的疲劳强度极限高一倍以上。同一研究做的宽度 20mm 的小型试件的试验结果（图中用虚线示出的曲线），显示出同样的疲劳强度降低的现象。与大型试件相比较，疲劳强度下降的程度小。

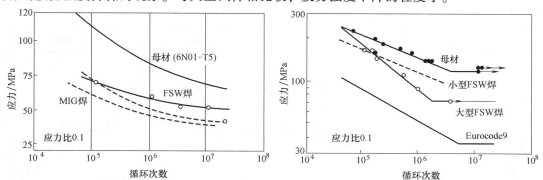

图 6-44　6N01-T5 铝合金各种焊接方法的疲劳强度　　图 6-45　6N01S-T5 铝合金甲板结构的疲劳强度

对板厚为 30mm 的 5083 铝合金进行双道搅拌摩擦焊（焊接速度 40mm/min），用焊得的接头制备比较大的试件，然后对该搅拌摩擦焊接头进行低温冲击韧性试验，结果如图 6-46

所示。

由图 6-46 可以看到，无论是在液氮温度（-196℃），还是液氦温度（-269℃）下，搅拌摩擦焊接头的低温冲击韧性都高于母材，断面呈现韧窝状，这是搅拌摩擦焊焊缝组织晶粒细化的结果。相比之下，MIG 焊接头室温以下的低温冲击韧性均低于母材。同时采用断裂韧性值（K_{IC}）来评价接头的韧性，与冲击韧性试验一样，搅拌摩擦焊接头的断裂韧性值高于母材，而在低温下发生晶界断裂。

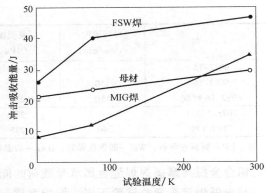

图 6-46　5083 铝合金搅拌摩擦焊接头的冲击韧性

以 2219 铝合金为例，对比了不同厚度板材的常规搅拌摩擦焊、回抽式搅拌摩擦焊的重复焊接区与回抽区的拉伸性能，转速与焊接速度分别为 800r/min 和 180mm/min，回抽区距离为 300mm，试验结果见表 6-6。虽然经历了两次焊接热循环，重复焊接区或回抽区的力学性能没有明显降低，原因与重复焊接或回抽时间短导致焊接热循环影响有限以及二次塑性变形引起的晶粒细化有关。

表 6-6　不同厚度 2219 铝合金三种焊接工艺的拉伸性能对比

板厚 /mm	焊接工艺	力 学 性 能	
		抗拉强度/MPa	伸长率（%）
6	常规搅拌摩擦焊	325~335	5.5~7.0
	重复焊接区	320~330	4.5~6.5
	回抽区	320~330	5.0~6.0
8	常规搅拌摩擦焊	335~340	4.5~6.0
	重复焊接区	325~335	4.5~6.0
	回抽区	320~335	5.0~6.0

对双轴肩搅拌摩擦焊接头进行拉伸性能测试，转速（n）和焊接速度（v）分别为 200~350r/min 和 150~300mm/min，转速、焊接速度对双轴肩搅拌摩擦焊接头力学性能的影响如图 6-47 所示。

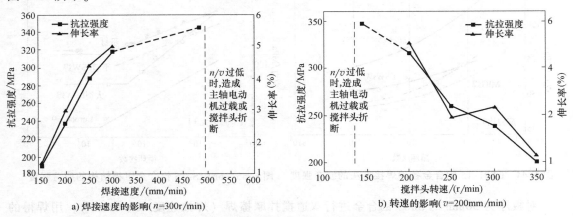

a) 焊接速度的影响（$n=300$r/min）　　b) 转速的影响（$v=200$mm/min）

图 6-47　双轴肩搅拌摩擦焊焊接参数对接头力学性能的影响

可以看出，当焊接速度为 200mm/min，转速从 200r/min 增加至 350r/min 时，双轴肩接头的抗拉强度、伸长率均依次下降；转速为 200r/min 时接头力学性能最高，伸长率达到 5.0%，抗拉强度达到 316MPa，为母材的 71.8%。转速 $n = 300$r/min，焊接速度从 150mm/min 增加至 300mm/min 时，接头拉伸性能逐渐增加，焊接速度为 300mm/min 时接头获得最高抗拉强度（318MPa）和伸长率（5.0%）。

对于特定结构的双轴肩搅拌头，当焊接过程中上、下轴肩与试样表面的下压量一定时，热输入因子（n/v）可以评价转速、焊接速度等对接头力学性能的影响，如图 6-48 所示。随着热输入因子从 2.0 降低到 1.0，双轴肩搅拌摩擦焊接头的力学性能逐渐增加。当 $n/v \le 1.2$ 时，双轴肩接头抗拉强度达到母材的 60%

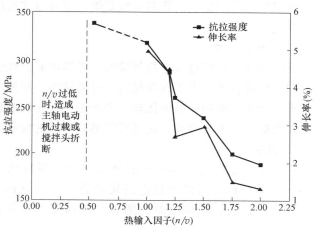

图 6-48　热输入因子（n/v）对 FSW 接头力学性能的影响

以上，伸长率达到 3.5% 以上。进一步降低热输入因子（$n/v < 1.0$），接头力学性能可能会提高。而热输入因子过低时，则可能造成主轴电动机过载或搅拌头折断。

6.3.5　搅拌摩擦焊接头常见的缺陷

搅拌摩擦焊具有固相焊接的特点，焊接参数选用得当可以得到无熔焊缺陷的焊缝。当焊接参数不当时，也会产生焊接缺陷。根据搅拌摩擦焊缺陷产生的位置和形貌的不同，主要分为表面缺陷和内部缺陷两大类。表面缺陷包括表面沟槽、表面毛刺、起皮、背面未熔合、背面粘连；内部缺陷包括内部孔洞、焊核区孔洞、裂纹等。

1. 表面沟槽

这种缺陷是搅拌摩擦焊比较典型的焊接缺陷之一。焊缝起始端有长度约 10mm 的间隙（其余良好），有的甚至贯穿整个焊缝，形成表面沟槽。这种缺陷一般位于前进面侧，一是由于焊接起始预热阶段产热量不足，材料发生塑性变形不足，致使焊缝金属不能充分流动，前进面侧金属不能得到填补，产生较大的间隙缺陷；二是焊接时被搅拌针挤出的金属材料外溢。焊接过程的开始阶段，当搅拌头沿焊件接缝前进时，塑性材料不足以填补搅拌针留下的空腔，就造成了未熔合间隙——沟槽。

2. 表面毛刺

焊接起始阶段热积累过多，造成过热现象，在焊缝开始处产生部分毛刺现象，毛刺仅仅出现在焊缝起始阶段。随着搅拌头的运动，焊缝热积累相对减少，过热现象引起的毛刺也自然消失。试验表明，毛刺不影响接头的力学性能，但会影响焊接接头的成形美观。

3. 起皮

所谓起皮是指搅拌摩擦焊焊缝正面产生鼓起的麸皮状薄层金属。搅拌摩擦焊过程中热输入量以及被焊材料的不同，导致焊缝上表面纹路不清，产生一薄层鼓起的麸皮状金属的现象。这种缺陷的产生与焊接过程中的热输入量以及被焊材料的热物理性能有关。

4. 内部孔洞

即使外观未见明显的缺陷，焊缝横截面宏观照片上仍能看到孔洞缺陷。焊接过程中焊缝金属在垂直方向上塑性流动不充分，前进面侧下部金属不能得到有效补充，焊接后就会形成一个连续性的孔洞缺陷。孔洞一般是焊接速度过快造成的。只要焊接参数恰当，孔洞缺陷就可以避免。

5. 焊核区孔洞

搅拌头轴肩直径过大进行焊接时，焊缝既有裂纹也有孔洞缺陷，裂纹发生在焊核与上表面之间的区域，孔洞出现在焊核区。轴肩较大，摩擦产热作用强烈，焊缝金属温度达到或超过熔点，丧失了固相焊接的优势，会产生一些孔洞或裂纹缺陷，宏观裂纹往往出现在焊缝的上部。根据被焊板材厚度，选择适当轴肩尺寸的搅拌头，可以避免焊核区孔洞缺陷。

6. 裂纹

裂纹多位于焊缝上部的轴肩挤压区内。裂纹的产生一方面是由于在焊接过程中产热过多，使部分材料达到或接近液化状态；另一方面，材料不能充分流动，造成接头局部焊接后应力过大，形成裂纹。随着焊接速度的增加，焊接过程中所产生的热量降低，裂纹会消失。

7. 背面未熔合

被焊板材厚度不同，选择的搅拌头尺寸不同。一般搅拌针的长度比被焊母材厚度短 $0.1 \sim 0.2 \text{mm}$。焊接过程中如果搅拌针插入量过低，易造成焊缝背面不能完全熔合。控制搅拌针精确的插入量可以避免背面未熔合。

8. 背面粘连

背面粘连是指搅拌针插入到垫板后搅起垫板材料夹杂入焊缝的现象。若搅拌头与板材匹配不合理（搅拌针过长），焊接时搅拌针穿透板材将背面垫板的金属搅动，使其粘连在试件的背面，形成背面粘连。这种缺陷出现在焊缝背面，正对搅拌针头部的位置上粘连有异种材料（通常为背面垫板材料），背面有凸起，能看到疏松土壤样的组织粘结在接头背面搅拌针插入的部位。

6.3.6 搅拌摩擦点焊及塞补焊修复

1. 搅拌摩擦点焊

搅拌摩擦点焊（Friction Stir Spot Welding, FSSW）是在"线性"搅拌摩擦焊技术的基础上开发的一种点焊技术。可以形成点焊的搭接接头，焊缝外观与应用于铝合金构件焊接的电阻点焊类似。

（1）带有退出孔的搅拌摩擦点焊技术　采用的焊接设备与普通搅拌摩擦焊设备类似，焊接过程分为三个阶段，如图 6-49 所示。

1）压入过程。搅拌头在不断旋转下，通过施加顶锻压力插入连接焊件中，在压力作用下搅拌头与焊件之间产生摩擦热，软化周围材料，搅拌头进一步压入焊件。

2）连接过程。搅拌头完全嵌入焊件中，保持搅拌头压力并使轴肩接触焊件表面，继续旋转一定时间。

3）回撤过程。完成连接后搅拌头从焊件退出，在点焊缝中心留下退出"匙孔"。

（2）无退出孔的搅拌摩擦点焊技术　这种方法是由德国 GKSS 研究中心提出的，采用特

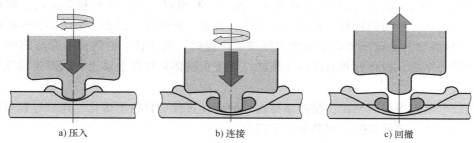

a) 压入　　　　　　　　　b) 连接　　　　　　　　　c) 回撤

图 6-49　搅拌摩擦点焊焊接工艺流程图

殊的搅拌头,通过精确控制搅拌头各部件的相对运动,在搅拌头回撤的同时填充搅拌头在焊接过程中形成的退出空隙。采用这种技术焊接后的点焊缝平整,焊点中心没有凹孔。

搅拌摩擦点焊的焊接头(相当于搅拌头)主要由三部分组成,分别为最内层的搅拌针(Pin)、中间层的袖筒(Sleeve)及最外层的夹套(Clamp)。其基本原理示意图如图 6-50所示。

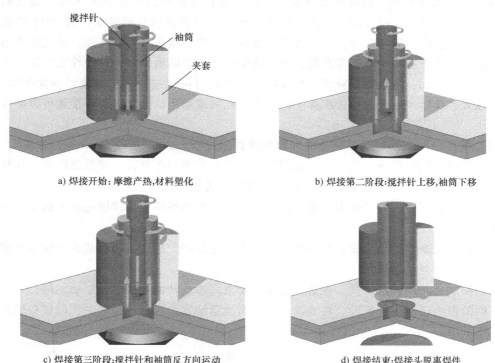

a) 焊接开始:摩擦产热,材料塑化　　　　　　　b) 焊接第二阶段:搅拌针上移,袖筒下移

c) 焊接第三阶段:搅拌针和袖筒反方向运动　　　　d) 焊接结束:焊接头脱离焊件

图 6-50　无退出孔的搅拌摩擦点焊过程示意图

无退出孔搅拌摩擦点焊的焊接过程分为以下几个阶段:

1) 开始焊接时,搅拌摩擦点焊的焊接头压在焊件上,焊接头的搅拌针和袖筒高速旋转,与焊件摩擦产生热量,使材料达到塑性状态。此时夹套不做旋转,如图 6-50a 所示。

2) 当材料塑性状态达到足够程度时,搅拌针和袖筒一边继续旋转,一边沿轴向进行相对运动,搅拌针向上运动,为材料的运动提供空间;袖筒向下运动,推动塑性材料发生相互搅拌与运动,如图 6-50b 所示。

3）当搅拌针和袖筒运动到一定程度时，搅拌针和袖筒反方向进行相对运动，即搅拌针向材料下方运动，袖筒向材料上方运动，塑性材料进一步融合、搅拌，如图 6-50c 所示。

4）当搅拌针与袖筒反方向运动到焊接前的位置时，搅拌针、袖筒和夹套与焊件上表面重新处于同一平面。搅拌针和袖筒停止旋转，焊接头整体从焊件上移走，点焊连接完成，如图 6-50d 所示。

与传统电阻点焊技术相比，搅拌摩擦点焊的焊接过程中材料不熔化，连接过程中保持较低的热输入水平。搅拌摩擦点焊具有以下优点：

1）接头变形小，具有高质量、高强度。

2）节省能源，降低成本。

3）设备简单，工艺简单，可点焊范围广。

4）不需要特殊结构（焊件）改变，可沿用原有点焊、铆接结构。

5）连接工具寿命长，工作环境清洁。

2. 搅拌摩擦塞补焊修复

（1）搅拌摩擦补焊　搅拌摩擦补焊实质就是进行搅拌摩擦焊的重复焊接，通过调整焊接工艺和焊接条件进行搅拌摩擦焊多次焊接，最终获得性能优良的接头。对 2219 热处理强化铝合金进行多次搅拌摩擦焊，试验表明，搅拌头对焊缝接头搅拌、碾压，导致接头组织细化、致密，可使得接头中可能存在的孔洞、组织疏松等缺陷消失。这种特性在实际生产中有重要的作用。例如，可以用于补焊，如焊接产生缺陷时可以进行再次焊接以消除焊接缺陷；当间隙过大、板厚差过大时，首次焊接容易产生孔洞或犁沟缺陷，再次焊接就可以消除这些缺陷。

（2）搅拌摩擦塞焊　摩擦塞补焊又称为摩擦塞焊（Friction Plug Welding，FPW），最初作为贮箱焊接缺陷的修补方法，用于提高航天飞机外贮箱的可靠性、降低报废率。搅拌摩擦塞焊的工作过程示意如图 6-51 所示，其工艺过程分为以下几个阶段：

第一阶段是在待焊的焊件上开锥形孔。头部为锥形的塞棒被夹持固定在卡盘上，卡盘带动塞棒旋转。

第二阶段是摩擦加热阶段。在该阶段，塞棒一边顶锻工进，一边高速旋转使得摩擦面紧密接触产生充分的摩擦热。

第三阶段是制动减速阶段。在这一阶段，要求高速旋转的塞棒迅速制动急停。

第四阶段为顶锻保压阶段。在该阶段，没有能量输入，热量逐渐散失，但保持轴向顶锻

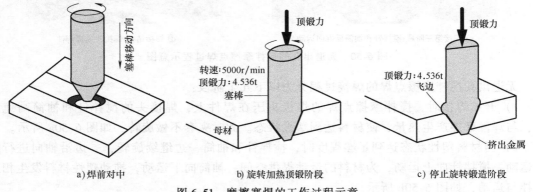

a)焊前对中　　　　　　　b)旋转加热顶锻阶段　　　　　　c)停止旋转锻造阶段

图 6-51　摩擦塞焊的工作过程示意

压力以获得高质量的接头。

搅拌摩擦塞焊可以用来修补一般熔焊焊接缺陷，也可以用于搅拌摩擦焊匙孔和点状缺陷的修补，它主要用在对接头强度要求比较高的场合。对于 2A14、2219 及 2195 等铝合金材料，手工补焊方法只能修补直径小于 6mm 的焊接缺陷，并且会降低焊缝强度。此外，采用手工补焊，接头补焊质量依赖于焊工的技术水平，补焊的效率低。若采用搅拌摩擦塞焊，其补焊接头质量高，可以达到原焊缝基体强度，效率高，质量稳定可靠。

铝合金摩擦塞焊时，一般情况下，旋转速度都采用设备允许的最大值，急停时间采用设备允许的最小值。薄板及中等厚度的铝合金板材顶锻式摩擦塞焊的焊接参数见表 6-7，拉锻式摩擦塞焊的焊接参数见表 6-8。

表 6-7 顶锻式摩擦塞焊的焊接参数

焊接参数	锥角 /(°)	旋转速度 /(r/min)	摩擦压力 /MPa	摩擦时间 /s	顶锻压力 /MPa	顶锻时间 /s	工进速度 /(mm/s)	急停时间 /s
合理参数	50~60	2000	1.4~1.6	2~3	1.5~2	3~5	3~4	0.2

表 6-8 拉锻式摩擦塞焊的焊接参数

焊接参数	锥角 /(°)	旋转速度 /(r/min)	摩擦压力 /kN	摩擦时间 /s	顶锻压力 /kN	顶锻时间 /s	工进速度 /(mm/min)	急停时间 /s
合理参数	45~55	3600	42~44	1.0~1.2	42~44	3~5	130~150	0.2

表 6-9 列出了摩擦塞焊接头和搅拌摩擦焊接头的纵向和横向力学性能，并与熔焊接头进行了对比。

表 6-9 摩擦塞焊、搅拌摩擦焊接头及熔焊接头的力学性能

类 别		抗拉强度/MPa	伸长率(%)	强度系数(%)
纵向拉伸	摩擦塞焊接头	360	17	78.2
	搅拌摩擦焊接头	362	21.6	78.8
横向拉伸	摩擦塞焊接头	335	9.0	74.7
	搅拌摩擦焊接头	343	6.6	78.8
	直流正接氩弧焊	290	5.8	66.7
	钨极氩弧焊	250	4	57.5

6.4 搅拌摩擦焊的应用

6.4.1 不同材料的搅拌摩擦焊

搅拌摩擦焊技术已经成功地应用于铝合金的连接，并且推广至镁合金、钛合金、铅、锌、铜、不锈钢、低碳钢和复合材料等同种或异种材料的连接。对于高熔点合金的搅拌摩擦焊，需要采用特殊材料的搅拌头，并且需要焊接辅助装置，其中主要包括热源辅助装置和冷却装置等。

搅拌摩擦焊示列

搅拌摩擦焊示列

1. 铝合金搅拌摩擦焊

采用常见的工程用搅拌头（圆锥螺纹搅拌针+内凹锥面螺纹）进行铝合金搅拌摩擦焊，可参考表 6-10 中所列的焊接参数。搅拌摩擦焊的焊接参数与搅拌头的结构形状密切相关，不同的搅拌头应选用不同的焊接参数，应根据实际情况进行参数优化。

表 6-10　搅拌摩擦焊对接接头搅拌头结构尺寸及焊接参数

母材厚度 δ/mm	搅拌头材料	搅拌针形状	搅拌针尺寸		轴肩尺寸			搅拌头转速 /(r/min)	搅拌头行进速度 /(mm/min)	搅拌头倾角 α /(°)
			d /mm	h /mm	D /mm	β /(°)	t /mm			
3~5	高速钢或耐热合金钢	圆锥形/带螺纹	3~5	$\delta-0.2$	12~20	5~10	3~8	500~1100	200~400	2~5
5~8	耐热合金钢	圆锥形/带螺纹	5~8	$\delta-0.2$	18~25	5~10	3~10	500~1150	100~350	2~5
8~12	耐热合金钢	圆锥形/带螺纹	7~10	$\delta-0.2$	18~30	5~10	3~12	500~1150	100~350	2~5

注：1. 搅拌针尺寸：d 表示搅拌针直径，h 表示搅拌针插入深度。
　　2. 轴肩尺寸：D 表示轴肩直径，β 表示内凹锥面倾斜角度，t 表示轴肩厚度（针对非一体式搅拌头轴肩夹持部分的设计厚度）。

表 6-11 列出了三种航天结构材料铝合金搅拌摩擦焊焊缝的拉伸性能。这三种铝合金的接头抗拉强度均高于常规熔焊接头，伸长率比熔焊接头提高将近一倍。

表 6-11　常用航天结构材料铝合金搅拌摩擦焊焊缝的拉伸性能

合金材料	类别	屈服强度 /MPa	抗拉强度 /MPa	伸长率 (%)	断裂位置	强度系数 (%)
2A14	焊缝	247	378	6.5	HAZ	79.8
	母材	423	474	12.5	母材	—
2219-T87	焊缝	—	345	8	HAZ	72.6
	母材	—	475	14	母材	—
2195-T8	焊缝	308	410	10	HAZ	74.5
	母材	—	550	13	母材	—

表 6-12 所示为 5 系、6 系、7 系铝合金搅拌摩擦焊接头的力学性能。数据表明，5083-O 铝合金搅拌摩擦焊接头的抗拉强度可与母材达到等强；固溶处理加人工时效的 6082 铝合金，搅拌摩擦焊接头的抗拉强度焊后经热处理也可达到与母材等强，而伸长率有所降低；7108 铝合金搅拌摩擦焊后室温下自然时效，抗拉强度可达到母材强度的 95%。采用厚度为 6mm 的 5083-O 铝合金焊件进行疲劳试验，当应力比 $R=0.1$ 进行疲劳试验时，5083-O 铝合金搅拌摩擦焊对接试件的疲劳性能与母材相当。试验结果表明，搅拌摩擦焊对接接头的疲劳性能大多超过相应熔焊接头的设计推荐值。

表 6-12　铝合金搅拌摩擦焊接头的力学性能

合金材料	类别	屈服强度 /MPa	抗拉强度 /MPa	伸长率 (%)	强度系数 (%)
5083-O	焊缝	142	298	23	100
	母材	148	298	23.5	—
6082-T6	焊缝	160	254	4.85	83
	母材	286	301	10.4	—
	焊缝+人工时效	274	300	6.4	100

（续）

合金材料	类别	屈服强度/MPa	抗拉强度/MPa	伸长率（%）	强度系数（%）
7108-T79	焊缝	210	320	12	86
	母材	295	370	14	—
	焊缝+自然时效	245	350	11	95
7075-T7351	焊缝	208	384	5.5	70
	母材	476	548	13	—

　　表 6-13 所列为常见铝合金不同厚度板材搅拌摩擦焊接头的抗拉强度。由于母材强度不同，FSW 焊后接头强度也会发生变化，但接头强度系数大多保持不变。

　　表 6-14 所列为铝合金不同状态下搅拌摩擦焊接头的力学性能。数据表明，对于不同铝合金状态，搅拌摩擦焊焊后接头强度明显不同，对于 5083-O 铝合金和 2219-O 铝合金，搅拌摩擦焊后接头强度可达到与母材等强。对于可热处理强化铝合金，通过对搅拌摩擦焊接头进行焊后热处理，可以明显提高接头力学性能。

表 6-13　常见铝合金不同厚度板材搅拌摩擦焊接头的抗拉强度

合金牌号	厚度/mm	母材强度/MPa	接头抗拉强度/MPa	强度系数（%）
1050A	3	106	85	80
	5	106	84	79
5A02	3	265	245	92
	10	204	204	100
5A06	2	333	350	100
	3	330	326	99
	10	380	382	100
2519	12	465	296	64
	20	481	313	65
7A52	6	490	364	74
	20	487	355	73
	25	496	330	68

表 6-14　铝合金不同状态下搅拌摩擦焊接头的力学性能

合金牌号	母材强度/MPa	接头抗拉强度/MPa	强度系数（%）
5083-O	298	298	100
5083-H321	336	305	90.7
6082-T6	301	254	83
6082-T4	260	244	93
2024（CS）	440	320	73
2024（铸态 M）	185	137	74

（续）

合金牌号	母材强度/MPa	接头抗拉强度/MPa	强度系数(%)
2024(CZ)	475	346	80
2219-O	159	157	99
2219-T6	416	321	77

搅拌摩擦焊技术在焊接铝及铝合金的工业领域受到极大重视，在航空航天、现代车辆的生产中有很好的应用前景。

2. 镁合金搅拌摩擦焊

镁合金的搅拌摩擦焊涉及 AZ 系以及 AM 系等，具体包括 AM41，AM81，AZ91，AZ61，AZ31 镁合金等，镁合金搅拌摩擦焊接头强度系数可达 90% 甚至 100%。旋转速度 600~1000r/min、焊接速度 100~200mm/min 可得到成形良好的接头。热轧态 AZ31 镁合金的搅拌摩擦焊接头的强度可与母材相当。镁合金搅拌摩擦焊接头的力学性能示例见表 6-15。

AZ31 镁合金搅拌摩擦焊接头焊核区放大后的微观组织如图 6-52 所示。图 6-52a 所示为前进面侧焊核附近区域微观组织，图 6-52b 所示为回撤面侧焊核区域微观组织。焊核在前进侧和回撤侧形成的洋葱环略有不同，回撤面较圆滑，前进面近似于圆滑。圆环上部间隙较小，几乎在同一位置重合，而下部较稀疏。洋葱环交界处温度比周边温度高，于是在搅拌摩擦焊过程中，变形首先从洋葱环交界区域开始。变形区发生动态再结晶过程，晶粒细小、均匀；焊核区域温度高，动态再结晶过程完全，组织稳定，晶界周边晶体缺陷少，晶界耐蚀性能好。

表 6-15 镁合金搅拌摩擦焊接头的力学性能

合金牌号	制备工艺	抗拉强度/MPa	伸长率(%)
AZ31	挤压板材	251	13.2
	搅拌摩擦焊	231	9.4
AZ61	挤压板材	308	15.2
	搅拌摩擦焊	269	9.6
AZ91	铸造板材	114	—
	搅拌摩擦焊	114	—
AM81	触变性铸模(Thixomokling)	210	5
	搅拌摩擦焊	195	5

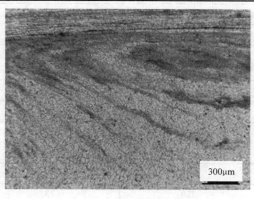
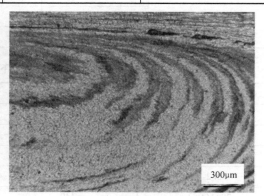

a) 前进面   b) 回撤面

图 6-52 镁合金搅拌摩擦焊横截面焊核区的组织特征

3. 钛合金搅拌摩擦焊

钛合金的搅拌摩擦焊主要是考虑到航空工业的需要，同时输油管道及海上平台等需要耐蚀的领域也需要钛合金的搅拌摩擦焊。搅拌头转速 950r/min、焊接速度 90mm/min 的情况下获得的 TC4 钛合金搅拌摩擦焊接头的焊缝表面成形良好，所形成的弧形纹间距分布均匀，表面无明显缺陷。试验表明，当焊接速度过慢、焊接压力过大时，易造成飞边过大，影响焊接质量，这与铝合金或镁合金焊接时的情况是一致的。虽然钛合金熔点较高，且热强度高，但与同规格其他非铁金属相比，钛合金搅拌摩擦焊的焊接参数偏小。图 6-53 所示为纯钛搅拌摩擦焊时接头的断裂位置，可以看出断裂位置远离焊缝。有文献表明，接头抗拉强度达到 430MPa，略低于母材（440MPa）。

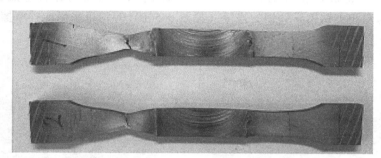

图 6-53　厚度为 5.6mm 的纯钛搅拌摩擦焊的接头断裂位置

4. 钢铁材料的搅拌摩擦焊

高熔点材料搅拌摩擦焊过程中搅拌头要承受更大的机械力、摩擦热作用，并且磨损严重，搅拌头材料一般选用难熔金属合金（金属间化合物）或结构陶瓷，但这些材料的制造和加工难度都比较大。目前高熔点合金搅拌头材料主要采用钨基合金（W-25Re）和多晶立方氮化硼（PCBN），也有人尝试镍基合金、硬质合金和金属陶瓷等为制造材料，可降低搅拌头的制作成本，但其可行性仍有待进一步研究。

表 6-16 列出了几种钢结构材料搅拌摩擦焊接头的力学性能，其中有些材料搅拌摩擦焊接头的抗拉强度低于母材，如 C-Mn 钢，也有些材料搅拌摩擦焊接头的力学性能接近甚至高于母材，如 590 双相不锈钢。这与母材热物理性能对其组织和晶粒尺寸的敏感性有关，如双相不锈钢搅拌摩擦焊后仍能保持铁素体的百分比含量，且晶粒尺寸大大减小，所以搅拌摩擦焊后的接头性能相对于母材有所提高。

表 6-16　不同钢材搅拌摩擦焊接头的力学性能

钢　　材	屈服强度(焊缝/母材)/MPa	抗拉强度(焊缝/母材)/MPa
C-Mn 钢	1040/1400	1230/1710
HSLA-65	597/605	788/673
590 双相不锈钢	496/340	710/590
304L	51/55	95/98
316L	434/388	641/674
2507 Super Dulex	762/705	845/886
201	193/103	448/406
600	374/263	719/631
718	668/1172	986/1392
Ni-Al 青铜合金	420/193	703/421

针对碳钢、低合金钢、不锈钢等高熔点材料进行搅拌摩擦焊接头组织和性能的研究表明，采用合适的搅拌头和合理的焊接参数，可以得到良好的微观组织、高强度的接头。双相不锈钢搅拌摩擦焊的接头成形良好，微观组织具有典型的搅拌摩擦焊分区特征，焊核区经历动态再结晶，力学性能良好。

5. 异种材料的搅拌摩擦焊

搅拌摩擦焊可以实现异种材料的连接。2219 铝合金与 AZ91 镁合金的搅拌摩擦焊焊缝形貌，如图 6-54 所示。

在铝合金和钢焊接时，在钢侧开一条槽，焊接的过程让搅拌头处于偏离钢的相对比较软的铝合金侧，可获得成形良好的接头，如图 6-55 所示。铝和铜异种金属的连接（见图 6-56a）、碳钢与双相不锈钢异种钢的连接（见图 6-56b）等均可采用搅拌摩擦焊实现。

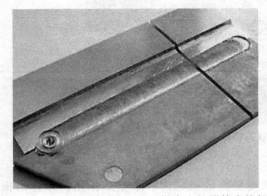

图 6-54 2219 铝合金与 AZ91 镁合金的搅拌摩擦焊

图 6-55 铝合金与中性钢的搅拌摩擦焊

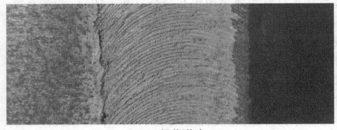

a) 铝/铜接头

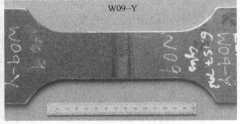

b) 碳钢/双相不锈钢接头

图 6-56 异种金属的搅拌摩擦焊

6.4.2 搅拌摩擦焊在工业中的应用

搅拌摩擦焊在非铁金属的连接中已获得成功的应用，原则上，搅拌摩擦焊可焊接多种形式的焊接接头，如对接、角接和搭接接头，甚至厚度变化的结构和多层材料的连接，也可以进行异种材料的焊接。目前，搅拌摩擦焊技术在航空航天、车辆、造船、材料改性、复合材料制备等领域均得到广泛的应用。

1. 搅拌摩擦焊在航天工业的应用

目前，美国国家航空航天局（NASA）将搅拌摩擦焊技术应用到了火箭贮箱的筒段纵缝、叉形环以及贮箱底纵环缝等。除了火箭贮箱的焊接，NASA 还将搅拌摩擦焊应用到飞船舱体结构的焊接中，焊接质量较好。在火箭贮箱的总装过程中，NASA 同样采用了搅拌摩擦焊技术，针对结构件的不同，分别采用卧式和立式两种搅拌摩擦焊系统。

波音公司与 TWI 合作，成功实现了 Delta 系列火箭结构件的搅拌摩擦焊制造，有效提高了接头的质量并降低了焊接成本。采用搅拌摩擦焊技术，助推舱段焊接接头强度提高了30% ~ 50%，制造成本下降了60%，制造周期由 23 天减少至 6 天。

2012 年，我国首次采用搅拌摩擦焊技术制造的运载火箭贮箱研制成功并首飞成功；2014 年，我国完成了某型号首个全搅拌摩擦焊贮箱产品；2016 年，贮箱纵缝采用搅拌摩擦焊技术制备的我国运载能力最大火箭——长征五号首飞成功。从搅拌摩擦焊技术的工艺特性和设备实现来看，航空航天领域是搅拌摩擦焊技术最有应用前景的领域之一，我国已将搅拌摩擦焊技术列为用于航空航天装备制造的关键技术之一。

2. 搅拌摩擦焊在航空工业的应用

美国 Eclipse 航空公司于 1997 年开始开发搅拌摩擦焊在飞机制造上的应用技术，利用263 条搅拌摩擦焊缝取代了 7000 多个螺栓紧固件，提高了飞机的制造效率而成本却大幅下降，节约成本 2/3。采用搅拌摩擦焊技术的 N500 型商务客机 2002 年 6 月通过了 FAA 的认证，2003 年开始批量生产，在同类产品中，具有很强的市场竞争力。采用搅拌摩擦焊技术，相对于自动铆接速度快 6 倍，相对于手动铆接快 60 倍。Eclipse 公司用搅拌摩擦焊制造 N500型商务飞机壁板及机身。

波音公司主要致力于飞机薄板对接、厚板对接和薄板 T 形搅拌摩擦焊在飞机制造中的应用。波音公司对 C-17 型运输机的货物装卸斜坡以及飞机地板采用了搅拌摩擦焊。法国EADS 合作研究中心正致力于飞机中心翼盒的搅拌摩擦焊应用研究，目的是利用对接焊的挤压型材来代替传统的铆接制造方法，以期在飞机中心翼盒的制造中达到减重和降低成本的目的。英国宇航空客公司对飞机机翼结构的搅拌摩擦焊焊接结构应用进行研究，以期利用搅拌摩擦焊工艺获得比现有飞机翼盒更好的结构设计，具有制造安全、成本和性能的优势。

3. 搅拌摩擦焊在造船工业的应用

铝合金的应用日益成为造船业的新趋势，欧洲、美国、日本、澳大利亚等国的多家造船公司都在积极采用铝合金结构取代原来的钢结构。1996 年，世界上第一台商业化的搅拌摩擦焊设备安装在挪威的船舶铝业公司。这台搅拌摩擦焊设备为全钢结构，质量为 63t，尺寸为 20m×11m，最初用来生产渔船用的冷冻中空板和快艇的一些部件，后来用来生产大型游轮，以及双体船的舷梯、侧板、地板等零件。采用搅拌摩擦焊技术预制板材使船体装配过程更精确、更简单，造船厂不再考虑全制造过程的铝合金连接问题，而仅仅是改造流水线采用标准的预制板材组装船体。

4. 搅拌摩擦焊在汽车和轨道交通中的应用

针对铝合金结构的汽车车身的拼接，采用带有斜面轴肩的搅拌头在厚板一侧进行焊接以获得厚度平滑过渡的接头。2004 款马自达 RX-8 车身后门以及发动机罩采用了搅拌摩擦焊技术，马自达汽车公司是第一个将搅拌摩擦焊技术用于汽车制造的汽车制造商。

除了汽车行业，搅拌摩擦焊还被大量应用于高速轨道交通领域。日本日立公司在铝合金列车制造领域提出了 A-Train 的概念，即采用搅拌摩擦焊技术拼接双面铝合金型材来制造自支承结构的列车车厢。A-Train 概念列车已广泛服务于日本轨道交通业，它比普通列车运行速度更快，但车厢内环境更安静，并且抗冲击性更好。

搅拌摩擦焊在国内高铁和轨道交通领域也得到了越来越多的应用。例如，2010年由中车株洲电力机车有限公司研制的广州地铁3号线城轨车辆车体，机身材料为中空铝型材6005A，首次采用了搅拌摩擦焊技术，极大拓宽了轨道车辆焊接技术的应用。2011年，中车长春轨道交通客车股份公司制造出高速列车搅拌摩擦焊车体。2012年，中车青岛四方股份公司成功研制出铝合金搅拌摩擦焊地铁车体。这标志着铝合金车体搅拌摩擦焊工业化应用进入到一个新阶段。可以预见，随着我国高铁和轨道交通的快速发展，越来越多的现代车辆、城轨车辆将应用搅拌摩擦焊技术。

思 考 题

1. 简述搅拌摩擦焊的原理及其产热特点，指出搅拌摩擦焊的主要技术术语。

2. 典型搅拌摩擦焊设备主要由哪几部分组成？

3. 搅拌摩擦焊的接头可以分为哪些区域？每个区域显微组织的特征是什么？

4. 简述搅拌摩擦焊的适用材料及典型材料或产品的搅拌摩擦焊特点，可任举实例说明。

5. 搅拌头设计需要考虑哪些因素？材料选择需要注意的事项有哪些？

6. 搅拌摩擦焊的主要焊接参数有哪些？这些参数对焊接接头质量有什么影响？如何正确地选择这些焊接参数？

7. 搅拌摩擦焊接头质量检测方式有哪些？如何控制？

8. 简述搅拌摩擦焊衍生新技术及其特点。

9. 常见搅拌摩擦焊的缺陷有哪些？如何防止？

10. 简述搅拌摩擦补焊与塞焊的原理和应用。与常规搅拌摩擦焊有什么本质区别？

11. 简述搅拌摩擦焊的典型应用。

第7章 超声波焊

超声波焊是利用超声波的高频振荡能对焊件接头进行局部加热和表面清理，然后施加压力，实现焊接的一种压焊方法。这种方法不需要外加热源，具有无气体和液相污染等特点。超声波焊既可以连接同种或异种金属，又可以连接半导体、塑料以及金属/陶瓷等。随着科学技术的进步，超声波焊以其独特的快捷、高效、清洁等技术特点应用于仪器仪表、计算机、电子电器、石油化工、包装工业、航空航天及新材料制备等领域。

7.1 超声波焊的原理及特点

7.1.1 超声波焊的原理

1. 焊接过程

超声波焊的原理示意如图7-1所示。超声波发生器是一个变频装置，它将50Hz（60Hz）的工频电流转变为超声波频率（16~80kHz）的振荡电流。换能器是利用逆压电效应转换成弹性机械能的装置。聚能器用来放大振幅，并将其通过耦合杆、上声极传递到焊件。换能器、聚能器、耦合杆及上声极构成一个整体，称为声学系统。声学系统中各个组元的自振动频率，将按同一频率设计。当超声波发生器的振荡电流频率与声学系统的自振动频率一致时，系统即产生了谐振（共振），并向焊件输出弹性振动能。

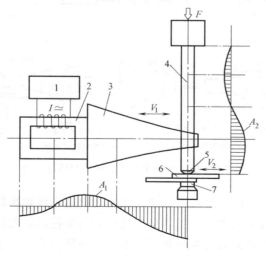

图 7-1 超声波焊的原理示意图

1—发生器 2—换能器 3—聚能器 4—耦合杆 5—上声极 6—焊件 7—下声极

A—振幅分布 F—静压力 V_1—纵向振动方向 V_2—弯曲振动方向 I—超声波振荡电流

超声波焊是在静压力作用下将声学系统产生的弹性振动能转变为焊件间的摩擦功、变形能及随后的温升，接头之间产生冶金结合，这种连接方法母材不发生熔化，因而是一种固态焊接方法。超声波焊既不向焊件输送电流，也不向焊件引入高温热源，而是对被焊处施加超声频率的机械振动使之达到连接的过程。

超声波焊接过程分为预压（t_1）、焊接（t_2）和维持（t_3）三个阶段，组成一个焊接循环，如图7-2所示。超声波焊时，由上声极传输的弹性振动能量是经过一系列的电能、磁能和机械能转变而获得的，这是一个复杂连续的能量转换和传递过程，如图7-3所示。

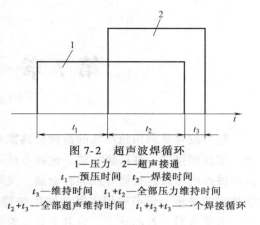

图7-2　超声波焊循环
1—压力　2—超声接通
t_1—预压时间　t_2—焊接时间
t_3—维持时间　t_1+t_2—全部压力维持时间
t_2+t_3—全部超声维持时间　$t_1+t_2+t_3$——个焊接循环

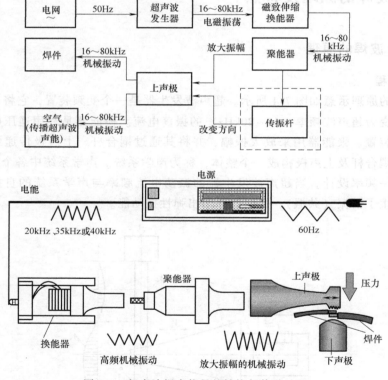

图7-3　超声波焊中能量的转换与传递过程

超声波焊电源为工频电网，通过超声波发生器输出超声波频率的正弦波电压，然后由换能器将电磁能转变为机械振动能。聚能器是传递高频机械振动的元件，与换能器相耦合处于谐振状态，同时通过聚能器来放大振幅和匹配负载。聚能器直接与上声极相连，通过上声极与上焊件接触处的摩擦力将超声波机械振动能传递给焊件，因此与上声极相接触的上焊件表面留有金属塑性挤压的痕迹。由于上声极的超声振动，使其与上焊件之间产生摩擦而造成暂时的连接，然后通过它们直接将超声振动能量传递到焊件间的接触界面上，在此产生剧烈的相对摩擦，开始超声波焊的第一个预压阶段。

超声波焊过程接触界面变化过程如图 7-4 所示。超声波焊的预压阶段主要是摩擦过程，其相对摩擦速度与摩擦焊相近，只是振幅仅仅为几十微米。这一过程的主要作用是清除焊件表面的油污、氧化物等杂质，使纯净的金属表面暴露出来。超声波焊第二个阶段是焊接，主要是应力应变过程，在这一过程中剪切应力的方向每秒将变化几千次，这种应力的存在也是造成摩擦的起因，只是在焊件间发生局部连接后，这种振动的应力和应变将成为金属间实现冶金结合的条件。

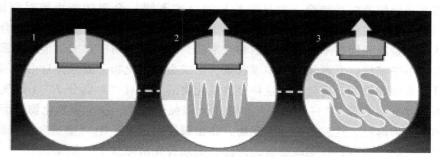

图 7-4 超声波焊过程接触界面变化过程

在上述两个阶段，由于弹性滞后，局部表面滑移及塑性变形的综合结果使焊接区的局部温度升高，可达金属熔点的 35% ~ 50%。采用光学显微镜和电子显微镜对超声波焊焊缝界面进行观察发现，金属材料超声波焊过程中，由摩擦造成焊件间发热和强烈塑性流动，使焊件的微观接触部分产生严重的塑性变形。此时焊接区出现涡流状的塑性流动层（见图 7-5），导致焊件表面之间的机械咬合并引起了物理冶金反应，在结合面上产生联生晶粒，出现再结晶、扩散、相变或金属间的键合等冶金现象，是一种固相焊接过程。

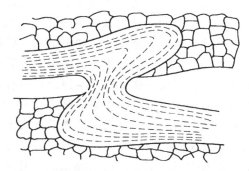

图 7-5 超声波焊接区的涡流状塑性流动层

整个超声波焊过程没有电流流经焊件，也没有火焰或电弧等热源的作用，而是一种特殊物理现象的焊接过程，具有摩擦焊、扩散连接或冷压焊的某些特征。

2. 焊接机理

超声波焊缝的形成主要由机械振动剪切力、静压力和接头区的温升三个因素所决定。超声波焊接头区呈现复杂多样的组织形态，其形成机理也是多方面的，可从以下三个方面进行分析：

（1）材料在两焊件接触处塑性流动层内相互的机械嵌合 焊件接触处塑性流动层内相互的机械嵌合在大多数超声波焊接头中出现，对连接强度起到有利的作用，但并不能认为是金属连接的关键。但是在金属与非金属之间的超声波焊时，这种机械嵌合作用却起着主导的地位，因为它们之间排除了物理冶金的可能。

（2）金属原子间的键合过程 超声波焊接头的常见显微组织在界面消失，而被连接的部位存在大量被歪扭的晶粒，有些是跨越界面的联生晶粒，而且晶粒大小与基体金属的晶粒度无明显差别。根据这一事实，认为超声波焊接头的形成是通过金属原子的键合而获得的。这种键合可以描述为：在焊接开始时，被焊材料在摩擦作用下发生强烈的塑性流动，为纯净金属表面之间的接触创造了条件，而继续进行的超声弹性机械振动以及温升，又进一步使金属晶格上原子处于受激状态。因此，当有共价键性质的金属原子相互接近到约 0.1nm 的距离时，就有可能通过公共电子云形成原子间的电子桥，这就实现了所谓金属的键合过程。金属原子相互接近时，原子间相互作用力的大小和性质与它们之间的距离有关。

超声波焊的物理过程虽然十分复杂，但有这样一个事实，即具有未饱和外层电子结构的金属原子相互接触便能相互结合。如果两种相同（或不同）金属的表面绝对清洁和光滑，彼此贴紧，则两金属表面层的原子的未饱和电子将结合，从而形成真正的冶金键合。

通常状态下金属表面并不是绝对清洁和光滑的，即使经过精密加工，金属表面还有具有很强吸引力的不平整层。它可从大气中吸收氧，形成金属氧化物，而且像自由金属表面的原子一样，具有未饱和键的表面分子。这种金属氧化物的分子对"对偶分子"（如氧）的吸引力很弱，而对"非对偶分子"（如水汽）的吸引力较强。因此，在金属氧化物表面凝聚着液体、气体和有机物薄膜。这层薄膜和氧化物，在金属表面形成一个"壁垒"，阻碍具有未饱和结构的原子接触。所以，要实现金属的焊接，必须首先清除这个"壁垒"。

在超声波焊过程中，超声频率的机械振动在焊接界面处产生"交变剪应力"，同时施加一垂直压力使焊件紧密接触。在这两种力的作用下，金属之间发生超声频率的摩擦。摩擦的作用一是消除金属接触处的表面"壁垒"；二是在焊接界面处产生大量的热量，使金属表面层发生塑性形变。从而实现纯净的金属表面的紧密接触，形成金属间牢固的冶金键合。

（3）焊接过程中金属间的物理冶金反应　金属材料的超声波焊接头中，存在着由于摩擦生热所引起的冶金反应，如再结晶、扩散、相变以及金属间化合物的形成等。

人们对超声波焊接头区再结晶、扩散和相变等现象有不同的看法。有人认为这些物理冶金反应是提高接头强度的基本原因；也有人认为，再结晶或是扩散需要有一定的反应温度和时间，而在一般的超声波焊时间内（小于 2s）是难以完成的。超声波焊接头的再结晶、扩散和相变，常常是通过人工处理后接头区才能呈现出它们的组织。例如，铜接头中的再结晶现象必须是焊接时间超过接头形成所需时间的很多倍以后才能出现，而采用一般的焊接参数所得接头中不一定出现再结晶组织。相变也同样，如钛的超声波焊接头中，必须在 1000℃时才有 $\alpha \rightarrow \beta$ 的相变过程，而一般钛的超声波焊接温度低于 1000℃，此时无相变存在而同样可形成接头。

7.1.2　超声波焊的分类

根据超声波弹性振动能量传入焊件的方向不同，超声波焊可分成两类：一类是振动能由切向传递到焊件表面而使焊接界面之间产生相对摩擦（见图 7-6a），这类方法适用于金属材料的焊接；另一类是振动能由垂直于焊件表面的方向传递到焊件（见图 7-6b），这类方法主要用于塑料的焊接。

根据接头形式，常见的金属超声波焊可分为点焊、缝焊、环焊和线焊等类型。不同类型的超声波焊得到的焊缝形状不同，分别为焊点、密封连续焊缝、环焊缝和平直连续焊缝。

1. 点焊

根据上声极的振动状况，点焊有纵向振动式（轻型结构）、弯曲振动式（重型结构）以

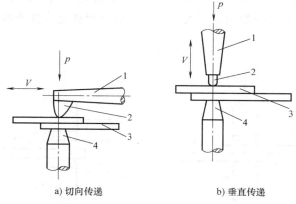

a) 切向传递   b) 垂直传递

图 7-6 超声波焊的两种基本类型

1—聚能器 2—上声极 3—焊件 4—下声极 V—振动方向

及介于两者之间的轻型弯曲振动式等几种，如图 7-7 所示。

纵向振动系统主要用于功率小于 500W 的小功率超声波焊机，弯曲振动系统主要用于千瓦级大功率超声波焊机。而轻型弯曲振动系统适用于中小功率的超声波焊机，兼有两种振动系统的诸多优点。

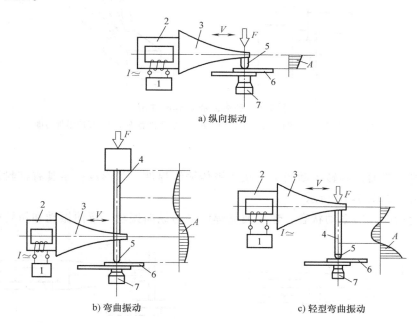

a) 纵向振动

b) 弯曲振动   c) 轻型弯曲振动

图 7-7 超声波点焊的振动系统类型

1—发生器 2—换能器 3—聚能器 4—耦合杆 5—上声极 6—焊件 7—下声极

A—振幅 F—静压力 V—振动方向

根据能量传递方式，点焊可分为单侧式和双侧式两类，如图 7-8 所示。当超声振动能量只通过上声极导入时为单侧式点焊；分别从上、下声极导入时为双侧式点焊。目前应用最广泛的是单侧导入式超声波点焊。

随着应用不断扩大，超声波点焊方法派生出许多新的形式。其中最突出的一种是胶点焊，这种方法的原理如图7-9所示。目前，超声波胶点焊在电线接头和电器制造业中得到了广泛应用。

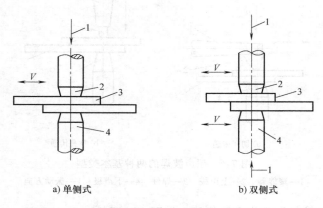

a) 单侧式　　　　　　　　　　　b) 双侧式

图 7-8　超声波点焊的能量系统类型

1—静压力　2—上声极　3—焊件　4—下声极　V—振动方向

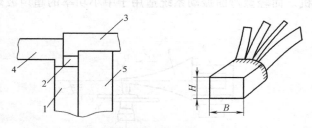

图 7-9　超声波胶点焊原理图

1、4、5—夹具　2—焊件　3—上声极　B—焊后零件宽度　H—焊后零件高度

2. 缝焊

超声波缝焊是通过旋转运动的圆盘状声极传输给焊件，并形成一条具有密封性的连续焊缝的焊接方法，如图7-10所示。

根据圆盘状声极的振动状态，超声波缝焊可分为纵向振动、弯曲振动和扭转振动三种形

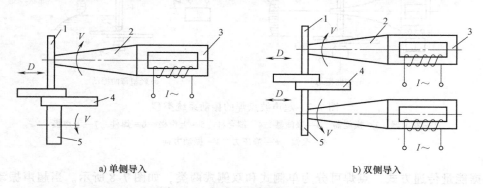

a) 单侧导入　　　　　　　　　　　　b) 双侧导入

图 7-10　超声波缝焊的工作原理

1—盘状上声极　2—聚能器　3—换能器　4—焊件　5—盘状下声极

D—振动方向　V—旋转方向　I—超声波振荡电流

式，如图 7-11 所示。其中较为常用的是纵向振动和弯曲振动形式，其声极的振动方向与焊接方向垂直。实际生产中由于弯曲振动系统具有较好的工艺及技术性能，因此应用最为广泛。在某些特殊情况下，超声波缝焊也可以采用平板式下声极。

3. 环焊

超声波环焊采用的是扭转振动系统，可以一次形成封闭形焊缝，如图 7-12 所示。这种焊缝一般是圆环形的，也可以是正方形、矩形或椭圆形的。上声极的表面按所需要的焊缝形状制成。

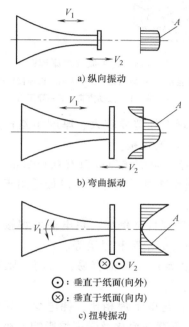

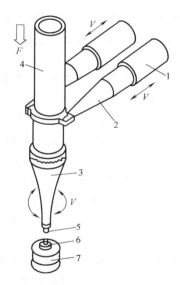

图 7-11　超声波缝焊的振动形式

A—焊盘上振幅分布　V_1—聚能器上振动方向

V_2—焊点上的振动方向

图 7-12　超声波环焊的工作原理

1—换能器　2、3—聚能器　4—耦合杆

5—上声极　6—焊件

7—下声极　F—静压力　V—振动方向

超声波环焊时，耦合杆带动上声极做扭转振动，振幅相对于声极轴线呈对称分布，轴心区振幅为零，边缘振幅最大。所以这种焊接方法适用于微电子器件的封装，有时环焊也用于对气密性要求高的直线焊缝的场合，以替代缝焊。超声波环焊获得的一次性焊缝面积较大，需要有较大的功率输入，因此常常采用多个换能器的反向同步驱动方式。

4. 线焊

线焊是利用线状上声极或将多个点焊声极叠合在一起，在一个焊接循环内形成一条直线焊缝，也可以看成是点焊方法的一种延伸。超声波线焊原理图如图 7-13 所示。现在采用超声波线焊方法，已经可以通过线状上声极一次获得长约 150mm 的线状焊缝，这种方法适用于金属箔的线状封口。

除上述四种常见的金属超声波焊方法以外，近年来还发展了塑料超声波焊接方法。其工作原理与金属超声波焊方法不同，塑料超声波焊时声极的振动方向垂直于焊件表面，与静压力方向一致。这时热量并不是通过焊件表面传热，而是在焊件接触表面将机械振动直接转化为热能使界面结合，属于熔焊方法。因此这种方法仅适用于热塑性塑料的焊接，而不能应用于热固性塑料的焊接。

7.1.3 超声波焊的特点及应用

1. 超声波焊的特点

由于超声波焊属于固态焊接，不受冶金焊接性的约束，没有气、液相污染，不需其他热输入（电流），不仅可以焊接金属材料，而且几乎可以焊接所有塑性材料。超声波焊具有以下特点：

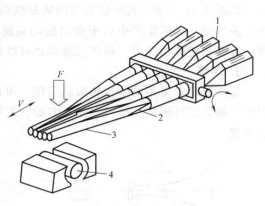

图 7-13 超声波线焊原理图

1—换能器 2—聚能器 3—125mm 长焊接声极头
4—心轴 V—振动方向 F—静压力

1）不仅能实现同种金属的焊接，而且还适用于物理性能差异较大、厚度相差较大的异种材料（包括金属与金属、金属与非金属以及塑料之间）的焊接。

2）特别适用于金属箔片、细丝以及微型器件的焊接。可焊接厚度只有 0.002mm 的金箔及铝箔。由于是固态焊接，不会有高温氧化、污染和损伤微电子器件，所以最适用于半导体硅片与金属丝（Au、Ag、Al、Pt、Ta 等）的精密焊接。

3）可以用于焊接厚薄相差悬殊以及多层箔片等特殊焊件。例如，热电偶丝焊接、电阻应变片引线以及电子管灯丝的焊接，还可以焊接多层叠合的铝箔和银箔等。

4）对高热导率和高电导率的材料（如铝、铜、银等）焊接很容易，而用电阻焊则很困难。

5）焊接区金属的物理和力学性能不发生宏观变化，与电阻焊相比，耗电少、焊件变形小、接头强度高且稳定性好。其主要是由于超声波焊点不存在熔化及受高温影响较小。

6）超声波焊操作对焊件表面的清洁要求不高，允许少量氧化膜及油污存在。因为超声波焊具有对焊件表面氧化膜自动破碎和清理的作用，焊接表面状态对焊接质量影响较小，甚至可以焊接涂有油漆或塑料薄膜的金属。

超声波焊的主要缺点是由于焊接所需的功率随焊件厚度及硬度的提高而呈指数增加，所以大功率的超声波点焊机制造困难且成本很高。其次，超声波焊目前仅限于焊接丝、箔、片等细薄件，并且接头形式只限于搭接接头。此外，超声波焊点表面容易因高频机械振动而引起边缘的疲劳破坏，对焊接硬而脆的材料不利。由于缺乏精确的无损检测方法和设备，因此超声波焊的焊接质量目前难以进行在线准确检验，在实际生产中还难以实现大批量机械化生产。

2. 超声波焊的应用范围

超声波焊广泛应用于电子电器、航空航天和包装工程等领域，如晶体管芯的焊接、晶闸管控制极的焊接、电子器件的封装及宇宙飞船核电转换装置中铝与不锈钢组件的超声波焊接等。

（1）电子工业 在电子工业中，超声波焊广泛应用于微电子器件、集成电路元件、晶体管芯的焊接。例如，在 $1mm^2$ 的硅片上，将有数百条直径为 $25 \sim 50\mu m$ 的 Al 或 Au 丝通过超声波焊将焊点部位互连起来，互连质量及成品率曾是集成电路制造工艺中的关键。早期应用的热键合方法（又称为金丝球法），由于较高的热阻性及对芯片的热损伤，已逐步被淘汰，取而代之的是超声波焊和由超声波与热压相结合的热声键合。但是，采用超声波焊时，Al 丝与涂 Au 厚膜之间所形成的 Al-Au 扩散层容易引起空穴裂纹，这是引起焊点裂纹、加大接点电阻的主要原因。消除上述缺陷的有效措施是在厚膜 Au 层中添加元素 Pb，使焊接中形成 Al-Au-Pb 三元合金层，填充由于 Au 扩散过快所形成的空穴，从而去除缺陷。

目前在装配线上应用的超声波点焊机的功率为 0.02~2W，频率为 60~80kHz，焊接时间为 10~100ms。焊接过程采用了微机控制及图像识别系统，位置控制精度每级 2.5~50μm，识别容量为 200~250 点，识别时间为 100~150μs，成品率已高达 90%~95%。在太阳能硅光电池的制造中，超声波焊将取代精密电阻焊，涂膜硅片的厚度为 0.15~0.2mm，铝导线的厚度为 0.2mm。此外，可以将上述光电元件直接与热收集装置中的铜或铝管道焊接起来。

锂电池的制造中金属锂片与不锈钢底座之间的连接，以前一直是依靠丝网与锂片之间的嵌合，接头质量既不可靠，电阻也较大。采用超声波焊可以将锂片直接焊接在不锈钢底座上，不仅能够改善接头质量，而且大大提高了生产率。

（2）电器制造　在电器工业中，超声波胶点焊方法在我国制造的 50 万 V 超高电压变压器的屏蔽构件中获得成功应用。这项技术兼容了超声波固相连接的诸多优点和金属胶接高强度的特点，这种以"先胶后焊"为特征的方法具备了高导电性、高可靠性及耐蚀性的优点，可有效地预防尖端放电的隐患，已在 50 万 V 超高压变压器的制造中取代了国际上通用的钎焊及铆焊工艺。例如，ODFPS2-25000/500 型超高压变压器及其屏蔽构件的焊接结构，共采用了 500 个组件，50000 个焊点，焊接结构中选用的屏蔽铝箔厚度为 0.06mm，每个焊点的接地电阻值小于 0.7Ω。

电机制造尤其是微电机制造中，超声波点焊正在逐步代替原来的钎焊及电阻焊。微电机制造中几乎所有的连接工序都可用超声波焊来完成，包括通用电枢的铜导线连接、整流子与漆包导线的连接、铝励磁线圈与铝导线的焊接以及编织导线与电刷极之间的焊接等。汽车电器中各种热电偶的焊接是近年来出现的重要应用成果。在钽或铝电解电容器生产中，采用超声波点焊方法焊接引出片。一种涤纶电容器采用超声波焊接工艺连接引线与铝箔，可以大大降低电容器的损耗角（tanα）到 0.006 以下，焊接成品率由原来的 75% 提高到接近 100%。

（3）航空航天及核能工业　超声波焊在宇航工业中已经开始应用。例如，宇宙飞船的核电转换装置中，铝与不锈钢组件、导弹的地接线以及卫星上的铍窗都是采用超声波焊接的。直升机的检修孔道、卫星用太阳能电池的制造也使用了超声波焊技术。

（4）新材料的制备　超声波焊还可以在玻璃、陶瓷或硅片的热喷涂表面上连接金属箔及丝；超导材料之间以及超导材料与导电材料之间的连接也可以采用超声波焊。20 世纪 90 年代，随着管材工业的新突破，超声波焊已在水管、煤气管及电业等的铝塑复合管中得到广泛应用。超声波焊作为铝塑复合管的主要焊接手段在生产中被大量地应用。采用超声波焊方法，还可以焊接两种物理性能悬殊的材料并制成许多双金属接头。工业中适用的一些双金属焊接接头见表 7-1。

太阳能热水器近年来获得很大发展，其中太阳能铜集板（或铝）与铜管（或铝管）之间的焊接，由于采用了超声波焊，降低了生产成本，提高了生产率（焊接速度可达 5m/min），明显改善了接头性能。

表 7-1 超声波焊适用的双金属（A+B）接头

材料 A	材料 B
铝及某些铝合金	铜、锗、金、镍-钴合金、钼、镍、铂、钢、锆、铍、铁、不锈钢、镍-铬合金
铜	金、镍合金、镍-钴合金、镍、铂、钢、锆
金	锗、镍合金、镍-钴合金、镍、铂、硅
钢	钼、锆
镍	镍合金、镍-钴合金、钼
锆	钼

此外，超声波焊正被广泛用于焊接封装工业中的包装材料，从软箔小包装到密封管壳材料的焊接。用超声波环焊、缝焊和线焊能焊接气密性封装结构，如铝制罐及挤压管的密封包装，食品、药品和医疗器械等无污染包装，以及精密仪器部件和雷管的包装等。随着塑料工业的发展，大量的工程塑料被广泛应用于机械电子工业中的仪表框架、面板、接插件、继电器、开关、塑料外壳等制造中，这些构件均需要采用超声波塑料焊接工艺。

超声波焊

7.2 超声波焊设备及工艺

7.2.1 超声波焊设备

超声波焊机主要由超声波发生器、电-声换能耦合装置（声学系统）、加压机构和控制装置等组成。根据焊件的接头形式，超声波焊机可分为点焊机、缝焊机、环焊机和线焊机四种类型；还可根据振动系统的性质或振动能量传入焊件的方式等分为不同类型的超声波焊设备。此外，还有专门用于塑料焊接的超声波焊机。典型的超声波点焊机的组成如图 7-14 所示。

1. 超声波发生器

超声波发生器是焊机中的核心设备，其性能直接影响焊接质量。它是一种具有超声频率的正弦电压波形的电源，实质是一个包括机械振动系统在内的单级或多级放大的自激振荡器。它的作用是将工频（50Hz）电流变换成 15～60kHz 的振荡电流，并通过输出变压器与换能器相耦合。

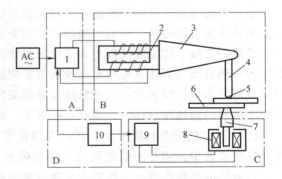

图 7-14 典型的超声波点焊机的组成
A—超声波发生器 B—声学系统
C—加压机构 D—控制装置
1—超声波发生器 2—换能器 3—聚能器
4—耦合杆 5—上声极 6—焊件
7—下声极 8—电磁加压装置
9—控制加压电源 10—程序控制器

根据功率输出元件的不同，焊接所用超声波发生器的电路结构有电子管式、晶体管式和晶闸管式等几种。电子管式超声波发生器设计使用较早，性能可靠稳定，功率也较大。超过 2kW 的超声波发生器多数都是电子管式的。晶体管式超声波发生器目前主要用于小功率焊机。晶闸管式超声波发生器是利用晶闸管逆变原理来实现变频的一种装置，其电路简单、体积小、频率高以及操作方便、安全，但易受干扰、过载能力差。现代采用的最先进的是逆变式超声波发生器，具有体积小、效率高、控制性能优良的优点。

超声波发生器必须与声学系统的负载相匹配，才能获得高频率的最大输出功率，使系统处于最佳的工作状态，这种状态取决于负载的大小。超声波焊过程中机械负载往往有很大的变化，换能元件的发热也可引起材料热物理性能的改变。而换能元件温度的波动，会引起谐振频率的改变，导致焊接质量的明显变化。为了确保焊接质量的稳定，一般都在超声波发生器的内部设置输出自动跟踪装置，使发生器与声学系统之间维持谐振状态以及恒定的输出功率。

2. 超声波电-声换能耦合装置

超声波的关键部件是电-声换能耦合装置（即声学系统），它由换能器、聚能器（变幅杆）、耦合杆（传振杆）和上下声极等部件组成，主要作用是传输弹性振动能量给焊件，以实现焊接。声学系统的设计关键在于按照选定的频率计算每个声学组元的自振频率。

1）换能器。换能器用来将超声波发生器的电磁振荡能转换成相同频率的机械振动能，所以它是焊机的机械振动源。常用的换能器有两种，即磁致伸缩式换能器和压电式换能器。

磁致伸缩式换能器是依靠磁致伸缩效应而工作的。磁致伸缩效应是当铁磁材料置于交变磁场中时，将会在材料的长度方向上发生宏观的同步伸缩变形现象。磁致伸缩现象所引起的形变相当小，长度的相对变化仅为 10^{-6} 数量级。有些材料的形变与磁场强度有关。常用的铁磁材料有镍片和铁铝合金。材料的磁致伸缩效应与合金含量和温度有关。磁致伸缩式换能器是一种半永久性器件，工作稳定可靠，但换能效率只有 20%～40%。除了一些特殊用途外，已经被压电式换能器所替代。

压电式换能器是利用某些非金属压电晶体（如石英、锆酸铅、锆钛酸等）的逆压电效应而工作的。当压电晶体材料在一定的结晶面上受到压力或拉力时，就会出现电荷，称压电效应。相反，当压电晶体在压电轴方向馈入交变电场时，则晶体就会沿一定方向发生同步的伸缩现象，即逆压电效应。压电式换能器的主要优点是效率高和使用方便，一般效率可达80%～90%；缺点是比较脆弱，使用寿命较短。

2）聚能器（变幅杆）。聚能器的作用是将换能器所转换成的高频弹性振动能量传递给焊件，用它来协调换能器和负载的参数。此外，聚能器还有使输出振幅放大和集中能量的作用。根据超声波焊接工艺的要求，其振幅值一般在 $5～40\mu m$ 之间。而一般换能器的振幅都小于这个数值，所以必须放大振幅，使之达到工艺所需值。

聚能器的设计要点是其谐振频率等于换能器的振动频率。各种锥形杆都可以用作聚能器，常见的聚能器结构形式如图 7-15 所示。其中阶梯形的聚能器放大系数较大，加工方便，但其共振范围小，截面的突变处应力集中最大，所以只适用于小功率超声波焊机；指数形聚能器工作稳定，结构强度高，是超声波焊机应用最多的一种。圆锥形聚能器有较宽的共振频率范围，但放大系数最小。

聚能器作为声学系统的一个组件，最终要被固定在某一装置上，以便实现加压及运转等。聚能器工作在疲劳条件下，设计时应重点考虑结构的强度，特别是声学系统各个组件的连接部位。材料的疲劳强度及减少振动时的内耗是选择聚能器材料的主要依据，目前常用的材料有 45 钢、30CrMnSi 低合金钢、T8 工具钢、钛合金及超硬铝合金等。

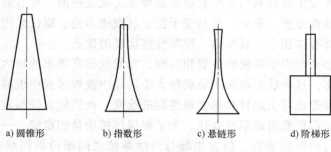

a) 圆锥形　　　b) 指数形　　　c) 悬链形　　　d) 阶梯形

图 7-15　聚能器的结构形式

3）耦合杆。耦合杆主要用来改变振动形式，一般是将聚能器输出的纵向振动改变成弯曲振动。当声学系统中含有耦合杆时，振动能量的传输及耦合作用都是由耦合杆完成的。耦合杆的自振频率应根据谐振条件来设计，还可以通过波长的选择来调整振幅的分布。耦合杆结构简单，通常为圆柱形杆，但工作状态较为复杂，设计时需考虑弯曲振动时的自身转动惯量及其剪切变形的影响。由于约束条件也很复杂，因此耦合杆常选用与聚能器相同的材料制作。

4）声极。声极分为上、下声极，是超声波焊机直接与焊件接触的声学部件。超声波点焊机的上声极可以用各种方法与聚能器或耦合杆连接，只是连接位置的疲劳强度一直是难以解决的问题，于是就提出了一体化制作的方法。如图 7-16 所示，聚能器的端部在制作时就与上声极一体制成，然后在声极的工作面刻出锯齿。每一个声极端面可以使用 25 万 ~ 50 万个焊点，这样一个聚能器的使用寿命可达 100万 ~ 200 万个焊点。上声极端部也可以制成球面，其曲率半径约为可焊工件厚度的 50 ~ 100倍。例如，对于可焊工件厚度为 1mm 的超声波点焊机，其上声极端面的曲率半径为 75~ 80mm。

下声极用以支承焊件和承受所加压力的反作用力，在设计时应选择反谐振状态，从而使振动能可以在下声极表面反射以减少能量损

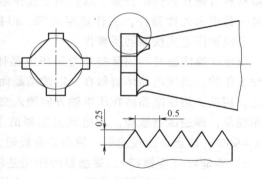

图 7-16　一体式聚能器及其锯齿状上声极

失。超声波缝焊机的上、下声极大多是一对滚盘，塑料焊用焊机的上声极，其形状随零件形状而改变。但是无论哪一种声极，设计中的基本问题仍然是上声极的自振频率的计算。

3. 加压机构

向焊接部位施加静压力的加压机构是形成超声波焊接头的必要条件，目前主要有液压、气压、电磁加压和自重加压等。其中大功率超声波焊机较多采用液压方式，冲击力小；小功率超声波焊机多用电磁加压或自重加压方式，这种方式可以匹配较快的控制程序。实际使用中加压机构还包括焊接夹持机构，如图 7-17 所示。

4. 程序控制器

随着电子技术的发展以及程序控制器的不断更新，超声波焊机的声学反馈及自动控制较多采用计算机进行程序控制。典型的超声波点焊控制程序如图 7-18 所示。向焊件输入超声

波之前需有一个预压时间 t_1，这样既可防止因振动而引起焊件的切向错位，以保证焊点尺寸精度，又可以避免因加压过程中动压力与振动复合而引起的焊件疲劳破坏。在时间段 t_3 内静压力 (F) 已被解除，但超声波振幅 (A) 继续存在，上声极与焊件之间将发生相对运动，可以有效地清除上声极和焊件之间可能发生的粘连现象。例如，超声波焊接 Al、Mg 及其合金时，上声极和焊件之间容易发生这种粘连现象。

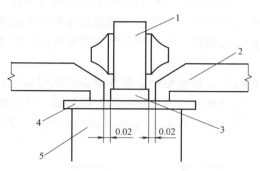

图 7-17　焊接夹持机构

1—上声极　2—加紧头　3—丝（焊件之一）

4—焊件　5—下声极

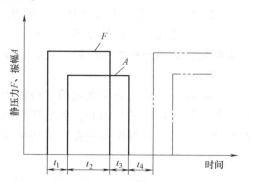

图 7-18　典型的超声波点焊控制程序

t_1—预压时间　t_2—焊接时间

t_3—消除粘连时间　t_4—休止时间

　　超声波焊机的机械振幅由超声波发生器和焊机系统产生，并在整个焊接过程中始终保持恒定（设定的振幅值），有些用途要求系统振幅要准确地与焊接情况匹配。因此，除上述部件外，超声波焊机可以另外安装一个振幅设定器，其可调范围是正常振幅的 25% ~ 100%。图 7-19 所示为系统振幅和输出功率之间的关系图，即系统振幅取决于振幅设定旋钮所调节的振幅值，增大振幅其输出功率也增大。

　　在超声波焊过程中，超声波系统可以使焊机在负荷和焊接压力不足时，保持恒定的机械振幅。但由于焊机振幅和超声波发生器的高频电流成正比，因此，超声波焊机的电压也随着

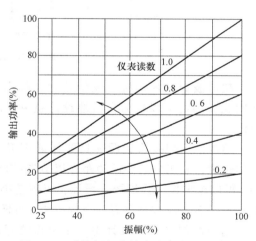

图 7-19　系统振幅和输出功率之间的关系

负荷和功率的增加而增大。增加焊接压力和振幅，可以提高其输出功率，从而提高焊接的可靠性。当然靠增加振幅而提高输出功率是有界限的。如果超声波发生器发射的功率超过正常值，其动态过载保护电路将动作。超声波焊过程中这种过载状态一定要避免，否则，经常过载容易损坏焊接设备。

　　像大多数工业设备一样，超声波焊机会带来一些高压危险，应使用制造商提供的安全指导来操作设备，以免受伤。另外，由于超声波焊频率的原因，会在设备附近的较大部件中产生可听噪声的次谐波振动，因此还应为操作人员提供听力保护设施。超声波焊机需要日常维护和检查，可能需要拆除面板门、外壳盖和保护罩以进行维护，这应在设备电源关闭时完成，并且只能由经过培训的专业人员维修机器。

7.2.2 超声波焊接头设计及焊前准备

超声波焊接头的质量主要由焊点质量决定，影响焊点质量的因素除焊接设备外，主要是焊接工艺。一个好的焊点，不仅要求有较好的表面质量，还要求有较高的强度。除了表面不能有明显的挤压坑和焊点边缘的凸肩，还应注意观察与上声极接触部位的焊点表面状态。例如，2A12 硬铝焊点表面为灰色时，说明焊点质量较好；而光亮表面说明焊点强度不高，或者根本没有形成接头，只是焊件上产生局部塑性变形而已。因此，为确保获得良好的超声波焊接头质量，必须严格控制焊接工艺，主要包括接头设计、表面准备和工艺参数的选择等。

1. 接头设计

超声波焊接头配合表面之间的接触面积应该很小，以便集中能量并减少完成焊接过程所需的时间。这样可以减少闪光，并且还可以确保振动声极与部件接触的时间最短，从而减少潜在的磨损。超声波焊接头主要有对接接头、台阶接头、凹槽接头和剪切接头等主要形式，如图 7-20 所示。

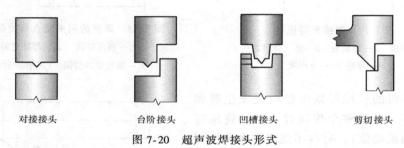

| 对接接头 | 台阶接头 | 凹槽接头 | 剪切接头 |

图 7-20　超声波焊接头形式

超声波焊过程母材不发生熔化，焊点不受过大压力，也没有电阻点焊时的电流分流等问题，因此可以较为自由地设计超声焊点的点距 s、边距 e 和行距 r 等参数，如图 7-21 所示。

超声波点焊接头边距 e 只要保证声极不压碎或穿破薄板的边缘，就采用最小的边距，以节省母材，减轻重量。点距 s 可以根据接头强度要求设计，点距越小，接头承载能力越高，甚至可以重叠点焊。点焊行距 r 可任意选择。

超声波焊的接头设计中一个值得注意的问题是如何控制焊件的谐振问题。当上声极向焊件输入超声波时，如果焊件沿振动方向的自振频率与输入的超声振动频率相等或接近，就可能使焊件受超声波焊接系统的激发而产生振动（共振）。出现这种情况时，可能引起先焊好的焊缝断开，或焊件的疲劳开裂。解决上述问题的方法是改变焊件与声学系统振动方向的相对位置或在焊件上夹持质量块以改变焊件的自振频率，如图 7-22 所示。

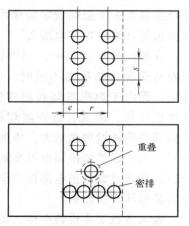

图 7-21　超声波点焊接头设计

2. 焊件表面准备

超声波焊时，对焊件表面不需进行严格清理，因为超声振动本身对焊件表面层有破碎清理作用。例如，对于易焊金属，如铝、铜和黄铜等，若表面未经严重氧化，在轧制状态下就

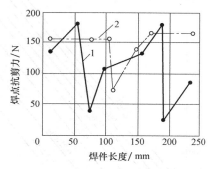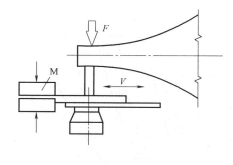

图 7-22　焊件与声学系统相对位置对接头强度的影响

1—自由状态　2—夹固状态　M—夹固　F—静压力　V—振动方向

能进行焊接，即使表面带有较薄的氧化膜也不影响焊接。同时，超声波焊时，焊接区材料的塑性流动过程中促使这些氧化膜在一定范围内成弥散状分布，对焊接质量的影响比较小。但如果焊件表面被严重氧化或已有锈蚀层，焊前仍需清理。通常采用机械磨削或化学腐蚀方法清除。

3. 上声极的选用

上声极所用的材料、端面形状和表面状况等会影响到焊点的强度和稳定性。实际生产中，要求上声极的材料具有尽可能大的摩擦系数以及足够的硬度和耐磨性。而良好的高温强度和疲劳强度能够提高声极的使用寿命。目前焊接铝、铜、银等较软金属的声极材料较多采用高速钢、滚珠轴承钢；焊接钛、锆、高强度钢及耐磨合金常采用沉淀硬化型镍基超级合金等作为上声极。上声极与焊件的垂直度对焊点质量也会造成较大影响，随着上声极垂直偏离，接头强度将急剧下降。上声极横向弯曲和下声极或砧座的松动会引起焊接变形。

7.2.3　超声波焊的焊接参数

超声波焊应用最为普遍的是点焊。超声波点焊的主要焊接参数是焊接功率 P、振动频率 f、振幅 A、静压力 F 和焊接时间 t 等。

1. 焊接功率

焊接功率取决于焊件的厚度 δ 和材料的硬度 H，并可按下式确定：

$$P = kH^{3/2} \delta^{3/2} \tag{7-1}$$

式中，P 为焊接功率（W）；k 为系数；H 为材料的硬度（HV）；δ 为焊件厚度（mm）。

一般来说，所需的超声波焊接功率随焊件厚度和硬度的增加而增加。板厚和硬度与焊接功率的关系如图 7-23 所示。

2. 振动频率

振动频率在工艺上有两重意义，即谐振频率的数值和谐振频率的精度。谐振频率的选择以焊件的厚度及物理性能为依据，一般控制在 15～75kHz 之间。薄件焊接时，宜选用较高的谐振频率，因为在维持声功能不变的前提下，提高振动频率就可以相应降低振幅，从而减轻薄件因交变应力而可能引起的疲劳破坏。通常小功率超声波焊机（100W 以下）多选用 25～75kHz 的谐振频率。焊接厚件时或焊接硬度及屈服强度都比较低的材料时，宜选用较低的振动频率。大功率超声波焊机一般选用 16～20kHz 较低的谐振频率。

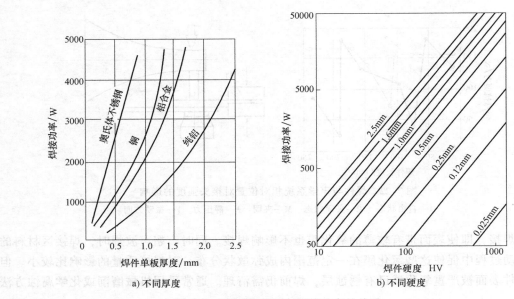

图 7-23 板厚和硬度与焊接功率的关系

由于超声波焊过程中负载变化剧烈，随时可能出现失谐现象，从而导致接头强度的降低和不稳定。因此焊机的选择频率一旦被确定以后，从工艺角度讲就需要维持声学系统的谐振，这是焊接质量及其稳定性的基本保证。图 7-24 所示为超声波焊点抗剪力与振动频率的关系，可见材料的硬度越高，厚度越大，振动频率的影响越明显。

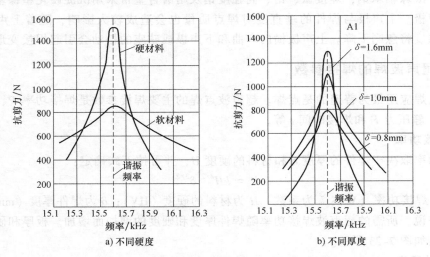

图 7-24 超声波焊点抗剪力与振动频率的关系

振动频率取决于焊接设备系统给定的名义频率，但其最佳操作频率可随声极极头、焊件和静压力的改变而变化。谐振频率的精度是保证焊点质量稳定的重要因素。由于超声波焊过程中机械负荷的多变性，可能会出现随机的失谐现象，以致造成焊点质量的不稳定。

由于实际应用中超声波焊接功率的测量尚有困难，因此常常用振幅表示功率的大小。焊接功率与振幅的关系可由下式确定：

$$P = \mu SFv = \mu SF2A\omega/\pi = 4\mu SFAf \qquad (7\text{-}2)$$

式中，P 为焊接功率（W）；F 为静压力（MPa）；S 为焊点面积（mm^2）；v 为相对速度（m/s）；A 为振幅（m）；μ 为摩擦系数；ω 为角频率（$\omega = 2\pi f$）；f 为振动频率（Hz）。

3. 振幅

振幅是超声波焊的基本焊接参数之一，它决定着摩擦功的大小，关系到材料表面氧化膜的清除效果、塑性流动的状态以及结合面的加热温度等。因此针对被焊材料的性质及其厚度来正确选择一定的振幅值是获得良好接头质量的保证。

超声波焊所选用的振幅由焊件厚度和材质决定，常用范围为 $5\sim25\mu m$。较低的振幅适合于硬度较低或较薄的焊件，所以小功率超声波点焊机的频率较高而振幅较低。随着材料硬度及厚度的提高，所选用的振幅值相应增大。因为振幅的大小表征着焊件接触表面间的相对移动速度的大小，而焊接区的温度、塑性流动以及摩擦功的大小均由这个相对移动速度所确定。因此振幅的大小与焊点强度有着密切的联系。对于某一确定材料的焊件，存在着一个合适的振幅范围。图 7-25 所示为 Al-Mg 合金（厚度 0.5mm）不同振幅下超声波焊点的抗剪力。

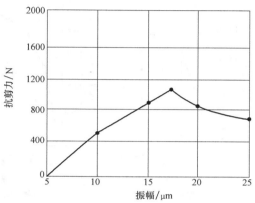

图 7-25 超声波焊点抗剪力与振幅的关系

当振幅为 $17\mu m$ 时，焊点抗剪力最大，振幅减小，抗剪力随之降低；振幅小于 $6\mu m$ 时已经不可能形成接头，即使增加振动作用的时间也不会促进接头的形成。这是因为振幅过小，焊件间接触表面的相对移动速度过小所致。当振幅过大（大于 $17\mu m$）时，焊点抗剪力反而下降，这主要与金属材料内部及表面的疲劳破坏有关。因为振幅过大，由上声极传递到焊件的振动剪力超过了它们之间的摩擦力。在这种情况下，声极将与焊件之间发生相对的滑动摩擦现象，并产生大量热和塑性变形，上声极埋入焊件，使焊件截面减小，从而降低了接头强度。

超声波焊机的换能器材料和聚能器结构，决定焊机振幅的大小。当它们确定以后，要改变振幅可以通过调节超声波发生器的功率来实现。振幅的选择与其他焊接参数也有一定的关系，应综合考虑。应指出，在合适的振幅范围内，采用偏大的振幅可大大缩短焊接时间，提高超声波焊接生产率。

4. 静压力

静压力用来直接向焊件传递超声振动能量，是直接影响功率输出及焊件变形条件的重要因素。静压力的选用取决于材料的厚度、硬度、接头形式和使用的超声波功率。超声波焊点抗剪力与静压力之间的关系如图 7-26 所示。

当静压力过低时，由于超声波几乎没有被传递到焊件，不足以在焊件之间产生一定的摩擦功，超声波能量几乎全部损耗在上声极与焊件之间的表面滑动，因此不可能形成连接。随着静压力的增加，改善了振动的传递条件，使焊接区温度升高，材料的变形抗力下降，塑性流动的程度逐渐加剧。另外，由于静压力的增加，界面接触处塑性变形的面积增大，因而接头的破断载荷也会增加。

当静压力达到一定值以后，再继续增加静压力，焊点强度不再增加反而下降，这是因为当静压力过大时，振动能量不能合理运用。过大的静压力使摩擦力过大，造成焊件之间的相对摩擦运动减弱，甚至会使振幅值有所降低，焊件间的连接面积不再增加或有所减小，加之材料压溃造成截面削弱，这些因素均使焊点强度降低。

通常在确定材料的厚度、硬度和使用的超声波功率等焊接参数的相互影响时，可以通过绘制临界曲线的方法来选择静压力。图 7-27 所示为静压力与功率的临界曲线。对某一特定产品，静压力可以与超声波焊功率的要求联系起来加以确定。表 7-2 列出了各种功率的超声波焊机的静压力范围。

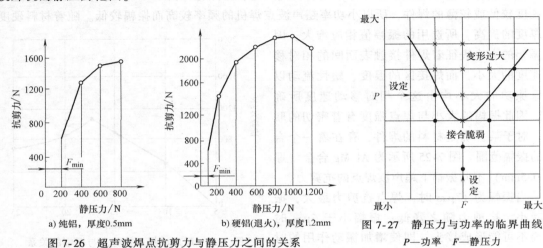

a) 纯铝，厚度0.5mm   b) 硬铝(退火)，厚度1.2mm

图 7-26　超声波焊点抗剪力与静压力之间的关系

图 7-27　静压力与功率的临界曲线
P—功率　F—静压力

表 7-2　各种功率的超声波焊机的静压力范围

焊机功率/W	静压力范围/N	焊机功率/W	静压力范围/N
20	0.04~1.7	1200	270~2670
50~100	2.3~6.7	4000	1100~14200
300	22~800	8000	3560~17800
600	310~1780		

在其他焊接条件不变的情况下，选用偏高一些的静压力，可以在较短的焊接时间内得到同样强度的焊点。因为偏高的静压力能在振动早期比较低的温度下开始同样程度的塑性变形。同时，选用偏高的静压力，将在较短的时间内达到最高温度，使焊接时间缩短，提高焊接生产率。图 7-28 所示为厚度为 1.2mm 的硬铝超声波点焊在只改变静压力的情况下，最先得到强度最高的接头所需要的时间。

5. 焊接时间

焊接时间是指超声波能量输入焊件的时间。每个焊点的形成有一个最小焊接时间，小于该时间不足以破坏金属表面氧化膜而无法焊接。通常

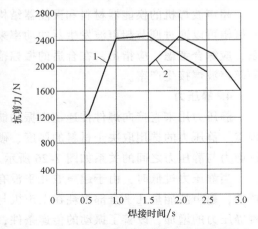

图 7-28　静压力和焊接时间对接头抗剪力的影响
（材料：硬铝，厚度 1.2mm）
1—$F=1200N$，$A=23\mu m$　2—$F=1000N$，$A=23\mu m$

随着焊接时间的延长，接头强度也增加，然后逐渐趋于稳定值。但当焊接时间超过一定值后，反使焊点强度下降。这是因为焊件受热加剧，塑性区扩大，声极陷入焊件，使焊点截面减弱；另一方面是由于超声振动作用时间过长，引起焊点表面和内部的疲劳裂纹，从而降低接头强度。

焊接时间随材料性质、厚度及其他焊接参数而定，高功率和短时间的焊接效果通常优于低功率和较长时间的焊接效果。当静压力、振幅增加及材料厚度减小时，超声波焊接时间可取较小值。对于金属细丝或箔片，焊接时间约为 0.01~0.1s，对于金属厚板超声波焊接时间一般不会超过 1.5s。

表 7-3 列出了几种材料超声波焊的焊接参数。

表 7-3　几种材料超声波焊的焊接参数

材　料		厚度/mm	焊接参数			上声极材料
			压力/N	时间/s	振幅/μm	
铝及铝合金	1050A	0.3~0.7	200~300	0.5~1.0	14~16	45 钢
		0.8~1.2	350~500	1.0~1.5	14~16	
	5A06	0.3~0.5	300~500	1.0~1.5	17~19	
	2A11	0.3~0.7	300~600	0.15~1.0	14~16	
非金属	树脂68	3.2	100	3	35	钢件
	聚氯乙烯	5	500	2.0	35	橡皮

超声波焊除了上述的主要焊接参数外，还有一些影响焊接过程的其他工艺因素，如焊机的精度以及焊接气氛等。一般情况下超声波焊无须对焊件进行气体保护，只有在特殊应用场合下，如钛的焊接、锂与钢的焊接等才可用氩气保护。在有些包装应用场合，可能需在干燥箱内或无菌室内进行焊接。

7.3　不同材料的超声波焊

超声波焊属于固相焊接，目前主要用于小型薄件的焊接，焊接质量可靠，并具有一定的经济性。超声波焊不仅可以焊接较软的金属材料，如铝、铜、金等；也可用于钢铁材料、钨、钛、钼等金属的焊接，以及其他材料的焊接，如塑料、异种材料等。对于物理性质相差悬殊的异种金属，甚至金属与半导体、金属与陶瓷等非金属以及塑料等，均可以采用超声波焊。

7.3.1　金属材料的超声波焊

从金属超声波焊接性的角度，要求材料具有随温度升高硬度变小、塑性提高的特点。超声波焊可以焊接多种金属和合金。

超声波焊所需的功率与被焊材料的性质及厚度有关，厚度为 1.0~1.5mm 的铝板，超声波焊仅需 1.5~4kW 功率的焊机，而电阻焊则至少需要 75kW，前者仅为后者的 5%。目前有功率为几瓦的超声波焊机可焊厚度为 2μm 的金属箔，也有功率为 25kW 的超声波焊机，可焊的铝合金厚度达 3.2mm。

铝及铝合金是应用超声波焊最多，也是最能显示出这种焊接方法优越性的一种材料。不论是纯铝、Al-Mg 及 Al-Mn 合金，或是 Al-Cu、Al-Zn-Mg 及 Al-Zn-Mg-Cu 合金等高强度合

超声波焊应用示例

金，它们在任何状态下，如铸造、轧制、挤压及热处理状态均可焊接。但其焊接性的程度随着合金的种类和热处理方法而变化。

对于较低强度的铝合金，超声波点焊和电阻点焊或缝焊的接头强度大致相同。然而在较高强度的铝合金中，超声波焊的接头强度可以超过电阻焊的强度。例如，Al-Cu合金的超声波点焊强度比电阻点焊平均高出30%~50%。接头强度提高的主要原因是超声波焊接材料不受熔化和高温对热影响区性能的影响，并且焊点的尺寸一般较大。

超声波焊接铝及铝合金的表面准备要求比其他任何一种焊接方法都低。正常情况下，铝的表面一般进行除油处理。铝合金进行热处理后和合金中镁的质量分数较高时，会形成一层厚的氧化膜，为了获得令人满意的焊接接头，焊前应将这层氧化膜去除。除铝及铝合金外，镁、铜、钛也有很好的超声波焊接性。焊前铜及铜合金的表面只需去除油污，严格控制焊接参数即可获得强度较高的超声波焊接头。常用铝、铜及其合金超声波焊的焊接参数见表7-4。

表7-4 常用铝、铜及其合金超声波焊的焊接参数

材 料		厚度 /mm	焊接参数			振动头			焊点 直径 /mm	接头 抗剪力 /N
			静压力 /N	焊接时间 /s	振幅 /μm	球面半径 /mm	材料 牌号	硬度 HV		
纯铝	1017	0.3~0.7	200~300	0.5~1.0	14~16	10	45	160~180	4	530
		0.8~1.2	350~500	1.0~1.5	14~16				4	1030
铝合金	5A03	0.6~0.8	600~800	0.5~1.0	22~24	10	45 轴承钢 GCr15	160~180 330~350	4	1080
		0.3~0.7	300~600	0.5~1.0	18~20				4	720
		0.8~1.0	700~800	1.0~1.5	18~20				4	2200
	2A12	0.3~0.7	500~800	1.0~2.0	20~22	10	轴承钢 GCr15	330~350	4	2360
		0.8~1.0	900~1100	2.0~2.5	20~22				4	1460
纯铜	C11000	0.3~0.6	300~700	1.5~2.0	16~20	10~15	45	160~180	4	1130
		0.7~1.0	800~1000	2.0~3.0	16~20	10~15	45	160~180	4	2240
		1.1~1.3	1100~1300	3.0~4.0	16~20	10~15	45	160~180	4	—

注：振动频率为19.5~20kHz。

AZ31B镁合金超声波焊后接头的抗剪力如图7-29所示。由于镁合金在电化学方面是最易氧化的金属，而且合金中的杂质将使其耐蚀性大大降低，因而为确保其耐蚀性常在镁合金表面进行各种处理。镁合金的表面处理对超声波焊接头性能有重要的影响。

例如，AZ31B镁合金板材表面分别经过湿式抛光、湿式抛光+碱洗（15g/L的氢氧化钠+22g/L的碳酸钠水溶液，处理温度为100℃，处理时间为600s）、湿式抛光+碱洗+铬酸水溶液处理（CrO_3 180g/L，处理温度为室温，处理时间为180s）、湿式抛光+碱洗+铬酸和硫酸混合液处理（CrO_3 180g/L + H_2SO_4 0.5mL/L，处理温度为室温，处理时间为

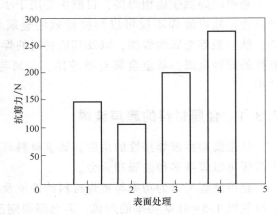

图7-29 AZ31B镁合金表面处理对
超声波焊接头抗剪力的影响
（厚度0.9mm，焊接压力882N，焊接时间2s，振幅18μm）
1—湿式抛光 2—碱洗
3—铬酸洗 4—铬酸和硫酸混合溶液洗

180s），获得的覆层厚度不同。

钛及钛合金超声波焊的焊接参数区间较宽，见表 7-5。焊点经显微组织分析有时产生 α→β 的相变，也有未经相变的焊点组织，但均能获得满意的接头强度。

表 7-5　钛及钛合金超声波焊的焊接参数

材料	厚度 δ/mm	焊接参数			振动头硬度[①] HRC	焊点直径 /mm	接头抗剪力/N		
		静压力 /N	焊接时间 /s	振幅 /μm			最小	最大	平均
TA3	0.2	400	0.30	16~18	60	2.5~3	680	820	760
	0.25	400	0.25	16~18	60	2.5~3	700	830	780
	0.65	800	0.25	22~24	60	3.0~3.5	3960	4200	4100
TA4	0.25	400	0.25	16~18	60	2.5~3	690	990	810
	0.5	600	1.0	18~20	60	2.5~3	1770	1930	1840

注：振动头的球形半径为 10mm。

① 表示振动头上带有硬质堆焊层。

对于金属钼、钨等高熔点的材料，由于超声波焊可避免接头区的加热脆化现象，从而可获得高强度的焊点质量，如图 7-30 所示。目前采用超声波焊可以焊接厚度达 1mm 的钼板。但由于钼、钽、钨等具有特殊的物理化学性能，在超声波焊接操作时较为困难，必须采用相应的工艺措施。例如，振动头和工作台需用硬度较高和较耐磨的材料制造，所选择的焊接参数也应适当偏高，特别是振幅及施加的静压力应取较高值，焊接时间则应较短。

18-8 型不锈钢在冷作硬化或淬火状态下的超声波焊接性也比较好。高硬度金属材料之间的超声波焊，或焊接性较差的金属材料之间的焊接，

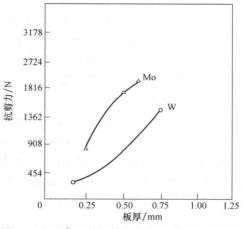

图 7-30　耐高温材料钨和钼的超声波焊点强度

可通过另一种硬度较低的金属箔片作为中间过渡层。例如，采用厚度为 0.062mm 的镍箔片作为过渡层，焊接厚度为 0.62mm 的钼板，焊点抗剪力可达 2400N；采用厚度为 0.025mm 的镍箔片作为过渡层，焊接厚度为 0.33mm 的镍基高温合金，焊点抗剪力为 3500N。

对于多层金属结构，也可以采用超声波焊。例如，采用超声波焊可将数十层的铝箔或银箔一次焊上，也可利用中间过渡层焊接多层结构。并且随着电子工业的发展，半导体和集成电路的制造工艺中铝丝和铝膜，以及锗、硅半导体材料的超声波焊接质量正迅速提高，以适应高可靠性的要求。

7.3.2　塑料的超声波焊

塑料超声波焊的原理是塑料的焊接面在超声波能量的作用下进行高频机械振动而发热熔化，同时施加焊接压力，从而把塑料焊接在一起。塑料焊接时，通常尽量将焊件的结合面设置于谐振曲线的波节点上，以便在这里释放出最高的局部热量，以达到焊接的目的。由于这

种能量的集聚效果，使得超声波焊焊接塑料具有效率高、热影响区小的特点。

塑料超声波焊机一般由超声波发生器、焊压台和焊具三大部分组成。其中，焊具包括超声波换能器、调幅器、超声波声极（又称超声波振头）和底座。用于塑料焊接的超声波振动频率一般在 20~40kHz。超声波焊机可以半机械化、机械化或自动化地进行操作。根据焊具与焊件位置不同，塑料超声波焊分为近程和远程两种，前者又称为直接式超声波焊，或接触式超声波焊；后者又称为间接式超声波焊。

近程超声波焊接塑料是指超声波振头和塑料焊接面之间的相互作用距离很近（小于6mm），与振头端面接触的整个塑料焊接面都发生熔化，从而实现焊接。远程超声波焊接塑料是指超声波振头和塑料焊接面之间的作用距离较远（大于6mm），超声波能量必须经过焊件传递至焊接面，并仅在焊接面上产生机械振动，从而发热熔化实现焊接，而位于超声波振头和焊接面之间起传能作用的焊件本身并不发热。

塑料的超声波焊接方法从机理上讲虽然属于熔焊，但它不是表面热传导熔化接头，而是直接通过焊件与接触面将弹性振动能量转化为热量，因而具有以下优点：

1）焊接效率高，焊接时间通常不超过 1s。而且这种焊接方法焊后无干燥及冷却工序，进一步提高了生产效率。

2）焊前焊件表面可不处理，由于残存在塑料零件上的水、油、粉末、溶液等不会影响正常焊接，因而特别适用于各类物品的封装焊。

3）焊接过程仅在焊合面上发生局部熔化，因而可避免污染工作环境，而且焊点美观，不产生混浊物，可获得全透明的焊接成品。

4）焊接过程中不会对广播、电视等视听设备产生高频干扰。

超声波对塑料件的焊接性与塑料材料本身的熔融温度、弹性模量、摩擦系数和导热性等物理性能有关，大部分热塑性塑料能够通过超声波焊进行焊接。一般而言，硬质热塑性塑料的焊接性能比软质的好，非结晶性塑料的焊接性能比结晶性的好（见表 7-6）。所以焊接结晶性塑料和软质塑料时，需要在离振头较近的近场区焊接。超声波焊主要用于焊接模塑件、薄膜、板材和线材等，在焊接时不需加热或添加任何溶剂和黏结剂。

表 7-6 热塑性塑料的超声波焊接性能

材 料 名 称		焊 接 性 能	
		近程焊接	远程焊接
非结晶性材料	丙烯腈-丁二烯-苯乙烯共聚物（ABS）	优良	良好
	ABS-聚碳酸酯合金	优良~良好	良好
	聚甲基丙烯酸甲酯(PMMA)	良好	良好~一般
	丙烯酸系多元共聚物	良好	良好~一般
	丁二烯-苯乙烯	良好	一般
	聚苯乙烯	优良	优良
	橡胶改性聚苯乙烯	良好	良好~一般
	纤维素	一般	差
	硬质聚氯乙烯(PVC)	一般	差
	聚碳酸酯	良好	良好
	聚苯醚	良好	良好

（续）

材料名称		焊接性能	
		近程焊接	远程焊接
结晶性材料	聚甲醛	良好	一般
	聚酰胺	良好	一般
	热塑性聚酯	良好	一般
	聚丙烯	一般	一般~差
	聚乙烯	一般	差
	聚苯硫醚	良好	一般

塑料超声波焊的焊接面预加工有一些特殊要求，在焊接面上，常设计带有尖边的超声波导能筋（见图 7-31）。超声波导能筋具有减小超声波焊的起始接触面积以达到较理想的起始加热状态，准确地控制材料熔化后的流动以及防止焊件自身过热的作用。

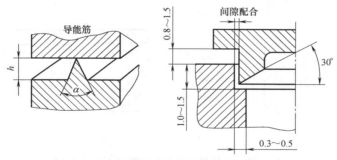

图 7-31 塑料超声波焊的焊接面上的导能筋

焊接模塑件时，超声波导能筋的形式及其设计原则取决于被焊塑料的种类和模塑件的几何形状。图 7-32 所示为无定形和部分结晶性塑料超声波焊时焊接面的设计举例。

塑料超声波焊的焊缝质量主要与母材的焊接性、焊件和焊缝的几何形状和公差范围、超声波振头、焊接参数以及振头压入深度的调整和稳定控制等因素有关。所以塑料超声波焊时，应针对不同的材料选择合适的超声波振头，严格控制焊接参数。

7.3.3 异种材料的超声波焊

不同材料之间的超声波焊取决于两种材料的硬度，材料的硬度越接近、越低，超声波焊接性越好。两种材料硬度相差悬殊的情况下，只要其中一种材料的硬度较低、塑性较好，也可以形成性能良好的接头。当两种被焊材料塑性都较低时，可通过添加塑性较高的中间过渡层来实现连接。

不同硬度的金属材料焊接时，硬度低的材料置于上面，使其与上声极相接触，焊接所需要的焊接参数及焊机的功率也取决于上焊件的性质。例如，对铜、铝不同材质的焊接接头，若使用常规的热能熔焊法进行焊接，则因铝材表面坚固的氧化层、金属熔点不同、金属高的导热系数以及金属熔合而导致的脆性较大等，易生成不稳定的金属间化合物，影响接头质量的可靠性。而采用超声波焊进行焊接，不会产生脆性金属间化合物，可获得高质量的焊接

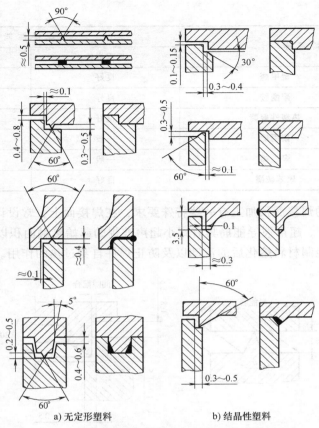

a) 无定形塑料   b) 结晶性塑料

图 7-32 塑料超声波焊接面预加工设计举例

区，且不需要中间工序，提高了焊接生产率。

常用超声波焊的电子精密部件见表 7-7。

表 7-7 常用超声波焊的电子精密部件

焊接部件	金属膜	内引线材料	直径/μm
在玻璃母体上的薄膜线路	Al	Al（Au）丝	50~250（25~100）
	Ni	Al（Au）丝	50~100
	Cu	Al 丝（Cu 带）	50~250（70×70）
	Au	Al（Au）丝	50~250（50~100）
	Cr-Ni	Al 丝	50~500
	Pt（Pt-Au）	Al 丝	250
	Ag	Al 丝	250
在 Al₂O₃ 母体上的薄膜线路	Pt-Au	Al 丝	250
	Mo	Al 丝（Al 带）	50~500（75×75）
	Au（Cu）覆于 Mo 的双金属	Ni 带	50×50
在陶瓷母体上的薄膜线路	Ag	Al（Au）丝	250（50~100）
硅或锗晶体管	Al	Al（Au）丝	18~75（18~50）

（续）

焊接部件	金属膜	内引线材料	直径/μm
电解电容	光亮 Al	Al 丝	≤2mm
	化学处理 Al	Cu 丝	≤1mm
		Al 箔	0.025～0.25mm

对于不同厚度的金属材料也有很好的超声波焊接性，甚至焊件的厚度比几乎可以是无限制的，如可将热电偶丝焊到待测温度的厚大物件上。厚度为 25μm 的铝箔与厚度为 25mm 的铝板之间的超声波焊也可以顺利实现，得到优质的接头。

平板太阳能集热器吸热板就是采用超声波焊制成的。目前为了提高太阳能集热器的吸热能力，同时又降低制造成本，较多的集热器都采用铜管和铝制翅片焊接成吸热板。这种吸热板既具有较好的耐蚀性，又可以使水在加热和储存过程中不致受到二次污染，保持水质的清洁，使其达到饮用水标准。吸热板焊接接头的结构如图 7-33 所示。

为了减小翅片和流道的结合热阻，在流道轴向与翅片接触部位实施焊接。它是一种搭接接头，翅片和流道壁都很薄，厚度均在 0.5mm 以下，焊缝

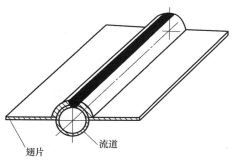

图 7-33　吸热板焊接接头的结构

长为 2～2.5m，并且焊件工作时，介质在流道中加热流过，翅片只起吸收传导热的作用，因此对接头强度和密封性要求不高。研究表明，采用表 7-8 所列的焊接参数进行超声波焊，具有接头强度高、生产率高、耗能小、劳动条件好等优点。

表 7-8　铜-铝超声波焊的焊接参数

材　　料	厚度 /mm	振动频率 /kHz	静压力 /MPa	焊接时间 /s	振幅 /μm	连续焊接速度 /(m/min)
铜+铝（C11300+1200）	0.5+0.5	20	0.4～0.6	0.05～1	16～20	10

在焊接铝制点火模件衬底和铜制衬垫时，通过超声波自动焊接系统可达到每小时完成 3000 个焊点的生产效率。采用超声波焊接方法焊接汽车起动电机电场线圈内的铜-铝接头，解决了由于生成铝材接头的非导电性氧化层以及因热循环引起的损耗问题。

思　考　题

1. 超声波焊接过程分为几个阶段？各阶段接头的微观变化有哪些？
2. 简述超声波焊接头的形成机理。
3. 超声波焊时的振动能量是怎样产生的？对焊接过程有什么影响？
4. 超声波焊分为哪几类？各有什么特点？各适用于哪些场合？
5. 超声波焊机由哪些部件组成？各部分在焊接过程中所起的作用是什么？
6. 超声波焊时对接头设计与焊件结合面有哪些要求？

7. 超声波焊的焊接参数有哪几个？对焊接接头性能各有什么影响？

8. 简述超声波焊接功率和振动频率对接头抗剪力的影响？焊接中如何确定这些焊接参数？

9. 简述超声波焊接振幅和静压力与焊点抗剪力之间的关系，其原因是什么？

10. 超声波焊接金属材料的可行性分析包括哪些因素？

11. 超声波焊接塑料的工艺特点有哪些？试举例分析。

第8章 冷 压 焊

冷压焊属于固态变形焊，是焊件在室温下通过外界压力使表面的氧化膜破裂并被塑性流动的金属挤向外部，使焊件界面紧密接触，达到原子间结合，最后形成牢固接头的过程。由于不需填加焊接材料、温度低、设备简单，因此冷压焊工艺容易操作和实现自动化。冷压焊接头质量稳定、生产率高、成本低，特别适于异种金属和不宜升温的金属结构的焊接。冷压焊已成为电气行业、铝制品生产和航空焊接领域中重要的连接方法之一。

冷压焊

8.1 冷压焊的原理、分类及特点

8.1.1 冷压焊的基本原理

冷压焊是指在没有外加辅助热源的情况下，同种或异种金属在压力作用下形成的相互连接。这种连接方法要求金属的连接表面必须洁净，在焊接压力的作用下，表面的氧化膜等杂质能够破碎并被挤出，使金属表面之间未与空气接触过的洁净金属区相互接近并产生塑性变形。在焊接压力的继续作用下，焊件接触面原子形成晶体间的结合，从而使它们紧密地连接在一起，形成冷压焊接头。

冷压焊的焊接过程如图 8-1 所示。焊接时，首先将清理过的被焊母材放入夹模中，使端头伸出一定长度，然后夹紧（见图 8-1a）。动夹模向前移动，根据被焊材料的性质及端面大小进行加压顶锻（见图 8-1b）。同时，被焊端面产生局部塑性变形，挤出端部部分金属及杂

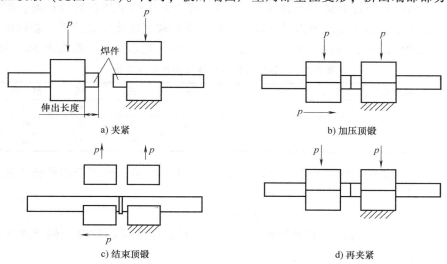

a) 夹紧   b) 加压顶锻

c) 结束顶锻   d) 再夹紧

图 8-1　冷压焊的焊接过程

质，结束顶锻（见图 8-1c）。松开夹模，退回动夹模至第二次加压前所需的位置，使接头两端又保持伸出一定长度，然后再夹紧（见图 8-1d），进行第二次顶锻。这样重复 1~3 次（次数视不同材料而定），完成冷压焊过程。

实现冷压焊的两个重要因素：一是施加于焊件间一定的压力，这是金属产生局部塑性变形和原子间结合的必要条件；二是在该压力下，焊件端面金属必须具有足够的塑性变形量，这是实现焊接的充分条件。如果在封闭的模腔内进行冷压焊，施加的压力再大，因金属不可能有足够的塑性变形，也不会实现冷压焊。

另外，有些情况下仅依靠压力和塑性变形还是不够的。因为焊件端部产生塑性变形时，某些局部区域的温度升高，在两个焊件之间的局部还会发生原子扩散，这种扩散在温度升高的区域进行得更加强烈，扩散能加强两金属接触面的结合。严格地说，促成冷压焊的因素共有四个，即压力、足够的塑性变形、塑形变形时产生的温度和原子扩散。当然，为了能够顺利地进行冷压焊，要求被焊金属在低温下应具有很大的塑性。所以硬金属材料进行冷压焊是比较困难的。

在冷压焊的生产实践中，保证焊接质量所必需的塑性变形量通常用变形程度来表示，这是讨论材料冷压焊接性和控制焊接质量的关键。变形程度是指实现冷压焊所需要的最小塑性变形量。材料冷压焊所需的塑性变形程度越小，冷压焊接性就越好。但是对于不同的金属材料，最小塑性变形量是不一样的。例如，纯铝的变形程度最小，说明其冷压焊接性最好，钛次之。但在实际的冷压焊过程中，焊件的塑性变形量也不宜过大。因为过大的塑性变形量会增加焊接接头的冷作硬化现象，使韧性下降。例如，铝及大多数铝合金搭接冷压焊时，塑性变形量一般控制在 65%~70%。

根据冷压焊接头的形式，变形程度表示的方法也不同。其中搭接接头焊件的塑性变形程度用压缩率（ε）表示，它是焊件被压缩的厚度与总厚度的百分比，即

$$\varepsilon = \frac{(\delta_1 + \delta_2) - \delta}{\delta_1 + \delta_2} \times 100\% \qquad (8-1)$$

式中，δ_1、δ_2 分别为每一焊件的厚度（mm）；δ 为压缩后的剩余厚度（mm）。

各种金属材料冷压焊的最小压缩率见表 8-1。表中的压缩率是在材料相同、厚度相等的冷压点焊条件下得到的。生产中为了保证金属材料具有较好的冷压焊接性，获得满意的焊合率，并考虑到各种误差的存在，冷压焊时选用的压缩率一般应比表中数据大 5%~15%。

表 8-1　各种金属材料冷压焊的最小压缩率

材料	高纯铝	工业纯铝	铝合金	钛	硬铝	铅	镉	铜与铝	铜与铅
压缩率（%）	60	63	70	75	80	84	84	84	85
材料	铜与银	铜	铝与钛	锡	镍	铁	锌	银	铁与镍
压缩率（%）	85	86	88	88	89	92	92	94	94

对接接头冷压焊件的塑性变形程度用总压缩量（L）表示，它等于焊件伸出长度与顶锻次数的乘积，即

$$L = n(l_1 + l_2) \qquad (8-2)$$

式中，l_1 为固定钳口一侧焊件每次的伸出长度（mm）；l_2 为活动钳口一侧焊件每次的伸出长度（mm）；n 为顶锻次数。

对接冷压焊时，足够的总压缩量是保证获得合格焊接接头的关键因素。对于塑韧性较

好、形变硬化不强烈的金属，焊件的伸出长度通常小于或等于其直径或厚度，可一次顶锻焊接完成。对于硬度较大、形变硬化较强的金属，其伸出长度通常应等于或大于焊件的直径或厚度，需要多次顶锻才能焊接完成。对于大多数材料，顶锻次数一般不超过 3 次。

各种材料对接冷压焊的最小总压缩量见表 8-2。

表 8-2 各种材料对接冷压焊的最小总压缩量

材　　料	每一焊件的最小总压缩量		顶　锻　次　数
	圆形件（直径 d）	矩形件（厚度 δ）	
铝与铝	$(1.6\sim2.0)d$	$(1.6\sim2.0)\delta$	2
铝与铜	铝 $(2\sim3)d$ 铜 $(3\sim4)d$	铝 $(2\sim3)\delta$ 铜 $(2\sim3)\delta$	3
铜与铜	$(3\sim4)d$	$(3\sim4)\delta$	3
铝与银	铝 $(2\sim3)d$ 银 $(3\sim4)d$	铝 $(2\sim3)\delta$ 银 $(3\sim4)\delta$	$3\sim4$
铜与镍	铜 $(3\sim4)d$ 镍 $(3\sim4)d$	铜 $(3\sim4)\delta$ 镍 $(3\sim4)\delta$	$3\sim4$

8.1.2 冷压焊的分类及特点

1. 冷压焊分类

根据焊接接头的形式，冷压焊可分为搭接冷压焊、对接冷压焊和挤压冷压焊三种。

（1）搭接冷压焊 搭接冷压焊时，将焊件连接部位清洁干净后，搭接放置于上、下压模之间，定位并压紧，上、下压头以合适的压力挤压焊件，使焊件的接触部位产生塑性变形。当达到预定的压缩量或压头压入必要深度后，焊接完成。

搭接冷压焊根据连接形式可以分为板与板、线与线、线与板、箔与板或线的焊接；根据焊缝的特征又可以分为搭接冷压点焊和搭接冷压缝焊。图 8-2 所示为搭接冷压点焊示意图。搭接冷压点焊焊点的基本形状可以是圆形或矩形。一般来说，圆形焊点的直径 $d=(1\sim1.5)\delta$（δ 是指焊件厚度）；矩形焊点的宽度 $b=(1\sim1.5)\delta$，长度 $l=(5\sim6)b$。试验证明，冷压焊点过小时，焊点周围会因切应力的增加而引起材料破坏；冷压焊点过大，则会使材料的变形阻力过大。

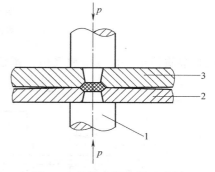

图 8-2 搭接冷压点焊示意图
1—模具压头 2、3—焊件 p—焊接压力

用滚轮式压头形成冷压焊焊缝，称为搭接冷压缝焊。根据焊缝的形成原理，搭接冷压缝焊又包括冷滚压焊和冷套压焊。搭接冷压缝焊示意图如图 8-3 所示。

搭接冷压焊主要用于铝、铜等金属板和箔材的连接。搭接冷压焊所需压力主要取决于被焊金属的屈服强度，铝材搭接冷压焊时所需压力约为 $1000\sim3400$MPa。

（2）对接冷压焊 对接冷压焊时，将端面清洗后的焊件分别夹紧在左右钳口处，并伸出一定长度。施加足够的顶锻压力，使伸出部分产生径向塑性变形，将被焊表面的破碎氧化

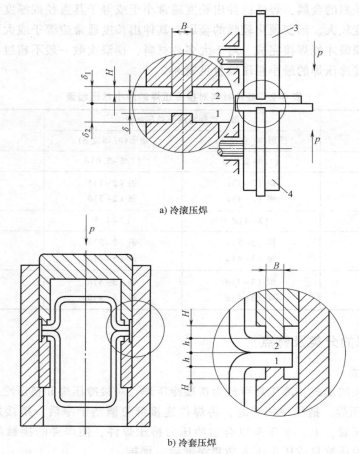

a) 冷滚压焊

b) 冷套压焊

图 8-3 搭接冷压缝焊示意图

1、2—焊件 3、4—上、下滚轮 p—焊接压力

膜和杂质挤出，形成金属飞边，紧密接触的金属则形成焊接接头，如图 8-4 所示。

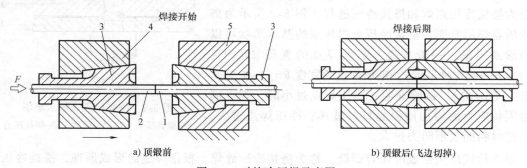

a) 顶锻前

b) 顶锻后(飞边切掉)

图 8-4 对接冷压焊示意图

1、2—焊件 3—钳口 4—活动夹具 5—固定夹具

在合适的工艺条件下，对接冷压焊可以获得与母材等强或强度更高的接头。焊件在焊前要预留合适的伸出长度以保证获得满意的接头性能。对于塑韧性较好、形变硬化不强烈的金属，焊件的预留伸出长度通常小于或等于其直径或厚度，可通过一次顶锻而完成冷压焊接。

对于硬度较大、形变硬化较强的金属，其预留伸出长度要等于或大于焊件的直径或厚度，并采用多次顶锻的办法实现冷压焊接。

变形能力差别很大的异种金属也可进行对接冷压焊，方法有两种：一种是通过在硬金属部分的横截面开出一个凹坑以减小接触面积，获得冷压焊时两种金属等同的塑性流动；另一种是针对不同的材料选择不同的预留伸出长度，其伸出长度的比值与两种金属的硬度有关，然后通过多次顶锻实现焊接。对接冷压焊主要用于制造同种或异种金属线材、棒材或管材接头。

（3）挤压冷压焊 挤压冷压焊主要用于金属管件的焊接，这种方法实际上是搭接冷压焊的变种。焊接时，被焊管件分别置于两曲面相对的模具中，当两模具相对运动靠紧时，管件被挤压而焊接成为截面全闭合的连接件。图 8-5 所示为挤压冷压焊示意图。

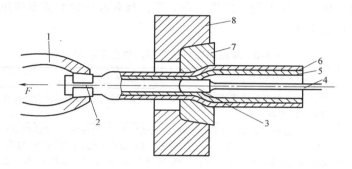

图 8-5　挤压冷压焊示意图

1—拉钳　2—被焊管前端　3—内模具拉杆　4—内模具　5、6—被焊管件　7—外模具　8—模具外套件

挤压冷压焊的优点是，在焊接部位既不会产生接头横截面力学性能的降低，也不会有顶锻飞边、毛刺等。铜-铝、铜-钢、镍-钢、钛-铝等管件都可以采用这种冷压焊方法。

2. 冷压焊的特点及应用范围

（1）冷压焊的特点 在几十种焊接方法中，冷压焊是焊接温度最低的方法。冷压焊过程中的变形速度不会引起焊接接头较高的温升，所以冷压焊不会产生焊接接头常见的软化区、热影响区和脆性中间相，特别适合于热敏感材料、高温下易氧化的材料以及异种金属的焊接。

冷压焊具有以下特点：

1）冷压焊是在室温下进行的，焊接过程中不用任何外加热源，金属组织不发生软化和退火等现象，获得的接头强度与母材强度接近。

2）焊接不同金属时，接头不会形成脆性过渡层。例如，铜与铝熔焊时，由于焊接温度较高，接头处容易产生脆性过渡层；而采用冷压焊方法时，研究表明，Cu/Al 接头内部不存在脆性过渡层，能够获得具有良好力学性能和耐蚀性能的冷压焊接头。

3）不需用焊剂，避免了金属导体或接头被腐蚀的可能性。

4）施焊时没有噪声、弧光和粉尘，工作场地卫生，无环境污染。

5）冷压焊设备简单，结构紧凑，焊接参数选择方便，便于操作。

6）采用冷压焊方法，不仅能焊接圆形截面，还能焊接矩形、梯形等非圆形截面的焊接结构。

但由于冷压焊要求焊件金属有较大的塑性变形量，而焊件相对于钳口的伸出长度又不能过大，因此，焊接过程往往不能通过一次顶锻完成。例如，直径为6mm的铝/钢接头冷压焊一般需要顶锻两次；直径为2mm的铝/铜接头则需要顶锻三次才能焊接完成。由于顶锻次数较多而引起的复杂操作在一定程度上影响了冷压焊的生产效率。

（2）冷压焊的应用范围 冷压焊过程中由于不需要加热，可以大大节省能源，简化焊接设备；又可以避免由于熔化或强烈加热对组织性能造成的不利影响。并且冷压焊时，由于焊接接头的形变硬化可以使接头强化，所以，在采用合适的焊接参数条件下，同种金属的冷压焊接头强度与母材接近；异种金属的冷压焊接头与被焊较软金属的强度接近。因此，冷压焊在电线电缆、通信器件的生产制造中有着广泛的应用。

小到电子产品（如晶体谐振器外壳冷压焊封装、电力电容器外壳冷压焊），大到大型配电变压器上引线的连接、建筑工业上钢筋的连接等，都有冷压焊的诸多应用。冷压焊在各工业部门的应用示例见表8-3。

表8-3 冷压焊在各工业部门的应用示例

应用部门	应用实例
电子工业	圆形、方形电容器外壳的封装；绝缘箱外壳的封装；大功率二极管散热片，电解电容阳极板与屏蔽引出线的焊接等
电气工程	通信、电力电缆铝外导体管、护套管的连续生产；各种规格铝-铜过渡接头；电缆、电缆厂、电机厂、变压器厂、开关厂铝线及铝合金导线的接长及引出线；铜排、铝排、整流片、汇流圈的安装焊；输配电站引出线；架空电线、通信电线、地下电缆的接线和引出线；电缆屏蔽带接地；石英振子盒封装、铌钛合金超导线的连接等
制冷工程	热交换器
汽车制造业	汽车暖气片、水箱、散热器片、脚踏板等
交通运输	地下铁路、矿山运输、无轨电车断面滑接对焊等
日用品工业	电热铝壶制造、铝容器、铝壶手把螺钉支撑等
其他部门	铝管、铜管、Al-Mn合金管、Al-Mg合金管、钛管的对接等

冷压焊焊件的形状和尺寸主要取决于模具的结构，对于尺寸较大、硬度较高的焊件冷压焊时需要多次加压。冷压焊焊件的搭接厚度或对接焊端面受焊机吨位的限制不能过大；焊件的硬度受冷压焊模具材质的限制不能过高。因此，冷压焊主要适用于硬度不高、塑韧性较好的金属薄板、线材、棒材和管材的焊接。

冷压焊特别适用于在焊接中要求必须避免母材软化、退火和不允许烧坏绝缘层的一些材料或产品的焊接。例如，高强度形变时效铝合金导体，当温度超过150℃时，母材强度会严重下降；某些铝合金通信电缆或铝壳电力电缆，在焊接铝管之前就已经装入电绝缘材料，这些产品的焊接温度升高不允许超过120℃。因此，室温下就能进行焊接的冷压焊是优选的焊接方法。此外，石英谐振子、铝质电容器的封盖工序、Nb-Ti超导线的连接等也可以采用冷压焊。

异种材料在加热焊时往往会产生脆性金属间化合物，而由于冷压焊是在室温下实现的连接，原子之间难以实现化学反应生成脆性金属间化合物，所以冷压焊也是焊接异种材料最适合的方法之一。

在实际应用中，搭接冷压焊可焊厚度为0.01~20mm的箔材、带材和板材。此外，管材的封端及棒材的搭接都可以通过搭接冷压焊实现。金属箔的连接通常采用单面变形法，同时焊接较多焊缝。采用冲头压制或滚轮滚压也可以同时焊接一行或数行冷压焊缝。

金属线的连接常采用冷压搭接点焊。其工艺是将金属线放置在模具的槽沟内，给模具施加合适的压力，使金属线的接触面产生变形而焊合。一般情况下，搭接长度为 $(3 \sim 5) d$ （d 是金属线直径），变形程度根据材质决定：铝线焊接时约为 50%；铜线焊接时约为 70%；铝线与铜线异种金属焊接时约为 60%。

气密性较高的接头可以采用冷压搭接缝焊。其中冷滚压焊适于焊接大长度焊缝，如制造非铁金属管件、铝制容器等较大尺寸的产品；冷套压焊用于容器元件封头的封装焊及日用品铝制件的焊接。不同类型产品的冷压焊示例如图 8-6 所示。

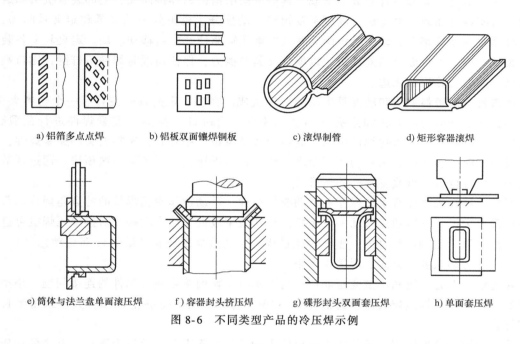

a) 铝箔多点点焊　　b) 铝板双面镶焊铜板　　c) 滚焊制管　　d) 矩形容器滚焊

e) 筒体与法兰盘单面滚压焊　　f) 容器封头挤压焊　　g) 碟形封头双面套压焊　　h) 单面套压焊

图 8-6　不同类型产品的冷压焊示例

采用对接冷压焊，可以焊接的焊件截面积为 $0.5 \sim 500 \mathrm{mm}^2$。对接冷压焊主要用于对接简单或异型断面的线材、棒材、板材、管材等，也可在生产中进行同种材料的接长，制造双金属过渡接头和焊接异种金属，其中电气工程中铝、铜导线、母线的焊接应用最为广泛。

8.2　冷压焊设备及工艺

8.2.1　冷压焊设备

冷压焊设备可分为冷压焊钳和冷压焊机两类。冷压焊机可以是液压式或机械式压力机，也可以是手动或气动专用工具。对小型或中等尺寸的结构可以考虑用手动操作的压力机，而对于大型构件则要求使用电气操作的压力机。

1. 冷压焊钳

冷压焊钳主要用于对接冷压焊。冷压焊钳有两种形式：手钳式和台钳式。它们都是通过凸轮机构手动加压来进行焊接的。

手动冷压焊钳携带方便，适于安装现场使用，但其刚度较小，可焊接直径为 1.2~2.3mm 的铝导线。手摇自动冷压焊台钳可固定在台桌上，钳体刚度较大，适于在室内或固定场合焊接铝、铜焊件或铝-铜导线。采用冷压焊台钳可焊接的焊件直径范围为 0.3~4mm。

冷压焊台钳一般靠人工送入被焊导线，用手摇动手柄 3~4 次，即可完成焊接工作，操作方便、快捷，目前已在各焊接电缆厂使用。

2. 冷压焊机

冷压焊机主要有对焊及点焊两种形式，其中冷压对焊机应用较广。冷压对焊机由机架、机头、送料机构和剪刀装置等部分组成。其中机架由结构钢焊接而成，上部装有机头和送料机构。机架内有油箱、电动机、液压泵及阀等传动部分。机头分为动夹具和定夹具两部分。定夹具固定在夹具座上，动夹具由两只并联的液压缸驱使其左右移动。动、定夹具上各装有一副钳口，钳口夹持面经喷丸处理，以增强夹紧摩擦力，保证顶锻时焊件不打滑；钳口端面有刃口，用以切除顶锻飞边。

送料机构由送料夹头和动夹具带动的杠杆组成。在动、定夹具外侧各有一个送料夹头，它的夹紧和松开恰与动夹具和定夹具的动作相反。当钳口（模具）夹紧焊件进行顶锻时，送料夹头正好松开，不影响焊件进给。而当顶锻结束钳口松开时，送料夹头却夹紧焊件，在动夹具退回时带动送料夹头移动适当距离，使焊件实现送进，以备下一次顶锻。通过调节送料夹头的杠杆位置，可改变焊件的送进量。

对接冷压焊机主要有手动操作和自动操作两种。手动操作冷压焊机的特点是焊接的每一个动作都要去按一下电钮或搬动一下手把，生产效率较低。而自动操作对接冷压焊机可进行自动操作（除人工装卸焊件外，整个焊接过程，包括重复顶锻和进给焊件都自动完成），降低了工人的劳动强度，提高了焊接生产率。

在通信、电力电缆和小型变压器厂，为了解决小截面铝导线或铝件的连接问题，小型冷压焊钳应用较多；焊接较大截面的铝件、铝/钢复合件，为了提高生产率，大多采用半自动冷压焊机。

除了专用的冷滚压焊设备其压力由压轮主轴承担而不需要另给压力源外，其余的冷压焊设备都可以利用常规的压力机改装而成。冷压焊的生产率比较高，如冷滚压焊制铝管，焊接速度可达 28cm/s 以上，可以任意调节焊接速度，而焊接质量不受影响，这是其他焊接方法无法实现的。

8.2.2 冷压焊模具

冷压焊是通过模具对焊件加压使待焊部位产生塑性变形实现连接的。模具的结构和尺寸决定了接头的尺寸和质量。因此，冷压焊模具的合理设计和加工是保证冷压焊接头质量的关键。

根据压出的凹槽形状，搭接冷压焊分为冷压点焊和冷压缝焊两类。按照加压方式，搭接冷压缝焊又分为滚压焊和套压焊。搭接点焊模具为压头，搭接滚压焊模具为压轮，对接冷压焊模具为钳口。

1. 搭接冷压点焊压头

搭接冷压点焊的压头形式较多，根据压头的形状，压头（或焊点）可分为圆形（实心或空心)、矩形、菱形、环形等,如图 8-7 所示。按照压头数目,可分为单点点焊和多点点焊;单点点焊又分为双面点焊和单面点焊。

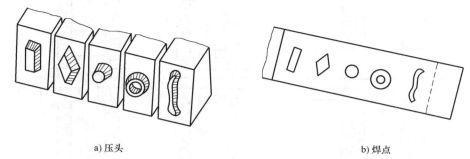

a) 压头   b) 焊点

图 8-7 搭接冷压点焊的压头形式

压头尺寸根据焊件厚度 (δ) 确定。圆形压头直径 d 和矩形压头的宽度 b 不能过大,也不能过小。压头尺寸过大时,变形阻力增加,可能引起焊点四周金属较大的焊接变形,甚至在焊点中心将产生焊接裂纹;过小时,压头将因局部切应力过大而切割母材。合适的压头尺寸为直径 $d = (1.0 \sim 1.5)\delta$ 或宽度 $b = (1.0 \sim 1.5)\delta$;矩形压头的长边取 $(5 \sim 6)b$;不等厚焊件冷压点焊时,压头尺寸以较薄焊件厚度 (δ_1) 确定,$d = 2\delta_1$ 或 $b = 2\delta_1$。搭接点焊压头的几何尺寸如图 8-8 所示。

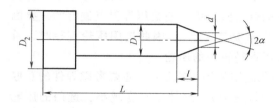

压头种类	几何尺寸/mm							
	D_2	D_1	l	α	L		d	
					Al	Cu	Al	Cu
第 1 种	13	10	8	7°	30	55	7	8
第 2 种	13	10	12	7°	30	55	9	10
第 3 种	18	15	16	7°	30	55	12	13

图 8-8 搭接点焊压头的几何尺寸

冷压点焊时,材料的压缩率由压头压入深度来控制。可以通过设计带轴肩的压头来实现对压入深度的控制 (见图 8-9a)。从压头端头至轴肩的长度即压入深度,以此控制准确的压缩率,同时,能够起到防止焊件翘起变形的作用。通过在轴肩外围加设套环装置 (见图 8-9b),也可以控制压缩率,套环多采用弹簧或橡胶圈对焊件施加预压力,该单位预压力应控制在 $20 \sim 40$ MPa。

压头的材料一般采用 Cr12 系马氏体钢,其硬度为 $58 \sim 60$ HRC。压头工作面的周缘应加工成 $R = 0.5$ mm 的圆形倒角,因为完全直角的周缘容易切割被焊金属。

2. 冷压缝焊模具

冷压焊可以焊接长直焊缝或环状焊缝,气密性能够达到很高的要求,而且不会出现采用熔焊方法常见的气孔和未焊透等缺陷。根据不同的缝焊形式,冷压缝焊采用的模具有滚压焊压轮、套压及挤压模具。

(1) 滚压焊压轮 冷滚压焊时,被焊搭接件在一对滚动的压轮间通过,同时向焊件加压,即形成一条密闭性的焊缝。滚压焊的压轮是实施焊接压力、实现冷压焊的关键部位,它的结构和尺寸决定着冷压焊机的功率、焊接压力、焊接质量以及焊接操作工艺等。

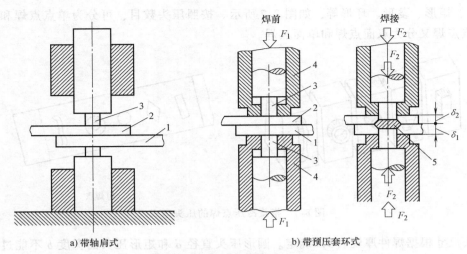

a) 带轴肩式　　　　　　　　b) 带预压套环式

图 8-9　搭接冷压点焊装配示意图

1、2—焊件　3—压头　4—预压套环　5—焊接接头　δ_1、δ_2—焊件厚度　F_1—预压力　F_2—焊接压力

1）压轮直径。压轮直径对焊接压力有较大的影响，压轮直径与单位焊接压力的关系如图 8-10 所示。

随着压轮直径（D）的增大，所需要的焊接压力急剧增加。从减小焊接压力考虑，压轮直径越小越好。但是压轮直径同时也是决定焊件能否自然入机、使滚压焊得以进行的重要因素。焊件能够自然入机的条件是：$D \geqslant 175\delta_0$（δ_0 为两板厚之差）。因此选用压轮直径时，首先在满足焊件能够自然入机的条件下，尽可能选用直径较小的压轮。

确定压轮直径时，不但要考虑设备能够提供的最大输出焊接压力，还要考虑焊件的总厚度。当冷压焊机功率确定之后（即确定最大输出焊接压力），焊件总厚度越小，选用的压轮直径可相应减小。焊件总厚度、压轮直径与焊接压力的关系如图 8-11 所示。

2）压轮工作凸台宽度（B）和高度（H）。压轮工作凸台的宽度和高度与冷压点焊的压

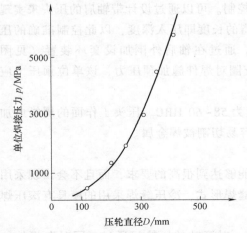

图 8-10　压轮直径与单位焊接压力的关系

（屈服强度 = 50MPa，压缩率 ε = 70%，板厚差 δ_0 = 1.8mm，摩擦系数 μ = 0.25）

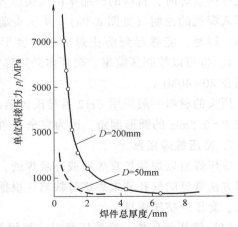

图 8-11　焊件总厚度、压轮直径与焊接压力的关系

（屈服强度 = 50MPa，压缩率 ε = 70%，板厚差 δ_0 = 1.8mm，摩擦系数 μ = 0.25）

头相似。工作凸台两侧也设有轴肩，起到控制压缩率和防止焊件边缘翘起的作用。

压轮工作凸台的结构如图 8-3a 所示。合理的凸台宽度按下式确定：

$$\frac{1}{2}\delta < B < 1.25(\delta_1 + \delta_2) \tag{8-3}$$

合理的凸台高度为

$$H = \frac{1}{2}\left[\varepsilon(\delta_1 + \delta_2) + C\right] \tag{8-4}$$

式中，B 为凸台宽度（mm）；H 为凸台高度（mm）；ε 为压缩率（%）；δ_1、δ_2 为上、下板的厚度（mm）；δ 为焊缝厚度（mm）；C 为主轴间弹性偏差量，通常 $C = 0.1 \sim 0.2$mm。

（2）冷套压焊及冷挤压焊模具　冷套压焊和冷挤压焊都是生产密闭性小型容器的高效焊接方法。

1）套压焊模具。根据焊件的尺寸（圆形或矩形）设计相应结构与尺寸的上模与下模。下模由模座承托，上模与压力机上夹头相连接，作为活动模。两者的工作凸台设计与滚压冷焊压轮的工作凸台相当，同样也设置了轴肩。套压焊模具的体积和质量较大，由于所焊面积较大，所需要的焊接压力相应地比冷滚压焊大得多。因此，套压焊模具只适用于较小焊件的封焊。

2）挤压焊模具。根据焊件的形状和尺寸设置相应的固定模和活动模。活动模与压力机的上夹头相连接。固定模的内径（D_1）与活动模的外径（D_2）之差与焊件总厚度（$\delta_1 + \delta_2$）和压缩率（ε）的关系为

$$D_1 - D_2 = (\delta_1 + \delta_2)(1 - \varepsilon) \tag{8-5}$$

固定模与活动模的工作面周边需制成圆角，以免冷压焊过程中损伤焊件。

与套压焊相比较，冷挤压焊所需的焊接压力小，常用于铝制电容器封头的冷压焊接。

3. 对接冷压焊钳口

在对接冷压焊过程中，需要施加较大的夹紧力和顶锻力，要求钳口材料必须用模具钢制造，钳口的制造精度要求较高。

冷压焊钳口由固定部分和活动部分组成，各部分又由相互对称的半模组成。焊接时，各部分夹持一个焊件。对接冷压焊钳口的作用除夹紧焊件外，主要是传递焊接压力，控制焊件塑性变形和切除飞边。

根据端头的结构形式，对接冷压焊钳口可分为槽形钳口、尖形钳口、平形钳口和复合形钳口四种。其中尖形钳口有利于金属的流动，能挤掉飞边，所需的焊接压力小；平形钳口与尖形钳口则相反，目前平形钳口已经很少应用。

为了克服尖形钳口在冷压焊过程中易崩刃的缺点，在刃口外设置了护刃环和溢流槽（容纳飞边），成为应用广泛的尖形复合形钳口。尖形复合形钳口的结构如图 8-12 所示。

为避免顶锻过程中焊件在钳口中打滑，除给予足够的夹紧力外，还要增加钳口内腔与焊件之间的摩擦系数，具体措施是对钳口内腔表面进行喷丸处理或加工出深度不大的螺纹状沟槽。

钳口内腔的形状根据焊件的断面形状设计，可以是简单断面，也可以是复杂断面。对于断面积相差不大的不等厚焊件可采用两组不同内腔尺寸的钳口。焊接扁线用组合钳口的结构如图 8-13 所示。对接冷压焊接管材时，管件内应装置相应的心轴。

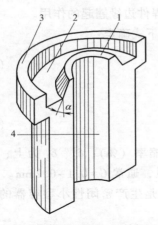

图 8-12　尖形复合形钳口的结构示意图

1—刃口　2—飞边溢流槽　3—护刃环
4—内腔　α—刃口倒角（α≤30°）

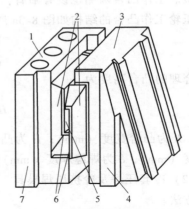

图 8-13　焊接扁线用组合钳口的结构（活动模）

1—固定模座　2—钳　3—滑动模座
4—护刃面　5—型腔　6—刃口　7—扩刃面

对接冷压焊钳口的关键部位是刃口。刃口厚度通常约为 2mm，楔角为 50°~60°。此部位须进行磨削加工，以减小冷压焊顶锻时变形金属的流动阻力，避免卡住飞边。在选用钳口材料时，要求将钳口工作部位的硬度控制在 45~55HRC。硬度太高，韧性差，易崩刃；硬度太低，刃口会变成喇叭状，使冷压焊接头镦粗。

冷压焊的模具经合理设计和精加工后，焊接接头的尺寸和可能达到的质量即被确定。当焊接接头的规格尺寸发生变化时，需要更换模具。

8.2.3　冷压焊工艺及参数选用

冷压焊是在室温下既不需要加热，又不需要加焊剂的焊接方法。一旦选定冷压焊设备、确定模具结构后，冷压焊接头质量主要取决于焊件的表面状况、被焊部位塑性变形程度以及焊接参数的选择。

1. 接头设计及焊前准备

（1）接头设计　搭接和对接是冷压焊中最常用的接头形式。图 8-14 所示为一些典型的冷压焊接头形式。

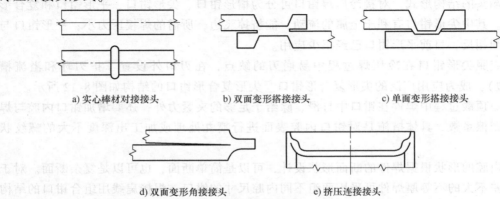

a）实心棒材对接接头　　　　b）双面变形搭接接头　　　　c）单面变形搭接接头

d）双面变形角接接头　　　　e）挤压连接接头

图 8-14　典型的冷压焊接头形式

　　搭接冷压焊时，如两个焊件厚度相差悬殊，可从较薄焊件方面进行单面变形法焊接。此时，圆形焊点直径为 $d = (1 \sim 1.5)\delta$，矩形焊点宽度为 $b = (1 \sim 1.5)\delta$，长度 $l = (5 \sim 6)b$。其中 δ 为较薄材料的厚度。焊点应交错分布，焊点中心距应大于 $2d$（d 为焊点或压头直径），对于矩形焊点应呈倾斜分布。

　　（2）待焊表面的清洁度　油膜、水膜及其他有机杂质是影响冷压焊质量的重要因素。在冷压焊挤压过程中，这些杂质会延展成微小的薄膜，不论焊件产生多大的塑性变形量都无法将其挤压出焊接结合面，因此必须在焊前清除，以保证待焊表面的清洁。

　　待焊表面金属氧化膜的存在也会影响冷压焊接头的质量。除了厚度较薄、脆性较大的氧化膜（如铝件表面的 Al_2O_3）在塑性变形量大于 65% 的条件下允许不做清理即可进行施焊外，都应在焊前进行表面清理。金属表面氧化膜的清理，可以采用化学溶剂或超声波净化法，采用钢丝刷或钢丝轮进行清理效果也很好。钢丝轮（丝径为 $0.2 \sim 0.3$mm，材料一般选用不锈钢）的旋转线速度以 1000m/min 为宜。有机物的清除通常采用化学溶剂清洗或超声波净化法。

　　为保证获得质量稳定的冷压焊接头，清理后的表面不允许遗留残渣或金属氧化膜粉屑。特别是用钢丝轮清理时，通常要辅加负压吸取装置，以去除氧化膜尘屑。清理后的表面也不准用手摸，以免造成表面再污染。焊件表面一经清理后，应立即进行施焊。

　　（3）待焊表面的粗糙度　通常条件下，冷压焊对待焊表面的粗糙度没有严格的要求，经过轧制、剪切或车削的表面都可以进行冷压焊。带有微小沟槽不平的待焊表面，在挤压过程中有利于整个结合面切向位移，有助于冷压焊过程的实施。但当焊接塑性变形量小于 20% 和精密真空冷压焊时，要求焊件表面具有较低的表面粗糙度值。

　　此外，焊前必须保证焊件具有正确的几何形状，尽可能减小焊件本身的直线度和端面对轴线的垂直度误差，以降低附加的横向载荷和偏心顶锻的影响。

　　焊件在工艺许可的情况下，焊前对铜等金属进行退火处理，可以改善焊接条件。

2. 焊接参数的选用

　　焊接压力、焊件伸出长度和顶锻次数是冷压焊焊接参数的三要素，其中任一参数选择不当，都会影响焊接质量。尽管钳口的几何形状对焊接质量的影响很大，但它一般随焊接设备同时供货，属于附加装置。

　　（1）焊接压力　在达到所要求变形程度的焊接过程中，金属材料不只经历了弹性变形和塑性变形，同时还伴随着形变硬化现象。而且焊缝截面不断地大于原材料截面，再考虑到原材料性能的差异和刃口几何形状等因素的影响，焊接压力将远大于焊件材料本身的屈服强度。焊接压力不足会导致焊缝的强度较低或焊接结合不牢固。

　　焊接压力是冷压焊过程中唯一的外加能量，通过模具传递到待焊部位，使被焊金属产生塑性变形。焊接压力既与被焊材料的强度以及焊件的截面积有关，也与冷压焊模具的结构和尺寸有关。焊接总压力的计算公式为

$$F = pS \qquad (8\text{-}6)$$

式中，F 为焊接总压力（N）；p 为单位压力（MPa）；S 为焊件的横截面面积（mm^2）。对接冷压焊，S 是指焊件的断面面积；搭接冷压焊，S 是指压头的端面面积。

　　在冷压焊过程中，由于塑性变形产生硬化和模具对金属的拘束作用，会使单位压力增大。冷压焊的单位压力通常要比被焊材料的屈服强度大许多倍。对接冷压焊时，焊件随塑性

变形的进行而被镦粗，使焊件的接触面积不断增大。因此，冷压焊后期所需的焊接压力比焊接初始时要大得多。

不同金属材料单位面积冷压焊所需要的焊接压力见表 8-4。

表 8-4　不同金属材料单位面积冷压焊所需要的焊接压力

材　料	变形程度①	焊接压力 /MPa		顶锻次数
		搭接焊	对接焊	
铝	2d②	750~1000	1800~2000	2
铝与铜	铝(2~3)d 铜(3~4)d	1500~2000	>2000	3
铜	(3~4)d	2000~2500	2500	3
铜与镍	铜(3~4)d 镍(3~4)d	2000~2500	2500	3
铝合金	—	1500~2000	>2000	—

① 总压缩量。
② d 为焊件圆形截面直径或矩形截面宽度。

冷压焊模具的结构尺寸对焊接压力的影响很大，但是只要冷压焊设备定型生产，其模具结构尺寸也就随之确定，可根据冷压焊设备的技术参数选取焊接压力。各种冷压焊机（钳）的吨位与可焊断面积见表 8-5。

在冷压焊生产中，由于形成冷压焊接头所必需的塑性变形程度是由模具决定的，只要施加的焊接压力充分，焊件表面清洁度和粗糙度满足冷压焊要求，在很大程度上就可以保证焊接质量。

（2）焊件伸出长度和顶锻次数　焊件伸出长度和顶锻次数是相互关联和制约的两个要素，从提高生产率的角度出发，希望一次伸出长度正好满足所要求的塑性变形量，使冷压焊过程只通过一次顶锻完成。但是金属材料的端面对于其轴心线总存在着垂直度误差，而且安装在钳口中的焊件也存在不同的轴向误差。因此，在顶锻过程中，两焊件接触面会出现附加的横向载荷和偏心顶锻现象，它们形成的弯矩总是力图将焊件推离原来位置而产生横向弯曲。

表 8-5　各种冷压焊机（钳）的吨位与可焊断面积

冷压焊设备	压力 /kN	可焊断面积 /mm²			设备参考质量 /kg
		铝	铝-铜	铜	
携带式手焊钳	(10)	0.5~20	0.5~10	0.5~10	1.4~2.5
台式对焊手钳	(10~30)	0.5~30	0.5~20	0.5~20	4.6~8
小车式对焊手钳	(10~50)	3~35	3~30	3~20	170
气动对接焊	50	2.0~200	2.0~20	2.0~20	62
	8	0.5~7	0.5~4	0.5~4	35
油压对接焊机	200	20~200	20~120	20~120	700
	400	20~400	20~250	20~250	1500
	800	50~800	50~600	50~600	2700
	1200	100~1500	100~1000	100~1000	2700
携带式搭接手焊钳	(8)	厚度 1mm 以下			1.0~2
气动搭接焊机	500	厚度 3.5mm 以下			250
油压搭接焊机	400	厚度 3mm 以下			200

注：括号内的压力值为计算值。

另外，当焊件直径 d 或厚度 δ 很小时，附加横向载荷和偏心顶锻的影响将更加突出，而截面的抗弯刚度却显著下降，增加了焊件被顶弯的危险。这也是细线焊接比较困难的原因之一。因此，应严格控制焊件的伸出长度和顶锻次数。

在生产实践中，确定直径小于 6mm 的焊件伸出长度的原则是：

1）一般情况下，总伸出长度（两边焊件悬伸长度之和）约为焊件直径 d（或厚度 δ）的 2 倍；直径小于 2mm 的焊件，总伸出长度应小于 $2d$；直径大于 4mm 的焊件，总伸出长度大于 $2d$。

2）同种材料焊接时，两焊件的伸出长度相等；异种金属焊接时，焊件各自的伸出长度应根据其塑性变形量的要求以及抗弯刚度的差别考虑合适的数值。

以铝-铜冷压焊为例，从满足各自的塑性变形量考虑，由表 8-2 可知，铝的最小总压缩量为 $(2\sim3)d$，铜为 $(3\sim4)d$，即铝的塑性变形量是铜的塑性变形量的 $0.67\sim0.75$，那么铝、铜每次的伸出长度也应该符合这个比例。再从材料的抗弯刚度考虑，因为相同尺寸和形状的截面惯性矩 J 相等，所以铝与铜的抗弯刚度之比实际是材料的弹性模量之比，即铝的抗弯刚度是等截面铜的 0.63。从以上两方面考虑，铝与铜的冷压焊铝、铜的伸出长度比一般为 $0.7:1$。铝-铜冷压焊时各自最佳伸出长度的范围如图 8-15 所示。

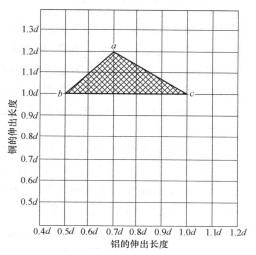

图 8-15　铝-铜冷压焊时各自
最佳伸出长度的范围

图 8-15 中单位为焊件直径 d 的倍数。研究表明，若取图 8-15 中 abc 区内任一点所对应的铝、铜伸出长度进行冷压焊接，在正常情况下，顶锻 3 次可保证 100% 的焊合率。

冷压焊时，总压缩量和每次的伸出长度确定后，根据式（8-2）可以求出顶锻次数。不同材料冷压焊时相应的顶锻次数见表 8-2。

对接冷压焊过程中，为了减少顶锻次数，希望焊件伸出长度尽可能稍长。但不宜过长，因为焊件伸出长度过长，顶锻时会使焊件发生弯曲。特别是对于直径 d（或厚度 δ）越小的焊件发生顶锻弯曲的倾向越大。

此外，搭接冷压焊金属箔时采用单面变形焊，用冲头压制或滚轮滚压一行或数行焊点（或焊缝）而完成焊接。冲头宽度 $b\geqslant3\delta$，长度应比宽度大数倍，所需的塑性变形量约为 $50\%\sim70\%$。搭接冷压焊引出线时常将导线端面压制成厚度为 $0.15\sim0.20$mm 的平面，然后将其焊在金属箔上。用这种方法，可以对相当细的金属线彼此进行焊接。焊好的接头装上软管，以防受到破坏。阳极氧化处理的金属箔焊前不必清理。

生产中冷压焊接头的质量检查主要采取抽查的方法。对于搭接冷压焊接头，应进行抗剥离试验，质量合格的冷压焊接头的被撕裂部位应在紧邻焊缝的母材上。对接冷压焊接头，因接头对弯曲敏感，只需要进行抗弯试验来检验焊接接头的质量。其方法是将焊接接头夹在台虎钳上，焊缝在钳口外侧约 $1\sim2$mm，用手弯曲 90° 角，再反向弯曲 180° 角，接头不在焊接结合面上开裂，焊接接头质量即为合格。

8.3 冷压焊的应用

冷压焊是在不加热的情况下，借助于压力使金属产生局部塑性变形，把焊件接触界面的氧化膜和其他杂质挤出去，使之产生原子间的结合形成牢固接头的。因此，冷压焊接头没有热影响区和软化区，保证了接头区具有良好的力学性能、物理性能和较强的耐蚀性能。目前，冷压焊主要适用于铝、铜、铜-镍合金、金、银等金属材料以及异种材料线材、型材的焊接。

8.3.1 同种材料的冷压焊

随着焊接产品对接头性能要求的不断提高，冷压焊作为一种符合时代发展需求的焊接方法而受到关注。冷压焊不但节省焊接时间、节约能源和满足环保要求，而且提高了产品质量，能够适应铝、铜、金、银等金属的焊接要求。例如，对铝线焊接的要求是接头处应光滑圆整，铝线接头大多采用电阻对焊和冷压对焊。一般要求电阻对焊的接头应退火，退火长度每侧至少为250mm，退火的电阻对焊接头强度应不小于75MPa，冷压焊的接头强度应不小于130MPa。

采用电阻焊焊接铝线，接头对中非常困难，退火温度和退火时间也很难确定，而冷压焊机的自动对中操作方便。而且，冷压焊接头的质量稳定性也优于电阻焊。

铝导线接头的抗拉强度试验表明，冷压焊接头的抗拉强度一般都与母材的强度接近。表8-6列出了铝导线冷压焊、电阻对焊及电阻对焊后退火接头抗拉强度的对比。

表8-6 采用不同焊接方法获得的铝导线对接接头的抗拉强度

母材及接头	抗拉强度/MPa	断裂位置
铝导线（母材）	172.5	—
冷压焊接头	>172.5	断在接头外
电阻对焊接头	96	断在接头处
电阻对焊退火接头	88.2	断在接头处

电力电缆中纯铜导线的焊接也常采用冷压焊。因为纯铜导线焊后在拉制过程中，如采用电阻焊方法，由于接头强度较低，拉拔过程中容易缩颈，产生应力集中而断裂，这不但影响产量，而且影响产品的质量。而采用液压式冷压焊设备焊接直径为8mm的铜导线，只需45s就能完成焊接过程。并且焊后接头在拉制过程中，细化后的晶粒又被拉长而恢复至与母材组织性能相似。

对于型材和带材也可以采用冷压焊方法进行焊接。例如，用氩弧焊方法焊接铜带或铝带，很难保证带材接头处的平整度，而且容易漏焊，焊接的成品率很低，时间较长；而如果采用冷压焊，只需半分钟就能完成，且接头平整、强度高、成品率高。实践中只要根据型材的截面情况，对冷压焊机的模具进行适当的改装，就能焊接各种形状的实心型材，如扁线或其他多面体型材等。

冷压焊方法常用于电子产品的焊接。例如，金属壳高精密石英谐振器的封装是在真空排气台内进行的，当排气台的真空度达到 $1.33×10^{-6}$ Pa 以上时，采用压力机通过模具把金属壳体与壳座（材料为无氧铜）封焊在一起，实现石英谐振器金属壳的冷压焊。其具体工艺如下：

（1）焊前清理　为了提高金属壳的焊接质量，焊前需要对焊件进行严格的除油→酸洗→脱水→烘干处理，以去除金属壳与壳座表面的油膜、水膜、氧化膜、尘埃等杂质。具体处理措施是：首先用汽油、丙酮等有机溶液去油，然后使用洗涤剂清洗；再将金属壳与壳座放入沸腾的水溶液中煮沸 10~15min；然后将金属壳与壳座浸入温度为 60~70℃ 的酸洗液（H_2SO_4 50mL+$FeSO_4$ 饱和溶液 950mL）中，酸洗 3~5min，去除表面氧化膜，获得洁净的金属表面；取出用自来水冲洗，最后用无水乙醇脱水，在 70~80℃ 的烘干箱内烘干。

处理后的焊件表面不允许再接触污染物。然后在超净工作台上进行金属壳体与壳座的装配，将装配好的金属壳与装配件放入玻璃器皿内。

（2）冷压焊模具　冷压焊模具的材料为 Cr12 或 Cr12MoV，模具硬度为 60~62HRC，其中上模和下模都设计有凸肩，以控制塑性变形量。

（3）焊接参数　焊接压力与被焊金属的屈服强度、焊接面积及模具结构有关。高精密石英谐振器金属壳冷压焊压力为 1~2.5MPa，使压缩率达到 80%~90%。试验证明，可以保证缝焊后金属壳的漏气率为 1.33Pa·L/s，封焊合格率达 95% 以上。

冷压焊焊缝宽度的选取应保证焊缝的可靠性，减少漏气率，可以选用较大的焊缝宽度。但是由于焊缝宽度的增加，焊缝的断面积增大，势必增大焊接压力，这样会造成壳体的变形，影响金属壳的密封性。更为不利的是焊接压力传递到金属壳上，因负载的变化可能会影响谐振器的使用性能。所以，冷压焊焊缝宽度一般取 0.2~0.5mm，保证石英谐振器的漏气率小于 1.33Pa·L/s。

8.3.2　异种材料的冷压焊

1. 异种材料冷压焊的特点

很多异种金属，无论它们是否能够很好地相互固溶，大多都可以采用冷压焊进行焊接。冷压焊时不需要加热，接头不会出现因加热而产生的不利影响，接头也不易产生脆性化合物和低熔点共晶体，因此异种材料冷压焊接头不容易产生裂纹。此外，用冷压焊焊接异种材料时，操作方便，容易实现机械化和自动化，提高焊接生产率。

为了能够满意地对异种材料进行冷压焊，被连接的金属中至少有一种金属应具有很高的塑韧性，并且不会产生明显的加工硬化。异种材料冷压焊可以获得强度与被焊接头较软一侧金属强度接近的焊接接头。例如，铝与钢采用冷压焊，接头的抗拉强度和铝合金强度近似；06Cr18Ni11Ti 不锈钢与 5A03 铝合金冷压焊接头的抗拉强度可达 215~225MPa，断裂发生在 5A03 铝合金上；06Cr18Ni11Ti 与 5A05 冷压焊接头的抗拉强度可达 299~302MPa；TA3 纯钛与 06Cr18Ni11Ti 冷压焊接头的抗拉强度可达 490~588MPa，伸长率为 8%~15%（TA3 母材的抗拉强度为 392MPa，伸长率为 27%~30%；06Cr18Ni11Ti 母材的抗拉强度为 730~740MPa，伸长率为 27%~29%）。

采用冷压焊方法也可以连接铜与钛，焊接时在铜件的表面加工出凸台，在钛件表面加工出相应的凹槽，相互接触时使铜、钛焊件表面与加力方向有一个夹角。试验表明，采用冷压焊焊接 65mm×100mm 的铜、钛板材以及焊接直径为 16mm 的棒材，冷压焊接头都表现出良好的抗拉强度。由试件拉伸断口形貌分析发现，在钛的表面残留薄薄的一层铜。各种金属组合采用冷压焊的焊接性见表 8-7。

表 8-7　各种金属组合采用冷压焊的焊接性

	Ti	Cd	Pt	Sn	Pb	Zn	Fe	Ni	Au	Ag	Cu	Al
Ti	▲	—	—	—	—	—	▲	—	—	—	▲	▲
Cd	—	▲	—	▲	▲	▲	—	—	—	—	—	—
Pt	—	—	▲	▲	▲	▲	▲	▲	▲	▲	▲	▲
Sn	—	▲	▲	▲	▲	▲	▲	—	▲	▲	▲	▲
Pb	—	▲	▲	▲	▲	—	—	—	▲	—	▲	▲
Zn	—	▲	▲	▲	—	▲	—	—	▲	—	▲	▲
Fe	▲	—	▲	—	—	—	▲	▲	▲	▲	▲	▲
Ni	—	—	▲	—	—	—	▲	▲	▲	▲	▲	▲
Au	—	—	▲	▲	▲	▲	▲	▲	▲	▲	▲	▲
Ag	—	—	▲	▲	—	—	▲	▲	▲	▲	▲	▲
Cu	▲	—	▲	▲	▲	▲	▲	▲	▲	▲	▲	▲
Al	▲	—	▲	▲	▲	▲	▲	▲	▲	▲	▲	▲

注：▲为焊接性良好；空白（—）为焊接性差或无试验结果。

异种材料冷压焊时，因为焊件端部产生塑性变形时，导致局部区域的温度升高，所以，在两个被焊件的界面之间还会发生原子的扩散过程，在接头区形成中间扩散层。冷压焊接头的力学性能与形成的中间扩散层的厚度有关。TA3 纯钛与 06Cr18Ni11Ti 不锈钢冷压焊接头的力学性能与中间扩散层厚度的关系如图 8-16 所示。

异种金属冷压焊接头组织常温下通常是比较稳定的。但在使用过程中，如有高温的影响，接头区可能会形成脆性金属间化合物。在某些情况下，这种脆性金属间化合物

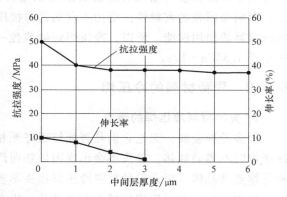

图 8-16　TA3 纯钛与 06Cr18Ni11Ti 冷压焊接头的力学性能与中间层厚度的关系

可能使接头塑韧性下降。在金属间化合物形成之后，这类接头对弯曲或冲击载荷较为敏感，所以异种材料焊接接头的使用温度要予以限制。例如，06Cr18Ni11Ti 不锈钢与 5A05 铝合金冷压焊接头加热到 350℃保温 1~2h，在接触界面处出现脆性相，接头的抗拉强度降低到母材的 1/20~1/15，甚至会发生开裂现象。此外，由于温度的升高，在 5A05 铝合金一侧，离结合界面 0.5~2.5mm 处的冷作硬化层上可能产生应力集中，影响冷压焊接头的质量。

2. 铜与铝的冷压焊工艺

（1）Cu/Al 冷压焊接性分析　铜与铝的冷压焊是在室温下，靠顶锻压力发生塑性变形（80%）实现连接的，所以在接头处不会产生铜与铝的脆性化合物。冷压焊时，由于两种材料自身的固体表面局部塑性变形，使原子间达到紧密结合，最后成为一个整体，有利于提高 Cu/Al 接头的接触导热和导电性能。

铜与铝冷压焊时，在压力的作用下，铜与铝界面发生塑性变形，界面接触面积随着压力的增加而变大，接触面上的铜、铝原子相互扩散，不断造成新的纯金属间的相互紧密接触，铜、铝原子之间的距离逐渐接近，互相渗入，形成原子的扩散过渡，直到铜、铝界面原子相互结合。同时，铜、铝的塑性变形使其金属晶格发生了滑移和变形，从而产生局部温升，加速了金属中原子的相互渗入，推动了原子的扩散结合。

铜与铝的冷压焊，较多采用对接和搭接接头。

（2）Cu/Al 对接冷压焊　铜与铝的棒材较多采用对接接头。对接冷压焊时铜、铝棒材的表面准备是决定冷压焊质量的重要工艺条件。焊前首先清除铜、铝表面上的油污和其他杂质等；其次将铜、铝的接触端面加工成具有规整、平直的几何尺寸，尤其是铜、铝焊件的对准轴线不可有弯曲现象。端面的加工可采用切削、车削等机械方法。另外，焊前对铜及铝件进行退火处理使之软化，增加焊件的塑性变形能力。

对接冷压焊是在室温下进行的，铜与铝对接冷压焊时的变形程度一般为 1∶0.7。铜与铝对接冷压焊的焊接参数见表 8-8。

表 8-8　铜与铝对接冷压焊的焊接参数

焊件直径 /mm	每次伸出长度/mm		顶锻次数	焊接压力/MPa
	Cu	Al		
6	6	6	2~3	≥1960
8	8	8	3	3038
10	10	10	3	3332
矩形：5×25	6	4	4	≥1960

（3）Cu/Al 搭接冷压焊　对于铜与铝的板-板、线-线、线-板、箔-板、箔-线等接头形式的冷压焊，较多采用搭接接头。首先将待焊部位的表面清理干净，不能遗留任何污物与杂质。然后，将工件上下装配于夹具之间，并对上下压头施加压力，使铜、铝件各自都产生足够大的塑性变形而形成焊点。如果铜、铝两焊件的厚度相差较大，一般采用单面变形方法进行焊接，也可采用双面变形冷压焊。

铜-铝搭接冷压焊点的形状有圆形的，也有矩形的。圆形焊点的直径 $d=(1~1.5)\delta$（δ 为焊件厚度）；矩形焊点的宽度 $b=(1.0~1.5)\delta$，长度 $L=(5~6)b$。如果多点焊时，应交错分布焊点，焊点中心距应大于 $2D$（D 为压头直径）。

铜-铝搭接冷压点焊的焊接参数见表 8-9。

表 8-9　铜-铝搭接冷压点焊的焊接参数

焊件尺寸 /mm	搭接长度 /mm	焊点数 /个	压点直径 /mm		压头总长 /mm		压点中心 距离/mm	点与边距 /mm	焊接压力 /kN
			Cu	Al	Cu	Al			
40×4	70	6	8	7	55	30	10	10	235
60×6	100	8	10	9	55	30	15	15	382
80×8	120	8	13	12	55	30	25	15	431

冷压焊获得的 Cu/Al 接头区不存在脆性化合物，接头具有良好的力学性能和耐蚀性能。但对 Cu/Al 冷压焊接头，要求短期使用的（1h 内）温升应限制在 300℃ 以下，长期使用的

允许温升不超过200℃。

3. 铝与钛的冷压焊

铝与钛也可以采用冷压焊进行焊接。由于在加热温度为450~500℃、保温时间5h时，铝与钛接合面上不会产生金属间化合物，焊接接头比熔焊方法有利，且能获得很高的接头强度。冷压焊的Al/Ti接头的抗拉强度可达298~304MPa。

铝管与钛管的冷压焊结构和冷挤压焊接过程示意图如图8-17所示。管口预先加工成凹槽和凸台，当压环3沿轴向压力使钢环4和5进入预定位置时，铝管1受到挤压而与钛管2的凹槽贴紧形成接头。冷压焊工艺方法适合于内径10~100mm，壁厚1~4mm的Al/Ti管接头。接头焊后需从100℃的氮液中以200~450℃/min的速度冷却，并且接头经1000次的热循环仍能保持其密封性。

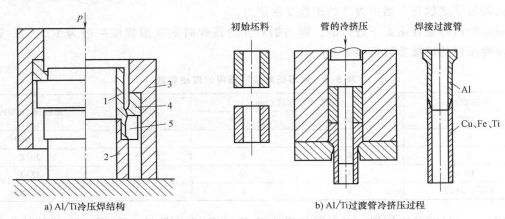

a) Al/Ti冷压焊结构   b) Al/Ti过渡管冷挤压过程

图8-17 铝管与钛管的冷压焊结构和冷挤压焊接过程示意图

1—铝管 2—钛管 3—钢制压环 4、5—钢环

Al/Ti过渡管可以用正向冷挤压焊的方法制造。两种金属管都装入模具孔中，较硬的管装在靠近模具锥孔一端，冲头将两种管子同时从锥孔挤出。管内装有心轴，金属不可能向管内流动，由于两种金属变形是不一样的，两管间的界面会由于巨大的正压力而扩张加大并形成焊缝。较小的管子可以用棒料冷挤压焊后再钻孔制成。

思 考 题

1. 简述冷压焊的焊接过程及基本原理。影响材料冷压焊焊接性的因素有哪些？

2. 简述冷压焊的类型并举例说明其适用范围。

3. 与其他固相焊方法相比，冷压焊方法有哪些明显的特点？

4. 冷压焊模具有哪几种类型？分别适用于何种形式的焊接接头？

5. 冷压焊前对焊件表面有哪些要求？其表面状况是如何影响焊接质量的？

6. 冷压焊时焊件的伸出长度与顶锻次数有何关系？同种材料和异种材料冷压焊时伸出长度应如何选择？

7. 简述异种材料冷压焊工艺的特点。

8. 铜与铝冷压焊的焊接性有什么特点？简述铜与铝冷压焊的工艺要点。

参 考 文 献

[1] 关桥. 高能束流加工技术——先进制造技术发展的重要方向 [J]. 航空工艺技术, 1995 (1): 6-10.

[2] 中国机械工程学会, 等. 中国材料工程大典: 第22、23卷 材料焊接工程 [M]. 北京: 化学工业出版社, 2006.

[3] 中国机械工程学会焊接学会. 焊接手册: 第1卷 焊接方法及设备 [M]. 3版. 北京: 机械工业出版社, 2008.

[4] 中国机械工程学会焊接分会. 焊接技术路线图 [M]. 北京: 中国科学技术出版社, 2016.

[5] JEFFUS L. Welding Principles and Applications [M]. London: Delmar Publishers Inc., 1993.

[6] 林尚扬. 我国焊接生产现状与焊接技术的发展 [J]. 船舶工程, 2005, 27 (增刊): 15-24.

[7] 李志远, 钱乙余, 张九海, 等. 先进连接方法 [M]. 北京: 机械工业出版社, 2004.

[8] JEAN C. Advanced Welding Systems (Vol 1-3) [M]. Berlin: IFS Publication/Springer-Verlag, 1988.

[9] 邹家生. 材料连接原理与工艺 [M]. 哈尔滨: 哈尔滨工业大学出版社, 2005.

[10] 刘金合. 高能密度焊 [M]. 西安: 西北工业大学出版社, 1995.

[11] 栾国红, 关桥. 搅拌摩擦焊——革命性的宇航制造新技术 [J]. 航天制造技术, 2003 (4): 16-23.

[12] SINDO KOU. Welding Metallurgy [M]. 2nd ed. Hoboken: John Wiley and Sons, Inc., 2003.

[13] 殷树言, 张九海. 气体保护焊工艺 [M]. 哈尔滨: 哈尔滨工业大学出版社, 1989.

[14] 顾普迪, 陈根宝, 金心溥. 有色金属焊接 [M]. 2版. 北京: 机械工业出版社, 1995.

[15] 陈祝年, 陈茂爱. 焊接工程师手册 [M]. 3版. 北京: 机械工业出版社, 2019.

[16] 陈彦宾. 现代激光焊接技术 [M]. 北京: 科学出版社, 2005.

[17] 张永康. 激光加工技术 [M]. 北京: 化学工业出版社, 2004.

[18] 陈彦宾, 陈杰, 李俐群. 激光与电弧相互作用时的电弧形态及焊缝特征 [J]. 焊接学报, 2003, 24 (1): 55-57.

[19] 王成, 张旭东, 陈武柱, 等. 填丝 CO_2 激光焊的焊缝成形研究 [J]. 应用激光, 1999 (5): 269-272.

[20] 梅汉华, 肖荣诗, 左铁钏. 采用填充焊丝激光焊接工艺的研究 [J]. 北京工业大学学报, 1996, 22 (3): 38-42.

[21] 胡伦骥, 刘建华, 熊建钢, 等. 汽车板激光焊工艺研究 [J]. 钢铁研究, 1995 (3): 46-50.

[22] 左铁钏, 等. 高强铝合金的激光加工 [M]. 北京: 国防工业出版社, 2002.

[23] 李亚江, 王娟, 等. 特种焊接技术及应用 [M]. 5版. 北京: 化学工业出版社, 2018.

[24] 刘春飞, 张益坤. 电子束焊接技术发展历史、现状及展望 [J]. 航天制造技术, 2003 (1-5 连载).

[25] 张秉刚, 吴林, 冯吉才. 国内外电子束焊接技术研究现状 [J]. 焊接, 20049 (2): 5-8.

[26] 刘春飞. 动载贮箱用 2219 类铝合金的电子束焊 [J]. 航天制造技术, 2002 (4): 3-9.

[27] 任家烈, 吴爱萍. 先进材料的连接 [M]. 北京: 机械工业出版社, 2000.

[28] 李志勇, 吴志生. 特种连接方法及工艺 [M]. 北京: 北京大学出版社, 2012.

[29] 林三宝, 范成磊, 杨春利. 高效焊接方法 [M]. 北京: 机械工业出版社, 2015.

[30] 刘立成, 于晶, 谷彦军. 钛合金材料的等离子弧焊接技术 [J]. 国防技术基础, 2007 (7): 59-62.

[31] 沈勇, 刘黎明, 张光栋. 镁合金中厚板变极性等离子弧焊工艺 [J]. 焊接学报, 2005, 26 (6): 1-4.

[32] 周万盛, 姚君山. 铝及铝合金的焊接 [M]. 北京: 机械工业出版社, 2006.

[33] 雷玉成. 铝合金等离子弧立焊焊缝成形稳定性的研究 [J]. 焊接技术, 1994 (3): 12-14.

[34] GALVERY W L, MARLOW F M. Welding Essentials: Questions and Answers [M]. New York: Industrial Press, Inc., 2001.

[35] 戚正风. 固态金属中的扩散与相变 [M]. 北京：机械工业出版社，1998.

[36] 李志强，郭和平. 超塑成形/扩散连接技术的应用与发展现状 [J]. 航空制造技术，2004 (11)：50-52.

[37] 何鹏，冯吉才，钱乙余，等. 扩散连接接头金属间化合物新相的形成机理 [J]. 焊接学报：2001 (1)：53-55.

[38] 郭伟，赵熹华，宋敏霞. 扩散连接界面理论的现状与发展 [J]. 航天制造技术，2004 (5)：36-39.

[39] 张贵锋，张建勋，王士元，等. 瞬间液相扩散焊与钎焊主要特点之异同 [J]. 焊接学报，2002，23 (6)：92-96.

[40] 邹贵生，吴爱萍，任家烈，等. 耐高温陶瓷-金属连接研究的现状及发展 [J]. 中国机械工程，1999，10 (3)：330-332.

[41] ZOU G S, WU A P, REN J L. Solid-liquid State Pressure Bonding of Si₃N₄ Ceramics with Aluminum Based Alloys and its Mechanism [J]. Transactions of Nonferrous Metals Society of China, 2001, 11 (2)：178-182.

[42] 刘中青，刘凯. 异种金属焊接技术指南 [M]. 北京：机械工业出版社，1997.

[43] 张柯柯，等. 特种先进连接方法 [M]. 3 版. 哈尔滨：哈尔滨工业大学出版社，2016.

[44] 冯吉才，刘会杰，韩胜阳，等. SiC/Nb/SiC 扩散连接接头的界面构造及接合强度 [J]. 焊接学报，1997，18 (2)：20-23.

[45] 赵熹华，冯吉才. 压焊方法及设备 [M]. 北京：机械工业出版社，2005.

[46] 张田仓，郭德伦，栾国红，等. 固相连接新技术——搅拌摩擦焊技术 [J]. 航空制造技术，1999 (2)：35-39.

[47] 王国庆，赵衍华. 铝合金的搅拌摩擦焊接 [M]. 北京：中国宇航出版社，2010.

[48] THOMAS W M, NICHOLAS E D. Friction Stir Welding for the Transportaion Industries [J]. Materials and Design, 1997, 18 (4-6)：269-273.

[49] 马宗义. 搅拌摩擦焊与加工技术研究进展 [J]. 科学观察，2009，4 (5)：53-54.

[50] MA Z Y. Friction Stir Processing Technology：A Review [J]. Metallurgical and Materials Transactions, 2008, 39A：642-658.

[51] 刘会杰，周利. 高熔点材料的搅拌摩擦焊接技术 [J]. 焊接学报，2007，28 (10)：101-104.

[52] 张振华，沈以赴，冯晓梅，等. 钛合金与铝合金复合接头的搅拌摩擦焊 [J]. 焊接学报，2016，37 (5)：28-32.

[53] PALANIVEL S, NELATURU P, GLASS B, et al. Friction Stir Additive Manufacturing for High Structural Performance Through Microstructural Control in an Mg Based WE43 Alloy [J]. Materials and Design, 2015, 65：934-952.

[54] COLLIGAN K, Material Flow Behavior During Friction Stir Welding of Aluminum [J]. Welding Journal, 1999, 78 (7)：229-237.

[55] SEIDEL T U, REYNOLDS A P. Visualization of the Material Flow in AA2195 Friction-stir Welds Using a Marker Insert Technique [J]. Metallurgical and Materials Transactions, 2001, 32A (11)：2879-2884.

[56] 关桥. 轻金属材料结构制造中的搅拌摩擦焊技术与焊接变形控制（上）[J]. 航空科学技术，2005 (4)：13-16.

[57] DAWES C J An Introduction to Friction Stir Welding and its Development [J]. Welding and Metal Fabrication, 1995, 63 (1)：13-16.

[58] 栾国红，郭德伦，关桥，等. 飞机制造工业中的搅拌摩擦焊研究 [J]. 航空制造技术，2002 (10)：43-46.

[59] 张华，林三宝，吴林，等. 搅拌摩擦焊研究进展及前景展望 [J]. 焊接学报，2003，24 (3)：

91-96.

[60] JATA K V. Friction Stir Welding of High Strength Aluminum Alloys [J]. Materials Science Forum, 2000, 331-337: 1701-1712.

[61] DAWEA C J, THOMAS W M. Friction Stir Process Welds Aluminum Alloys [J]. Welding Journal, 1996, 75 (3): 41-45.

[62] 齐志扬. 铝塑复合管的大功率超声波缝焊技术 [J]. 电焊机, 1999, 29 (6): 7-9.

[63] 杨圣文, 吴泽群, 陈平, 等. 铜片-铜管太阳能集热板超声波焊接实验研究 [J]. 焊接, 2005 (9): 32-35.

[64] TSUJINO J. Ultrasonic Butt Welding of Aluminum, Copper and Steel Plate Speciments [J]. Japanese Journal of Applied Physics, 1994, 33 (5): 3058-3064.

[65] TSUJINO J, UEOKA T, HASEGAWA, et al. New Methods of Ultrsonic Weliding of Metal and Plastic Materials [J]. Ultrasonics, 1996, 34 (2-5): 177-185.

[66] 关长石, 费玉石. 超声波焊接原理与实践 [J]. 机械设计与制造, 2004 (6): 104-105.

[67] 苏晓鹰. 特种焊接工艺超声波焊接的现状及未来前景 [J]. 电焊机, 2004, 34 (3): 20-24.

[68] LI X C, LING S F, SUN Z. Heating Mechanism in Ultrasonic Welding of Thermoplastics [J]. International Journal for the Joining of Materials, 2004, 16 (2): 37-42.

[69] PRANKLIN G. Precision Joining with Ultrasonic Welding [J]. Materials World, 1995, 3 (6): 279-280.

[70] 魏崴, 魏一康. 一种铜铝接头特点及超声波焊应用技术分析 [J]. 焊接技术, 2002, 31 (5): 22-23.

[71] 李翠梅. 表面处理对 AZ31B 镁合金板材超声波焊接性的影响 [J]. 国外金属热处理, 2003, 24 (2): 17-23.

[72] FEISTAUER E E, MGUIMARAES R P, EBEL T, et al. Ultrasonic Joining: A Nover Direct-assembly Technique for Metal-composite Hybrid Structures [J]. Materials Letters, 2016 (170): 1-4.

[73] 李致焕. 中同轴电缆的冷压滚焊技术 [J]. 焊接学报, 1984, 5 (3): 9-13.

[74] 李致焕, 亢世江. 冷压焊中原子扩散行为的试验研究 [J]. 焊接学报, 1991, 12 (3): 7-12.

[75] 温立民, 冷压焊技术在焊接铝电磁线上的应用 [J]. 焊接技术, 2003, 32 (4): 22-23.

[76] 李云涛, 杜则裕, 马成勇. 金属冷压焊界面结合机理探讨 [J]. 天津大学学报, 2002, 35 (4): 516-520.

[77] 陈翠欣, 韩文祥, 林成新. 双金属冷压焊固相结合强度的分析和计算 [J]. 金属成形工艺, 2001, 19 (2): 8-9.

[78] 季世泽. 有色金属线材生产中冷压焊接的运用 [J]. 上海有色金属, 2000, 21 (3): 128-131.

[79] 周奕美, 王娴娴, 李世泽, 等. 冷压焊接技术的发展及应用 [J]. 电线电缆, 1999 (3): 45-47.

[80] 亢世江, 吕玉申, 陆军芳. 金属冷压焊结合机理的试验研究 [J]. 机械工程学报, 1999, 35 (2): 77-80.

[81] 孙景芳, 孙朝阳. 高真空度金属壳冷压焊技术 [J]. 新技术新工艺, 1998 (4): 26-27.